普通高等教育材料类专业规划教材
"双一流"高校本科规划教材

聚合物基复合材料（第二版）

倪礼忠　陈　麒　编著

华东理工大学出版社
EAST CHINA UNIVERSITY OF SCIENCE AND TECHNOLOGY PRESS

·上海·

图书在版编目(CIP)数据

聚合物基复合材料 / 倪礼忠,陈麒编著. —2 版
—上海：华东理工大学出版社,2022.1
ISBN 978-7-5628-6625-1

Ⅰ. ①聚… Ⅱ. ①倪… ②陈… Ⅲ. ①聚合物–复合
材料 Ⅳ. ①TB33

中国版本图书馆 CIP 数据核字(2021)第 196240 号

内容提要

本书是根据复合材料与工程专业和高分子材料与工程专业的教学计划和教学大纲编写的。本书的主要内容包括：复合材料基体(如不饱和聚酯树脂、环氧树脂、酚醛树脂和高性能树脂等)的结构、合成及固化；增强材料(如玻璃纤维、碳纤维、有机纤维等)的结构与性能、制造方法；复合材料的各种成型工艺方法,如手糊成型、层压成型、模压成型、缠绕成型、拉挤成型、真空导入成型、热压罐成型、铺放成型等工艺。

本书为高等院校复合材料与工程专业和高分子材料与工程专业的专业课教材,也可作为复合材料专业的师生和从事复合材料科研、设计、生产及应用人员的参考书。

项目统筹 / 吴蒙蒙
责任编辑 / 翟玉清
责任校对 / 张　波
装帧设计 / 徐　蓉
出版发行 / 华东理工大学出版社有限公司
　　　　　地址：上海市梅陇路 130 号,200237
　　　　　电话：021-64250306
　　　　　网址：www.ecustpress.cn
　　　　　邮箱：zongbianban@ecustpress.cn
印　　刷 / 上海展强印刷有限公司
开　　本 / 787 mm×1092 mm　1/16
印　　张 / 20.75
字　　数 / 505 千字
版　　次 / 2007 年 2 月第 1 版
　　　　　2022 年 1 月第 2 版
印　　次 / 2022 年 1 月第 1 次
定　　价 / 69.00 元

第二版前言

自第一版《聚合物基复合材料》出版以来,复合材料的应用领域不断拓宽、产量不断提高,特别是在绿色能源、新能源汽车、商用飞机、高铁制造等行业,聚合物基复合材料的用量越来越大;碳纤维增强聚合物基复合材料的使用比例在不断提高;环境保护、节能降耗和职业健康对聚合物基复合材料的制造和应用也提出了更高的要求。为了适应这些变化,聚合物基复合材料的成型工艺在传统工艺的基础上也有相应的变化,真空导入成型工艺的使用比例大幅增加、热压罐成型工艺在民用先进复合材料制造中的应用逐渐增加、高压树脂传递模塑(RTM)成型工艺在汽车部件制造中得到应用,满足了汽车部件快速制造的要求。

基于复合材料在制造和应用方面的不断发展和变化,对第一版《聚合物基复合材料》进行了修订。第二版《聚合物基复合材料》新增了真空导入成型工艺、高压 RTM 成型工艺、热压罐成型工艺、铺放成型工艺等章节,并对原有内容进行了修改,以适应聚合物基复合材料的发展对专业人才知识体系的更新要求。

参加第二版编写和修订工作的有倪礼忠(第 1、3.1~3.4、3.5.1~3.5.6、4.1~4.6、5.1~5.6 章节)、陈麒(第 2 章)、步晓君(第 3.5.7、3.5.8、4.7~4.10、5.7 节)。

限于编者水平,第二版编写和修订工作中的不当和错误之处,恳请读者批评指正。

编 者
2021 年 6 月

前　言

　　复合材料是由两种或两种以上的材料,用适当的方法复合制成的一种新材料,其性能优于单一材料。因此,复合材料是一种内容和形式都非常广泛的材料。"聚合物基复合材料"是指由聚合物基体与增强材料(如玻璃纤维、碳纤维、有机纤维等)复合制成的一种性能优异的材料。聚合物基复合材料优异的轻质高强特性、耐热性能、耐腐蚀性能、介电性能及成型加工的多样性和方便性,使其在航空航天、汽车、船舶、火车、建筑、化工防腐、电机、电子、体育等领域得到越来越广泛的应用。

　　复合材料是材料领域中的后起之秀,是科学技术发展的重要物质基础和先导,从航空航天到电子计算机等高技术领域,复合材料的应用已成为传统单一材料不可替代的关键技术材料。世界上各先进国家都将复合材料列为国家发展的关键技术,我国"863"计划、国防科技发展战略及国家建材2010年发展规划都把复合材料列为重中之重。我国复合材料工业产量从20世纪80年代初至今一直保持着较高的增长率,近几年发展速度更快,至今已有3 500多家研究和生产单位。在今后相当长的一段时期内,复合材料仍将成为我国工业体系中最有发展前途的增长点。

　　本书是根据复合材料与工程专业和高分子材料与工程专业的教学计划和教学大纲,在《复合材料基体与界面》和《复合材料工艺与设备》的基础上,并参考国内外的有关资料和最新科研成果编写的。其特点是:(1) 将基体材料、增强材料和成型工艺编在一本书中,使原材料和成型工艺更有机地结合在一起;(2) 本书内容既有理论性又有实用性,并注重理论联系实际。

　　参加本书编写工作的有华东理工大学倪礼忠(第1、3、4、5章)、陈麒(第2章)。

　　鉴于聚合物基复合材料的相关科研成果仍在不断丰富和发展的过程中,书中的不当之处,恳请读者批评指正。

编　者

目　　录

1 绪 论

1.1 复合材料的定义和分类

复合材料(Composite Materials)是指将两种或两种以上的不同材料,用适当的方法复合成的一种新材料,其性能比单一材料更优越。一般来说,复合材料是由基体和增强材料组成的。增强材料是复合材料的主要承力组分,特别是拉伸强度、弯曲强度和冲击强度等力学性能主要由增强材料承担;基体材料的作用是将增强材料黏结成一个整体,起到均衡应力和传递应力的作用,使增强材料的性能得到充分发挥,从而产生一种复合效应,使复合材料的性能大大优于单一材料的性能。

复合材料的性能主要取决于:① 基体材料的性能;② 增强材料的性能;③ 基体与增强材料之间的界面性能;④ 复合材料的结构;⑤ 复合材料的成型工艺。

复合材料的分类方法较多,常用的有以下三种:

(1) 按基体类型分类 可分为树脂基复合材料、金属基复合材料和无机非金属基复合材料等。

(2) 按增强材料类型分类 可分为玻璃纤维复合材料(玻璃纤维增强的树脂基复合材料,俗称玻璃钢)、碳纤维复合材料、有机纤维复合材料和陶瓷纤维复合材料等。

(3) 按用途不同分类 可分为结构复合材料和功能复合材料等。

1.2 复合材料的特性

复合材料是由多种组分的材料组成的,许多性能优于单一组分的材料,以纤维增强的树脂基复合材料为例,其具有质量轻、强度高、可设计性好、耐化学腐蚀、介电性能好、耐烧蚀及容易成型加工等优点。

1. 质量和强度

普通碳钢的密度为 $7.8\ \mathrm{g/cm^3}$,玻璃纤维增强树脂基复合材料的密度为 $1.5\sim2.0\ \mathrm{g/cm^3}$,只有普通碳钢的 $1/4\sim1/5$,比铝合金还要轻 $1/3$ 左右,而机械强度却能超过普通碳钢的水平。若按比强度计算,玻璃纤维增强的树脂基复合材料不仅大大超过碳钢,而且可超过某些特殊合金钢,比强度是指强度与密度的比值,用于衡量材料的轻质量高强度的程度。碳纤维复合材料、有机纤维复合材料具有比玻璃纤维复合材料更低的密度和更高的强度,因此具有更高的比强度。几种材料的比强度见表 1.2.1,由表中所列数据可知,与金属材料相比,复合材料的比强度是非常有优势的。

表 1.2.1　几种材料的密度、拉伸强度和比强度

材 料 种 类	密度/(g·cm⁻³)	拉伸强度/MPa	比强度/(10^3 cm)
高级合金钢	8.0	1 280	1 600
A₃ 钢	7.85	400	510
LY₁₂ 铝合金	2.8	420	1 500
玻纤增强环氧树脂	1.73	500	2 890
玻纤增强聚酯树脂	1.80	290	1 610
玻纤增强酚醛树脂	1.80	290	1 610
玻纤增强 DAP 树脂	1.65	360	2 180
Kevlar 纤维增强环氧树脂	1.28	1 420	11 094
碳纤维增强环氧树脂	1.55	2 600	16 774

2. 可设计性

复合材料可以根据不同的用途要求,灵活地进行产品设计,具有很好的可设计性。对于结构件来说,可以根据受力情况合理布置增强材料,达到节约材料、减轻质量的目的。对于有耐腐蚀性能要求的产品,设计时可以选用耐腐蚀性能好的树脂基体和增强材料,对于其他一些性能要求,如介电性能、耐热性能等,都可以方便地通过选择合适的原材料来满足。复合材料良好的可设计性还可以最大限度地弥补其弹性模量、层间剪切强度低等缺点。

3. 电性能

复合材料具有优良的电性能,通过选择不同的树脂基体、增强材料和辅助材料,可以将其制成绝缘材料或导电材料。例如,用玻璃纤维增强的树脂基复合材料具有优良的电绝缘性能,并且在高频电场下仍能保持良好的介电性能,因此可用作高性能的电机、电器的绝缘材料;这种复合材料还具有良好的透波性能,被广泛地用于制造机载、舰载和地面雷达罩。复合材料通过原材料的选择和适当的成型工艺可以制成导电复合材料,这是一种功能复合材料,在冶金、化工和电池制造等工业领域具有广泛的应用前景。

4. 耐腐蚀性能

聚合物基复合材料具有优异的耐酸性能、耐海水性能,也能耐碱、盐和有机溶剂。因此,这是一种优良的耐腐蚀材料,用其制造的化工管道、贮罐、塔器等具有较长的使用寿命,且仅需极低的维修费用。

5. 绝热性能

玻璃纤维增强的聚合物基复合材料具有较低的导热系数,一般在室温下为 0.2～

0.3 W/(m·K),只有金属的 1/100～1/1 000,是一种优良的绝热材料。选择适当的基体材料和增强材料可以制成耐烧蚀材料和热防护材料,能有效地保护火箭、导弹和太空飞行器在 2 000 ℃以上承受高温、高速气流的冲刷作用。

6. 工艺性能

纤维增强的聚合物基复合材料具有优良的工艺性能,可以通过缠绕成型、接触成型等复合材料特有的工艺方法制造制品;能满足各种类型制品的制造需要,特别适合于大型、形状复杂、数量少的制品的制造。金属基和陶瓷基复合材料的工艺性能相对要差一些。但是,复合材料的成型工艺尚存在生产周期长、生产效率低、生产成本高的问题,不能满足汽车零部件等需要大批量生产的复合材料制品低成本制造要求。因此,近几年推出的高压 RTM 快速成型工艺,很快在汽车零部件制造中得到应用。3D 打印连续纤维复合材料制品也是复合材料成型工艺的重要发展方向。

7. 弹性模量

金属基和陶瓷基复合材料具有较高的弹性模量,但是聚合物基复合材料的弹性模量低得多,虽然比木材大 2 倍,但仅为结构钢 1/10。因此,制成制品后容易变形。用碳纤维等高模量纤维作为增强材料可以提高复合材料的弹性模量,另外通过结构设计也可以克服其弹性模量差的不足。

8. 长期耐热性

金属基和陶瓷基复合材料能在较高的温度下长期使用,但是聚合物基复合材料一般只能在 250 ℃以下长期使用,即使耐高温的聚酰亚胺基复合材料,其长期工作温度也只能在 300 ℃左右。

9. 老化现象

在自然条件下,由于紫外光、湿热、机械应力、化学侵蚀的作用,会导致复合材料的性能变差,即发生所谓的老化现象。复合材料在使用过程中发生老化现象的程度与其组成、结构和所处的环境有关。

1.3　复合材料的应用

与传统材料(如金属、木材、水泥等)相比,复合材料是一种新型材料。如上所述,复合材料具有许多优良的性能,并且其应用成本在不断地下降,成型工艺的机械化、自动化程度在不断提高,因此,复合材料的应用领域变得日益广泛,其应用主要体现在如下几个方面。

1. 在航空、航天方面

由于复合材料的轻质高强特性,使其在航空航天领域得到广泛的应用。在航空方面,主要用作战斗机的机翼蒙皮、机身、垂尾、副翼、水平尾翼、雷达罩、侧壁板、隔框、翼肋和加强筋等主承力构件,在隐形飞机上复合材料的用量达到 40% 以上。在战斗机上大量使用复合材料的结果是大幅度降低了飞机的质量,并且改善了飞机的总体结构。特别是由于复合材料构件的整体性好,极大地减少了构件的数量,减少连接,有效地提高了安全可靠性。某飞机使用复合材料垂尾后减轻的结构质量见表 1.3.1。

表 1.3.1　飞机使用复合材料垂尾后减轻的结构质量

构件名称	铝合金设计质量/kg	复合材料设计质量/kg	质量变化/kg
翼梁	220	157.5	−62.5
肋	67.9	58.4	−9.5
蒙皮	87.5	61.7	−25.8
口盖	18.5	16.6	−1.9
其他	28.7	15.4	−13.3
合计	422.6	309.6	−113

在各种型号的民用飞机上(如空客 A310～A380、波音 737～787 等),复合材料也有较多的使用,主要用作机身、雷达罩、发动机罩、副翼、襟翼、垂直尾翼和水平尾翼的舵面、翼根整流罩,以及内部的通风管道、行李架、地板、压力容器、卫生间等。如,空客 A350、波音 787 这两款大型客机上,复合材料的用量已经达到 50%;波音 787 的筒形机身就是用碳纤维增强的树脂基复合材料通过缠绕成型制得的。由于商用飞机体积大、数量多,所以复合材料在航空工业中的用量增长十分迅速。

复合材料在航天方面的应用主要有火箭发动机壳体、空间站构件、宇宙飞船的构件、卫星构件等(图 1.3.1)。

图 1.3.1　复合材料在空间站、宇宙飞船、卫星制造中的应用

碳-碳、碳-陶瓷、陶瓷-陶瓷复合材料是载人宇宙飞船和多次往返太空飞行器的理想材料,用于制造宇宙飞行器的鼻锥部、机翼、尾翼前缘等承受高温载荷的部件。固体火箭发动机喷管的工作温度高达 3 000～3 500 ℃,为了提高发动机效率,还要在推进剂中掺入固体粒子,因此固体火箭发动机喷管的工作环境是高温、化学腐蚀、固体粒子高速冲刷,目前只有碳-碳、碳-陶瓷、陶瓷-陶瓷复合材料能承受这种工作环境。

人造地球卫星的质量减轻 1 kg,运载它的火箭可减轻 1 000 kg,因此用轻质高强的复合材料来制造人造卫星有很大的优势,在卫星制造中复合材料的用量达到 90% 以上。用复合材料制造的卫星部件有：仪器舱本体、框、梁、桁、蒙皮、支架、太阳能电池的基板、天线反射面等。

2. 在交通运输方面

复合材料在交通运输方面的应用已有几十年的历史，发达国家复合材料产量的 30％ 以上用于交通工具的制造。由于复合材料制造的汽车质量较轻，在相同条件下的耗油量只有钢制汽车的 1/4，而且在受到撞击时复合材料能大幅度吸收冲击能量，保护司乘人员的安全。因此，用复合材料制造的汽车具有节能、环保、安全等特点，符合汽车发展的趋势。轻质量高强度的复合材料不仅适合于制造传统的燃油车，更适合于制造新能源汽车。

可用复合材料制造的汽车部件较多，如车体、驾驶室、挡泥板、保险杠、引擎罩、仪表盘、驱动轴、板簧等。

随着列车速度的不断提高，列车部件用复合材料来制造成为最好的选择。复合材料常被用于制造高速列车的车厢外壳、内装饰材料、整体卫生间、车门窗、水箱和通风管道等。

用复合材料制造的船舶具有燃料消耗低、外观漂亮、耐海水腐蚀性好、维护费用低等优点，因此被广泛用于制造渔船、快艇、豪华游艇等，目前绝大部分的快艇和游艇都是用复合材料制造的（图1.3.2）。

图 1.3.2　用复合材料制造的快艇

3. 在化学工业方面

在化学工业方面，复合材料主要被用于制造防腐蚀制品。聚合物基复合材料具有优异的耐腐蚀性能和成型工艺性能。例如，在酸性介质中，聚合物基复合材料的耐腐蚀性能比不锈钢优异得多，又能制造各种大型设备。所以，复合材料在化工领域得到了广泛应用。

用复合材料制造的化工耐腐蚀设备有大型贮罐、贮槽、各种管道、塔器、烟囱、风机、地坪、泵、阀和格栅等（图1.3.3）。

图 1.3.3　复合材料在防腐蚀设备制造中的应用

4. 在电气工业方面

在电气工业中,绝缘材料是各种电气设备的关键材料,一旦绝缘材料失效就会引起导线短路,从而导致触电、火灾等灾难性事故。因此,绝缘材料的性能对电气设备的质量起到决定性的作用。聚合物基复合材料是一种优异的电绝缘材料,被广泛应用于电机、电工、电子材料的制造(图1.3.4)。例如,绝缘板、绝缘管、印刷线路板、电机护环、槽楔、高压绝缘子、带电操作工具等。

图 1.3.4　复合材料在大电机制造中的应用

5. 在建筑工业方面

玻璃纤维增强的聚合物基复合材料(玻璃钢)具有优异的力学性能、良好的装饰性及隔热、隔音性能,同时其吸水率低、耐腐蚀性能好,被认为是一种理想的建筑材料。在建筑上,玻璃钢被用作承重结构、围护结构、冷却塔、水箱、卫生洁具、门窗等。用复合材料制备的"钢筋"代替金属钢筋制造的混凝土建筑具有极好的耐海水性能,并能极大地减少金属钢筋对电磁波的屏蔽作用,因此这种混凝土适合于建造码头、海防构件等,也适合于建造电信大楼等。

复合材料在建筑工业方面的另一个应用是建筑物的修补。当建筑物、桥梁等因损坏而需要修补时,用复合材料作为修补材料是理想的选择,因为用复合材料对建筑物进行修补后,能恢复其原有的强度,并具有很长的使用寿命。常用的复合材料是碳纤维增强的环氧树脂基复合材料。

6. 在机械工业方面

复合材料在机械制造工业中,用于制造各种叶片、风机、机械部件、齿轮、皮带轮和防护罩等(图1.3.5)。

用复合材料制造的叶片具有制造容易、质量轻、耐腐蚀等优点,各种风力发电机的叶片都是由复合材料制成的。用复合材料制造齿轮同样具有制造简单的优点,并且在使用时具有较低的噪声,特别适用于纺织机械。

图 1.3.5　用复合材料制造的风力发电机叶片

7. 在体育用品方面

在体育用品方面,复合材料被用于制造赛车、赛艇、皮艇、划桨、撑杆、球拍、弓箭、滑雪板、雪橇等(图 1.3.6)。

图 1.3.6　用复合材料制造的体育用品

以上是复合材料应用的部分例子,由于复合材料的应用领域非常之广泛,实际的应用远不止这些。

1.4　复合材料的发展

材料是人类用来制造工具等有用器件的一类物质,人类征服自然、创造文明的过程中,衣、食、住、行都离不开材料。随着人类的不断进步,材料的发展经历了从石器到合成材料的各个阶段。历史学家以人类使用材料的变化来划分历史时代,如:石器时代、青铜时代、铁器时代。人类发展到今天,已经开发利用了种类繁多的材料,但是单一材料的性能已经不能满足人类进一步发展的需要,因此将多种材料用适当的方法组合起来,得到一种性能优于单一材料的复合材料,是历史发展的必然。

人类使用复合材料已经有几千年的历史,但是以合成材料作为基体、纤维作为增强材料制成的复合材料是 20 世纪 40 年代发展起来的一种新材料。经过半个多世纪的发展,复合材料从开发、制造到应用已经形成一个较为完整的体系。以下几个方面是复合材料今后的发展方向:

1. 降低成本

与传统材料(金属材料、无机非金属材料、高分子材料等)相比,使用复合材料的绝对量是非常小的,阻碍复合材料发展的主要障碍是其成本大大高于传统材料。由于复合材料的性能优于传统材料,如能降低复合材料的成本,则其应用前景是非常广阔的。

降低复合材料的成本可以从以下几方面着手:

(1) 原材料　原材料成本高是复合材料价格高的主要原因。因此,今后的发展方向是尽量降低现有原材料的成本,以及开发新的低成本的原材料。

(2) 成型工艺　复合材料的成型工艺还存在着生产周期长、生产效率低的问题,有些成型工艺还需要较多的劳动力,这些因素都提高了复合材料的成本。因此,提高复合材料的机械化、自动化程度,开发高效率的成型工艺是发展方向。

(3) 设计　复合材料具有较好的可设计性,复合材料的设计包括原材料设计、成型工艺设计和结构设计,通过复合材料合理的设计可以降低其成本。

2. 高性能复合材料

高性能复合材料是指具有高强度、高模量、耐高温等特性的复合材料。随着人类向太空发展,航空航天工业对高性能复合材料的需求量越来越大,而且也会提出更高的性能要求,如更高的强度要求、更高的耐温要求等。因此,高性能复合材料的进一步研究和开发是复合材料今后的发展方向之一。

3. 功能性复合材料

功能复合材料是指具有导电、导热、超导、透波、吸波、耐摩擦、吸声、阻尼、耐烧蚀等功能的复合材料。功能复合材料具有非常广的应用领域,这些应用领域对功能复合材料不断有新的性能要求,而且许多功能复合材料的性能其他材料是难以达到的,如轻质量高强度且容易制造的透波材料、烧蚀材料等。功能复合材料是复合材料的一个重要的发展方向。

4. 智能复合材料

智能复合材料是指具有感知、识别及处理能力的复合材料。在技术上是通过传感器、驱动器、控制器来实现复合材料的上述能力,传感器感受复合材料结构的变化信息,例如材料受损伤的信息,并将这些信息传递给控制器,控制器根据所获得的信息产生决策,然后发出控制驱动器动作的信号。例如,当用智能复合材料制造的飞机部件发生损伤时,可由埋入的传感器在线检测到该损伤,通过控制器决策后,控制埋入的形状记忆合金动作,在损伤周围产生压应力,从而防止损伤的继续发展,大大提高了飞机的安全性能。

5. 仿生复合材料

仿生复合材料是参考生命系统的结构规律而设计制造的复合材料。由于复合材料结构的多样性和复杂性,因此,复合材料的结构设计在实践上十分困难。然而自然界的生物材料经过亿万年的自然选择与进化,形成了大量天然合理的复合结构,这些复合结构都可作为仿生设计的参考。

复合材料仿生可分为三个步骤:仿生分析、仿生设计和仿生制备。已有的复合材料仿生设计实例有:仿竹复合材料的优化设计;仿动物骨骼的哑铃型增强材料;复合材料内部损伤的愈合等。

复合材料仿生的发展方向是要向更深的层次发展，即从宏观观测到微观分析，然后再回到宏观的设计、制造，而且复合材料的仿生除了结构仿生外，还应进行功能仿生、智能仿生和环境适应仿生的研究和开发。

6. 环保型复合材料

从环境保护的角度考虑，要求废弃的复合材料可以回收利用，以节约资源和减少污染，但是目前的复合材料大多注重材料性能和加工工艺性能，而在回收利用上存在与环境不相协调的问题。因此，开发、使用与环境相协调的复合材料，是复合材料今后的发展方向之一。

2 增强材料

2.1 概述

增强材料是复合材料的主要组成部分,它起着提高树脂基体的强度、模量,耐热和耐磨等性能的作用,增强材料还有减少复合材料成型过程中的收缩率,提高制品硬度等作用。随着复合材料的发展,新的增强材料品种不断出现,被选用于树脂基复合材料的增强材料的范围不断扩大。增强材料种类很多,总体上可分为有机增强材料和无机增强材料两大类。

(1)有机增强材料有芳纶纤维、聚苯并双噁唑纤维、超高相对分子质量聚乙烯纤维、聚酯纤维、棉、麻、纸等。

(2)无机增强材料有玻璃纤维、碳纤维、硼纤维、晶须、石棉及金属纤维等。

玻璃纤维对乙烯基酯树脂的增强作用见表 2.1.1。由表 2.1.1 可知,玻璃纤维增强乙烯基酯树脂的效果是非常明显的,其拉伸强度和弯曲强度是未增强树脂的 3 倍,冲击强度是未增强树脂的 30 倍。如果用碳纤维等高性能增强材料则增强效果更加明显。

表 2.1.1 玻璃纤维对乙烯基酯树脂的增强作用

性　能	未增强	玻璃纤维增强
拉伸强度/MPa	80	260
弯曲强度/MPa	120	360
冲击强度/$(kJ \cdot m^{-2})$	10	300

作为树脂基复合材料的增强材料应具有以下基本特征:

(1)增强材料应具有能明显提高树脂基体某种所需特性的性能,如高的比强度、比模量、导热性、耐热性及较低的热膨胀性等,以便赋予树脂基体某种所需的特性和综合性能。

(2)增强材料应具有良好的化学稳定性。在树脂基复合材料制备和使用过程中其组织结构和性能不发生明显的变化和退化。

(3)与树脂有良好的浸润性和适当的界面反应,使增强材料与基体树脂有良好的界面结合。

(4)价廉。

为了合理地选用增强材料,设计制备高性能树脂基复合材料,就要求工作人员对各种增强材料的制造方法、结构和性能有一基本了解和认识,以下将分别介绍。

2.2 玻璃纤维

2.2.1 玻璃纤维的分类

（1）根据玻璃纤维的化学组成可分为：无碱纤维——含碱量在 1% 以下，低碱纤维——含碱量在 2%～6% 之间，有碱纤维——含碱量在 10%～16% 之间。

（2）根据玻璃纤维的外观形状可分为：长纤维、短纤维、空心纤维、卷曲纤维。

（3）根据纤维特性可分为：高强度及高模量纤维、耐高温纤维、耐碱纤维、普通纤维。

2.2.2 玻璃纤维的结构及组成

1. 玻璃纤维的结构

玻璃纤维的外观与块状玻璃完全不同，而且玻璃纤维的拉伸强度比块状玻璃高许多倍。但是经研究表明，玻璃纤维的结构仍与玻璃相同。

玻璃是无色透明的脆性固体，它是熔融物过冷时因黏度增加而具有固体物理机械性能的无定形物体，属各向同性的均质材料。关于玻璃结构的假说有多种，其中"微晶结构假说"和"网络结构假说"两种假说比较符合实际情况。

（1）微晶结构假说　微晶结构假说认为，玻璃是由硅酸盐或二氧化硅的"微晶子"所组成，这种"微晶子"在结构上是高度变形的晶体，在"微晶子"之间由无定形中间层隔离，即由硅酸盐过冷溶液所填充。

（2）网络结构假说　网络结构假说认为，玻璃是由二氧化硅四面体，铝氧四面体或硼氧三面体相互连成不规则的三维网络，网络间的空隙由 Na^+、K^+、Ca^{2+}、Mg^{2+} 等阳离子所填充。二氧化硅四面体的三维网状结构是决定玻璃性能的基础，填充的 Na^+、Ca^{2+} 等阳离子为网络改性物。玻璃网络结构示意图见图 2.2.1。

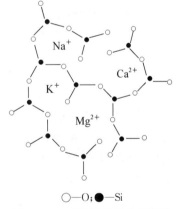

○—O；●—Si

图 2.2.1　玻璃网络结构示意图

2. 玻璃纤维的组成

玻璃纤维的化学成分主要是二氧化硅、三氧化硼，它们对玻璃纤维的性质和工艺特点起决定性的作用。以二氧化硅为主的称为硅酸盐玻璃，以三氧化硼为主的称为硼酸盐玻璃。加入氧化钠、氧化钾等碱性氧化物能降低玻璃的熔化温度和熔融黏度，使玻璃溶液中的气泡容易排除，故称为助熔氧化物。加入氧化钙、三氧化二铝等，能在一定条件下构成玻璃网络结构的一部分，改善玻璃的某些性质和工艺性能。常用玻璃纤维的组成见表 2.2.1。

表 2.2.1 常用玻璃纤维的组成

玻璃纤维种类	玻璃纤维组分/%						
	SiO_2	Al_2O_3	CaO	MgO	ZrO_2	B_2O_3	$Na_2O + K_2O$
E	53.3	16.3	17.3	4.4	/	8.0	0~3
C	65.0	4.0	14.0	3.0	/	6.0	8.0
S	64.3	25.0	10.3	/	/	/	0.3
G	71.0	1.0	/	/	16.0	/	2.5
A	72.0	0.6	10.0	2.5	/	/	14.2

注：E——无碱玻璃纤维；C——耐酸玻璃纤维；S——高强玻璃纤维；G——抗碱玻璃纤维；A——普通有碱玻璃纤维。

2.2.3 玻璃纤维的物理和化学性能

1. 玻璃纤维的物理性能

1) 玻璃纤维的外观和密度

与天然纤维或人造纤维不同,玻璃纤维的外观是光滑的圆柱体,横断面几乎是圆形。用于复合材料的玻璃纤维,直径一般为 5~20 μm,密度为 2.4~2.7 g/cm^3,有碱玻璃纤维的密度较无碱玻璃纤维的小。

2) 玻璃纤维的力学性能

玻璃纤维的拉伸强度很高,但是其扭转强度和剪切强度均较其他纤维低很多。

玻璃纤维的拉伸强度比相同成分的玻璃高很多,有碱玻璃的拉伸强度只有 40~100 MPa,而用它拉制的玻璃纤维,拉伸强度可达 2 000 MPa,强度提高 20~50 倍。有各种假说解释了玻璃纤维高强的原因,以下一些假说比较有说服力。

(1) 微裂纹假说 微裂纹假说认为,玻璃的理论强度取决于分子或原子间的吸引力,其理论强度很高,可达到 2 000~12 000 MPa。但强度的实际测试结果低很多,这是因为在玻璃或玻璃纤维中存在着数量不等、尺寸不同的微裂纹,因而大大降低了其强度。微裂纹分布在玻璃或玻璃纤维的整个体积内,但以表面的微裂纹危害最大。由于微裂纹的存在,玻璃纤维或玻璃在外力作用下,在微裂纹处产生应力集中,首先发生破坏。

玻璃纤维比玻璃的强度高很多,是因为玻璃纤维经高温成型时减少了玻璃溶液的不均一性,使微裂纹产生的机会减少;另外,玻璃纤维的断面较小,微裂纹存在的概率也减小,故使纤维强度增高。

(2) "冻结"高温结构假说 "冻结"高温结构假说认为,玻璃纤维在成型过程中,由于冷却速度很快,熔融态玻璃的结构被冻结起来,因而使玻璃纤维中的结晶、多晶转变以及微观分层等都较块状玻璃少很多,从而提高了玻璃纤维的强度。

(3) 分子取向假说 分子取向假说认为,在玻璃纤维成型过程中,由于拉丝机的牵引力作用,使玻璃纤维分子产生定向排列,从而提高了玻璃纤维的强度。

影响玻璃纤维强度的因素有很多,但是以下几点的影响较大。

① 纤维的直径和长度。在相同的拉丝工艺条件下制得的玻璃纤维,其直径越小拉伸强

度越高,测试结果见表 2.2.2。

表 2.2.2 玻璃纤维的直径对拉伸强度的影响

直径/μm	4	5	7	9	11
拉伸强度/MPa	3 000~3 800	2 400~2 900	1 750~2 150	1 250~1 700	1 050~1 250

玻璃纤维的长度对拉伸强度的影响见表 2.2.3。玻璃纤维的拉伸强度随其长度的增加而显著下降。玻璃纤维的直径和长度对强度的影响可以用微裂纹假说来解释,随着玻璃纤维的长度和直径的减小,纤维中的微裂纹会相应地减少,从而提高了纤维的强度。

表 2.2.3 玻璃纤维的长度对拉伸强度的影响

纤维长度/mm	纤维直径/μm	拉伸强度/MPa
5	13.0	1 500
20	12.5	1 210
90	12.7	360

② 化学组成。化学组成对玻璃纤维拉伸强度的影响见表 2.2.4。表中数据表明,含 K_2O 和 PbO 成分多的玻璃纤维强度较低。

表 2.2.4 化学组成对玻璃纤维拉伸强度的影响

纤 维 名 称	化学组成/%								拉伸强度[①]/MPa
	SiO_2	Al_2O_3	BaO	B_2O_3	MgO	K_2O	Na_2O	PbO	
铝硅酸盐玻纤	57.6	25	7.4	—	8.4	2.0	—	—	4 000
铝硼硅酸盐玻纤	54.0	14.0	16.0	10.0	4.0	—	2.0	—	3 500
钠钙硅酸盐玻纤	71.0	3.0	8.5	2.5	—	—	15.0	—	2 700
含铅玻璃纤维	64.2	0.3	—	—	—	12.0	2	21.5	1 700

① 玻璃纤维直径是 3 μm。

③ 存放时间。玻璃纤维存放一定时间后强度会降低,主要原因是空气中的水分对纤维侵蚀的结果。含碱量低的纤维强度下降小。例如,存放两年的无碱玻璃纤维强度下降很少,而存放两年的有碱玻璃纤维强度降低达 33%。

④ 负荷时间。随着对玻璃纤维施加负荷时间的增加,其拉伸强度降低,当环境湿度较高时更加明显。其原因可能是吸附在微裂纹中的水分,在外力作用下,使微裂纹扩展速度加快,从而导致强度降低。

玻璃纤维属弹性材料,应力-应变关系是一条直线,没有明显塑性变形阶段,其断裂延伸率在 3% 左右。玻璃纤维的弹性模量比木材、有机纤维高,但是比钢材的弹性模量低很多。

玻璃纤维的耐磨和耐扭折性很差,摩擦和扭折很容易使纤维受伤断裂。用表面处理的方法可以大大提高其耐磨和耐扭折性。例如,经 0.2% 阳离子活性剂水溶液处理后,玻璃纤维耐磨性比未处理的高 200 多倍。

3) 玻璃纤维的热、电性能

玻璃纤维的耐热性较高，其线膨胀系数为 $4.8 \times 10^{-6} \ ℃^{-1}$，软化点为 $550 \sim 850 \ ℃$。在 $250 \ ℃$ 以下，玻璃纤维的强度不变，但会发生收缩现象。玻璃纤维的耐热性是由化学成分决定的，石英和高硅氧玻璃纤维的耐热性可达 $2\,000 \ ℃$ 以上。

在外电场的作用下，玻璃纤维内的离子因产生迁移而导电。玻璃纤维的化学组成、环境温度和湿度是影响其导电性的主要因素。碱金属离子最容易迁移，因此，玻璃纤维组成中碱金属氧化物含量越多，其电绝缘性能就越差。例如，无碱玻璃纤维中碱金属离子比有碱玻璃纤维少很多，因此，无碱玻璃纤维的电绝缘性能大大优于有碱玻璃纤维。石英纤维和高硅氧纤维具有优异的电绝缘性能，室温下其体积电阻率为 $1 \times 10^{16} \sim 1 \times 10^{17} \ \Omega \cdot cm$，在 $700 \ ℃$ 的高温下，其介电性能亦无变化。

2. 玻璃纤维的化学性能

玻璃纤维的化学性能与其化学组成、纤维直径、介质及温度等有关。

1) 化学组成对玻璃纤维化学性能的影响

玻璃纤维的耐化学性能主要取决于其组成中的 SiO_2 及碱金属氧化物含量。其中 SiO_2 能大大提高玻璃纤维的化学稳定性，而碱金属氧化物会使其化学稳定性降低。在玻璃纤维组成中，增加 SiO_2、Al_2O_3、ZrO_2、TiO_2 含量都可以提高玻璃纤维的耐酸性能；增加 SiO_2、CaO、ZrO_2、ZnO 含量可以提高玻璃纤维的耐碱性能；增加 Al_2O_3、ZrO_2、TiO_2 含量可以大大提高玻璃纤维的耐水性能。

2) 纤维直径对玻璃纤维化学性能的影响

玻璃具有优异的耐化学性能，但用其制成玻璃纤维以后，玻璃纤维的耐化学性能远不如玻璃，玻璃纤维比表面积的大大增加是造成这种现象的主要原因。例如，质量为 $1\,g$，厚度为 $2\,mm$ 的玻璃，其表面积为 $5.1 \ cm^2$；而质量为 $1\,g$，直径为 $5 \ \mu m$ 的玻璃纤维的表面积则为 $3\,100 \ cm^2$。玻璃纤维受化学介质腐蚀的面积比玻璃大 608 倍，从而使玻璃纤维的耐化学性能大大下降。玻璃纤维直径对其耐化学性能的影响见表 2.2.5。表 2.2.5 中数据表明，玻璃纤维直径越小，其化学稳定性也越低。

表 2.2.5　玻璃纤维直径对其化学稳定性的影响

纤维直径/μm	玻璃纤维的失重/%			
	H_2O	2 mol/L HCl	0.5 mol/L NaOH	0.5 mol/L Na_2CO_3
6	3.75	1.5	60.3	24.8
8	2.73	1.2	55.8	16.1
19	1.26	0.4	30.0	7.6
57	0.44	/	10.5	2.2
881	0.02	/	0.7	0.2

3) 介质及温度对玻璃纤维化学性能的影响

有碱玻璃纤维由于组成中碱金属氧化物含量多，在水或空气中水分作用下容易发生水解,因此其耐水性较差。一般控制碱金属氧化物含量不超过13%。

石英、高硅氧玻璃纤维对水的化学稳定性极高,对任何浓度的有机酸或无机酸,即使在高温下都很稳定。在碱性介质中,石英、高硅氧玻璃纤维的稳定性较差,但是比普通玻璃纤维要好得多。在室温下,氢氟酸能破坏这种纤维,而磷酸则要在300℃以上才能将其破坏。

几种玻璃纤维的耐化学性实验数据见表2.2.6。表2.2.6的数据表明,无碱玻璃纤维的耐碱性比有碱玻璃纤维好,而有碱玻璃纤维的耐酸性比无碱玻璃纤维好得多。无碱玻璃纤维和有碱玻璃纤维的耐碱性都不好。耐酸玻璃纤维的耐水性和耐酸性能均比前两种纤维优越。

表 2.2.6　几种玻璃纤维的耐化学性能

纤维种类	耐水性, 水煮 1 h 失重/%	耐酸性,在 1 mol/L H_2SO_4 中煮沸 1 h 失重/%	耐碱性,在 0.1 mol/L NaOH 中煮沸 1 h 失重/%
E	1.7	48.2	9.7
C	0.1	0.1	—
A	11.1	6.2	13.5

注:E——无碱玻璃纤维;C——耐酸玻璃纤维;A——普通有碱玻璃纤维。

水对玻璃纤维的作用主要有两种:

(1) 吸附作用　玻璃纤维的比表面积很大,吸附水的能力比玻璃大得多。表面吸附的水既降低了纤维的电绝缘性能,又使纤维与树脂的黏结力减弱,从而影响复合材料的强度。

(2) 溶解作用　水能使玻璃纤维中的碱金属氧化物溶解,使其表面微裂纹扩展,降低了玻璃纤维的强度。

2.2.4　玻璃纤维及其制品的生产工艺

玻璃纤维的生产方法有坩埚法和池窑法两种。池窑法拉丝的优点是省掉了制球工艺。

1. 坩埚法

坩埚法生产玻璃纤维由制球和拉丝两部分组成。首先根据纤维的质量要求,配料制球,检验合格的玻璃球用来拉制玻璃纤维。图2.2.2为用坩埚法拉制玻璃纤维的生产工艺示意图。

加入坩埚中的玻璃球用电加热的方式熔化成液态,在重力作用下从坩埚底部的漏板中流出,用拉丝机以1 000～3 000 m/min的速度拉制成直径很细的玻璃纤维。从坩埚中拉出的玻璃纤维叫单丝,单丝经过浸润剂槽集束而成原丝。原丝的粗细与单丝直径及漏板孔数有关。原丝经排纱器缠到绕丝筒上,经过质量检验,合格后的原丝送往纺织工序加工。

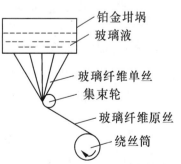

图 2.2.2　坩埚法拉丝示意图

2. 池窑法

池窑法拉丝工艺是将玻璃原料直接加入窑内熔融、澄清、均化后,经漏板孔流出,单丝涂覆浸润剂并集束后,由拉丝机缠到绕丝筒上。与坩埚法相比,池窑法生产工艺具有拉丝操作稳定性好,断头飞丝少,单位能耗低等优点。所以池窑法已成为主要的玻璃纤维生产方法。

浸润剂在玻璃纤维拉丝和纺织过程中的作用是使纤维黏结集束、润滑耐磨、消除静电等,保证拉丝和纺织工序的顺利进行。浸润剂有两类,一类为纺织型浸润剂,主要满足纺织加工的需要,其主要成分有石蜡、凡士林、硬脂酸、变压器油、固色剂、表面活性剂和水。但是这类浸润剂不利于树脂和玻璃纤维的黏结,因此在使用时要经过脱蜡处理。另一类是增强型浸润剂,是专门为了生产增强用玻璃纤维发展起来的,它除了能满足纤维生产工艺要求外,还要满足纤维制品加工以及玻璃纤维复合材料成型中的多方面要求,更主要的是改善树脂对纤维的浸润性,提高树脂与纤维的黏结力。这类浸润剂的主要成分有成膜剂(如水溶性树脂或树脂乳液)、偶联剂、润滑剂、润湿剂和抗静电剂等。

生产玻璃纤维制品的主要设备是纺织机和织布机,其工艺流程如图 2.2.3 所示。

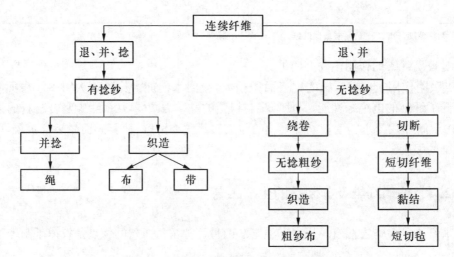

图 2.2.3　玻璃纤维制品生产工艺流程图

2.2.5　玻璃纤维制品的性能

1. 玻璃纤维无捻粗纱

玻璃纤维由于直径、股数不同而有很多规格。国际上通常用"tex"来表示玻璃纤维的不同规格。"tex"是指 1 000 m 长原丝的质量(单位为 g)。例如,1200tex 就是指 1 000 m 长的原丝的质量为 1 200 g。

无捻粗纱是由原丝或单丝集束而成的,前者是指多股原丝络制而成的无捻粗纱,亦称多股无捻粗纱;后者是指从漏板拉下来的单丝集束而成的无捻粗纱,亦称直接无捻粗纱。一般无捻粗纱的单丝直径为 13～23 μm。

为了适应不同的复合材料成型工艺、产品性能、基体类型,需采用不同类型的浸润剂,所以就有各种用途的无捻粗纱。

1)喷射成型用无捻粗纱

复合材料的喷射成型工艺对无捻粗纱的性能要求如下:① 切割性好,切割时产生的静电少,偶联剂常用有机硅和有机铬(沃兰)化合物;② 分散性好,切割后分散成原丝的比例要达到90%以上;③ 贴模性好;④ 浸润性好,能被树脂快速浸透,气泡易于驱赶;⑤ 丝束引出性好。

2)SMC 用无捻粗纱

在制造 SMC 片材时将无捻粗纱切割成 25 mm 的长度,分散在树脂糊中。对 SMC 无捻粗纱的性能要求是:短切性能好,抗静电性能好,容易被树脂浸透,硬挺度适宜。

3)缠绕用无捻粗纱

缠绕用无捻粗纱一般采用直接无捻粗纱,对其要求如下:① 成带性好,成扁带状;② 退解性好;③ 张力均匀;④ 线密度均匀;⑤ 浸润性好,易被树脂浸透。

4)织造用无捻粗纱

织造用无捻粗纱主要用于织造各种规格的方格布和单向布。对织造用无捻粗纱的要求有:① 良好的耐磨性,在纺织过程中不起毛;② 良好的成带性;③ 张力均匀;④ 退解性好,从纱筒退卷时无脱圈现象;⑤ 浸润性好,能被树脂快速浸透。

2. 无捻粗纱方格布

方格布是无捻粗纱平纹织物,可用直接无捻粗纱织造,主要用于手糊复合材料制品。无捻粗纱方格布在经纬向强度最高,在单向强度要求高的情况下,可以织成单向方格布,一般在经向布置较多的无捻粗纱。

对无捻粗纱方格布的质量要求是:① 织物均匀、布边平直(从手糊成型工艺角度,布边最好是毛边)、布面平整、无污渍、不起毛、无皱纹等;② 单位面积、质量、布幅及卷长均符合标准;③ 浸润性好,能被树脂快速浸透;④ 力学性能好;⑤ 潮湿环境下强度损失小。

用无捻粗纱方格布制成的复合材料的缺点是层间剪切强度低,耐压和疲劳强度差。

3. 短切原丝毡

将玻璃纤维原丝或无捻粗纱切割成 50 mm 长,将其均匀地铺设在网带上,随后撒上聚酯粉末黏结剂,加热熔化然后冷却制成短切原丝毡。所用玻璃纤维单丝直径为 $10 \sim 12~\mu m$,原丝集束根数为 50 根或 100 根。短切毡的单位面积质量为 $150 \sim 900~g/m^2$,常用的是 $450~g/m^2$。

按照黏结剂在树脂中溶解速度的不同,短切毡可分为高溶解度型和低溶解度型。前者适用于手糊成型工艺,能使树脂快速浸透毡片;后者适用于 SMC 等模压成型工艺,以防止在模压时树脂将纤维冲掉。

短切原丝毡应达到如下要求:① 单位面积质量均匀,无大孔眼形成,黏结剂分布均匀;② 毡强度适中,在使用时根据需要可以容易地将其撕开;③ 优异的浸润性,能被树脂快速浸透。

4. 连续原丝毡

将玻璃原丝呈 8 字形铺设在连续移动网带上,经聚酯粉末黏结剂黏结而成。单丝直径为 $11\sim20~\mu m$,原丝集束根数为 50 根或 100 根,单位面积质量范围为 $150\sim650~g/m^2$。

连续原丝毡中的纤维是连续的,因此用其制造复合材料时的增强效果优于短切毡,可用于复合材料的拉挤成型工艺、RTM 成型工艺以及增强热塑性塑料(GMT)。

5. 表面毡

表面毡由于毡薄、玻璃纤维直径小,可形成富树脂层,树脂含量可达 90%,因此使复合材料具有较好的耐化学性能、耐候性能,并遮盖了由方格布等增强材料引起的布纹,起到了较好的表面修饰效果。

表面毡单位面积质量较小,一般为 $30\sim150~g/m^2$,其制造方法常用湿法造纸工艺。

6. 缝合毡

用缝编机将短切玻璃纤维或长玻璃纤维缝合成毡,短切玻璃纤维缝合毡可代替短切毡使用,而长玻璃纤维缝合毡可代替连续原丝毡。其优点是不含黏结剂,使树脂的浸透性好,价格较低。

7. 加捻玻璃布

加捻玻璃布有平纹布、斜纹布、缎纹布、纱罗和席纹布等。

1) 平纹布

平纹布是指每根经纱(或纬纱)交替地从一根纬纱(或经纱)的上方和下方穿过织成的织物。平纹布结构稳定、布面密实,但变形性差,适合于制造平面复合材料制品。在各种织物中,平纹结构的织物强度较低。

2) 斜纹布

斜纹布是指经纬纱以三上一下的方式交织形成的织物。斜纹布手感柔软,具有一定的变形性,强度高于平纹布,适合于复合材料的手糊成型工艺。

3) 缎纹布

缎纹布是指纬纱以几上一下的方式交织所形成的织物。缎纹布由于浮经或浮纬较长,纤维弯曲少,制成的复合材料制品具有较高的强度。

4) 纱罗和席纹布

纱罗是指每一根纬纱处有两根经纱绞合的织物,其特点是稳定性好。席纹布是指两根或多根经纱,在两根或多根纬纱的上下进行交织的织物。

8. 单向布

单向布是指用粗经纱和细纬纱织成的四经破缎纹或长轴缎纹布。其特点是在经向具有高强度。

9. 三维织物

三维编织技术是 20 世纪 80 年代初发展起来的新型技术,三维织物是由二维织物发展而来的,由其增强的复合材料具有良好的整体性,大大提高了复合材料的层间剪切强度和抗损伤能力。三维织物的类型有机织、针织、编织、细编穿刺等。三维织物的形状有柱状、管状、块状及变厚度异形截面等。它是用编织的方法编织出复合材料用零件预制品的新兴工艺。大量实验表明,三维编织结构不但能大幅度地提高复合材料的强度和刚度,而且使其具有良好的抗损坏性与抗冲击性。三维编织技术提供了制作多功能结构复合材料的手段。

1)三维编织技术的特点

三维编织技术是纱线平面相互交错实现立体交织的编织方法。它在工艺上的突出特点是具有编织异形整体织物的能力,能够按照零件的形状和尺寸大小直接编织出复合材料零件的预制品。三维编织技术的另一特点是能够有效地控制复合材料内的纤维体积含量。三维编织工艺的这些特点对复合材料的设计、制造及产品质量都十分有利,从而使三维复合材料具有优于其他复合材料的独特性能。

2)三维编织复合材料的性能

三维织物复合材料与传统织物的最大区别在于它除了 x、y 两个方向纱线外,在 x、y 的平面法线方向还有 Z 向纱线,是三维立体结构。三维编织复合材料的压缩强度、弯曲强度、弯曲模量都大大地超过了二维编织物和层压板,三维编织物优良的力学性能见表 2.2.7。

表 2.2.7 不同编织物复合材料的力学性能

	三维编织	二维编织	层压板
压缩强度/MPa	557	299	245
弯曲强度/MPa	1 094	576	321
弯曲模量/GPa	81	58	63

由于三维编织物在 z 轴方向有纤维增强,不存在层间界面。因此,这种结构有很高的抗损伤性、抗撕裂性和抗剪性,并且不存在层间剥离问题。

三维编织物具有良好的抗损伤性。在三维编织结构复合材料试片上钻孔,然后再观察拉伸强度的变化,实验结果表明,复合材料三维编织结构钻孔后仍能保持 90% 以上的拉伸强度。

三维编织物具有良好的耐烧蚀性。利用三维编织技术制作的复合材料比三向正交复合材料和缠绕复合材料有更好的耐烧蚀性能。表 2.2.8 列出了碳/酚醛树脂用不同工艺制作的复合材料的性能对比。从表中可以看出三维编织复合材料的烧蚀率比三向正交复合材料的烧蚀率下降约 20%,这充分说明了三维编织物具有良好的耐烧蚀性。

表 2.2.8 不同工艺制作的复合材料性能对比

材料制作工艺	拉伸强度/MPa	拉伸模量/GPa	线烧蚀率/$(mm \cdot s^{-1})$
三维编织	>500	35.5	0.18
三向正交	402	36.4	0.22
斜向缠绕	24	7.8	0.22

2.3 芳纶纤维

2.3.1 概述

聚合物的主链由芳香环和酰胺基构成,每个重复单元中酰氨基的氮原子和羰基均直接与芳环中的碳原子相连接的聚合物称为芳香族聚酰胺树脂,由其纺成的纤维总称为芳香族聚酰胺纤维,简称芳纶纤维。

芳纶纤维有两大类:全芳族聚酰胺纤维和杂环芳族聚酰胺纤维。全芳族聚酰胺纤维主要包括聚对苯二甲酰对苯二胺和聚对苯甲酰胺纤维、聚间苯二甲酰间苯二胺和聚间苯甲酰胺纤维、共聚芳酰胺纤维等。杂环芳族聚酰胺纤维是指含有氮、氧、硫等杂原子的二胺和二酰氯缩聚而成的芳酰胺纤维。

芳纶纤维的种类繁多,但是聚对苯二甲酰对苯二胺纤维作为复合材料的增强材料应用最多。例如,美国杜邦公司的 Kevlar 系列、荷兰 AKZO 公司的 Twaron 系列、俄罗斯的 Terlon 纤维都是属于这个品种。

2.3.2 芳纶纤维的制备

聚对苯二甲酰对苯二胺(PPTA)是以对苯二甲酰氯或对苯二甲酸和对苯二胺为原料,在强极性溶剂(含有 LiCl 或 $CaCl_2$ 增溶剂的 N-甲基吡咯烷酮)中,通过低温溶液缩聚或直接缩聚反应而得,其反应式如下:

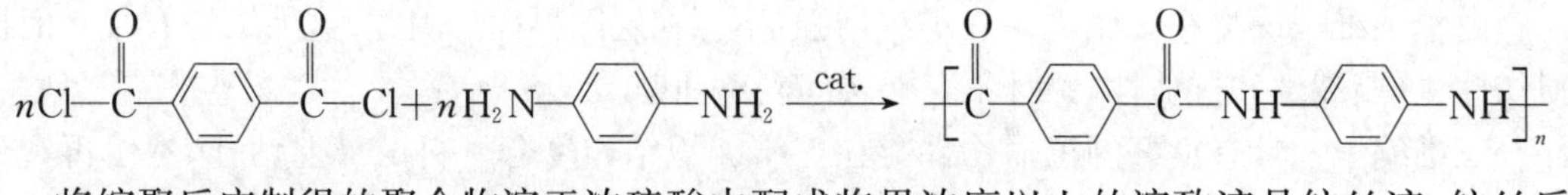

将缩聚反应制得的聚合物溶于浓硫酸中配成临界浓度以上的溶致液晶纺丝液,纺丝后经洗涤、干燥或热处理,可以制得各种规格的纤维。

2.3.3 芳纶纤维的结构与性能

PPTA 的化学结构是由苯环和酰胺基组成的大分子链,酰胺基接在苯环的对位上。由于大共轭的苯环难以内旋转,大分子链具有线型刚性伸直链构型。因此,芳纶纤维具有高强度和高模量的特点。PPTA 分子链中的酰胺基是极性基团,酰胺基团上的氢能够和另一个分子链中可供电子的羰基形成氢键,构成梯形聚合物。这种聚合物具有良好的规整性,因此具有高度的结晶性。在纺丝过程中,PPTA 在临界浓度的浓硫酸中形成向列型液晶态,聚合物呈一维取向有序排列,成纤时在剪切力作用下容易沿作用力方向取向。采用干喷湿纺法液晶纺丝工艺可抑制卷曲或折叠链产生,使分子链沿轴向高度取向,形成几乎为100%的次晶结构。

PPTA 的晶体结构为单斜晶系,在每个单胞中含有两个大分子链,链间由氢键交联形成 bc 片晶,层间是严格对齐的,并且结构中 bc 片晶堆叠占优势,只有极少量的非晶区。纤维中的分子在纵向具有近乎平行于纤维轴的取向,在横向是平行于氢键片层的辐射状取向。在液晶纺丝时常见少量正常分子杂乱取向,称为轴向条纹或氢键片层的打褶,即 PPTA 的辐射状打褶结构,如图 2.3.1 所示。

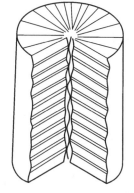

图 2.3.1　PPTA 的辐射状打褶结构模型

PPTA 纤维还具有微纤结构、皮芯结构、空洞结构等不同形态结构的超分子结构。纤维的这种更高层次的有序微纤形态的形成,以及微纤聚集成束和相互间条状微纤的相连也有利于纤维承担更大载荷。

PPTA 纤维具有如下特点:高拉伸强度、高拉伸模量、低密度;优良的减震性、耐磨性、耐冲击性、抗疲劳性、尺寸稳定性;良好的耐化学腐蚀性能;低膨胀、低导热、不燃、不熔等突出的热性能;优良的介电性能。Kevlar 纤维与某些纤维的性能比较见表 2.3.1。表 2.3.1 数据表明,Kevlar 纤维的密度低于 E-玻璃纤维,Kevlar-49 的模量也比 E-玻璃纤维高得多。因此,Kevlar-49 可以用作高性能复合材料的增强材料。

表 2.3.1　Kevlar 纤维与某些纤维的性能比较

性　　能	Kevlar-29	Kevlar-49	E-玻璃纤维	尼　龙
密度/(g·cm^{-3})	1.44	1.45	2.54	1.14
拉伸强度/MPa	2 820	2 820	3 400	1 300
拉伸模量/GPa	59.8	133.8	71.0	6.3
断裂伸长率/%	4.0	2.4	4.0	19.0

2.3.4　芳纶纤维的应用

1. 增强材料

1)在航空航天方面的应用

由于芳纶纤维的比强度、比模量优于高强度玻璃纤维,因此作为航空航天用复合材料的增强材料,芳纶纤维具有明显的优势。美国的 MX 陆基机动洲际导弹的三级发动机和新型潜射"三叉戟Ⅱ"D5 导弹的第三级发动机都采用了 Kevlar 纤维增强的环氧树脂缠绕壳体。苏联的 SS-24、SS-25 机动洲际导弹各级固体发动机也都采用了芳纶壳体。

芳纶-环氧复合材料还大量地用于制造飞机的材料,如发动机舱、中央发动机整流罩、机翼与机身整流罩、挂架整流罩、方向舵和升降舵后缘、应急出口门和窗。以芳纶-环氧无纬布和薄铝板交叠铺层,经热压而成的 ARALL 超混复合层板是一种具有许多超混杂优异性能的新型航空结构材料。它的比强度和比模量都高于优等铝合金材料,疲劳寿命是铝的 100～1 000 倍,阻尼和隔声性能也较铝好,机械加工性能比芳纶复合材料好。

2) 在船艇方面的应用

与玻璃纤维制造的船艇相比,一艘 7.6 m 长的用芳纶纤维制造的船,其船体质量减轻 28%,整船减轻 16%的质量;消耗同样燃料时,速度提高 35%,航行距离也延长了 35%。用芳纶纤维制造的船艇,尽管一次性投资较大,但因节约燃料,在经济上是合算的。

3) 在汽车上的应用

用芳纶纤维制造汽车零部件具有明显的节省燃料的效果,同时也大大提高了汽车的性能。常用的部件有缓冲器、门梁、变速箱支架、压簧、传动轴、刹车片等。

芳纶纤维代替玻璃纤维在赛车上的应用,可减重 40%,同时提高了赛车的耐冲击性、振动衰减性和耐久性。

4) 在建筑材料方面的应用

芳纶纤维在建筑材料方面主要用于增强混凝土。芳纶纤维可直接用于增强混凝土,具有较好的增强效果;也可以制成网格形状的芳纶-环氧复合材料,再用于增强混凝土。用其增强的混凝土具有强度高、质量轻、耐腐蚀的特点,特别适用于桥梁、码头及化工厂的设施。芳纶-环氧复合材料也可以用作桥梁和大型建筑的修补材料。

2. 防弹制品

1) 防弹装甲板

芳纶复合材料板、芳纶与金属或陶瓷复合装甲板已广泛用于装甲车、防弹运钞车、直升机防弹板、舰艇装甲防护板,也用于制造防弹头盔。

2) 防弹背心

用芳纶纤维制成的软质防弹背心具有优良的防弹效果。第一代防弹芳纶纤维是 Kevlar-29 和 Twaron-1000,第二代防弹芳纶纤维是 Kevlar-129 和 Twaron CT-2000。

3. 其他应用

1) 缆绳

芳纶纤维可用作降落伞绳、舰船及码头用缆绳、海上油田用支撑绳等。

2) 传送带

芳纶增强的橡胶传送带能用于煤矿、采石场和港口,也可用于食品烘干线传送带。

3) 特种防护服装

芳纶纤维织物可用作特种防护织物,如消防服、赛车服、运动服、手套等产品。

4) 体育用品

芳纶纤维可用于制造弓箭、弓弦、高尔夫球棍、滑雪板以及自行车架等。

2.4 碳纤维

2.4.1 概述

碳纤维的发展最早可追溯到 1860 年 J. Swon 研制但未成功地试用于灯泡的灯丝。

1880 年 T. A. Edison 成功研制出白炽碳丝灯泡,而真正有工业化意义的应该是从 1959 年美国联合碳化物公司黏胶基碳纤维工业化,同年日本人 A. Shindo 发明了用聚丙烯腈(PAN)原丝制取碳纤维的新方法并申请了专利算起。历时 40 余年的风雨历程,碳纤维的发展已初具规模。

碳纤维是由有机纤维在惰性气氛中加热至 1 500 ℃所形成的纤维状碳材料,其碳含量为 90%(质量分数)以上,纤维结构为沿纤维轴向排列的不完全石墨结晶,各平行层原子堆积不规则,缺乏三维有序,呈乱层结构。如果将碳纤维在 2 500 ℃以上进一步碳化,其碳含量大于 99%(质量分数)。碳纤维已由乱层结构向三维有序的石墨结构转化,称之为石墨纤维。碳纤维和石墨纤维层面主要是以碳原子共价键相结合,而层与层之间主要是由范德瓦耳斯力相连接,因此碳纤维是各向异性材料。

鉴于碳纤维及其复合材料具有的优异性能,其在宇宙飞船、人造卫星、航天飞机、导弹、原子能、航空以及一般工业部门中都得到了日益广泛的应用。碳纤维作为太空飞行器部件的结构材料和热防护材料,不仅可满足苛刻环境的要求,而且还可以大大减轻部件的质量,提高有效载荷、航程或射程。

碳纤维复合材料的使用还解决了许多技术关键问题。例如,在导弹战斗部的稳定裙中采用碳纤维复合材料后,可使弹体重心前移,从而提高命中精度,并解决弹体的平衡问题。使用碳-碳复合材料做导弹鼻锥时,烧蚀率低且烧蚀均匀,从而提高了导弹的突防能力和命中率。碳纤维增强的树脂基复合材料是宇宙飞行器喇叭天线的最佳材料,它能适应温度骤变的太空环境。

尽管碳纤维复合材料是为满足航天、导弹、航空等部门的需要而发展起来的高性能材料,但一般工业部门对产品的质量和可靠性要求不如上述部门严格,故开发应用的周期较短,推广应用速度更快。例如,用碳纤维复合材料制造汽车,可减轻汽车的质量,从而节省燃料,并可减少环境污染。碳纤维复合材料可用于汽车中不直接承受高温的各个部件,例如传动轴、支架、底盘、保险杠、弹簧片、车体等。价格昂贵是阻碍汽车工业大量使用碳纤维复合材料的主要原因。

根据所用原料不同,碳纤维可以分为:① 聚丙烯腈基碳纤维;② 沥青基碳纤维;③ 纤维素基碳纤维;④ 酚醛基碳纤维;⑤ 其他有机纤维基碳纤维。

用气相催化法可以合成出晶须状纳米碳纤维,这种碳纤维具有广泛的应用前景。

2.4.2 碳纤维的制造方法

1. 热解法制造碳纤维

碳纤维种类较多,制造方法各异。碳纤维的主要制造方法是热解有机纤维,表 2.4.1 列出了一些有机纤维及制造碳纤维的产率。依靠不同的原料和生产方法,可以生产出不同强度和模量的碳纤维,热解法制造碳纤维的工艺包含以下一些基本步骤:

(1) 纤维化 聚合物熔化或溶解后制成纤维。

(2) 稳定(氧化或热固化) 通常在相对低的温度(200～450 ℃)和空气中进行,这个过程使这些聚合物纤维在以后高温中不被熔化。

(3) 碳化 一般在 1 000～2 000 ℃的惰性气体(通常是 N_2)保护下进行,纤维经过碳化后,其含碳量一般可达到 85%～99%。

(4) 石墨化　在 2 500 ℃以上的氩气保护下进行,纤维在石墨化后,碳含量可达到 99% 以上,同时纤维内分子排列具有很高的定向程度。

表 2.4.1　一些有机纤维的结构和制造碳纤维的产率

原　料	结　构	产率(质量分数)/%
黏胶 Rayon	$(C_6H_{10}O_5)_n$	20～25
聚丙烯腈 PAN	$+CH_2—CH+_n$ $\quad\quad\quad CN$	45～50
中间相沥青 Mesophase pitch		78～85

本节以聚丙烯腈基碳纤维为例说明碳纤维的制造方法,也对气相法制造碳纤维作简要介绍。

聚丙烯腈基碳纤维的制造工艺流程如图 2.4.1 所示。

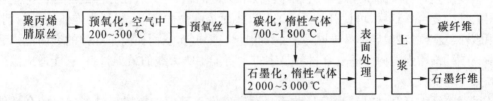

图 2.4.1　聚丙烯腈基碳纤维的制造工艺流程图

1) 聚丙烯腈原丝的生产

影响碳纤维质量的因素是多方面的,除了碳纤维的制造工艺是决定其质量的主要因素以外,原丝的质量对其也有重要的影响。因此,如何制得高质量的聚丙烯腈原丝,是碳纤维制造过程中的关键技术之一。

聚丙烯腈原丝是以丙烯腈为原料,经自由基聚合反应得到聚合物后纺丝制得的。

(1) 原丝生产中影响质量的因素　影响原丝质量的因素主要有以下三方面:

① 杂质和灰尘。丙烯腈单体中所含杂质和纺丝过程工作环境中的灰尘对原丝质量均有影响。它们会在纤维的合成过程中存在于纤维表面和内部形成缺陷,导致原丝强度降低。而这些缺陷又会不变地保留在碳纤维中,造成碳纤维产品的强度下降。

② 聚合物相对分子质量。聚合物相对分子质量对 PAN 原丝以及碳化得到的碳纤维性能有很大的影响。随着相对分子质量的增大,表现为特性黏度加大,分子间范德瓦耳斯力增大,分子间不易滑移,相当于分子间形成了物理交联点,因此其力学性能提高。但相对分子质量也不应过高,否则黏度太大纺丝困难,得到的纤维易变脆。因此,丙烯腈聚合物相对分子质量宜控制在 8×10^4 左右。

③ 聚合物结晶度、分子取向度。聚合物的结晶度高,分子间排列紧密有序,孔隙率低,分子间相互作用增强,使链段不易运动,提高了聚合物的强度。分子取向度的提高也可使碳纤维的强度得到提高,因为通过牵伸使分子沿轴向排列,使轴向抗拉强度提高。但也应防止过度牵伸,因为过度牵伸会造成碳纤维中产生裂纹和缺陷。

(2) 提高原丝质量的方法　提高原丝质量的方法有以下几种:

① 提高丙烯腈单体原料纯度,减少杂质。聚合物相对分子质量控制在 8×10^4 左右。

② 纺丝液应多次脱泡过滤,除去原料中的气泡、粒子等杂质。

③ 纺丝环境应保持干净、清洁,减少灰尘。

④ 原丝生产中应注意提高其结晶度和取向度。

2) 聚丙烯腈原丝的预氧化

预氧化过程的主要目的是使链状聚丙烯腈分子发生交联、环化、氧化、脱氢等化学反应,放出 H_2O、HCN、NH_3 和 H_2 等分解产物,形成耐热的梯形结构,可以承受更高的碳化温度和提高碳化收率以改善其力学性能。预氧化是一复杂的放热反应过程,因此,如何缓和剧烈的放热和减少热裂解、异构等副反应是预氧化过程主要考虑的问题。在预氧化时可给予纤维一定的牵引力,使纤维中分子链沿纤维轴取向伸展。

影响预氧化的主要因素有温度、处理时间、气氛介质及牵引力等。

(1) 预氧化程度的控制　聚丙烯腈纤维的预氧化程度对制备高性能碳纤维有着重大的影响,因此提出了各种控制预氧化程度的指标。

① 氧含量。预氧丝中的氧含量一般控制在 8%～10%,这是因为在预氧化时氧与纤维反应形成各种含氧结构,碳化时大部分氧与聚丙烯腈中的氢作用,逸出水并促使相邻链间交联,使纤维的强度和模量得到提高。但是氧过量则会以 CO 和 CO_2 的形式从碳链中将碳原子拉出,这既降低了碳化收率,又在纤维中留下缺陷,使碳纤维的力学性能变差。

② 芳构化指数。预氧化时聚丙烯腈纤维结构将发生变化,随着预氧化程度的增加,聚丙烯腈纤维在 $2\theta = 17°$ 的衍射强度 S_1 逐渐减弱,在 $2\theta = 26°$ 的衍射强度 S_2 逐渐增强,若以 $AI = S_2/(S_1 + S_2)$ 作为预氧丝的芳构化指数,则其数值随预氧化程度的增加而增大。

对碳纤维的性能来说,并非预氧化程度愈高愈好。一般当 AI 值为 0.5 时,大约相当于纤维中 50% 的聚合物产生环化,其预氧化程度较为合适,有报道认为 AI 值在 0.5～0.6 内最佳。

③ 残存氰基浓度。在预氧化过程中,氰基大部分转化到梯形结构中,仅有小部分以挥发产物逸出,也有极少部分残存。残存的氰基浓度与其红外吸收光谱($2\,240\ cm^{-1}$)强度有关。残存氰基量大表明预氧化不充分。根据原丝种类和一定的工艺条件可以找出残存氰基量与碳纤维性质之间的关系,并可作为控制预氧化程度的依据。

④ 吸湿率。聚丙烯腈纤维的吸湿性差,随着预氧化程度的增加,纤维的吸湿性逐渐增强。纤维在标准温度和湿度环境中,达到平衡所吸附的水分的百分含量称之为纤维的吸湿率。有报道认为,预氧丝的吸湿率在 6%～9% 之间为好,其吸收水分波动率在 1% 以内,最好在 0.5% 以下,因其波动率越小,则原丝质量越均匀,所得到预氧丝的质量也越好,相应碳纤维质量波动率也就越小。

(2) 热处理温度和时间　预氧化程度主要是由热处理温度和时间两个因素决定的,因此,可通过热处理温度和时间的调整来找出最佳的预氧化条件。同一纤维在不同温度下用最佳预氧化程度制得的碳纤维,其强度并不完全一样。例如,于 205 ℃ 氧化时,碳纤维的抗拉强度为 1 200 MPa;而在 215 ℃ 处理时,可增大到 1 400 MPa。所以,选择最佳的预氧化温度是相当重要的。

早期的预氧化为了避免纤维的剧烈放热以及丝束中单丝的热积累而导致的局部过热、纤维间相互融结,一般都是在低温下进行长时间的预氧化,如在 200～220 ℃预氧化 10 h。因氰基环化为一级反应,温度对其反应速度有很大影响。温度上升 10 ℃,反应速度约增加 1 倍;若上升 50 ℃,则增加 32 倍。因此,如果能适当提高预氧化温度就能显著提高碳纤维的生产能力。聚丙烯腈纤维在 240～260 ℃时分子运动剧烈,并因热分解,分子链开始裂解,所以提高温度时必须相应地提高纤维的热稳定性,并且把预氧化工艺从单一的低温预氧化发展成从 180 ℃到 280 ℃的连续式或阶段式梯度升温,从而使裂解等副反应控制在最低限度,大大缩短预氧化时间。

预氧化时间与许多因素有关。其中,单丝的纤度对预氧化时间有很大影响,单丝越粗所需的预氧化时间也越长。恒温预氧化时,Layden 提出所需的时间根据原丝的 tex 数及热处理温度而定,可按下列经验公式计算:

$$\lg t = 5\,900/T - 10.6 + \lg(d/1.85)$$

式中 t——时间,h;

T——绝对温度,K;

d——原丝的 tex 数。

Bahl 等发现上述方程仅适用于空气中处理均聚聚丙烯腈原丝,如果在氧气中处理,方程式右边第三项中的数字 1.85 应以 4.63 代替;若在氧气中处理共聚原丝,应以 9.4 代替。

有报道认为,当预氧化处理时,如果能在 5～20 min 内使纤维的吸湿率达 4%,就可使纤维中的微孔变小,所得碳纤维的断裂伸长率增大,纤维截面呈扁平状,强度也更高。

3) 预氧丝的碳化

碳化是在高纯度的惰性气体保护和一定的张力下将预氧丝加热至 1 000～1 500 ℃,以除去其中的非碳原子(H、O、N 等)。碳化过程中纤维进一步发生交联、环化、缩聚、芳构化等化学反应,放出 H_2、H_2O、NH_3、HCN、CO、CO_2、CH_4 和少量焦油类物质,生成碳含量约为 95%(质量分数)的碳纤维。惰性气体既起防止氧化的作用,又是排除裂变产物和传递能量的介质。碳化时的关键是丝束的出入口应严密密封,使炉内压力超过外压,避免空气中氧带入炉内并在高温下与碳起氧化反应使纤维烧断或造成缺陷。碳化炉的结构、温度分布、密封程度以及最佳工艺参数的选择都对产品性能有重要影响。

(1) 预处理及反应气氛 预氧丝的吸水性很强,在湿度较大的空气中会吸收一定量的水分,这些水分若带到碳化炉内,在 300 ℃以上将与碳纤维起反应,使之强度降低。在碳化之前,如果于 100～280 ℃将纤维烘干,则有利于提高碳纤维的强度。

碳化时保护气体多用高纯氮,其中氧含量应小于 1.0×10^{-5}。用高纯氩气作保护气体有利于聚丙烯腈纤维分子间脱氮的交联反应,但成本太高,工业生产中很少使用。

(2) 升温速率 早期的研究认为,预氧丝在碳化时的速率不能过高,否则由于快速分解会造成纤维内部形成孔隙裂纹,因此,升温速率需控制在 0.5 ℃/min 或 10 ℃/min 以下。但实践证明,快速碳化也能制取高质量的碳纤维,其速率可达 400～750 ℃/min。为避免纤维受到过大的热冲击,开始时升温速率应较慢。例如,预氧丝以 30 ℃/min 升至 600 ℃,再以 1 000 ℃/min 加热至 1 300 ℃,并在此温度下保持 20 s,得到的碳纤维强度为 3 500 MPa;如果以 10 ℃/min 一直加热到 1 300 ℃时,那么得到的碳纤维强度仅为 1 650 MPa。

4) 碳纤维的石墨化处理

通常,碳纤维是指热处理到 1 000～1 500 ℃ 的纤维,石墨纤维是指加热到 2 000～3 000 ℃ 的纤维。所谓石墨纤维并不意味着纤维内部完全为石墨结构,仅仅表明热处理的温度更高而已,一般多将碳纤维和石墨纤维统称为碳纤维。

石墨化初期,纤维中残留的 N、H 等非碳原子进一步被脱除,聚合物中芳构化碳增加,转化成类似石墨层面的结构,内部紊乱分布的乱层石墨在石墨化时进一步靠拢,转化为类似石墨的结晶状态。此时,结晶增大,结晶态碳的比例增加,沿纤维轴的取向也增加。随温度的进一步提高,纤维的模量增加,强度下降,断裂伸长率变小,完全转化为脆性材料。

聚丙烯腈纤维碳化后其结构已比较规整,所以石墨化时所需时间很短,一般为几十秒或几分钟即可。在超高温度下,石墨和碳的蒸气压很高,在这种高温条件下碳纤维表面的碳可能蒸发,使其质量减小,并使纤维表面产生缺陷,从而降低其强度。如果在压力下进行石墨化,则可得到强度较高的石墨纤维。用扫描电镜观察石墨纤维的表面,可发现在加压和不加压两种条件下所得到的石墨纤维的表面形态结构相差很大,常压条件下所得到的石墨纤维表面粗糙,有较多的空隙和缺陷存在。

氮气在 2 000 ℃ 以上能与碳反应生成氰,故碳纤维在 2 000 ℃ 以上石墨化处理时多用氩气作为传热介质和保护气体。采用的高纯氩气在进入石墨化炉之前还应进行特殊处理,以防微量氧带入炉内,因为微量氧在高温下不仅对纤维的危害极大,而且会使石墨材质的炉管寿命大大缩短。

2. 气相法制造碳纤维

气相法制造碳纤维分两种:基板法和气相流动法。

1) 基板法

预先将催化剂喷洒或涂布在陶瓷或石墨基板上,然后将载有催化剂的基板置于石英或刚玉反应管中,再将低碳烃或芳烃与氢气混合通入反应管,在 1 100 ℃ 下通过基板,在催化剂粒子上形成的碳丝以 30～50 mm/min 的速率生长,可以得到直径 1～100 μm、长为 300～500 mm 的碳纤维,常用的催化剂有铁、镍微粒和硝酸铁溶液。若以乙炔和氢气混合气为原料,在 750 ℃ 下通过镍板或镍粉催化剂,则可得到螺旋状碳纤维。此法为间歇式生产,产率很低,约为 10%。

2) 气相流动法

将低碳烃、芳烃、脂环烃等原料与铁、钴、镍超细粒子和氢气组成三元混合体系,在 1 100～1 400 ℃ 下,铁或镍等金属微粒被氢气还原为新生态熔融金属液滴,在铁微粒催化剂液滴下形成空心的直线形碳纤维;在镍微粒催化剂液滴下则形成螺旋状碳纤维。用此法可制得直径 0.5～1.5 μm、长度为数毫米的碳纤维,其拉伸强度可达 5 000 MPa,拉伸模量为 650 GPa。

2.4.3　碳纤维的性能

碳纤维具有低密度、高强度、高模量、耐高温、耐化学腐蚀、低电阻、高热传导系数、低热膨胀系数、耐辐射等优异的性能。其数据见表 2.4.2。

表 2.4.2　碳纤维的性能

项　　目	碳　纤　维				石　墨　纤　维	
	通用型	T-300	T-1000	M-40J	通用型	高模型
密度/(g·cm^{-3})	1.70	1.76	1.82	1.77	1.80	1.81~2.18
拉伸强度/MPa	1 200	3 530	7 060	4 410	1 000	2 100~2 700
比强度/(10^6 cm)	7.1	20.1	38.8	24.9	5.6	9.6~14.9
拉伸模量/GPa	48	230	294	377	100	392~827
比模量/(10^8 cm)	2.8	13.1	16.3	21.3	5.6	21.7~37.9
断裂伸长率/%	2.5	1.5	2.4	1.2	1.0	0.3~0.5
电阻率/(10^3 Ω·cm)	/	1.87	/	1.02	/	0.22~0.89
热膨胀系数/(10^{-6} K^{-1})	/	−0.5	/	/	/	−1.44
热导率/(W·m^{-1}·K^{-1})	/	8	/	38	/	84~640
含碳质量分数/%		90~96				>99

注：T-300 为标准型；T-1000 为高强型；M-40J 为高强高模型。

2.4.4　碳纤维的表面处理

碳纤维制备过程中，纤维经碳化和石墨化处理后，碳含量达 96%～99%。由于碳纤维为圆截面，比表面积小，边缘活性原子少，表面能低，表面与树脂接触角大，使得纤维与树脂接触不良，表面惰性大大增加，同时碳纤维存在脆性和抗氧化性差等缺点。为了改变其表面性能，提高与基体的结合能力，碳纤维一定要进行表面处理后与基体材料复合，加工成复合材料。碳纤维的表面处理通常有表面氧化处理、涂层处理、电聚合和电沉积处理、等离子体处理等方法。

氧化处理有气相、液相、阳极氧化三类。所有的氧化处理都是减量处理，即纤维在氧化的刻蚀作用下，被清洁、剥离和粗化。

涂层法一般多应用沉积涂层法，在高温或还原气氛中使金属卤化物等以碳化物的形式在纤维表面形成沉积膜。

电聚合法是将纤维作为阳极，在电极液中加入含不饱和的丙烯酸酯、苯乙烯、丙烯腈等大单体，通过电极反应产生自由基，在纤维表面发生聚合形成含有大分子支链的碳，以提高碳纤维表面活性。

对碳纤维进行等离子体表面处理的研究和应用成果较多。目前，常用的方法有：

(1) 冷等离子体表面处理　在低压(2～20 Pa)下，通过电感耦合而使气体产生等离子。依气体的化学活性不同，可分为惰性气体(N_2、Ar、He)等离子体处理和活性气体(O_2、NH_3、CO_2)等离子体处理。

（2）电晕放电等离子体处理 使用的气体可以是惰性气体或活性气体。碳纤维表面等离子体处理后,拉伸强度不下降,复合材料的层间剪切强度提高 70% 左右。

此外,采用液相涂层、气相氧化对碳纤维进行处理,可使碳纤维的拉伸强度增加 10%～40%,与基体界面的结合层增厚。因为涂层能填补碳纤维表面缺陷,消除应力集中。但涂层会引入一个与基体的弱连接面,导致界面脱黏。通过气相氧化,涂层中的有机物缩合为大分子与碳纤维表面缺陷中的不饱和碳原子形成化学键,抑制了缺陷的副作用,改善了与基体的结合。

2.4.5 碳纤维的应用

由于碳纤维高温抗氧化性能差和韧性较差,所以很少单独使用,主要用作各种复合材料的增强材料。其主要用途有以下几个方面:

（1）航空航天方面 在航空工业中,碳纤维可以用作航空器的主承力结构材料,如主翼、尾翼和机体;也可以用于次承力构件,如方向舵、起落架、扰流板、副翼、发动机舱、整流罩及碳-碳刹车片等。

在航天工业中,碳纤维可用作导弹防热及结构材料,如火箭喷嘴、鼻锥、防热层,卫星构架、天线、太阳能翼片底板,航天飞机机头、机翼前缘和舱门等。

（2）交通运输方面 碳纤维复合材料可用来制造汽车传动轴、板簧、构架等,也可用于制造快艇、巡逻艇、鱼雷快艇等。

（3）运动器材 用碳纤维可制造网球拍、羽毛球拍、棒球杆、曲棍球杆、高尔夫球杆、自行车、滑雪板,以及赛艇的壳体、桅杆、划水桨等。

（4）其他工业 碳纤维可用来制造化工耐腐蚀复合材料制品,如泵、阀、管道、贮罐。碳纤维复合材料还是较好的桥梁和建筑物的修补材料,并广泛用于制造医疗器械和纺织机的部件等。

2.5 聚苯并双噁唑纤维

2.5.1 概述

聚苯并双噁唑纤维(Poly-p-phenylenebenzobisoxazole,缩写 PBO)是由美国道化学公司(Dow Chemical Co.)最早研制,而后由日本东洋纺公司开发的新型产品。PBO 纤维的拉伸强度和模量为 Kevlar 纤维的 2 倍并兼有间位芳纶耐热阻燃的性能,其物理化学性能完全超过迄今在高性能纤维领域处于领先地位的 Kevlar 纤维。一根直径为 1 mm 的 PBO 细丝可吊起 450 kg 的物品,其强度是钢丝纤维的 10 倍以上。PBO 纤维因其具有高强度、高模量、耐高温、阻燃等优异特性,正在许多关键技术和重大工程领域中得到应用。

2.5.2 PBO 纤维的制造

PBO 纤维的合成方法有许多种,其中由 2,6-二氨基间苯二酚盐酸盐与对苯二甲酰氯

在甲磺酸(MSA)溶剂中进行加热缩聚,由于该制造方法反应时间短、产率高,较为普遍采用。缩聚反应如下式所示:

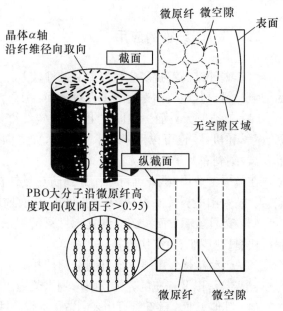

缩聚反应形成的聚合物,通过干喷湿纺法制成纤维。但是其纺丝时的距离较之 PPTA 纺丝时要长 10 倍左右(PPTA 为 5～10 mm),这主要是由 PBO 分子链较缓慢的取向松弛所导致的。PBO 溶液是易致液晶的,刚性的分子链很容易取向,纺丝挤出后很快成型,因而其取向指数高达 95%。直径为 10～50 nm 的微原纤中 PBO 分子链在纺丝过程中取向,然后通过干喷湿纺法制成纤维。PBO 纤维的结构见图 2.5.1,晶胞沿 α 轴存在择优取向,并沿着纤维横截面半径的方向排列。除了大约厚度为 0.2 μm 的皮层外,在微原纤之间有微小的孔隙。

图 2.5.1　PBO 纤维的结构

2.5.3　PBO 纤维的结构与性能

已公布的 PBO 纤维的各项性能见表 2.5.1,表中显示 PBO 纤维具有很好的耐热性能。在同等外部条件下,它的热承受能力比对位芳纶高出 100 ℃左右,极限氧指数为 68,是有机纤维中最高的。在空气中的热分解温度为 650 ℃,316 ℃下经过 100 h 仍能保持其质量不变;PBO 无熔点,即使在高温下也不熔融,工作温度可达 330 ℃左右。据报道,PBO 纤维具有较高的热稳定性,可以在 500～550 ℃下短期使用,也可在 300 ℃下长期使用而维持其超高模量和强度。

表 2.5.1　PBO 纤维的主要性能

纤维品种	断裂强度 /(N·tex^{-1})	模 量 /GPa	断裂伸长率 /%	密 度 /(g·cm^{-3})	极限氧指数 LOI	热分解温度 /℃
PBO(高模量)	3.7	280	2.5	1.56	68	650
PBO(普通丝)	3.7	180	3.5	1.54	68	650

PBO 纤维的吸湿性比芳香族聚酰胺低,吸湿以后的物理性能下降也少。其耐化学药品性能很好,特别是耐有机溶剂、耐碱等性能均比其他纤维好,最终燃烧分解几乎不产生有害

气体。该纤维不仅力学性能和耐热性能在有机高分子纤维中是较好的,而且具有一般刚性结构纤维所不能比拟的柔软性,利用这个特性,可以编织纱线、毛毡等制品。

在耐化学性方面,PBO 纤维对于所有的碱性溶液和有机溶剂是比较稳定的,其强度没有什么明显的变化。可是,一旦 PBO 纤维处于酸性条件下,它的拉伸断裂强度会急速下降,耐酸性能极其不佳。另外,PBO 纤维的耐光性也不是很好,处于紫外光线的可见光范围中,强度会下降。

2.5.4 PBO 纤维的应用

PBO 纤维产品的形式有长丝、短切纤维和加捻纱。应用领域大致可分为利用其高强度、高模量的特性,用于制造张紧、辅强材料和防弹制品,另一类是利用耐热特性制造防护服。下面列举几种具体用途:

(1)张紧材料 利用纤维的高模量、尺寸稳定性、绝缘性,可以作为光纤的加强件。它的特性可使绳索、缆绳的直径减小,或者采用相同直径绳索而使通信容量增加。在橡胶增强领域可以替代钢丝作为轮胎径向的辅强纤维,可使轮胎轻量化,起到节省能量的作用。

(2)高性能帆布 竞技赛艇用帆主要是用以高强高模纤维为原料的片状薄板式制品制成的。为使帆布在受到风吹时具有最小限度的变形程度,就必须寻求模量最高的纤维来制造赛艇用帆,PBO 纤维优良的力学性能在此得到了很好的应用。

(3)桥梁用缆绳 钢丝缆绳由于其自重问题而不能用于长度较长的桥梁,因此希望用质量轻而强度高的缆绳,比强度高、尺寸稳定性好的 PBO 纤维在此有用武之地。

(4)运动器材 利用 PBO 纤维质轻、高模等特性,制成网球拍、滑雪杖、弓弦、骑马套装等运动用器材。

(5)耐热材料 PBO 纤维在耐热材料领域内正在替代石棉。另外,正在试探采用 PBO 纤维在 350 ℃以下领域替代芳香族聚酰胺纤维等难燃纤维,而在 350 ℃以上领域取代不锈钢纤维或者陶瓷纤维等无机纤维。由于无机纤维比较硬和脆,在制备复合材料中容易出现损伤,影响了它的用途,而有机纤维比较柔软,完全可以有效避免这种损伤。由于过去的有机纤维耐热性不够,而现在 PBO 纤维的分解温度达到 650 ℃,可以在以往难以使用有机纤维的 350 ℃以上的高温领域中使用 PBO 纤维作为制备复合材料的增强纤维。

(6)消防服 PBO 纤维具有很好的阻燃性,作为消防服的衣料是最合适的。PBO 纤维接触火焰之后炭化也很慢,安全性显著提高。由于其优良的阻燃性,完全有可能成为制作消防服的衣料选择。

(7)航天方面 在航天方面,为了减轻负担,特别需要比强度高的材料,PBO 纤维适合于做在宇宙空间使用的扣子、带子等,PBO 纤维可以适应宇宙空间的大温差环境。今后,可以期待像 PBO 纤维这样的超级纤维在人类开拓太空的过程中作出更大的贡献。

2.6 超高相对分子质量聚乙烯纤维

2.6.1 概述

超高相对分子质量聚乙烯纤维(UHMW-PE)是以超高相对分子质量聚乙烯为原料,采用凝胶纺丝法-超倍拉伸技术制得的。UHMW-PE是用Ziegler-Natta催化剂,以低压聚合技术制得的线型高密度聚乙烯,相对分子质量大于100万,密度为$0.96 \sim 0.98 \text{ g/cm}^3$。结构规整,易结晶,晶体强度的理论值为31 GPa,结晶模量的理论值为316 GPa,晶格中分子链呈平面锯齿状。

UHMW-PE具有高模量、高耐磨性、高韧性和优良的自润滑性的特点。UHMW-PE是非极性材料,吸水率低于0.01%,其耐磨性是已知聚合物中最高的,其耐冲击性比聚甲醛高14倍,比ABS高4倍;它还具有优异的介电性能和耐化学性能。但是,UHMW-PE的耐热性较低,一般在100 ℃以下使用。

2.6.2 UHMW-PE纤维的制造

UHMW-PE纤维是以相对分子质量大于100万的超高相对分子质量聚乙烯为原料,采用凝胶纺丝法-超倍拉伸技术制得。凝胶纺丝法是溶液纺丝,它兼具熔融纺丝和干法纺丝的特点。制得的聚合物溶液经喷丝板挤出后固化成初生态凝胶纤维,初生态凝胶原丝经脱溶剂、干燥、超倍拉伸等工艺处理后,制得分子链高度取向的超高强度、超高模量的高性能纤维,该工艺方法制得纤维的取向度大于85%。

1. 凝胶纺丝原理

从分子结构角度考虑,最接近理论极限强度的聚合物是高密度线型聚乙烯,其分子具有平面锯齿形的简单结构,没有大体积的侧基,结晶度好,分子链间无较强的结合键,这些结构特征可以大大减少缺陷的产生,是顺利进行高倍拉伸的关键。当纤维的大分子链完全伸展,并沿纤维轴伸直平行取向时,纤维的极限强度是大分子链极限强度的加和,分子链的极限强度可由分子链上碳-碳原子间的共价键强度和分子截面积计算得到。根据Peterlin形态结构模型,用常规纺丝法制得的纤维中,微原纤由折叠链中片晶和非晶区交替排列呈串联的连接方式,要提高纤维的强度和模量就必须增加非晶区的缠结分子数。在拉伸力的作用下,非晶区的大分子逐渐被拉直形成缠结分子,晶区的折叠链逐渐伸展成伸直链,纤维的微观结构向单一的伸直链结晶结构过渡,使纤维的强度和模量向理论值靠拢。以下几方面是使纤维达到高性能化的关键因素:

(1) 提高聚合物的相对分子质量,把分子链间缠结点密度降低至适当的程度。

(2) 提高非晶区缠结分子的含量,使非晶区的大分子在拉伸初期转化为缠结分子,从而能承受较大张力,有利于实现高倍拉伸。

（3）减少晶区折叠链含量,增加伸直链的含量。

（4）非晶区缠结分子均匀分散于连续的伸直链结晶基质中。

2. 凝胶纺丝技术

用凝胶纺丝法-超倍拉伸技术制备 UHMW-PE 纤维的工艺流程如图 2.6.1 所示。

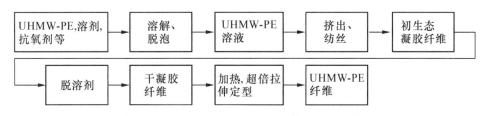

图 2.6.1 UHMW-PE 纤维的制备工艺流程

1）原料的选择

原料的性能如相对分子质量及其分布、颗粒大小及其分布、堆密度和色相等,对 UHMW-PE 纤维的性能有极大影响。要求 UHMW-PE 的相对分子质量高,相对分子质量分布窄,颗粒度小于 200 μm,颗粒度分布均匀,堆密度为 0.35~0.45 g/cm^3,符合上述要求的原料具有优异的可纺性,并有利于伸直链结晶的形成和超长分子链的取向。但是,相对分子质量也不宜过高,因为相对分子质量过高引起分子链缠结,严重的会不利于溶解。即使能溶解,由于黏度太大,只能配成低固体含量的溶液,提高了工业化生产的成本。

2）凝胶溶液的制备

UHMW-PE 极难溶解,用常规方法要在较高温度（150 ℃）下长时间搅拌,在搅拌过程中 UHMW-PE 的相对分子质量会急剧下降。随着黏度的增加,溶液中的气泡难以脱净,使制得的凝胶溶液纺丝加工性能低下。将 UHMW-PE 加入良溶剂（如十氢萘）中,采用特殊的溶解工艺使其从初生态聚合物的折叠堆砌和分子链内及分子链间缠结等多层次的复杂形态结构转变成解缠大分子链在溶剂中充分伸展的形态结构,制成一定浓度（5%左右）的均质凝胶纺丝溶液,这种凝胶溶液具有较好的流动性和可纺性。凝胶溶液中大分子链的解缠程度与链形态、凝胶溶液的浓度有关,而且大分子链的解缠程度也与溶剂性质、溶解温度、溶解方式、溶解设备的各项参数等多种因素有关。

凝胶溶液的浓度是制备均质凝胶溶液和影响可纺性及高性能化的关键,从 UHMW-PE 链结构特征出发,在被拉伸的初生态凝胶纤维结构中,必须维持有一定量的缠结大分子,使它在拉伸力的作用下既不易产生分子链的滑移又不致使内应力集中。溶液浓度过低,大分子链间的缠结几乎不存在,在受到拉伸力时,大分子链间很容易产生滑移,不利于整个分子链的伸展。要使分子链伸展,必须以极低的拉伸速率进行拉伸,在工业上,这种方法无实际意义。如果溶液的浓度过高,分子链内和分子链间的缠结较多,这种溶液的流动性能会变差,不稳定流动行为严重,初生态纤维中由于缠结点太多而无法达到高倍拉伸的效果。只有适当浓度的凝胶溶液形成的初生态凝胶纤维,在一定的张力、温度、拉伸速率作用下,才能使纤维发生形变,分子链沿拉伸力方向伸展,从而实现超倍拉伸。

工业上,高性能 UHMW-PE 纤维的制备常用十氢萘为溶剂,溶液浓度以 5% 为最佳。溶液的制备是先配制成均匀的悬浮溶液,再进入双螺杆进行连续凝胶溶液的制备。

3）初生态凝胶原丝的制备

均质凝胶溶液在纺丝温度下经喷丝头挤压入几十毫米的空气层后直接进入水浴冷却成型，形成初生态凝胶纤维。凝胶溶液在喷丝孔道内受剪切力作用，部分溶剂被析出，大量溶剂仍保留于凝胶纤维中，这些溶剂充满整个网络结构。经脱溶剂干燥后的干凝胶纤维呈白色多孔状，其形态似干燥的丝瓜筋络，这种形态结构能保证其在超倍拉伸过程中承受较高的拉伸张力，并具有良好的拉伸稳定性。

4）干凝胶纤维的超倍拉伸

由纺丝成型制得的初生态 UHMW－PE 凝胶纤维，本身强度很低、伸长大、结构不稳定，无实用价值。只有在有效拉伸倍数大于 20 时，才能将折叠链结构的 PE 结晶结构逐渐转变为 PE 伸直链结晶结构，从而发挥出 UHMW－PE 的高强、高模的优异特性。

要提高纤维的强度和模量，必须提高拉伸倍数，影响最大拉伸倍数（λ_{max}）的因素很多，主要有以下几方面：

（1）聚合物初始浓度　浓度过低（0.1%），不能形成凝胶；浓度过高缠结数增多，不利于拉伸进行。

（2）聚合物的相对分子质量　相对分子质量愈高，λ_{max} 愈大，$\lambda_{max} \propto M_w^{0.5}$。

（3）聚合物的相对分子质量分布　相对分子质量分布愈窄，λ_{max} 愈大。

（4）拉伸温度　拉伸温度高有利于 λ_{max} 的提高。对 UHMW－PE 纤维的超倍拉伸一般须经过三个阶段：

① 初期。拉伸温度较低，为 90～133 ℃，拉伸倍数在 15 以下，发生的是肩颈拉伸，纤维结构主要发生折叠链片晶和分离的微纤的运动。

② 中期。随拉伸温度的提高（143～145 ℃）和拉伸倍数的提高，发生的是均一拉伸，运动的折叠链片晶开始熔化，分离的微纤逐渐聚集，纤维形变能增大。

③ 后期。当拉伸温度高于 143 ℃时，分子运动剧烈，聚集的微纤分裂、熔化的折叠链片晶解体，在拉伸力的作用下重排成伸直链结晶。

2.6.3　UHMW－PE 纤维的性能

UHMW－PE 纤维具有优异的综合性能：相对密度小于 1；是目前强度较高的纤维，能达到优质钢的 15 倍；模量仅次于特种碳纤维；还具有耐腐蚀、耐海水、耐磨、耐紫外线辐射等特性。UHMW－PE 纤维的性能见表 2.6.1。

表 2.6.1　UHMW－PE 纤维的性能

项　目	性　能	项　目	性　能
吸湿性	无	介电强度/(kV·cm^{-1})	900
沸水收缩率/%	<1	介电常数	2.25
耐酸性	优	介质损耗角正切	2×10^{-4}
耐碱性	优	蠕变性能(22 ℃, 24 h, 20%负荷)/%	0.01
耐化学试剂	优	轴向拉伸强度/GPa	3

项　　目	性　能	项　　目	性　能
耐紫外光	优	轴向拉伸模量/GPa	100
熔点/℃	144～152	轴向压缩强度/GPa	0.1
热导率(沿纤维轴)/(W·m^{-1}·K^{-1})	20	轴向压缩模量/GPa	100
热膨胀系数/K^{-1}	-12×10^{-6}	横向拉伸强度/GPa	0.03
电阻率/(Ω·cm)	$>10^{14}$	横向拉伸模量/GPa	3

2.6.4　UHMW－PE 纤维的表面处理

UHMW－PE 纤维由于聚乙烯大分子无极性基团,无化学活性,表面能很低,纤维与树脂之间难以产生化学键结合,纤维分子与树脂分子间不易产生较强的相互作用力,纤维也不易被树脂浸润。纤维表面光滑,纤度较高,比表面积小,也不利于纤维与树脂的黏结。

改善纤维黏结强度的有效方法之一是在纤维的表面引入反应性基团,使之能与基体材料分子上的基团反应,同时,又能增加纤维表面能,并改善纤维的浸润性。引入反应性基团通常采用化学刻蚀、接枝、涂层和氧化等方法,但因纤维的化学惰性,很难改善纤维的表面黏结性。低温等离子体表面改性能有效地提高纤维的表面能,并引入极性基团,产生刻蚀,从而提高和改善纤维与树脂的结合能力,而对纤维的性能损伤很小。

有机气体或蒸气可通过等离子态形成聚合物,在纤维表面形成涂层,从而改变其表面性能。如:丙烯胺等离子处理 UHMW－PE 纤维时,在纤维表面形成的聚合物层中含有大量的一级胺,少量的二级、三级胺及亚胺等官能团,还有羰基($-\overset{\text{O}}{\overset{\|}{\text{C}}}-$)、氰基($-\text{C}\equiv\text{N}$)等不饱和官能团,与空气结合后还生成少量的羰基、酰胺、醚、羧基官能团,使纤维的界面黏结性有所改善,但对纤维本身强度有轻微的损伤。

日本三菱化成公司对浸渍环氧树脂前的 UHMW－PE 纤维进行火焰处理,制得的预浸料和片材适用于作船舶的结构构件和建筑板材。Stamicarbon 公司采用在氧或二氧化碳中进行电晕放电来处理 UHME－PE 纤维表面,大大提高了纤维对聚酯、环氧和聚酰氨基材的黏结性,处理后纤维的熔点可提高 8 ℃。另外,在纺丝液中添加填料也可改善纤维的黏结性、浸润性。

2.6.5　UHMW－PE 纤维的应用

由于 UHMW－PE 纤维优异的综合性能,特别是极高的比强度和比模量,因此具有广泛的应用前景。目前,其主要应用于复合材料的增强材料、织物、无纺织物、绳、缆等。

1. 增强材料

以 UHMW－PE 纤维为增强材料制成的复合材料具有比强度高、耐冲击性能好、减震性能好等优点。因此,常用其制造防弹背心、防护用头盔、飞机结构部件、坦克的防碎片内衬等材料。而且用 UHMW-PE 纤维增强的复合材料具有优异的介电性能,可用于制造雷达罩、X 光室工作台等。

2. 织物

UHMW-PE 纤维能吸收较高的能量,用机织、针织的方法织成的织物可以制成各类防护服,如防护手套、防切割用品、击剑服、船帆等。

3. 无纺织物

UHMW-PE 纤维的无纺织物是由单向结构组成的层片,纤维互相平行排列,这种特殊的无纺织物具有优异的防弹性能。由其制得的防弹背心柔韧性、穿着舒适性好,具有较好的防弹、防钝伤性能,能迅速地将冲击能量分散,从而在防弹背心内侧引起较小的凸起。

4. 绳、缆等

由 UHMW-PE 纤维制造的绳、缆等制品,具有质量轻、寿命长、纤维接头少、耐海水、耐紫外线、破断长度大大高于其他高强度纤维等特点,可用作船舶的绳缆。

2.7 M5 纤维

2.7.1 概述

聚(2,5-二羟基-1,4-苯撑吡啶并二咪唑)纤维是由阿克苏·诺贝尔(Akzo Nobel)公司开发的一种新型液晶芳族杂环聚合物,简称 M5 或 PIPD。M5 纤维不仅具有与 PBO 纤维相似的刚性分子结构,分子间还具有很强的氢键。其化学结构式为:

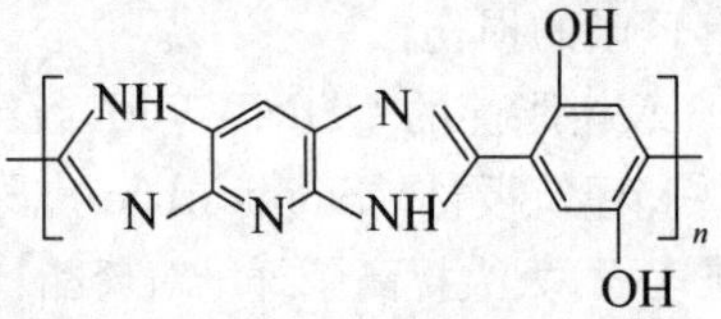

2.7.2 M5 纤维的制备

M5 纤维的制备方法是通过 2,3,5,6-四氨基吡啶(TAP)与 2,5-二羟基对苯二甲酸(DHTA)的聚合反应,反应过程如下:

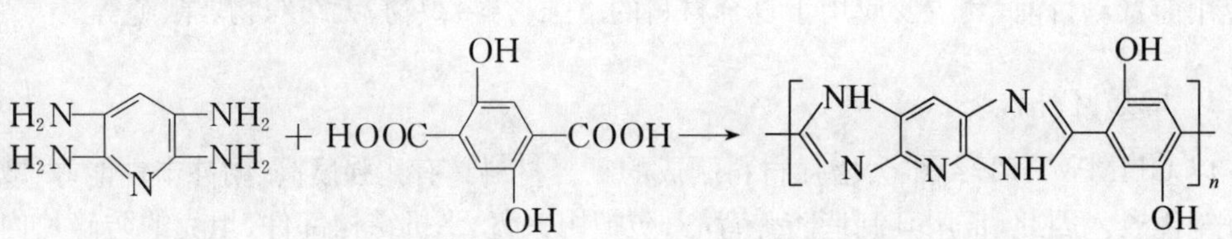

TAP 的合成可由 2，6 - 双氨吡啶(DAP)制得，TAP 和 DHTA 可直接聚合生成 M5 聚合物，通过液晶纺丝技术制成纤维，在纺丝过程中可得到普通型 M5 纤维(AS - M5)和高模量 M5 纤维(HM - M5)。

2.7.3　M5 纤维的分子结构特征和性能

在 M5 纤维分子链的方向上存在大量的—OH 和—NH 基团，容易形成强的氢键。M5 纤维分子间沿着 Y 方向都有氢键(方向是聚合物主链的方向)，即大分子间和大分子内的 N—H—O 和 O—H—N 双向氢键结构，这种独特的晶体结构可看作是氢键结合网络，这一点通过 X 射线衍射法及其他方法已经确认。双向氢键结合网络，类似一个蜂窝，形成了很强的结合力，加固了分子链间的横向作用。

M5 纤维类似 PBO 纤维的刚性结构决定了它具有高的耐热性和热稳定性。经测试，M5 纤维在空气中热分解温度为 530 ℃，超过了芳香族聚酰胺纤维，与 PBO 纤维接近；M5 纤维的极限氧指数(LOI)为 59，在阻燃性能方面优于芳纶。M5 纤维特殊的分子结构，使其除具有高强度和高模量外，还具有良好的压缩与剪切特性，剪切模量和压缩强度分别可达 7 GPa 和 1.7 GPa，优于 PBO 纤维和芳香族聚酰胺纤维，在目前所有聚合物纤维中强度最高。

与 PBO、UHMW - PE 或芳纶纤维相比，M5 纤维的高极性使其能更容易与各种树脂基体黏结。采用 M5 纤维加工复合材料产品时，无需添加任何特殊的黏合促进剂。M5 纤维在与各种环氧树脂、不饱和聚酯和乙烯基树脂复合成形过程中，不会出现界面层，且具有优良的耐冲击和耐破坏性。

表 2.7.1 列出了几种高性能纤维的性能值，从表中可以看出，M5 纤维的各项性能指标都接近或超过其他纤维，其突出的特性表现为：模量和强度高于同体积的钢；模量高于其他合成纤维和碳纤维；与树脂黏结性能好，耐火能力强；紫外光照射下非常稳定；不导电，耐腐蚀等。

表 2.7.1　高性能纤维的力学和物理特性

指　　标	碳纤维	UHMW - PE 纤维	芳纶纤维	PBO 纤维	M5 纤维(实验值)
抗拉强度/GPa	3.6	3.4	3.2	5.8	5.7
断裂伸长率/%	1.5	4.0	2.0	2.5	1.5
拉伸模量/GPa	230	98.0	115	280	330
压缩强度/GPa	2.10	/	0.58	0.40	1.70
压缩应变/%	0.90	/	0.50	0.15	0.50
密度/(g · cm^{-3})	1.80	0.97	1.45	1.56	1.70
极限氧指数 LOI/%	/	/	29	68	59
空气中热老化起始温度/℃	800	150	450	550	530

2.7.4　M5 纤维的应用与展望

M5 纤维优良的综合性能，使其在应用方面具有相当的竞争力。它能用于许多碳纤维适用的领域,可以替代 PBO、UHMW - PE 或芳纶纤维等高性能纤维。目前,对 M5 纤维的研究已从实验室研发阶段进入了小样生产阶段,实现大规模商业化生产还需做大量的工作。M5 纤维可用来制备复合材料、加工防弹衣及相关制品、缆绳、防火材料等,未来也将会在航空航天、汽车工业等领域得到广泛应用。

2.8 陶瓷纤维

陶瓷纤维是一种高性能的增强材料,主要用于增强金属、陶瓷和聚合物。陶瓷纤维可以分为氧化物系和非氧化物系。氧化物系陶瓷纤维的主要品种有氧化铝纤维、氧化锆纤维等,非氧化物系陶瓷纤维的主要品种有碳化硅纤维、氮化硼纤维、硼纤维等。

2.8.1 氧化铝纤维

氧化铝可以有 γ、δ、η 和 α 等多种晶态,但其中只有 α - 氧化铝是热力学上稳定的晶态。氧化铝纤维是多晶陶瓷纤维,主要成分为氧化铝,并含有少量的 SiO_2、B_2O_3 或 Zr_2O_3、MgO 等组分。氧化铝纤维的制法有较多报道,以下两种是典型的方法。

1. 熔融纺丝法

首先将氧化铝在电弧炉或电阻炉中熔融,用压缩空气或高压水蒸气等喷吹熔融液流,使之呈长短、粗细不均的短纤维,这种制造方法称之为喷吹工艺。这种方法制备的纤维质量受压缩空气喷嘴的形状及气孔直径大小的影响。连续氧化铝纤维的制法是将熔融的氧化铝引入到一个带有毛细管或锐孔的坩埚中,由于毛细现象熔融氧化铝液体在毛细管尖端形成弯曲面,在尖端处放置氧化铝的晶核并连续稳定地向上拉引,得到连续单晶纤维。当拉引速度为 150 mm/min 时,得到的纤维直径为 50~500 μm,拉伸强度达到 2~4 GPa,拉伸模量为 460 GPa。

2. 淤浆纺丝法

该法是把 0.5 μm 以下的氧化铝微粒在增塑剂羟基氧化铝和少量的氯化镁组成的淤浆液中进行纺丝,然后在 1 300 ℃ 的空气中烧结,就成为氧化铝多晶体纤维,再在 1 500 ℃ 气体火焰中处理数秒,使结晶粒之间烧结,得到连续的氧化铝纤维。在某些情况下,纤维表面覆盖一层 0.1 μm 厚的非晶态 SiO_2 膜,可以大大改善纤维与金属的浸润性与结合力。用此法制得的氧化铝纤维,直径为 20 μm,拉伸强度为 2.0 GPa,拉伸模量为 390 GPa。

氧化铝纤维具有优异的机械性能和耐热性能。氧化铝的熔点是 2 040 ℃,但是由于氧化铝从中间过渡态向稳定的 α - Al_2O_3 转变在 1 000~1 100 ℃ 发生,因此,由中间过渡态组成的纤维在该温度下由于结构和密度的变化,强度显著下降。故在许多制备方法中将硅和硼的成分加入纺丝液中,以控制这种转变,提高纤维的耐热性。氧化铝纤维可用作高性能复合材料的增强材料,特别是在增强金属、陶瓷领域有着广阔的应用前景。表 2.8.1 列出了 3M 和 ICI 公司生产的部分氧化铝纤维的性能。

表 2.8.1　一些氧化铝纤维的性能

纤维类型	组　　　分	直径 /μm	密　度 /(g·cm^{-3})	拉伸强度 /MPa	弹性模量 /GPa
3M					
Nextel312	$Al_2O_3 - 62$，$SiO_2 - 24$，$B_2O_3 - 14$	10～12	2.7	1 700	152
Nextel440	$Al_2O_3 - 70$，$SiO_2 - 28$，$B_2O_3 - 2$	10～12	3.05	2 000	186
Nextel480	$Al_2O_3 - 70$，$SiO_2 - 28$，$B_2O_3 - 2$	10～12	3.05	2 070	220
Nextel550	$Al_2O_3 - 73$，$SiO_2 - 27$	10～12	3.03	2 240	220
Nextel610	$Al_2O_3 - 99^+$，$SiO_2 - 0.2～0.3$，$Fe_2O_3 - 0.4～0.7$	10 - 12	3.75	1 900	370
ICI					
Saffil	$Al_2O_3 - 96$，$SiO_2 - 4$	3	2.3	1 000	100
Saphikon	单晶 Al_2O_3	70～250	3.8	3 100	380
Sumitomo	$Al_2O_3 - 85$，$SiO_2 - 15$	9	3.2	2 600	250

2.8.2　碳化硅纤维

碳化硅纤维是典型的陶瓷纤维,在形态上有晶须和连续纤维两种。连续碳化硅纤维按制备工艺的不同可以分为两种:一种是化学气相沉积法制备碳化硅纤维,在连续的钨丝或碳丝芯材上沉积碳化硅制得;另一种是用先驱体转化法制得连续碳化硅纤维。

1. 化学气相沉积法制备碳化硅纤维

化学气相沉积法(CVD)制备的碳化硅纤维是一种复合纤维。其制法是在管式反应器中采用水银电极直接用直流电或射频加热,将钨丝或碳丝加热到 1 200 ℃以上,并通入氯硅烷和氢气的混合气体,在灼热的芯丝表面上反应生成碳化硅并沉积在芯丝表面。这时发生化学反应:

$$CH_3SiCl_3(g) \xrightarrow{H_2} SiC(s) + 3HCl$$

反应有个最佳氢气供应量问题。如果氢气供应量少于需要量,则氯甲基硅将不被还原到硅,而游离的碳将出现在最终的产品中;如果氢气供应量大于需要量,则过量 Si 又将出现在产品中。实际生产出的单丝碳化硅纤维主要由 β - SiC 和一些 α - SiC 组成,其结构大致可分成四层,由纤维中心向外依次为芯丝、富碳的碳化硅层、碳化硅层和外表面富硅涂层。

CVD 法制备连续碳化硅纤维是一个复杂的物理化学过程,一般有以下几个步骤:① 反应气体向热芯丝表面迁移扩散;② 反应气体被热芯丝表面吸附;③ 反应气体在热芯丝表面上裂解;④ 反应尾气的分解和向外扩散。

因此,碳化硅的沉积速率和质量主要依赖于反应温度、反应气体的浓度、流量、流动状态、反应气体的纯度和芯丝表面状态等因素。用 CVD 法制备碳化硅纤维时,纤维表面呈张应力状态,从而使碳化硅纤维在应力作用时或在制备复合材料过程中具有表面损伤敏感性,易降低纤维强度。纤维表面越光滑,这种张应力分布就越小,性能就越好。在碳化硅纤维表面施加适当的涂层将会使其得到有效的保护。CVD法碳化硅纤维的性能见表2.8.2。

表 2.8.2　CVD 法碳化硅纤维的性能

性　　能	钨芯碳化硅纤维		碳芯碳化硅纤维	
直径/μm	102	142	102	142
密度/(g·cm^{-3})	3.46	3.46	3.10	3.0
拉伸强度/MPa	2 760	2 760~4 460	2 410	3 400
拉伸模量/GPa	434~448	422~448	351~365	400
热膨胀系数/K^{-1}	/	4.9×10^{-6}	/	1.5×10^{-6}

2. 先驱体转化法制备碳化硅纤维

由 CVD 法制得的 SiC 纤维性能中可见,这种纤维较粗,且弯曲性能较差。通过运用控制聚合物热解方法制得 SiC 纤维的方法称为先驱体法制备碳化硅纤维,这种纤维与 CVD 法制备的 SiC 相比较,有较好的机械性能、热稳定性和耐氧化性。先驱体法制备碳化硅纤维的过程是将有机硅聚合物(聚二甲基硅烷)转化成可纺性的聚碳硅烷,经熔融纺丝或溶液纺丝制成先驱丝,用电子束照射等手段使之交联。最后在惰性气氛或真空中高温烧结成碳化硅纤维。制备方法主要包括四个步骤:① 制备满足性能要求(相对分子质量、纯度)的聚合物;② 聚合物纺丝成原料丝;③ 原料丝固化;④ 原料丝被控制热解成陶瓷纤维。

碳化硅纤维的主要特点有:① 拉伸强度和模量大,密度小;② 耐热性好,氧化性气氛中可长期在 1 100 ℃使用;③ 碳化硅纤维具有半导体性质,根据处理温度不同可以控制导电性;④ 耐化学腐蚀性优异。碳化硅纤维的主要性能见表2.8.3。

表 2.8.3　碳化硅纤维的主要性能

性　　能	通用级	HVR 级	LVR 级	碳涂层
直径/μm	14	14	14	14
密度/(kg·m^{-3})	2 550	2 300	2 500	2 550
拉伸强度/MPa	3 000	2 800	3 000	3 000
拉伸模量/GPa	220	180	220	220
断裂伸长率/%	1.4	1.6	1.4	1.4
电阻率/(Ω·cm)	10^3~10^4	10^6~10^7	0.5~5.0	0.8
热膨胀系数/K^{-1}	3.1	/	/	3.1
介电常数(10 GHz)	9	6.5	20~30	12

尽管先驱体转化法制备所得碳化硅纤维的工作温度可达 1 200 ℃,然而其耐热性能仍不能满足某些高温领域的应用需要。先驱体法碳化硅纤维的组成不是纯的碳化硅,其元素组

成有硅、碳、氧、氢，它们的质量分数分别为 55.5%、28.4%、14.9% 和 0.13%。由于氧的存在，纤维在 1 300 ℃以上分解并释放出 CO 和 SiO 气体，同时随着形成的低温稳定相 β-碳化硅微晶的长大，纤维的强度有所降低。通过对碳化硅纤维热解行为的研究可知，只有降低纤维中的含氧量，才能提高其高温性能。氧的引入是在不熔化处理过程中，因此，许多学者对聚碳硅烷纤维的不熔化处理过程展开了广泛的研究。日本学者在无氧气氛中用电子束对聚碳硅烷纤维照射进行不熔化处理，经烧结制得低氧含量的碳化硅纤维，其组成为：Si∶C∶O＝63.7%∶35.8%∶0.05%。该纤维在 1 500 ℃氩气中恒温 10 h，纤维仍保持 2.0 GPa 的拉伸强度。

2.8.3 氮化硼纤维

氮化硼纤维是 20 世纪 60 年代发展起来的无机纤维，该纤维具有优良的机械性能、耐热性能、抗氧化性能、耐腐蚀性能以及独特的介电性能等，可用作为金属基、陶瓷基、聚合物基复合材料的增强材料。

氮化硼具有类似于石墨的晶体结构，但层间的堆积状态明显地不同于石墨。在氮化硼中原子的六角环直接地堆砌在彼此的顶点上，而在石墨中一半原子位于相邻层六角环的中心之间，层之间的距离是 0.3～0.33 nm，在环的内部 B—N 和 C—C 键的距离分别是 0.145 nm 和 0.141 nm。通过 X 射线对氮化硼纤维的研究表明，氮化硼还有一种结晶形式，被称为"涡轮层状"，它是氮化硼纤维的主要相，与纤维的一些性质密切相关。纤维中氮化硼"涡轮层状"的结晶尺寸从 15 nm 到几千纳米，层间距接近于 0.333 nm。氮化硼具有六角环平面网状结构，B—N 键键能在 400 kJ/mol，可作为耐高温材料使用。氮化硼纤维在熔融金属中是稳定的，在空气中能够稳定到约 900 ℃。

1. 氮化硼纤维的制造方法

氮化硼纤维的制造方法主要有无机先驱体转化法和有机先驱体转化法两种。无机先驱体转化法是将氧化硼熔纺成先驱体氧化硼纤维，在氨气（NH_3）气氛中高温氮化，再进一步高温烧成氮化硼纤维。其反应过程如下：

在 200 ℃以上，B_2O_3 纤维与 NH_3 先形成加成配合物：

$$nB_2O_3 + NH_3 \longrightarrow (B_2O_3)_n \cdot NH_3 (n \geqslant 3)$$

在 350 ℃以上，加成配合物进一步与 NH_3 反应：

$$(B_2O_3)_n \cdot NH_3 + NH_3 \longrightarrow (BN)_x(B_2O_3)_y(NH_3)_z + H_2O$$

x、y、z 与反应时间、NH_3 的浓度和升温速率有关。

当温度超过 1 800 ℃时，在惰性气氛中进一步氮化：

$$(BN)_x(B_2O_3)_y(NH_3)_z \longrightarrow BN + B_2O_3 \cdot H_2O + NH_3$$

在整个氮化过程中，氨容易扩散进直径较细的纤维而形成加成配合物，然后进一步与氨反应释放出水。随着反应的进行，纤维的含氮量增加，在纤维的外层形成一层致密的氮化硼，未氮化的 B_2O_3 在高温下成熔融状态向外层迁移，在纤维内部残留有裂纹和空洞，使纤维的性能降低。因此,在氮化硼纤维的制造过程中,必须选择最佳的升温速率及反应时间,以防止纤维熔融并控制氮化速度。在任何给定的温度下,反应都会达到平衡状态,当温度超过600 ℃时,开始形成三维层状物,继续在高温下加热,会导致石墨化结构的生长和完善,当温度超过1 800 ℃时,氧化硼纤维完全转化为氮化硼纤维。

有机先驱体转化法制备氮化硼纤维是以含有B—N主链结构的聚合物为先驱体,经熔融纺丝及交联后经高温(1 800 ℃)处理获得氮化硼纤维。以有机先驱体出发制备氮化硼纤维,先驱体可根据目标产物的结构和性能要求,进行先驱体分子结构设计,通过改变分子结构和组成得到性能不同的氮化硼纤维。

2. 氮化硼纤维的性能

氮化硼的结构类似于石墨,而氮化硼的耐氧化性能比石墨优越。石墨纤维在空气中400 ℃时开始氧化,性能降低,而氮化硼纤维在850 ℃的空气中才开始氧化。石墨纤维被氧化时产生气体,不形成表面的保护层;而氮化硼纤维在氧化过程中具有增重现象,这是因为形成氧化硼保护层,可以防止深度氧化。在惰性或还原气氛中,直到2 500 ℃纤维的性能是稳定的。氮化硼纤维的强度和模量接近于玻璃纤维,但是它的多晶性质使它具有较好的耐腐蚀性能;它的密度为1.4~2.0 g/cm^3,用其制备的复合材料具有轻质高强的特点;氮化硼纤维具有优异的介电性能,直到2 000 ℃纤维还具有最好的电绝缘性能;氮化硼纤维还具有很低的介电损耗和介电常数,是耐烧蚀天线窗的理想材料。

由于氮化硼纤维表面上孔隙率很低且呈封闭状态,纤维很难被树脂浸润,氮化硼纤维增强的聚合物基复合材料主要是靠摩擦力的作用。

2.9 硼纤维

世界上第一根硼纤维是由Weitraub将热丝作为培养基,将卤化硼用氢还原后得到的。目前,商品化的硼纤维制造技术是以CVD法生产,其制备方法是在连续移动的钨丝或碳丝基体上,将三氯化硼与氢气的混合物加热至1 300 ℃,发生如下反应后,反应生成的硼沉积在同样温度的钨丝(密度19.3 kg/m^3)上,制得直径为100~200 μm的连续单丝硼纤维。

$$2BCl_3 + 3H_2 \longrightarrow 2B + 6HCl$$

以上述方法生产的硼纤维具有很高的纯度。研究表明,有一个使硼纤维具有最佳结构和性能的临界反应温度,低于这个临界温度得到的硼是2~3 nm的微晶态颗粒,高于这个温度就出现结晶态的硼,而结晶态的硼并不具有最好的机械性能,在热丝培养基的反应器中,这个临界温度是1 000 ℃。

1. 硼纤维的结构和形态

硼纤维的结构和形态取决于气相沉积时的温度、混合气体组分、气体的动力等因素。硼有多种结晶体,当化学气相沉积温度在1 300 ℃以上时形成β-菱形晶。而在1 300 ℃以下,最普通的结构是 α-菱形结晶。在制造硼纤维过程中,如果硼沉淀在钨丝中形成硼纤维,则硼纤维中除了硼和核心的钨丝以外还可能有 W_2B、WB、W_2B_5 和 WB_4 等化合物存在。同时硼纤维和其他 CVD 纤维一样,都有在 CVD 生产过程中产生的内部残余应力,这些应力保持在硼的瘤状体内,它是由于沉积的硼和其中的钨丝芯具有不同的热膨胀系数而引起的。

2. 硼纤维的性能

由于硼纤维中的复合组分、复杂的残余应力以及一些空隙或结构不连续的缺陷等,所以,实际硼纤维的强度与理论值有一定的距离。通常,硼纤维的平均拉伸强度是 3～4 GPa,弹性模量在 380～400 GPa,密度为 2.34 kg/m³(比铝小 15%),熔点 2 040 ℃,在 315 ℃以上热膨胀系数为 4.86×10^{-8} K^{-1}。

商品化的硼纤维都有比较大的直径,一般在 142 μm 以上。目前,Wallenberger 和 Nordine 运用激光重排化学气相沉积法(LCVD)生产出了直径<25 μm 的硼纤维,按照两位研究者的观点,用这种方法还可以生产其他较小直径的无机纤维,如碳化硅纤维等。

硼纤维也可用低温的化学气相沉积法制备,如以乙硼烷(B_2H_6)为反应气体,600 ℃下在覆盖有碳层的硅石基体上沉积硼,以硅石代替钨丝主要是为了降低成本,但用此法制得的硼纤维的强度低于由三氯化硼制得的硼纤维。

用硼纤维增强金属时,为避免在高温下产生不良的界面反应导致纤维性能劣化,需在纤维表面涂上保护层,通常以碳化硅或碳化硼为涂层。例如,涂有碳化硼涂层的硼纤维,在 550 ℃空气中 1 h,仍可维持原有强度,在 600 ℃空气中加热 1 000 h,仍无明显的强度下降。而没有涂层的硼纤维,在 400 ℃以上就会性能下降,且与金属发生界面反应。所以没有涂层的硼纤维不能作为金属基复合材料的增强材料使用。

2.10 晶须

晶须是以单晶结构生长的直径极小的短纤维。由于直径小(<3 μm),晶体中缺陷少,其原子排列高度有序,故其强度接近于原子间键力的理论值。晶须可用作高性能复合材料的增强材料,以增强金属、陶瓷和聚合物。常见的晶须有金属晶须,如铁晶须、铜晶须、镍晶须、铬晶须等;陶瓷晶须,如碳化硅晶须、氧化铝晶须、氮化硅晶须等。几种常见晶须的性能见表 2.10.1。

表 2.10.1 几种常见晶须的性能

晶须	熔点/℃	密度/(g·cm⁻³)	拉伸强度/GPa	比强度/(10⁶ cm)	弹性模量/GPa	比模量/(10⁸ cm)
Al_2O_3	2 040	3.96	21	53	4.3	11
BeO	2 570	2.85	13	47	3.5	12
B_4C	2 450	2.52	14	56	4.9	19
SiC	2 690	3.18	21	66	4.9	19

晶　须	熔点 /℃	密　度 /(g·cm⁻³)	拉伸强度 /GPa	比强度 /(10⁶ cm)	弹性模量 /GPa	比模量 /(10⁸ cm)
Si_3N_4	1 960	3.18	14	44	3.8	12
C(石墨)	3 650	1.66	20	100	7.1	36
$K_2O(TiO_2)_n$	/	/	7	/	2.8	/
Cr	1 890	7.2	9	13	2.4	3.4
Cu	1 080	8.91	3.3	3.7	1.2	1.4
Fe	1 540	7.83	13	17	2.0	2.6
Ni	1 450	8.97	3.9	4.3	2.1	2.4

2.10.1　碳化硅晶须

　　碳化硅晶须是一种灰绿色的、尺寸极小的单晶纤维。碳化硅晶须有 α-碳化硅和 β-碳化硅两种：α-碳化硅为多面体立体结构，该结构中原子排列可以有多种不同的形式；β-碳化硅晶须是单一的立方结构。目前普遍应用的多为 β-碳化硅晶须，它具有高强度、高模量、耐腐蚀、耐高温和密度小等优点。用晶须制备的复合材料具有质量轻、比强度高、耐磨等性能，可用于制造飞机的机翼、尾翼、直升机的旋翼等结构件，也可用在一些耐磨部件的制品生产上。

　　碳化硅晶须典型的制备方法有如下几种：① 有机硅化合物的热分解或氢气还原法；② 氯化硅与碳气体的化学反应法；③ 固体碳化硅高温升华法；④ 硅粉与丙烯反应法；⑤ 硅的硫化物与氢和碳氢化合物混合气体反应法；⑥ 氮化硅粉与碳粉的高温反应法；⑦ 二氧化硅或稻壳与碳粉的高温反应法。

　　工业化生产的常用方法是将石英砂或稻壳与碳粉按一定比例配料，并加入铁、钴、镍等催化剂和生长控制剂，充分混合后加入坩埚中，在 1 450～1 600 ℃、惰性气氛和氢气存在下生长出碳化硅晶须。碳化硅晶须制备过程中主要的化学反应有：

硅源气化反应：

$$SiO_2 \longrightarrow SiO(g) + 1/2O_2$$

碳源气化反应：

$$C(s) + 1/2O_2 \longrightarrow CO(g)$$
$$2C(s) + 4H_2(g) \longrightarrow 2CH_4(g)$$
$$2C(s) + H_2(g) \longrightarrow C_2H_2(g)$$

晶须生长反应：

$$SiO(g) + 2CH_4(g) \longrightarrow SiC(s) + CO(g) + 4H_2(g)$$
$$SiO(g) + C_2H_2(g) \longrightarrow SiC(s) + CO(g) + H_2(g)$$

碳化硅晶须生长的总反应：

$$SiO_2(s) + C(s) \longrightarrow SiC(s) + CO(g)$$

该方法属于气-液-固(VLS)生长机理,晶须是在一个过饱和度很低接近于平衡蒸气压条件下生长的。陶瓷类晶须的生长机理都遵循 VLS 方式。VLS 机理生长的特点在于晶须生长可通过调节催化剂的位置和类型加以控制,催化剂的化学组成、表面特性和颗粒大小都对晶须的直径有影响,如催化剂的颗粒越大晶须的直径也越大。碳化硅晶须的生长除了上述的气相法外,还有液相法和固相法。晶须按生长状况有三个级别：① 生长单一材料晶须；② 在单晶体基础上沿某一方向取向生长；③ 在基体上控制生长出具有一定直径、长度、密度和排列的晶须。作为复合材料用增强材料的晶须,一般为一级简单生长水平,对于某些特殊用途的半导体材料才需要二、三级生长水平。

2.10.2 碳晶须

碳晶须是非金属晶须,碳含量 99.5%,氢含量 0.15%,呈针状单晶。直径从亚微米到几微米,长度为几毫米到几百毫米,并具有高度的结晶完整性。由于位错密度低、孔隙率低、表面缺陷少以及不存在晶界,故碳晶须具有极高的强度,见表 2.10.1。碳晶须在空气中可耐 700 ℃,在惰性气体中可耐 3 000 ℃,而且热膨胀系数小,受中子照射后尺寸变化小,耐磨性和自润滑性优良。碳晶须主要用作聚合物基、碳基复合材料的增强材料。

碳晶须的制备通常采用气相合成法,即在管式炉中以氢气为载体通入苯、甲烷或乙烯,在有铁、钴、镍等催化剂存在下加热到 1 050~1 100 ℃的基板上制得碳丝。其制备工艺类似于气相生长碳纤维。

2.10.3 钛酸钾晶须

钛酸钾晶须有 6-钛酸钾和 4-钛酸钾两种结晶结构,前者 TiO_6 八面体具有隧道结构,K^+ 离子固定在中间;后者 TiO_6 八面体为层状结构,这种 K^+ 离子易与其他阳离子或 H^+ 离子进行交换,层间距离也在变化。由于 6-钛酸钾结构特殊,具有优异的耐热性、耐碱性和耐酸性等,可作为聚合物基复合材料的增强材料。4-钛酸钾晶须由于其化学活性大,主要用于阳离子吸附材料和催化剂载体材料。

最初,钛酸钾晶须在美国是以耐热、隔热用的材料而开发的,其成本低于其他晶须。钛酸钾晶须的制法有以下几种：

(1) 烧结法　把 K_2CO_3 和 TiO_2 混合物在一定时间内烧结,可得到高收率的单晶纤维,但结晶性不太好；

(2) 熔融法　将原料熔融、冷却来培育晶须,但单晶的收率较低；

(3) 热水法　在高压下使原料在热水中反应,生长晶体；

(4) 热溶剂法　将原料在溶剂中反应,可得高收率的单晶纤维,结晶性好,常用的溶剂有 KCl-KF、$K_2O-B_2O_3$、K_2O-WO_3 等。

钛酸钾晶须的特点是分散性好、难折,在复合材料成型时对金属模具的磨损小,价格便宜,用途广泛。

3 复合材料基体

3.1 不饱和聚酯树脂

3.1.1 概述

用于制造复合材料的不饱和聚酯树脂通常是指不饱和聚酯溶解在乙烯基类交联单体中的溶液。不饱和聚酯是由不饱和二元酸或酸酐、饱和二元酸或酸酐与二元醇缩聚而成，在缩聚反应结束后加入乙烯基类单体（通常用苯乙烯）配成黏稠的液体树脂。以邻苯二甲酸酐、顺丁烯二酸酐和丙二醇为主要原料合成的不饱和聚酯树脂的分子结构如下式所示：

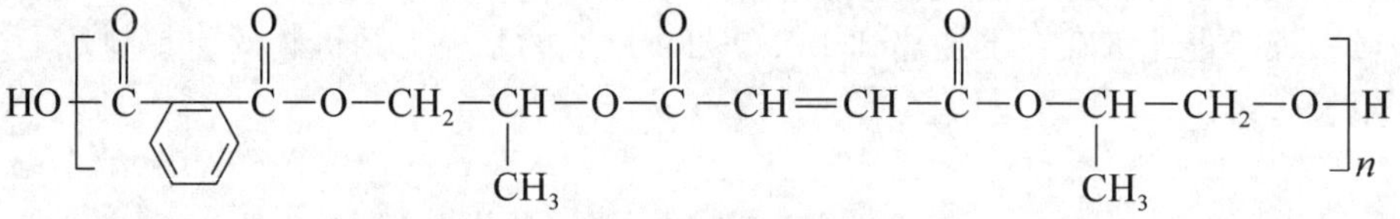

早在 20 世纪 30 年代，科学家就合成得到了不饱和聚酯树脂。不饱和聚酯的分子链中存在着不饱和双键，导致其在一定条件下可转变成不溶、不熔的体型结构。进一步的研究发现，在不饱和聚酯树脂中加入乙烯基类单体，其固化速率可提高 30 多倍，不饱和聚酯与乙烯基类单体快速交联反应的这一重要发现，使得不饱和聚酯树脂从 1941 年起获得大规模的应用。

不饱和聚酯树脂在过氧化物引发剂、有机酸钴促进剂的存在下，可以室温固化。因此，不饱和聚酯树脂可在室温下成型制备纤维增强塑料，其成型工艺简单，特别适合于制造大型复合材料制品。不饱和聚酯树脂能适合多种成型工艺，如手糊成型、喷射成型、RTM 成型、真空导流成型、模压成型、缠绕成型、拉挤成型等。通过不饱和聚酯树脂的分子设计，可以合成一系列满足不同性能要求的树脂。用玻璃纤维增强不饱和聚酯树脂制成的复合材料具有较好的力学性能、耐候性能、耐腐蚀性能、介电性能等，其在建筑、汽车、造船、电器电工等工业领域得到了广泛应用。因此对于复合材料工业，不饱和聚酯树脂是一类非常重要的合成树脂。

为应对日益严格的环保要求，低苯乙烯挥发、无苯乙烯的不饱和聚酯树脂已经成为重要的研究发展方向。

3.1.2　不饱和聚酯树脂的合成

1. 不饱和聚酯的合成原理

不饱和聚酯是由不饱和二元酸或酸酐、饱和二元酸或酸酐与二元醇经缩聚反应合成得到的相对分子质量不高的聚合物，它的合成过程完全遵循线型缩聚反应的历程。该反应的特点是：反应是逐步进行的，每一步都是可逆平衡反应，在反应过程中伴有低分子物质放出。由于单体分子都具有两个可反应的官能团，因此最终可得到线型结构的缩聚产物。通用型不饱和聚酯树脂是由顺丁烯二酸酐(简称顺酐)、邻苯二甲酸酐(简称苯酐)和1,2-丙二醇合成得到的。以酸酐为原料与二元醇进行聚合反应的特点在于首先进行酸酐的开环加成反应，形成羟基酸：

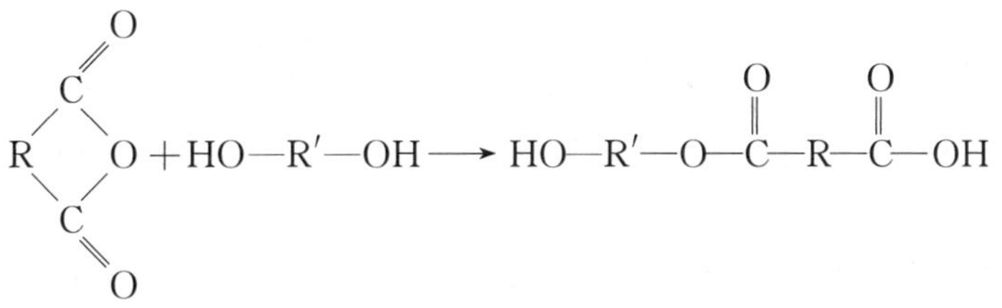

二元酸酐　　二元醇　　羟基酸

这一步反应的温度通常控制在120～160 ℃之间，生成的羟基酸进一步进行缩聚反应，例如羟基酸分子间缩聚：

$$2HO-R'-O-\overset{\overset{O}{\|}}{C}-R-\overset{\overset{O}{\|}}{C}-OH \rightleftharpoons HO-R'-O-\overset{\overset{O}{\|}}{C}-R-\overset{\overset{O}{\|}}{C}-O-R'-O-\overset{\overset{O}{\|}}{C}-R-\overset{\overset{O}{\|}}{C}-OH+H_2O$$

或羟基酸与二元醇进行缩聚反应：

$$HO-R'-O-\overset{\overset{O}{\|}}{C}-R-\overset{\overset{O}{\|}}{C}-OH+HO-R'-OH \rightleftharpoons HO-R'-O-\overset{\overset{O}{\|}}{C}-R-\overset{\overset{O}{\|}}{C}-O-R'-OH+H_2O$$

等等。

由羟基酸出发进行的聚酯化反应的历程完全与二元酸和二元醇的线型缩聚反应的历程相同。缩聚反应的温度通常控制在170～210 ℃之间；将副产物水从体系中除去，可以使平衡反应向右进行，使树脂的相对分子质量增大。随着缩聚反应的进行反应体系的酸值逐渐降低，可以通过酸值来衡量缩聚反应的程度、控制缩聚反应的终点。

2. 原材料

不饱和聚酯分子链中存在着不饱和双键，在热、光、高能辐射或引发剂的作用下可与交联单体进行共聚，交联固化成具有三维网络的体型结构。不饱和聚酯在交联前后的性能是由多种因素决定的，其中原材料的种类和所占的比例对不饱和聚酯树脂的性能具有很大的影响。

1) 二元酸

不饱和聚酯分子链中的双键都是由不饱和二元酸提供的,为了调节聚酯的双键密度,在合成不饱和聚酯时采用不饱和二元酸和饱和二元酸的混合酸组分。饱和二元酸的引入能降低聚酯的结晶性,增加其与交联单体苯乙烯的相容性。

在通用型不饱和聚酯树脂中,顺酐和苯酐是以等物质的量之比加料的,如果顺酐/苯酐的物质的量之比增大,则会使最终树脂的凝胶时间、折光率和黏度下降,树脂的耐热性提高,而且耐溶剂性、耐腐蚀性能也会提高。若顺酐/苯酐的物质的量之比减小太多,则制得的聚酯树脂将最终固化不良,制品力学强度下降。通常,为了合成特殊性能要求的聚酯,可适当调整顺酐/苯酐的物质的量之比。

(1) 不饱和二元酸   常用的不饱和二元酸是顺丁烯二酸酐和反丁烯二酸,主要用顺酐,这是因为顺酐熔点低,反应时缩水量少(较顺酸或反酸少 1/2 的缩聚水),而且价廉。

顺酐在缩聚过程中,顺式双键要逐渐转化为反式双键,其转化的程度与缩聚反应的温度、二元醇的类型以及最终聚酯的酸值等因素有关。在不饱和聚酯树脂的固化过程中,反式双键较顺式双键活泼,有利于提高固化反应的程度,树脂固化后的性能随反式双键含量的提高而有所差异。

反丁烯二酸由于分子中固有的反式双键,使不饱和聚酯有较快的固化速率,较高的固化程度,还使聚酯分子链排列较规整。因此,固化制品有较高的耐热性能,较好的力学性能与耐腐蚀性能。但由其制得的聚酯的结晶性较顺酐稍大,与苯乙烯的相容性稍差。

其他类型的不饱和二元酸也可用于合成不饱和聚酯树脂,如顺丁烯二酸、氯代顺丁烯二酸、2-次甲基丁二酸、顺式甲基丁二酸和反式甲基丁二酸等,但是这些不饱和二元酸在工业上极少采用。

(2) 饱和二元酸   常用的饱和二元酸是邻苯二甲酸酐。苯酐用于典型的刚性树脂中,并使树脂固化后具有一定的韧性。在混合酸组分中,苯酐还可以降低聚酯的结晶倾向,以及由于芳环结构导致与交联单体苯乙烯具有良好的相容性。

用间苯二甲酸可使树脂固化后具有更好的力学性能、坚韧性、耐热性以及耐腐蚀性。这种聚酯的黏度较高,允许比苯酐型聚酯有更高的苯乙烯比例,但对固化树脂的性能无明显影响。间苯二甲酸型不饱和聚酯树脂常用来制备胶衣树脂和耐热性复合材料。

某些芳香族二元酸可赋予不饱和聚酯特殊的性能。例如用对苯二甲酸制得的不饱和聚酯固化后拉伸强度特别高。用内次甲基四氢邻苯二甲酸酐可制得耐热性不饱和聚酯,树脂固化后的热稳定性和热变形温度均有提高。用四氢邻苯二甲酸酐制得的不饱和聚酯可使树脂固化后的表面发黏情况有所改善,而由六氯内次甲基邻苯二甲酸酐(HET 酸酐)、四溴邻苯二甲酸酐可制得自熄性的不饱和聚酯树脂。

脂肪族二元酸,如己二酸、癸二酸等,由于在聚酯的分子结构中引入较长的脂肪链,使分子链的柔性增加及双键间的距离增加,故用脂肪族二元酸合成的不饱和聚酯树脂具有较好的柔韧性。

常用的饱和二元酸见表 3.1.1。

表 3.1.1　常用的饱和二元酸

二 元 酸	分 子 式	相对分子质量	熔点/℃
苯酐	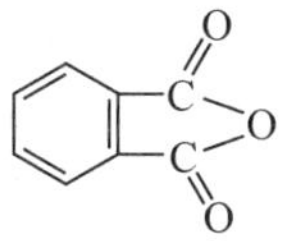	148	131
间苯二甲酸	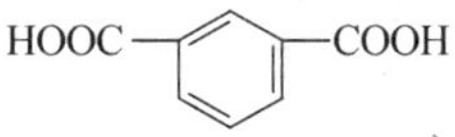	166	330
对苯二甲酸		166	427
纳狄克酸酐(NA)	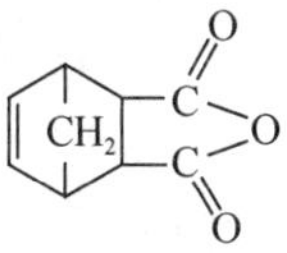	164	165
四氢苯酐(THPA)	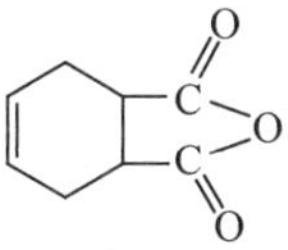	152	102～103
氯茵酸酐(HET)	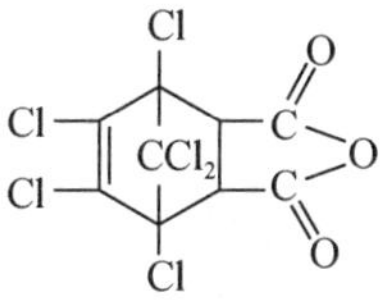	371	239
四溴苯酐	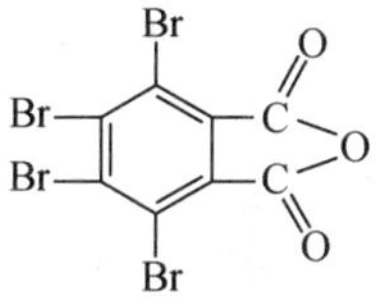	464	273～280
六氢苯酐	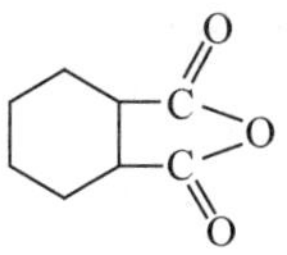	154	35～36
己二酸	$HOOC(CH_2)_4COOH$	145	152
癸二酸	$HOOC(CH_2)_8COOH$	202	133

2) 二元醇

合成不饱和聚酯主要用二元醇、一元醇作为相对分子质量调节剂,用多元醇可得到高相对分子质量、高熔点的支化聚酯。

最常用的二元醇是 1,2-丙二醇,由于 1,2-丙二醇的分子结构中有不对称的甲基,聚酯结晶倾向较小,与交联剂苯乙烯有良好的相容性。树脂固化后具有较高的硬度,常用于制备刚性聚酯。

乙二醇具有对称结构,由乙二醇制得的不饱和聚酯有强烈的结晶倾向,与苯乙烯的相容性较差。因此常要对不饱和聚酯的端羟基进行酰化,以降低结晶倾向,改善与苯乙烯的相容性,提高固化聚酯的耐水性及介电性能。如果在乙二醇中添加 18% 的 1,2-丙二醇,亦能破坏其对称性,降低结晶倾向,制得的聚酯和苯乙烯具有较好的相容性和稳定性,而且固化树脂的硬度和热变形温度也较单纯用乙二醇制得的树脂为好,压缩强度优于单独使用丙二醇的聚酯。

分子中带醚键的一缩二乙二醇或一缩二丙二醇,可制备基本上无结晶的聚酯,并能增加聚酯的柔性,固化聚酯的弯曲强度和拉伸强度优于用丙二醇制得的聚酯。然而,分子链中的醚键增加了不饱和聚酯的亲水性,使固化树脂的耐水性和介电性能有所降低。用七缩乙二醇制得的不饱和聚酯将有部分水溶性,与苯乙烯的相容性较差。

在二元醇中加入少量的多元醇(如季戊四醇),使制得的聚酯带有支链,可提高树脂的耐热性与硬度。但加入百分之几的少量季戊四醇代替二元醇就使聚酯的黏度有较大增加,并在合成过程中容易凝胶。

用 2,2'-二甲基丙二醇(新戊二醇)制得的不饱和聚酯具有较高的耐热性和表面硬度。

$$HO-CH_2-\underset{\underset{CH_3}{|}}{\overset{\overset{CH_3}{|}}{C}}-CH_2-OH$$

新戊二醇

由二酚基丙烷与环氧丙烷的加成物——二酚基丙烷二丙二醇醚(D-33 单体)制得的不饱和聚酯有良好的耐腐蚀性能,特别是具有良好的耐碱性。但是 D-33 单体必须同时与丙二醇或乙二醇混合使用,因为单独用它制得的不饱和聚酯固化速度太慢。

D-33 单体

3) 交联单体

不饱和聚酯树脂是由不饱和聚酯与交联单体两部分组成的溶液,因此交联单体的种类及其用量对固化树脂的性能有很大影响。常用的交联剂可分为单官能团单体、双官能团单体和多官能团单体,下面介绍几种常用交联单体。

(1) 苯乙烯 苯乙烯与不饱和聚酯相容性良好,固化时与聚酯中的不饱和双键能很好地共聚,固化树脂具有较好的综合性能,而且价格便宜,是最常用的单体。

固化树脂的物理性能受苯乙烯含量的影响较大,为了获得最佳的物理性能,苯乙烯的用量有最适宜的范围,这一范围与所用原料酸和醇制得的聚酯结构类型、不饱和酸与饱和酸的比例以及聚酯的相对分子质量有关。柔性不饱和聚酯中不饱和酸比例较低,通常需要较高的苯乙烯含量,以获得较好的拉伸强度。而有较高不饱和酸比例的聚酯,则仅需较低的苯乙烯含量就能获得适宜的性能,苯乙烯含量超过某一限度后,使固化物的脆性增加,而热变形温度则下降。

(2) 乙烯基甲苯　常用的乙烯基甲苯是间位(60％)与对位(40％)的混合物,乙烯基甲苯比苯乙烯活泼,所以它比苯乙烯有较短的固化时间与较高的固化放热峰温度。乙烯基甲苯用作交联单体的主要优点是吸水性较苯乙烯固化的树脂低,介电性能尤其是耐电弧性有所改善。用乙烯基甲苯固化树脂的体积收缩率比苯乙烯固化的树脂要低4％左右。

(3) 二乙烯基苯　二乙烯基苯非常活泼,它与聚酯的混合物在室温时就易于聚合,常与等量的苯乙烯并用,可得到相对稳定的不饱和聚酯树脂,然而它比单独用苯乙烯的活性要大得多。二乙烯基苯由于苯环上有两个乙烯基取代基,因此用它交联固化的树脂有较高的交联密度,它的硬度与耐热性都比苯乙烯交联固化的树脂好,它同时还具有较好的耐酯类、氯代烃及酮类等溶剂的性能,缺点是固化物脆性大。

(4) 甲基丙烯酸甲酯　甲基丙烯酸甲酯与不饱和聚酯中的不饱和双键的共聚倾向较小,经常与苯乙烯并用。甲基丙烯酸甲酯与苯乙烯并用作交联单体的最大优点在于能改进固化不饱和聚酯树脂的耐候性。同时,用甲基丙烯酸甲酯作交联单体的树脂黏度较小,有利于提高对玻璃纤维的浸润速度。它的折射率较低,使固化树脂与玻璃纤维有相近的折光率,用该树脂制备的复合材料具有较高的透光率和透明度。它的缺点是沸点较低,易于挥发,以及与苯乙烯并用后使固化树脂的体积收缩率大于单独用苯乙烯固化的树脂。

(5) 烯丙基酯类单体　常用的烯丙基酯单体是邻苯二甲酸二烯丙基酯(DAP),DAP的反应活性比乙烯类单体及丙烯酸类单体要低,即使有引发剂存在,也不能使不饱和聚酯树脂室温固化。由于它的挥发性及固化时的放热峰温度都较低,故广泛用来制备聚酯模压料(片状模压料,团状模压料等),模压制品开裂及出现空隙的现象较少。而且用其制得的复合材料制品具有较高的耐热性和尺寸稳定性。如果用间苯二甲酸二烯丙基酯(DAIP)、三聚氰酸三烯丙基酯(TAC)、萘二甲酸二烯丙基酯(DANP)作为交联单体可以大大提高制品的耐热性能。

3. 影响固化树脂性能的因素

1) 不饱和聚酯的相对分子质量

在合成不饱和聚酯时二元醇过量5％～10％(摩尔分数),其相对分子质量在1 000～3 000,聚酯树脂的相对分子质量对固化树脂的性能有一定的影响。例如,由2.1 mol丙二醇,1 mol邻苯二甲酸酐和1 mol顺丁烯二酸酐合成的不同相对分子质量的不饱和聚酯,并用苯乙烯按聚酯/苯乙烯质量比为7∶3稀释。这种不饱和聚酯树脂浇铸体的物理性能,如力学强度、耐热性和介电性能随不饱和聚酯相对分子质量的增加而明显提高,耐水性和耐腐蚀性能也随不饱和聚酯的相对分子质量增加而有所提高。研究结果表明,不饱和聚酯的相对分子质量为2 000～2 500时,固化树脂具有较好的物理性能,因此在不饱和聚酯的合成过程中必须正确控制原料酸和醇的投料比以及聚酯化工艺条件,以保证得到具有一定相对分子质量的不饱和聚酯,使固化树脂具有最佳的性能。也有将不饱和聚酯树脂的相对分子质量控制在5 000以上的,虽然,高相对分子质量不饱和聚酯树脂的力学性能大幅度提高,但是由于黏度太大,复合材料的成型工艺性能有一定的局限性,目前只在模压成型工艺上有少量使用。

2) 树脂合成过程中顺式双键的异构化

(1) 影响顺式双键异构化的因素　树脂在固化过程中,分子链上的反式双键与交联单体(如苯乙烯)的共聚活性要比顺式双键大得多。如果聚酯中全为反式双键,则固化树脂的三维网络结构比通过顺式双键固化的要紧密得多。在树脂合成过程中,顺式双键要向反式双键异构化,因此即使用同样配方合成的不饱和聚酯,若其中顺式双键异构化成反式双键的程度不同,则所得不饱和聚酯树脂的性能就有较大差异。

在树脂合成过程中影响顺式双键异构化的因素有:

① 随反应程度的提高、反应体系酸值下降,则异构化的概率增大;

② 若聚酯化反应条件恒定,则异构化概率与所用二元醇的类型有关:

1,2-二元醇比 1,3-或 1,4-二元醇异构化的概率要大,即

$$1,2\text{-}丁二醇 > 1,3\text{-}丁二醇 > 1,4\text{-}丁二醇$$

具有仲羟基的二元醇较伯羟基的二元醇异构化的概率要大,即

$$2,3\text{-}丁二醇 > 1,2\text{-}丙二醇 > 乙二醇$$

③ 含苯环的饱和二元酸比脂肪族二元酸有较大的促进异构化的作用,所以苯酐比丁二酸、癸二酸对双键的异构化有更大的促进作用。

在酸催化下,顺式双键向反式双键转化的反应历程如下:

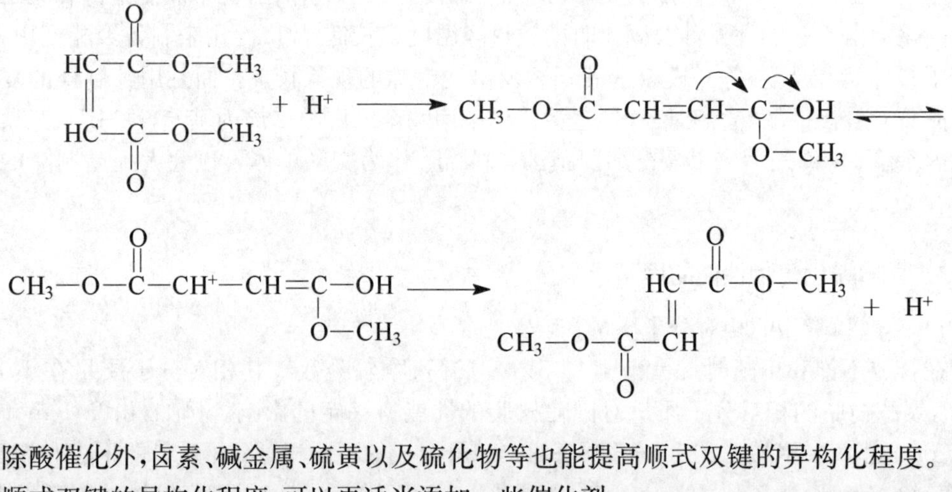

除酸催化外,卤素、碱金属、硫黄以及硫化物等也能提高顺式双键的异构化程度。为了提高顺式双键的异构化程度,可以再适当添加一些催化剂。

(2) 顺式双键异构化程度对不饱和聚酯性能的影响　随顺式双键向反式双键转化程度的提高,树脂的固化时间与凝胶化时间缩短,放热峰温度升高,见图 3.1.1 和图 3.1.2。

随顺式双键异构化程度不同,固化树脂的性能有较大差别,见表 3.1.2。由 1,2-丙二醇合成的聚酯因为顺式双键的异构化程度大,不论用顺丁烯二酸酐还是反丁烯二酸,对于树脂固化以及固化树脂的性能都影响不大。但是用一缩乙二醇时,因为在聚酯化过程中顺式双键的异构化程度较小,所以两种树脂固化后的性能有较大差别。

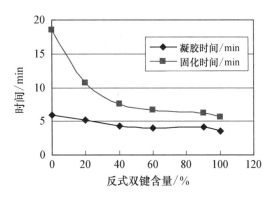

图 3.1.1　反式双键含量对固化性能的影响

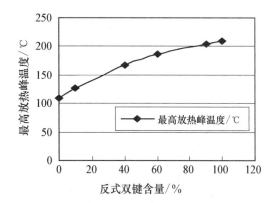

图 3.1.2　反式双键含量对最高放热峰温度的影响

表 3.1.2　不同二元醇和二元酸合成的不饱和聚酯树脂的性能

不饱和聚酯类型	凝胶时间 /min	固化时间 /min	放热峰温度 /℃	热变形温度 /℃	弯曲强度 /MPa	弯曲模量 /GPa
PG－IPA－FA	5.33	7.78	210	100	129	3.8
PG－IPA－MA	5.33	7.73	210	101	126	3.8
DEG－IPA－FA	4.50	6.85	202	53	108	2.8
DEG－IPA－MA	4.66	8.30	183	42	76	2.2

注：1. PG——1,2-丙二醇，DEG——一缩二乙二醇，IPA——间苯二甲酸，FA——反丁烯二酸，MA——顺丁烯二酸。

　　2. IPA/FA 或 IPA/MA 的物质的量之比为 1∶1，树脂中苯乙烯含量为 40%。

　　在用顺酐合成不饱和聚酯树脂时，由于在聚酯化过程中顺式双键的异构化程度对树脂的性能有很大影响，所以在不饱和聚酯合成过程中必须考虑到影响双键异构化程度的各种因素，例如原料醇的合理选用以及反应条件的控制。在聚酯化过程中若控制不同的顺式双键的异构化程度可以得到适合不同要求的不饱和聚酯树脂。例如，浇铸用不饱和聚酯树脂要求有较低的放热效应、适宜的固化速度以及固化树脂有适当的韧性，因此必须控制异构化程度不要过高；而要求有较好耐腐蚀性能和较高耐热性能的聚酯，则要求有较高的异构化程度。

4. 不饱和聚酯树脂的合成

1）不饱和聚酯树脂的合成工艺流程

不饱和聚酯树脂的合成过程包括线型不饱和聚酯的合成和用苯乙烯稀释聚酯两部分。图 3.1.3 为不饱和聚酯树脂的生产工艺流程图。合成不饱和聚酯的反应釜，装有搅拌装置、冷凝器与夹套加热或冷却装置。在缩聚反应完成后将不饱和聚酯用乙烯基单体在稀释釜中稀释，稀释釜的容积大于反应釜，并装有搅拌装置、回流冷凝器与夹套保温装置。

2）不饱和聚酯树脂的合成工艺过程

不饱和聚酯树脂品种甚多，其主要差异在于所选用的原料不同，或不饱和酸与饱和酸的比例不同，或投料方式的不同，由此合成具有不同性能的不饱和聚酯树脂，常用不饱和聚酯树脂的原料配比见表 3.1.3，供参考。

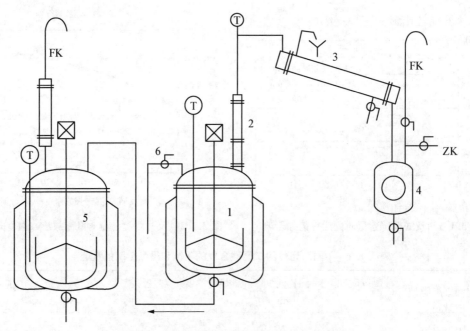

图 3.1.3　不饱和聚酯树脂的生产工艺流程图

1—反应釜;2—竖冷凝器;3—横冷凝器;4—接收器;5—稀释釜;6—液体加料管

表 3.1.3　常用不饱和聚酯树脂的原料配比

	1#/mol	2#/mol	3#/mol	4#/mol
邻苯二甲酸酐	1	1	/	/
间苯二甲酸	/	/	1	/
顺丁烯二酸酐	1	1	1	2.1
1,2-丙二醇	2.10	1.97	2.1	1
一缩二乙二醇	/	0.20	/	/
D-33 单体	/	/	/	1
阻聚剂*	0.03%	0.03%	0.03%	适量
石蜡*	0.02%	0.03%	0.02%	/
苯乙烯*	33%	35%	40%	38%

* 均为质量百分数。

用 1 号配方合成的树脂是通用型的不饱和聚酯树脂,具有非常广的应用领域;用 2 号配方合成的树脂具有较好的韧性,适合于制备抗冲击的复合材料;用 3 号配方合成的树脂具有较好的力学性能、耐候性能、耐水性能,用其制备的复合材料具有较好的综合性能;用 4 号配方合成的树脂具有很好的耐腐蚀性能,适合于制造各种耐腐蚀复合材料制品。

现以通用型不饱和聚酯树脂为例,叙述其生产工艺过程。

(1) 按配比称料后,向反应釜中通入二氧化碳或氮气,排除反应系统中的空气,然后加入二元醇,再加入二元酸。反应釜的加料系数不超过 80%,以防冒料。

(2) 加热至二元酸熔化后启动搅拌装置,升温至 160 ℃保温 1 h,再慢慢升温至 190~

210 ℃,分馏柱出口温度控制在 104 ℃以下,以防止二元醇挥发损失。在反应过程中,逐渐排除由缩聚反应放出的水分。

(3) 反应终点由测定不饱和聚酯的酸值来控制。当酸值达到(38±2)mg KOH/g 时,即为反应终点。

(4) 待酸值合格后,将料温降至 180 ℃,加入计量的石蜡与阻聚剂,再搅拌 30 min,进一步降温至 155 ℃。

(5) 在稀释釜内预先投入计量比例的苯乙烯和助剂,搅拌均匀。然后将反应釜中的不饱和聚酯缓缓加入稀释釜中,控制聚酯流速,使混合温度不超过 90 ℃,稀释完毕,将树脂冷却至 40~50 ℃,过滤,包装。

通用型不饱和聚酯树脂的技术指标如下:

黏度/(Pa·s)	0.2~0.5
酸值/(mg KOH/g)	26~32
凝胶时间(25 ℃)/min	10~25
固体含量/%	60~66

上述通用型不饱和聚酯树脂在生产过程中原料酸和醇是在反应初期一次加料进行合成的,工业上称为一步法。若原料酸和醇分两批加入,首先将二元醇与苯酐加入反应釜反应至酸值为 90~100 时,再加入顺酐反应至终点,工业上称为二步法。

结果表明:在其他条件相同的情况下,两种方法生产的树脂其性能有一定差异,二步法树脂的热变形温度、巴氏硬度、强度和模量均高于一步法。

3.1.3 不饱和聚酯树脂的固化

1. 不饱和聚酯树脂的固化过程

1) 固化的含义

液体树脂发生交联反应而转变成为不溶、不熔的具有三维网络结构的固化物的全过程称为树脂的固化。由此可见,树脂的固化过程伴随着物理状态的转变,即由液体状态转变为具有一定硬度的固态,因此这个过程也可叫硬化或者变定。固化过程中物理状态的变化是由化学结构的变化引起的,故不饱和聚酯树脂的固化过程是一个复杂的物理和化学变化的过程。

2) 不饱和聚酯树脂的固化特征

热固性树脂在固化过程中一般具有三个不同的阶段,从起始液态的树脂(或加热流动的固态树脂)转变为不能流动的凝胶,最后转变为不溶、不熔的坚硬固体。在酚醛树脂固化过程中,上述的三个阶段称之为 A 阶、B 阶与 C 阶。

不饱和聚酯树脂在固化过程中也有三个阶段,如果沿用酚醛树脂的术语,也可叫它 A 阶、B 阶与 C 阶。但在不饱和聚酯树脂的固化过程中有自己的术语,即可分为凝胶、定型和熟化三个阶段。凝胶阶段是指从液态的树脂到失去流动性形成半固体凝胶,这一阶段对应酚醛树脂的 A 阶向 B 阶的过渡。定型阶段是从凝胶到具有一定硬度和固定形状的过程。显然,处于定型阶段的树脂未完全固化,虽然已比较接近于 C 阶的特征,但由于它的性能还未完全稳定,处于中间的变化阶段,故还不能称为 C 阶,确切地说是处于 C 阶前期。熟化阶段是从定型阶段到从表观上已经变硬而具有一定力学性能,经过后处理即具有稳定的化学

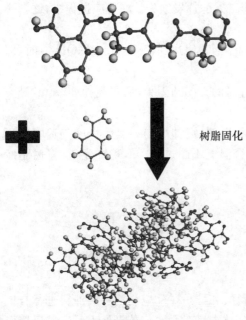

树脂固化

图 3.1.4　不饱和聚酯树脂固化过程示意图

与物理性能而可供使用的阶段,可称为 C 阶。但是,不饱和聚酯树脂从定型阶段达到熟化阶段所需要的时间比酚醛树脂从 B 阶达到 C 阶所需的时间要长,这是不饱和聚酯树脂固化过程中的另一个特点。若用通常的 B 阶来衡量,不饱和聚酯树脂固化过程中的这一阶段较短,并且不明显,为了获得近于 B 阶的树脂要用特殊的组成配方。

不饱和聚酯树脂可通过引发剂、光、高能辐射等引发分子链中的双键与可聚合的乙烯类单体进行游离基型共聚反应,使线型的聚酯分子链交联成具有三维网络结构的分子,如图 3.1.4 所示,相对分子质量不高的线型聚酯通过与乙烯类单体共聚而交联成坚硬的三维网状结构的体型分子,此时共聚物的相对分子质量理论上趋于无穷大,可以作为具有力学性能的高分子材料使用。

2. 不饱和聚酯树脂的固化原理

1) 共聚过程

不饱和聚酯树脂的固化是自由基型的共聚合反应,具有链引发、链增长及链终止三个自由基型聚合反应的特点。

(1) 链引发　不饱和聚酯树脂可用有机过氧化物或氧化-还原体系进行链引发,例如过氧化二苯甲酰、过氧化甲乙酮-异辛酸钴、过氧化环己酮-环烷酸钴等,也可采用紫外光引发。

以过氧化环己酮-环烷酸钴的氧化-还原体系为例,Co 与过氧化环己酮可进行一系列复杂的反应:

$$\left[\underset{H_3C}{\overset{H_3C}{}}\hspace{-4pt}\overset{CH_3}{}\hspace{-4pt}(CH_2)_3\!-\!\overset{O}{\overset{\|}{C}}\!-\!O\right]_2 Co \rightleftharpoons 2\left[\underset{H_3C}{\overset{H_3C}{}}\hspace{-4pt}\overset{CH_3}{}\hspace{-4pt}(CH_2)_3\!-\!\overset{O}{\overset{\|}{C}}\!-\!O\right]^{\cdot} + Co^{2+}$$

$$\underset{O-O}{\overset{OH\ HOO}{\bigcirc}}\hspace{-4pt}\bigcirc + Co^{2+} \longrightarrow \underset{O\cdot\ +\cdot O}{\overset{OH\ \cdot O}{\bigcirc}}\hspace{-4pt}\bigcirc + OH^- + Co^{3+}$$

$$\underset{O-O}{\overset{OH\ HOO}{\bigcirc}}\hspace{-4pt}\bigcirc + Co^{3+} \longrightarrow \underset{O\cdot\ +\ \cdot O}{\overset{OH\ \cdot OO}{\bigcirc}}\hspace{-4pt}\bigcirc + H^+ + Co^{2+}$$

$$\underset{O\cdot}{\overset{OO\cdot}{\bigcirc}} \longrightarrow \overset{\cdot O}{\bigcirc} + O_2$$

$$\overset{\cdot O}{\bigcirc} \longrightarrow \overset{O}{\bigcirc}$$

$$H^+ + OH^- \longrightarrow H_2O$$

上述反应过程中形成的自由基,可以引发不饱和聚酯树脂的固化反应。但是对于不饱和聚酯树脂,引发剂的引发效率比较低,这是由于过氧化物引发剂除了过氧键均裂成初级自由基外,还伴有复杂的副反应,而且形成的初级自由基还会进行相互重合反应(即笼效应)。

(2) 链增长　当不饱和聚酯和乙烯类单体中的双键引发后,就进行链增长反应,在这一过程中同样有四个增长反应进行竞争,式(3-1-1)为它们的共聚组成方程式:

$$\frac{d[M_1]}{d[M_2]}=\frac{[M_1]}{[M_2]}\cdot\frac{r_1[M_1]+[M_2]}{r_2[M_2]+[M_1]} \tag{3-1-1}$$

式(3-1-1)表示在共聚时的某一瞬间共聚物中两种单体链节的比例。

在共聚过程中的四个链增长反应影响着共聚物中两种单体链节的组成与排列,而其中的一个重要参数为两种单体的竞聚率 r_1 及 r_2。一般认为,相对分子质量不高的线型不饱和聚酯与苯乙烯共聚时,其活性接近于反丁烯二酸二乙酯。苯乙烯(M_1)与反丁烯二酸二乙酯共聚时的 r_1 及 r_2 分别为 0.30 及 0.07,两值均小于1,因此,在链增长过程中具有良好的共聚倾向。

从共聚组成方程式(3-1-1)中可知,共聚物的组成同时取决于两种单体的浓度及竞聚率,在"恒分共聚物"的条件下,必须使:

$$\frac{r_1[M_1]+[M_2]}{r_2[M_2]+[M_1]}=1 \tag{3-1-2}$$

在单体竞聚率一定的情况下,只有两种单体的起始配料比符合下式时,才能获得恒分共聚物:

$$\frac{d[M_1]}{d[M_2]}=\frac{[M_1]}{[M_2]}=\frac{r_2-1}{r_1-1} \tag{3-1-3}$$

苯乙烯(M_1)与线型不饱和聚酯(M_2)共聚时的 r_1 及 r_2 分别为 0.30 及 0.07,代入式(3-1-3),则

$$\frac{[M_1]}{[M_2]}=\frac{0.07-1}{0.30-1}=1.33 \tag{3-1-4}$$

式(3-1-4)表明,当苯乙烯和线型不饱和聚酯两种组分的双键比为 1.33 时可获得"恒分共聚物"。

通用不饱和聚酯树脂中苯乙烯含量一般在 33%(质量分数)左右,即其中苯乙烯与不饱和聚酯中的双键物质的量之比约为 1.8:1,相当于两种单体配料比中苯乙烯占 64%(摩尔分数),超过恒分共聚物的配料比。从苯乙烯与反丁烯二酸二乙酯共聚时的微分组成分布曲线(图3.1.5)可见,由上述单体配料比获得的共聚物微分组成分布曲线,恒分共聚物的配料比(单体起始配料物质的量之比中苯乙烯为 57%)与单体起始配料物质的量之比中苯乙烯为 70%(相应于树脂中苯乙烯的质量分数为 40%)的曲线之间。由于不饱和聚酯中的双键在共聚过程中不可能全部参加反应,若假定在苯乙烯含量较高(质量分数40%)的情况下共聚总转化率为 80%左右,则共聚组成应较均匀。从图3.1.5中看出,上述苯乙烯配料比的微分组成曲线估算以及实验结果证实,在两个不饱和聚酯分子链间单体苯乙烯的交联重复单元大体上为 1~3 个。

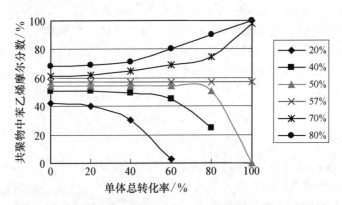

图 3.1.5 苯乙烯与反丁烯二酸二乙酯共聚时的微分组成曲线

不饱和聚酯树脂中苯乙烯的含量(质量分数)一般在 30%～40% 之间,这一含量是根据成型工艺的操作性能和固化树脂的性能来确定的。实践表明,这一含量基本上能在这两者间取得综合平衡性能,使固化树脂的网络结构较紧密。例如采用甲基丙烯酸甲酯(M_1)与反丁烯二酸二乙酯(M_2)共聚,实验求得 $r_1=17,r_2=0$,表示单体 M_1 均聚倾向较大,单体 M_2 的共聚倾向很大。其结果在共聚物中甲基丙烯酸甲酯的重复链节较多,在反应进行中单体甲基丙烯酸甲酯很快消耗,最后应有较多量的反丁烯二酸二乙酯没有进行共聚。所以,用甲基丙烯酸甲酯作交联单体固化的不饱和聚酯树脂的网络结构不如用苯乙烯作交联单体的来得紧密。然而,若把甲基丙烯酸甲酯与苯乙烯这两种单体混合使用,则也可以得到网络结构紧密的固化产物,这是因为甲基丙烯酸甲酯与苯乙烯有良好的共聚倾向。因此,为了获得固化树脂的合适性能,在选择不同单体进行不饱和聚酯树脂的固化时,必须考虑两者的共聚活性。

(3) 链终止 链终止反应主要是双基终止。用苯乙烯单体时,偶合终止是主要倾向。由于线型不饱和聚酯分子中含有多个双键,当共聚反应进行到一定程度时,会形成三维网状结构的分子,出现凝胶现象。此时会发生自动加速效应,使总的聚合速度剧增,体系急剧放热,温度升至 150～200 ℃ 之间,甚至超过 200 ℃。最后由于进一步共聚,使三维网状结构变得更为紧密,限制了单体的扩散速度,使总的聚合速度下降。为了进一步充分固化,常需要采取较长时间的加热过程,以促使共聚反应尽可能趋于完全。

2) 固化树脂的网络结构

固化不饱和聚酯树脂是具有三维网络结构的聚合物。网络结构有两个重要参数,即两个线型不饱和聚酯分子交联点间苯乙烯的重复单元数,以及线型不饱和聚酯分子中双键的反应百分数。

(1) 不饱和聚酯分子交联点间苯乙烯的重复单元数 不饱和聚酯分子中同时具有反式双键与顺式双键,交联单体苯乙烯与这两类双键的共聚情况是不一样的。苯乙烯(M_1)与反丁烯二酸二乙酯(M_2)共聚时的 r_1、r_2 分别为 0.30 及 0.07,而苯乙烯(M_1)与顺丁烯二酸二乙酯(M_2)共聚时的 r_1、r_2 分别为 6.25 及 0.05。在前一种情况下,两种单体有较强的共聚倾向,可以预测在交联点间的苯乙烯重复单元数不会很多。在后一种情况下,两种单体中的苯乙烯有较强的均聚倾向,交联点间苯乙烯重复单元数较多。由于在不饱和聚酯分子中反式双键含量较高,后一情况基本上可以忽略,因此交联点间苯乙烯重复单元数不应该很多。

下面以图 3.1.5 中单体起始摩尔配料比苯乙烯为 70%（相当于树脂中含苯乙烯的质量分数为 40%）的共聚组成微分分布曲线为例,计算一下在共聚物中苯乙烯重复链节的平均数。图 3.1.5 的曲线表明,苯乙烯在共聚物中的组成在转化率趋于 0 时的 65%（摩尔分数）至转化率为 80% 时的 75%（摩尔分数）间连续变化。即在共聚物中苯乙烯的重复链节数在 1.9～3 个之间或苯乙烯重复单元平均在 2.5 个左右。

如果将固化的不饱和聚酯树脂用碱溶液进行水解,使聚酯中的酯基水解成相应的羧酸,则得到苯乙烯与反丁烯二酸共聚物,见图 3.1.6。

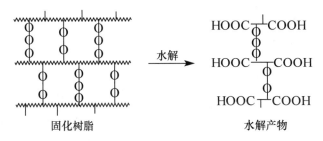

图 3.1.6　固化树脂的水解示意图

分析水解所得共聚物组成发现,当不饱和聚酯树脂中苯乙烯含量为 20%～50% 时,交联点间苯乙烯的重复单元数平均为 1～3 个。实验同样证实,不饱和聚酯(M_1)与甲基丙烯酸甲酯(M_2)共聚时,相应的 r_1、r_2 分别为 0 与 17,交联点间甲基丙烯酸甲酯的重复单元在 10 个以上。

以上的实验数据表明,用反丁烯二酸二乙酯来模拟不饱和聚酯的固化过程还是比较符合实际情况的。

(2) 不饱和聚酯分子中双键的反应百分数（交联点数目）　由于不饱和聚酯分子中的反式双键较顺式双键活泼得多,因此这一参数与线型不饱和聚酯中两种双键的比例有关。当反式双键含量增高时,固化树脂中双键的反应百分数相应提高,见表 3.1.4;但是即使完全为反式双键,其反应百分数只能达到 70% 左右,即还有 30% 的双键没有进行共聚反应。

表 3.1.4　反式双键比例对固化树脂中双键反应百分数的影响

反式双键比例 （摩尔分数）/%	双键反应百分数 （摩尔分数）/%	反式双键比例 （摩尔分数）/%	双键反应百分数 （摩尔分数）/%
5.7	28.6	58.0	68.6
18.5	34.9	76.2	71.4
28.2	48.5	100.0	72.2
43.0	59.2		

注：以不同比例的顺酐/反丁烯二酸作为不饱和酸与 1,6-己二醇合成的不饱和聚酯树脂,其中苯乙烯/聚酯的物质的量之比为 1.3∶1。

影响不饱和聚酯分子中双键反应百分数的另一个因素是树脂中的苯乙烯含量,随着苯乙烯含量提高,固化时聚酯双键的反应百分率也相应提高,见表 3.1.5。

表 3.1.5 苯乙烯含量对固化树脂中双键反应百分数的影响

树脂中苯乙烯的 摩尔分数	苯乙烯/反式双键 (物质的量之比)	固化时聚酯中反式双键的 反应百分数/%
0.289	0.407	38.13
0.393	0.647	57.80
0.478	0.916	74.54
0.549	1.221	84.22
0.611	1.570	94.61
0.710	2.442	93.83
0.786	3.663	97.77
0.872	6.803	94.42
0.917	10.990	99.22
0.936	14.653	99.33

注：不饱和聚酯组成为反丁烯二酸 3.4 mol;己二酸 2.4 mol;1,6-己二醇 6.6 mol。

表 3.1.5 的数据表明,为了使固化树脂有较好的交联密度,单体苯乙烯与不饱和聚酯的物质的量之比应在 1.5∶1～2.0∶1 之间较好。若两者物质的量之比为 1∶1,则不饱和聚酯中双键的反应百分数低于 75%。

通用不饱和聚酯树脂中苯乙烯的含量在 30%～40%(质量分数)之间,即苯乙烯/双键的物质的量之比在 1.6～2.4 之间。由表 3.1.5 的数据可知,苯乙烯单体含量在这一范围内时,刚好使不饱和聚酯分子中的双键有较高的反应百分数。

在网络结构中交联密度大,树脂呈现刚性与脆性。调节线型不饱和聚酯中双键间的距离和反式与顺式双键的比例,调节具有不同竞聚率的单体组分,可以获得具有各种交联密度和交联点间不同重复单元的网络结构,使固化树脂具有多种不同的性能。

3.2 环氧树脂

3.2.1 概述

环氧树脂是指分子结构中含有两个或两个以上环氧基团的一类有机高分子化合物,一般它们的相对分子质量都不大。环氧树脂的分子结构是以分子链中含有活泼的环氧基团为其特征,环氧基团可以位于分子链的末端、中间,或成环状结构。由于分子结构中含有活泼的环氧基团,因此环氧树脂可与多种类型的固化剂发生交联反应而形成不溶、不熔的三维网状结构高聚物。

环氧树脂的合成始于 20 世纪 30 年代,40 年代后期开始工业化,50—70 年代又相继发展了许多环氧树脂品种。环氧树脂固化物具有优异的综合性能,可用作黏结剂、涂料、浇铸料和纤维增强复合材料的基体树脂等,广泛应用于航空航天、风力发电、电机制造、化学化工、汽车制造、高铁制造等工业部门。环氧树脂应用的发展趋势是无溶剂化、水性化和快速固化。

1. 环氧树脂的性能特点

(1) 形式多样　各种树脂、固化剂、改性剂体系可以适应各种应用对产品形式提出的要求,其范围可以从极低的黏度到高熔点固体。

(2) 固化方便　选用不同的固化剂,环氧树脂体系可以在 5~180 ℃温度范围内固化,也可以在潮湿环境甚至水下固化。

(3) 黏附力强　环氧树脂中固有的极性羟基和醚键的存在,使其对各种物质具有很高的黏附力。而环氧树脂固化时收缩率低也有助于形成一种强韧的、内应力较小的黏结键。由于固化反应没有挥发性副产物放出,所以在成型时不需要高压或除去挥发性副产物所耗费的时间,这就更进一步提高环氧树脂体系的黏结强度。

(4) 收缩率低　环氧树脂和所用的固化剂的反应是通过直接加成来进行的,没有水或其他挥发性副产物放出。它们和酚醛、不饱和聚酯树脂相比,在固化过程中显示出很低的收缩率(小于 2%),在采用双螺环酯固化剂固化环氧树脂时可以做到零收缩。

(5) 力学性能优良　固化后的环氧树脂体系具有优良的力学性能。

(6) 介电性能好　固化后的环氧树脂体系在宽广的频率和温度范围内具有良好的介电性能。它们是一种具有高介电强度、高绝缘电阻、耐表面漏电、耐电弧的优良绝缘材料。

(7) 耐化学性能优良　固化后的环氧树脂体系具有优良的耐碱性、耐酸性和耐溶剂性。

(8) 尺寸稳定性突出　固化环氧树脂体系具有突出的尺寸稳定性和耐久性。

(9) 耐大多数霉菌　固化环氧树脂体系耐大多数霉菌,可以在苛刻的热带条件下使用。

2. 环氧树脂的分类

环氧树脂的品种很多,但根据它们的分子结构,大体上可分为五大类:缩水甘油醚类、缩水甘油酯类、缩水甘油胺类、线型脂肪族类、脂环族类。

上述前三类环氧树脂是由环氧氯丙烷与含有活泼氢原子的化合物如酚类、醇类、有机羧酸类、胺类等缩聚而成的。后面两类环氧树脂是由带双键的烯烃用过醋酸或在低温下用过氧化氢进行环氧化而制得的。

工业上用量最大的环氧树脂品种是缩水甘油醚型环氧树脂,而其中又以由二酚基丙烷(简称双酚 A)与环氧氯丙烷缩聚而成的环氧树脂(简称双酚 A 型环氧树脂)为主。

3. 环氧树脂的型号

环氧树脂按其主要组成物质不同可分别以代号表示,见表 3.2.1。

表 3.2.1　环氧树脂的代号

代 号	环氧树脂类别	代 号	环氧树脂类别
E	二酚基丙烷型环氧树脂	N	酚酞环氧树脂
EG	有机硅改性二酚基丙烷型环氧树脂	S	四酚基环氧树脂
ET	有机钛改性二酚基丙烷型环氧树脂	J	间苯二酚环氧树脂
Ei	二酚基丙烷侧链型环氧树脂	A	三聚氰酸环氧树脂
EL	氯改性二酚基丙烷型环氧树脂	R	二氧化双环戊二烯环氧树脂
EX	溴改性二酚基丙烷型环氧树脂	Y	二氧化乙烯基环己烯环氧树脂
F	酚醛多环氧树脂	YJ	二甲基代二氧化乙烯基环己烯环氧树脂
B	丙三醇环氧树脂	D	环氧化聚丁二烯环氧树脂
L	有机磷环氧树脂	W	二氧化双环戊烯基醚树脂
H	3,4-环氧基-6-甲基环己烷甲酸 3′,4′-环氧基-6′-甲基环己烷甲酯	Zg	脂肪酸缩水甘油酯
G	硅环氧树脂	Ig	脂环族缩水甘油酯

　　环氧树脂是以一个或两个汉语拼音字母加两位数字作为型号,以表示类别及品种。型号的第一位采用主要组成物质名称,取其主要组成物质汉语拼音的第一个字母,若遇相同则加取第二个字母,以此类推。第二位是组成中若有改性物质,则也用汉语拼音字母表示。若未改性则加一标记"—"。第三和第四位是标志出该产品的主要性能值:环氧值的算术平均值。

　　例如:某一牌号环氧树脂,系二酚基丙烷为主要组成物质,其环氧值指标为 0.48～0.54 mol/100 g,则其算术平均值为 0.51,该树脂的型号为"E-51 环氧树脂"。

3.2.2　缩水甘油醚类环氧树脂

　　缩水甘油醚类环氧树脂是由含活泼氢的酚类和醇类与环氧氯丙烷聚合而成的。其中,由二酚基丙烷与环氧氯丙烷聚合而成的二酚基丙烷型环氧树脂是产量最大的一类。另一类是由二阶线型酚醛树脂与环氧氯丙烷聚合而成的酚醛多环氧树脂。此外,还有用乙二醇、丁二醇、新戊二醇、丙三醇、季戊四醇和多缩二元醇等醇类与环氧氯丙烷反应得到的缩水甘油醚类环氧树脂。

1. 二酚基丙烷型环氧树脂

　　二酚基丙烷型环氧树脂是环氧树脂中最主要且产量最大的品种,本节主要讨论这类树脂的合成方法和性质。

　　1) 二酚基丙烷型环氧树脂的原料

　　合成二酚基丙烷型环氧树脂的原料是二酚基丙烷与环氧氯丙烷。

　　(1) 二酚基丙烷　二酚基丙烷(简称双酚 A)的相对分子质量是 228,熔点 153～159 ℃,易溶于丙酮及甲醇,可溶于乙醚,微溶于水及苯。

（2）环氧氯丙烷　环氧氯丙烷是无色透明液体，相对密度 1.18，沸点 116.2 ℃，折射率 1.438。可溶于乙醚、乙醇、四氯化碳及苯中，微溶于水。

环氧氯丙烷非常活泼，它的环氧基团可以和许多种化合物进行反应，如胺基、羟基、羧基等。

2）二酚基丙烷型环氧树脂的合成原理

（1）主反应　二酚基丙烷型环氧树脂是以二酚基丙烷和环氧氯丙烷为主要原料，以氢氧化钠为催化剂经聚合反应制得的。二酚基丙烷型环氧树脂的分子结构如下列通式：

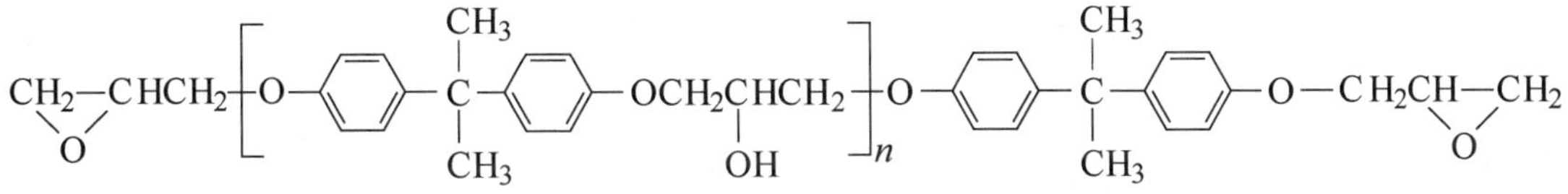

环氧氯丙烷与二酚基丙烷在氢氧化钠存在下的反应历程有很多理解，但是一般认为主要有以下四种反应：

① 环氧氯丙烷在碱催化下与二酚基丙烷进行加成反应，并闭环生成环氧化合物

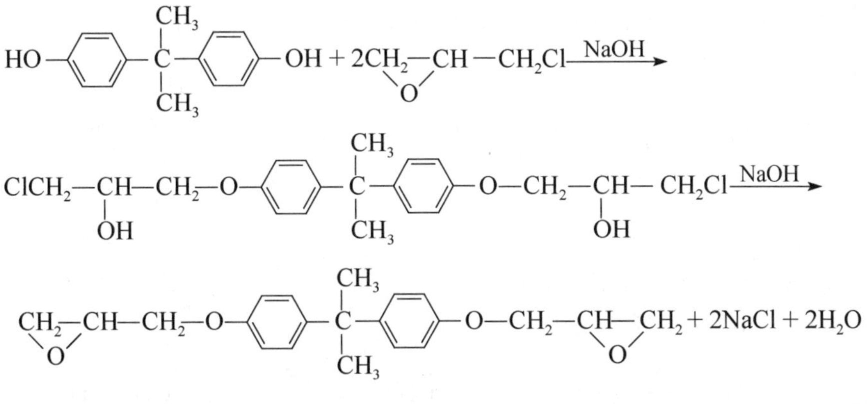

$$(3-2-1)$$

② 生成的环氧化合物与二酚基丙烷反应

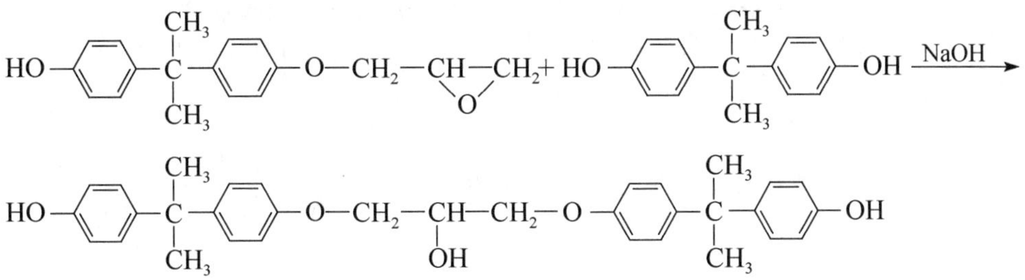

$$(3-2-2)$$

③ 含羟基的中间产物与环氧氯丙烷反应

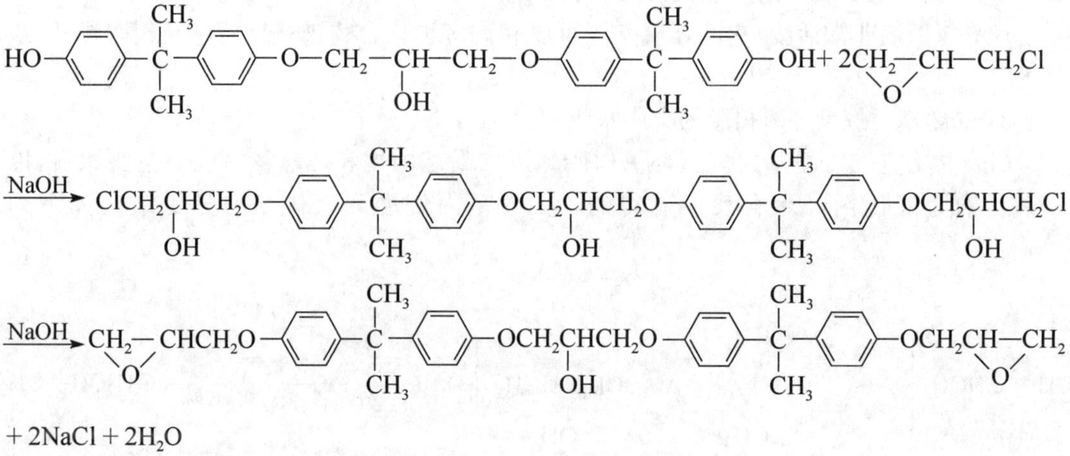

$$(3-2-3)$$

④ 含环氧基中间产物与含酚基中间产物之间的反应

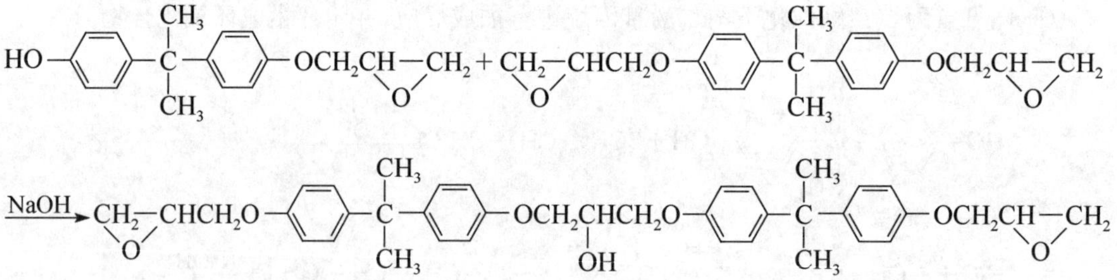

$$(3-2-4)$$

(2) 副反应　在缩聚过程中除了上述四个主要的反应外,还可能存在下列一些副反应。

① 单体环氧氯丙烷水解

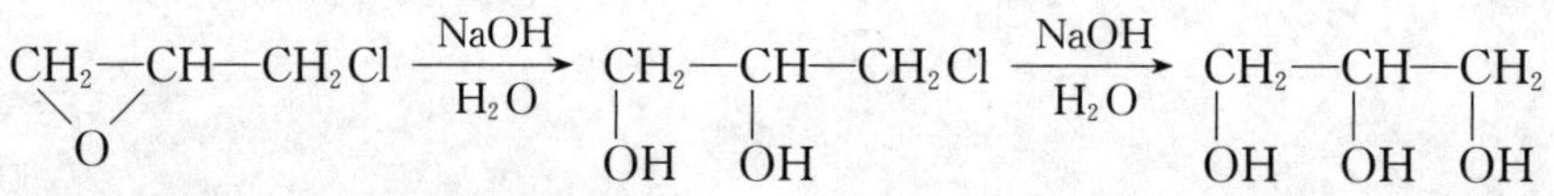

　$(3-2-5)$

② 树脂的环氧端基水解

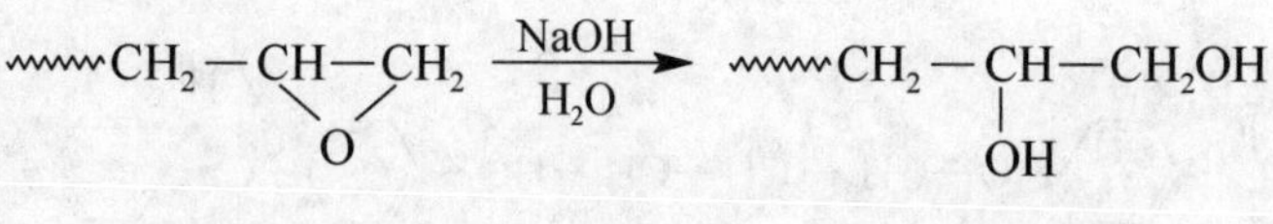

$$(3-2-6)$$

③ 支化反应

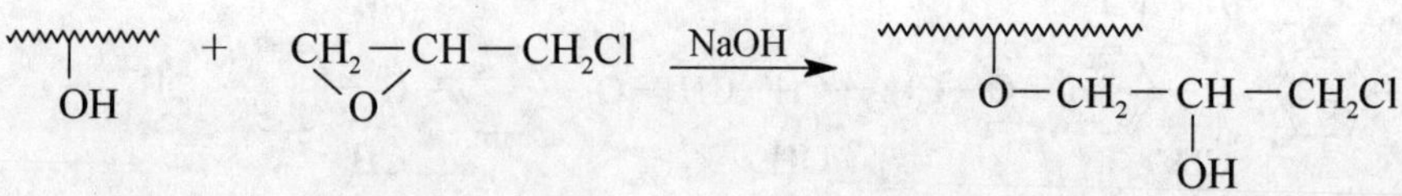

$$(3-2-7)$$

下面这个支化反应，一般很少发生，仅在 200 ℃ 左右高温，并有碱存在的情况下才可能发生。

④ 环氧端基发生聚合反应

$$(3-2-8)$$

这一反应主要发生在高温(>180 ℃)并有碱或盐存在的情况下，可交联成体型结构的高聚物。

3) 二酚基丙烷型环氧树脂的合成条件

上面列出了环氧树脂合成过程中可能发生的一些化学反应，为了合成预期相对分子质量的、分子链两端以环氧基终止的线型树脂，必须控制合适的反应条件。其中，两种单体的投料配比，氢氧化钠的用量、浓度与投料方式，以及反应温度等条件对控制反应起着非常重要的作用。下面分别叙述这些因素的影响：

(1) 二酚基丙烷与环氧氯丙烷的物质的量之比　为了合成低相对分子质量的树脂($n=0$)，虽然理论上环氧氯丙烷与二酚基丙烷的物质的量之比为 2∶1。但实际合成时，两者的物质的量之比高达 5∶1，甚至 10∶1 时才能得到预期相对分子质量的树脂，这是由于在环氧氯丙烷过量较少的情况下，反应(3-2-2)和(3-2-3)容易发生，结果得到高相对分子质量的树脂。若两种单体按理论值 2∶1 的物质的量之比投料，最终大约只能得到 10% 的 $n=0$ 的树脂。

为了合成较高相对分子质量的树脂($n=2\sim12$)，若聚合度为 n，则理论上必须用 $(n+1)$mol 的二酚基丙烷，$(n+2)$mol 的环氧氯丙烷。但是，由于上述列出的一系列副反应的复杂性，环氧氯丙烷的用量也往往相应提高。随着聚合度的增高，两种单体的物质的量之比渐趋近于理论值。

(2) 氢氧化钠的用量、浓度与投料方式的影响　氢氧化钠在合成过程中既是环氧基与酚羟基加成反应的催化剂，又是氯醇在闭环过程中脱氯化氢的催化剂。

理论上为了使氯醇基团的闭环反应完全，氢氧化钠应与环氧氯丙烷以等物质的量之比。然而，尤其在合成低相对分子质量树脂时环氧氯丙烷过量甚多，因此氢氧化钠用量也常过量，过量程度随环氧氯丙烷对二酚基丙烷用量增多而减少。

氢氧化钠一般配成 10%～30% 的水溶液使用，碱的浓度会影响到树脂的性能与收率。在浓碱介质中环氧氯丙烷的活性大，脱氯化氢的作用比较迅速和完全，生成树脂的相对分子质量也较低，但副反应加速，树脂收率有所下降。因此在合成低相对分子质量树脂时用 30% 的碱液，合成高相对分子质量树脂时用 10% 的碱液。

在一步法合成低相对分子质量树脂时,环氧氯丙烷过量较多,合成过程中环氧氯丙烷水解的可能性有所增加,环氧氯丙烷的回收率很低。而在二步法中采用"二次加碱法",把总的碱量合理地一分为二,分两次加入。第一次投入碱后,主要起加成及部分闭环反应,氯醇基团的含量较高,过量的环氧氯丙烷水解反应的概率降低,当树脂的分子链基本形成后,必须立即回收环氧氯丙烷,同时体系的黏度较低也有利于环氧氯丙烷的蒸出。第二次投入的碱主要起氯醇基团的闭环反应。一步法合成中碱是一次投入,在反应后期由于氯醇基团大多闭环后使其浓度降低,因此碱大量被环氧氯丙烷所获取而引起水解破坏。

(3) 反应温度的影响　反应温度一般控制较低(常低于90 ℃)。为了防止单体环氧氯丙烷及中间物环氧端基的水解反应,常控制起始的反应温度稍低(如低于60 ℃),到反应后期才逐渐升高温度。

(4) 加料顺序的影响　在低相对分子质量液体树脂的合成过程中是采用在两种单体的混合物中滴加液碱的加料方式,而在高相对分子质量树脂的合成过程中是采用在二酚基丙烷与液碱混合物中再投入环氧氯丙烷的加料方式。采用碱后加法可使反应一开始就在环氧氯丙烷浓度较高的条件下进行,因此制得的树脂相对分子质量较后加环氧氯丙烷的方式所制得的树脂要小。一般低相对分子质量树脂均采用碱后加法,而高相对分子质量树脂均采用环氧氯丙烷后加法合成。

(5) 体系中水含量的影响　已有报道,在制备低相对分子质量树脂时,为了得到较高的产率,在反应体系中必须维持水的含量在0.3%~2%。无水条件下反应不能发生,而当水含量大于2%时,常会导致副反应发生。

4) 二酚基丙烷型环氧树脂的合成过程

控制环氧氯丙烷与二酚基丙烷的摩尔配比和合适的反应条件,可合成不同 n 值(即不同相对分子质量)的树脂,由此可得到一系列不同牌号的环氧树脂。低相对分子质量树脂($n=0\sim1$)在常温下是黏性液体,中、高相对分子质量树脂($n>1$)在常温下是固体。但是,环氧氯丙烷与二酚基丙烷对环氧树脂相对分子质量影响的理论值(表3.2.2)和实际值(表3.2.3)是有差异的,合成得到的树脂实际上是不同 n 值(即不同相对分子质量)的混合物。

表3.2.2　ECP与DPP的配比对环氧树脂相对分子质量的影响(理论值)

n	ECP : DPP(物质的量之比)	相对分子质量	环氧基数目	羟基数目	环氧当量
0	2 : 1	340	2	0	170
1	3 : 2	624	2	1	312
2	4 : 3	908	2	2	452
3	5 : 4	1 192	2	3	596
4	6 : 5	1 476	2	4	738
5	7 : 8	1 760	2	5	880
6	8 : 7	2 044	2	6	1 022
7	9 : 8	2 328	2	7	1 164

注:ECP——环氧氯丙烷,DPP——二酚基丙烷。

当量——这个单位已废弃使用,本书为了叙述方便,仍使用这一称谓。

表 3.2.3   ECP 与 DPP 的配比对环氧树脂相对分子质量的影响(实际值)

n	ECP：DPP(物质的量之比)	相对分子质量	环氧当量
0	10：1	380	175～210
2.0	1.57：1	900	450～525
3.7	1.22：1	1 400	870～1 025
8.8	1.15：1	2 900	1 650～2 050
12.0	1.11：1	3 750	2 400～4 000

(1) 树脂合成过程   低相对分子质量液态树脂是在间歇式反应釜中进行合成的。图 3.2.1 为典型的液态树脂的生产工艺流程图。

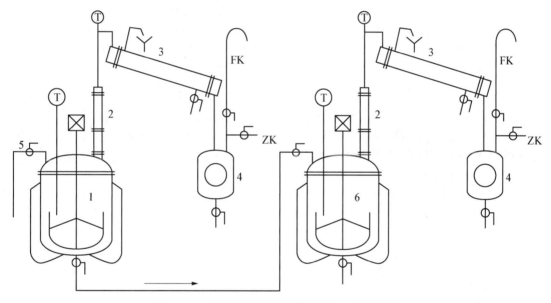

图 3.2.1   液态环氧树脂树脂的生产工艺流程图

1—反应釜;2—竖冷凝器;3—横冷凝器;4—接收器;5—液体加料管;6—精制釜

低相对分子质量树脂的合成方法可归纳为两种工艺路线。第一种工艺路线称为一步法:二酚基丙烷和环氧氯丙烷在氢氧化钠作用下聚合(即开环和闭环反应在同一反应条件下进行)。第二种工艺路线称为二步法:二酚基丙烷和环氧氯丙烷在催化剂(如季铵盐)存在下,第一步通过加成反应生成二酚基丙烷氯醇醚中间体,第二步在氢氧化钠存在下进行闭环反应,生成环氧树脂。

中、高相对分子质量固态树脂的合成方法亦有两种工艺路线。第一种工艺路线称为一步法,二酚基丙烷和环氧氯丙烷在氢氧化钠存在下进行聚合反应。用于制造中等相对分子质量的固态树脂,国内生产 E-20、E-14、E-12 等型号环氧树脂基本上采用此法。第二种工艺路线称为二步法,也称融熔聚合添加法,即液态环氧树脂和二酚基丙烷在催化剂存在下进行加成反应。制造高相对分子质量的固态环氧树脂都采用此法。

下面举例说明其合成过程:

① E-44 环氧树脂的合成

a. 配方

原料	物质的量之比	质量/kg
二酚基丙烷	1	502
环氧氯丙烷	2.75	560
液碱(30%)	2.42	711
苯		1 400

b. 操作步骤

在反应釜中投入二酚基丙烷和环氧氯丙烷,加热至 70~73 ℃,保温 0.5 h,使之全部溶解。冷却至 50 ℃,开始滴加液碱,加碱时的温度保持在 50~55 ℃,6 h 内加完。然后在 55~60 ℃保温反应 8 h,反应完毕,减压回收环氧氯丙烷(真空度>93.3 kPa,温度不超过 70~75 ℃)。加苯,70 ℃下搅拌 30 min,然后冷却至 55 ℃,静置 15 min,抽取上层苯-树脂溶液。下层盐脚第 2 次加苯 400 kg,在 55 ℃下搅拌 15 min,静置 15 min。抽去上层苯-树脂溶液。二次所得苯-树脂溶液在精制釜中升温至微沸(70~73 ℃),回流 30 min,静置 30 min,放去下层盐水。然后进行升温脱水,蒸至馏出液完全透明为止。冷却至 50~55 ℃过滤,所得苯-树脂滤液进行脱苯,先常压脱苯,待温度升至 110 ℃以上,再进行减压脱苯(真空度>98.7 kPa),温度最高不超过 140~143 ℃,直至无苯蒸出为止。实际生产中用甲苯代替苯可以降低对操作人员健康的影响,这是因为甲苯的沸点较高,生产安全性也相应得到提高。用薄膜蒸发器脱溶剂比釜式脱溶剂效率更高,树脂色泽更浅。

c. E-44 环氧树脂的技术指标

外　观:淡黄色透明固体

环氧值:0.41~0.47 mol/100 g

有机氯:≤0.02　　mol/100 g

无机氯:≤0.001　mol/100 g

挥发分:≤1%

软化点:12~20 ℃

② E-12 环氧树脂的合成

a. 配方

原料	物质的量之比	质量/kg
二酚基丙烷	1	320
环氧氯丙烷	1.218	163
液碱(10%)	1.185	687

b. 操作步骤

将二酚基丙烷及液碱加入溶解锅,于 65~70 ℃溶解 30 min。过滤,滤液放入反应釜中,冷却至 47 ℃,一次加入环氧氯丙烷。此时自动升温,于 80~85 ℃维持 1 h,再在 85~95 ℃维持 1 h。上层水溶液抽样 10 mL,加水 50 mL,以 0.1 mol/L 盐酸滴定。以后每隔 30 min 抽样测定,直至盐酸消耗量恒定。然后加热水 300~400 kg,搅拌,静置,用虹吸法吸去碱水层。再加热水 300~500 kg,沸腾 5 min,洗至上层水液 pH=7~8 为止;洗毕,吸去水层,先常压,后减压脱水,至液温达 135~140 ℃无水馏出为止。

c. E-12 环氧树脂的技术指标

外　观：淡黄色透明固体

环氧值：0.09～0.15 mol/100 g

有机氯：≤0.02　mol/100 g

无机氯：≤0.001　mol/100 g

挥发分：≤1%

软化点：85～95 ℃

（2）环氧树脂的技术指标　环氧树脂实际上是含不同聚合度的分子的混合物。其中大多数的分子是含有两个环氧基端基的线型结构。少数分子可能支化，极少数分子终止的基团是氯醇基团而不是环氧基。因此环氧树脂的环氧基含量、氯含量等对树脂的固化及固化物的性能有很大的影响。环氧树脂的主要技术指标有：

① 环氧值。环氧值是环氧树脂最主要的技术指标，工业上常用环氧值来表示环氧树脂的型号。

环氧值是指每 100 g 树脂中所含环氧基的物质的量。例如相对分子质量为 340，每个分子含两个环氧基的环氧树脂，它的环氧值为 2/340×100＝0.59 mol/100 g。环氧值的倒数乘以 100 称之为环氧当量。环氧当量的含义是：每一环氧基团相应的树脂的相对分子质量。例如环氧值为 0.59 mol/100 g 的环氧树脂，其环氧当量为 170 g/mol。

根据树脂的环氧值或环氧当量的数据，可以大致上估计该树脂的平均相对分子质量。对未支化的，分子链两端各带一个环氧基的树脂，其数均分子量是环氧当量的一倍。

② 无机氯含量。树脂中的氯离子能与胺类固化剂起络合作用而影响树脂的固化，同时也影响固化树脂的介电性能，因此无机氯含量也是环氧树脂的一项重要指标。

③ 总氯含量。通过总氯含量和无机氯含量的多少，可以计算树脂的有机氯含量。树脂中的有机氯含量标志着分子中未起闭环反应的那部分氯醇基团的含量，其含量应尽可能地降低，否则也要影响树脂的固化及固化物的性能。

有机氯含量＝总氯含量－无机氯含量

④ 挥发分。挥发分指标是表示树脂合成过程中，溶剂或水分的脱除情况，溶剂脱除越干净，挥发分越低。

⑤ 相对分子质量。由蒸气压渗透法（VPO 法）可以测定环氧树脂的数均分子量。

环氧树脂除测定上述几个指标外，还测定液体树脂的黏度或固体树脂的软化点等指标。

表 3.2.4 列出了二酚基丙烷型环氧树脂的典型性能。

表 3.2.4　二酚基丙烷型环氧树脂的典型性能

相对分子质量	黏度或熔点	平均环氧值/(mol/100 g)	平均聚合度 n
360～380	7～10 Pa·s	0.54	0.10
370～400	12～16 Pa·s	0.52	0.15
380～420	16～20 Pa·s	0.50	0.21
390～450	25～32 Pa·s	0.47	0.30
460～560	半固体	0.39	0.60

相对分子质量	黏度或熔点	平均环氧值/(mol/100 g)	平均聚合度 n
770～1 000	60～75 ℃	0.23	1.80
850～1 100	65～75 ℃	0.21	2.20
1 750～2 050	95～105 ℃	0.10	5.50
4 000～5 000	125～135 ℃	0.05	14.40
5 000～8 000	145～155 ℃	0.03	16.00

2. 酚醛多环氧树脂

酚醛多环氧树脂与二酚基丙烷型环氧树脂相比,在线型分子中含有两个以上的环氧基,因此固化产物的交联密度大,具有优良的热稳定性、力学性能、电绝缘性、耐水性和耐腐蚀性。它由线型酚醛树脂与环氧氯丙烷反应得到。合成可分为一步法和二步法两种。一步法是在线型酚醛树脂生成后不将树脂分离出,立即投入环氧氯丙烷进行环氧化反应。二步法是在线型酚醛树脂生成后将树脂分离出,再和环氧氯丙烷进行环氧化反应。其反应方程式如下:

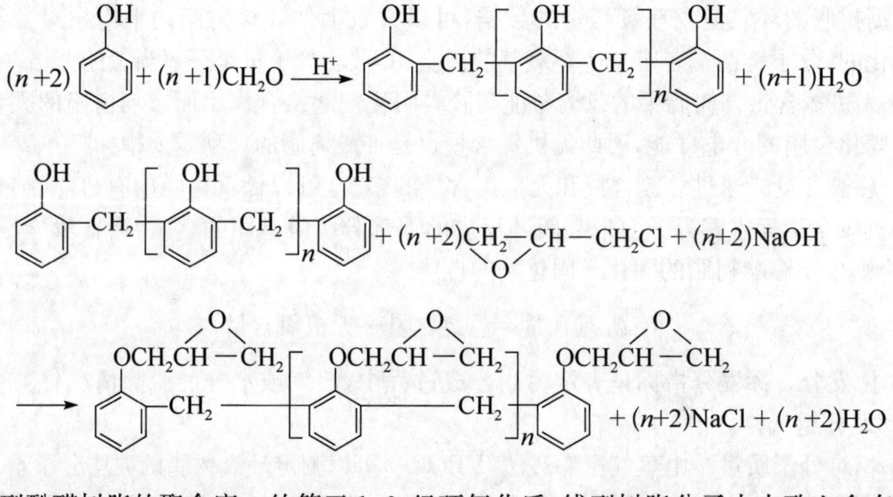

线型酚醛树脂的聚合度 n 约等于1.6,经环氧化后,线型树脂分子中大致上含有3.6个环氧基。酚醛多环氧树脂的生产工艺如下:

(1) 配方

原料	物质的量之比	质量/kg
线型酚醛树脂	1	107
环氧氯丙烷	8	740
苄基三乙基氯化铵		1.6
氢氧化钠(30%)	0.9(第一次)	120
	0.4(第二次)	53.3
纯苯		适量

（2）操作步骤

将线型酚醛树脂和环氧氯丙烷加入反应釜中，加热至 70～80 ℃，使酚醛树脂溶解，然后加入苄基三乙基氯化铵，在 90～95 ℃加热搅拌 2 h，然后再冷却至 50～60 ℃，滴加第一次液碱，约 2 h 加完。加毕升温至 60～65 ℃维持 1 h，再减压回收过量的环氧氯丙烷。回收完加入适量纯苯，搅拌 20～30 min 后加入第二部分液碱，加热至 50～65 ℃，继续反应 2 h，再进行水洗 4～5 次，至水层呈中性，再进行减压脱苯至余压为 80 kPa，温度达 150 ℃无液滴滴出为止。树脂的收率为酚醛树脂的 120% 左右。

（3）F-51 酚醛多环氧树脂技术指标

外　　观：淡黄色透明黏稠液体

软化点：≤28 ℃

环氧值：0.53～0.57 mol/100 g

有机氯：≤0.01 mol/100 g

无机氯：≤0.05 mol/100 g

挥发分：≤2.0%

3. 其他酚类缩水甘油醚型环氧树脂

除用线型酚醛树脂外，其他的多羟基酚类也可用来合成缩水甘油醚型环氧树脂。其中有间苯二酚型环氧树脂、间苯二酚-甲醛型环氧树脂、四酚基乙烷型环氧树脂、三羟苯基甲烷型环氧树脂、四溴二酚基丙烷型环氧树脂等。

1）间苯二酚型环氧树脂

它是由间苯二酚与环氧氯丙烷缩合而成的具有两个环氧基的树脂：

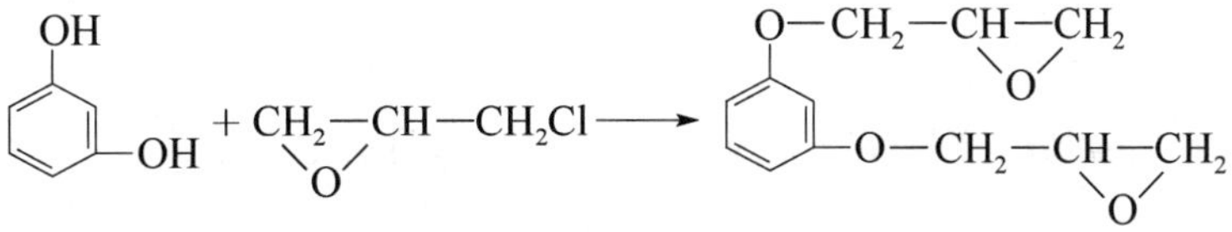

这类树脂的环氧值为 0.74～0.83 mol/100 g，在 25 ℃下的黏度为 300～500 mPa·s，具有黏度小、固化反应速度快、固化物性能好等优点。其可以用作环氧树脂和酚醛树脂的稀释剂或改性剂。

2）间苯二酚-甲醛型环氧树脂

它是由低相对分子质量的间苯二酚-甲醛树脂与环氧氯丙烷反应得到的，具有如下结构式：

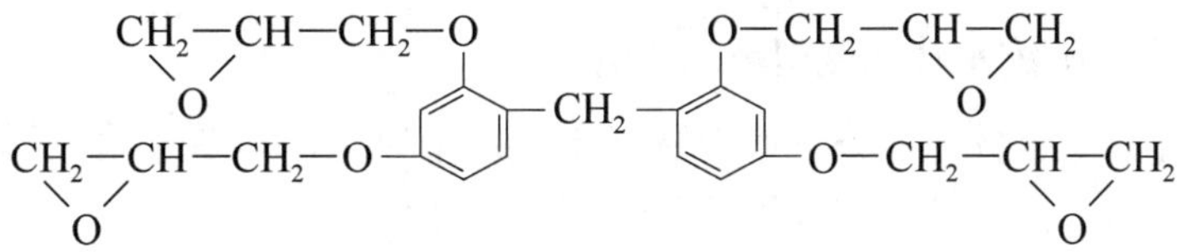

这类树脂具有四个环氧基，固化物的热变形温度可达 300 ℃，耐浓硝酸性能优良。

3）四酚基乙烷型环氧树脂

它是由四酚基乙烷与环氧氯丙烷反应得到的具有四个环氧基的树脂：

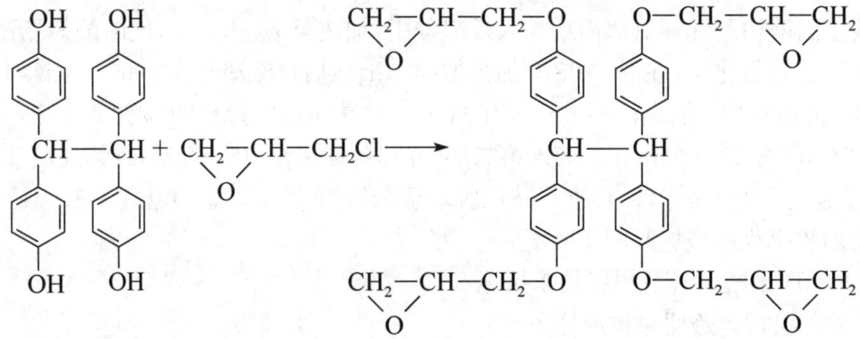

这类树脂具有较高的热变形温度和良好的化学稳定性。

4) 三羟苯基甲烷型环氧树脂

它具有如下结构式:

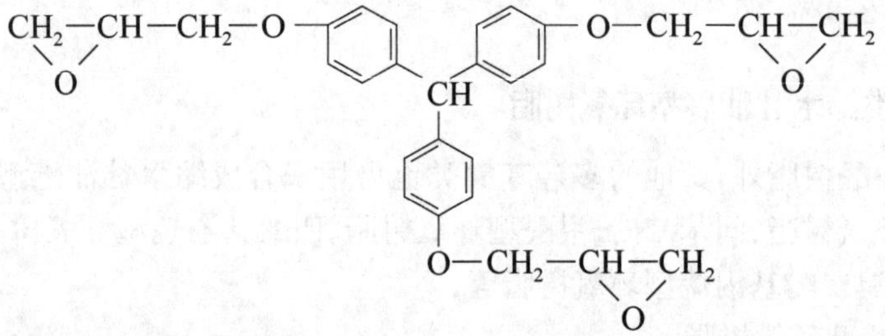

这类树脂的固化物的热变形温度可达 260 ℃以上,有良好的韧性和湿热强度,可耐长期高温氧化。

5) 四溴二酚基丙烷型环氧树脂

它是由四溴二酚基丙烷与环氧氯丙烷反应得到的,具有如下结构式:

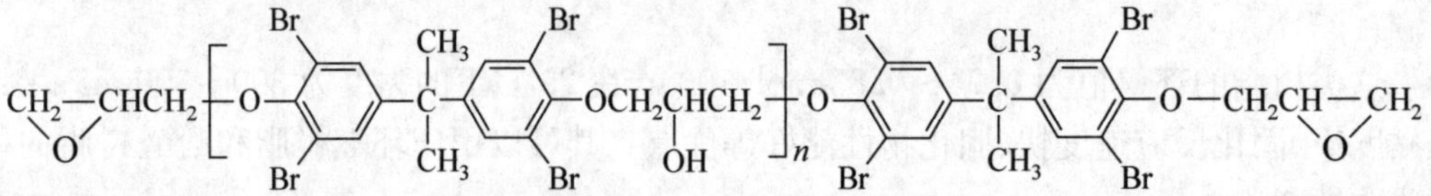

该树脂主要用作阻燃型环氧树脂,在常温下是固体,常与二酚基丙烷型环氧树脂混合使用。

4. 脂肪族多元醇缩水甘油醚型环氧树脂

脂肪族多元醇缩水甘油醚分子中含有两个或两个以上的环氧基,这类树脂大多数黏度低、具有水溶性;由于是长链线型分子,因此富有柔韧性。

这类树脂的合成方法与前述酚醛型缩水甘油醚相似,可由环氧氯丙烷与多元醇在催化剂存在下反应。反应的中间物脂肪族氯醇比芳族氯醇对碱更敏感,前者很易水解成二元醇或多元醇。同时,强碱的存在也容易促使脂族环氧化物聚合。因此第一步形成氯醇的反应一般用路易斯酸类(如三氟化硼、三氯化铝)作催化剂,第二步的脱氯化氢反应必须在碱的乙醇溶液中进行。

1) 丙三醇环氧树脂

丙三醇环氧树脂是由丙三醇与环氧氯丙烷在三氟化硼-乙醚配合物的催化下进行缩合，再以氢氧化钠脱氯化氢闭环而得。树脂具有如下结构：

$$
\begin{array}{l}
CH_2-O-CH_2-CH-CH_2 \\
\qquad\qquad\qquad\quad O \\
CH-O-CH_2-CH-CH_2 \\
\qquad\qquad\qquad\quad O \\
CH_2-O-CH_2-CH-CH_2 \\
\qquad\qquad\qquad\quad O
\end{array}
$$

丙三醇环氧树脂具有很强的黏合力，可用作黏结剂。它也可与二酚基丙烷型环氧树脂混合使用，以降低黏度和增加固化体系的韧性。此外，该树脂还可用作毛织品、棉布和化学纤维的处理剂，处理后的织物具有防皱、防缩和防虫蛀等优点。其合成工艺如下：

（1）配方

醚化物制备：

丙三醇（>96%）	175 kg
环氧氯丙烷（>96%）	557 kg
三氟化硼-乙醚配合物（BF_3 含量 45%）	913 mL

环氧化物制备：

醚化物	682 kg
氢氧化钠（>96%）	106 kg
无水乙醇	1 364 kg

（2）操作步骤

将丙三醇加入反应釜，常温下缓缓加入三氟化硼-乙醚配合物，搅拌 10 min。于 55～60 ℃下滴加环氧氯丙烷，约 8 h 加完。然后于 60～65 ℃反应 3 h。冷却，投入乙醇，搅拌使醚化物全部溶解。于（25±2）℃下分批加入固碱，加完后升温至（30±2）℃，反应 6 h。反应毕静置 0.5 h，吸去上层树脂醇溶液，进行减压脱乙醇，当真空度达 93.3 kPa，温度达 100 ℃且乙醇蒸出很少时再继续蒸馏 0.5 h；冷却至 50～60 ℃下趁热过滤，得淡黄色至黄色黏性液态树脂，环氧值为 0.55～0.71 mol/100 g。

2) 季戊四醇环氧树脂

由季戊四醇与环氧氯丙烷缩合而成，具有如下结构：

$$
\begin{array}{l}
HOCH_2\qquad\ CH_2-O-CH_2-CH-CH_2 \\
\qquad\quad C \qquad\qquad\qquad\qquad\quad O \\
HOCH_2\qquad\ CH_2-O-CH_2-CH-CH_2 \\
\qquad\qquad\qquad\qquad\qquad\qquad\quad O
\end{array}
$$

季戊四醇环氧树脂约具有 2.2 个官能度，用胺类固化时比二酚基丙烷型环氧树脂要快 2～8 倍。它与丙三醇环氧树脂一样，也是水溶性的。若在二酚基丙烷型环氧树脂中混合

20％的季戊四醇环氧树脂,可使体系黏度下降一半,并可黏合潮湿的表面,具有很好的黏结性能。

工业上常用的多元醇环氧树脂还有新戊二醇环氧树脂、丁二醇环氧树脂、一缩二丙二醇环氧树脂、三羟甲基丙烷环氧树脂和1,2-环己二醇环氧树脂等,常用作高黏度环氧树脂的活性稀释剂。

3.2.3 缩水甘油酯类环氧树脂

缩水甘油酯环氧树脂和二酚基丙烷环氧树脂比较,具有:黏度低,使用工艺性好;反应活性高;黏合力比通用环氧树脂高,固化物力学性能好;电绝缘性,尤其是耐漏电痕迹性好;良好的耐超低温性,在－196~253 ℃超低温下比其他类型环氧树脂高的黏结强度;较好的表面光泽度,透光性、耐气候性好。

缩水甘油酯的合成有多种方法:羧酸酰氯-环氧丙醇法,羧酸-环氧氯丙烷法,羧酸盐-环氧氯丙烷法等。由羧酸与环氧氯丙烷在催化剂及碱存在下的反应方程式如下:

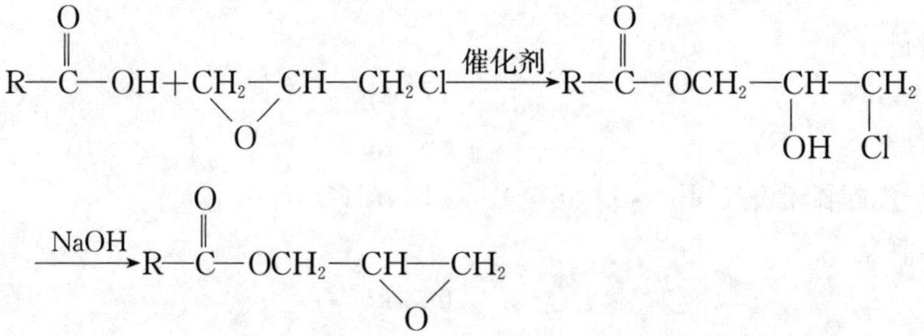

虽然可用来制造缩水甘油酯的羧酸很多,但在工业上用得较多的是四氢邻苯二甲酸和间苯二甲酸。

1) 四氢邻苯二甲酸二缩水甘油酯

四氢邻苯二甲酸二缩水甘油酯的结构式如下:

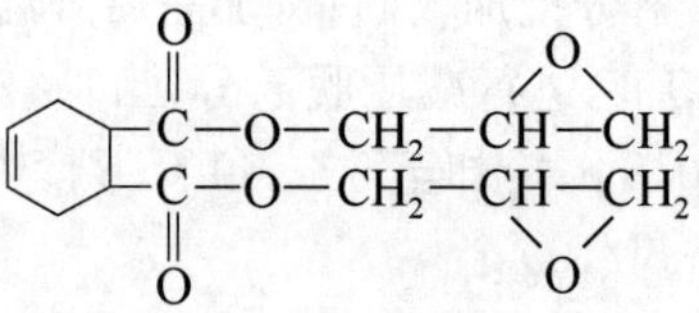

(1) 配方

原料	物质的量之比	质量/kg
四氢邻苯二甲酸	1	170
环氧氯丙烷	20	1 850
苄基三乙基氯化铵	酸量的3％	5
氢氧化钠	3	①90
		②30
苯		①800

	②200
水	①77
	②26

（2）操作步骤

在反应釜中加入四氢邻苯二甲酸、环氧氯丙烷及苄基三乙基氯化铵，加热，在 40～50 min 内升温至四氢邻苯二甲酸全部溶解，此时最高温度应达到环氧氯丙烷的回流温度 117～118 ℃。维持在约 110 ℃ 的温度下反应 0.5 h，降温至 50 ℃，并维持在 50～55 ℃ 的温度下，滴加第一次用量的碱液（54% 的氢氧化钠溶液）。加完后，维持在室温搅拌 4 h，减压蒸馏除去反应液中的水和环氧氯丙烷，蒸完后加入第一次用量的苯，升温，维持在 50～55 ℃ 滴加第二次用量的碱液，加完后，在室温搅拌 2 h，滤去氯化钠，用水洗至中性，然后常压蒸苯，当蒸出一半以上的苯后，剩余的树脂-苯溶液过滤一次，再蒸苯，先常压，后减压蒸至无苯蒸出为止。

（3）四氢邻苯二甲酸二缩水甘油酯的技术指标

相对分子质量：	282
黏度：	0.45～0.60 Pa·s
环氧值：	0.63～0.67 mol/100 g

2）间苯二甲酸二缩水甘油酯

间苯二甲酸二缩水甘油酯的结构式如下：

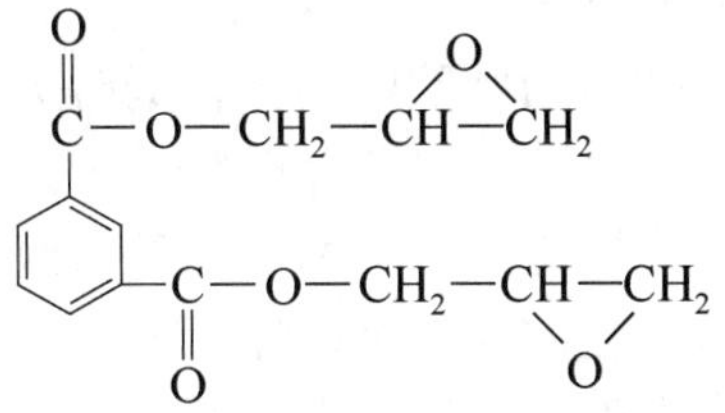

（1）配方

原料	物质的量之比	质量/kg
间苯二甲酸	1	166
环氧氯丙烷	20	1 950
苄基三乙基氯化铵	酸量的 3%	5
氢氧化钠	3.4	①13
		②123
水		105

（2）操作步骤

在反应釜中加入间苯二甲酸、环氧氯丙烷及催化剂，加热升温至原料全部溶解（此时 110～121 ℃），在环氧氯丙烷回流的温度下，维持反应 40 min，反应完后，降温至 50 ℃，先加入固体氢氧化钠（占总用量的 10%），再滴加 54% 氢氧化钠溶液，加碱过程中温度保持在 50～55 ℃，加完后降至室温，搅拌 8 h。然后将反应液过滤一次，减压蒸出过量的环氧氯丙烷，当蒸至剩约 1/3 的液量后，再过滤一次，进一步减压蒸净环氧氯丙烷。

（3）间苯二甲酸二缩水甘油酯的技术指标

相对分子质量：　　　　　278

熔　点：　　　　　　　　60～63 ℃

环氧值：　　　　　　　　0.60～0.63 mol/100 g

缩水甘油酯类环氧树脂一般用胺类固化剂固化，与固化剂的反应类似于缩水甘油醚类环氧树脂。

3.2.4　缩水甘油胺类环氧树脂

缩水甘油胺类环氧树脂可以从脂族或芳族伯胺或仲胺和环氧氯丙烷合成。这类树脂的特点是多官能度、环氧当量高、交联密度大、耐热性显著提高，主要缺点是有一定的脆性。

1）对氨基苯酚环氧树脂

对氨基苯酚环氧树脂（TGPAP）由对氨基苯酚与环氧氯丙烷反应制得，具有下述结构：

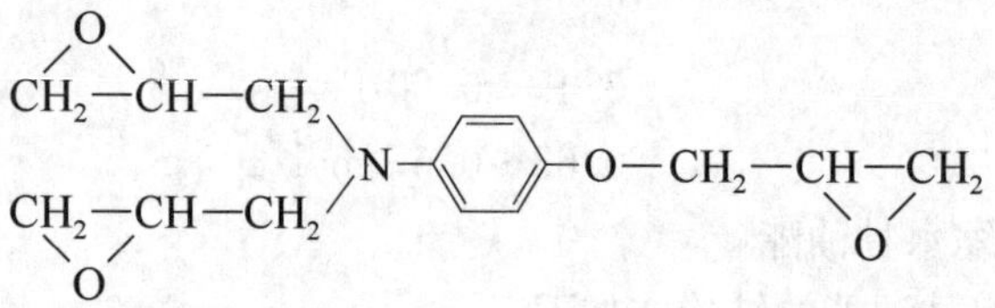

对氨基苯酚环氧树脂是低黏度液体（0.55～0.85 Pa·s, 25 ℃），环氧当量为 95～107 g/mol。该树脂固化活性非常高，用脂肪胺作固化剂时会放出大量的热，甚至使树脂碳化；用芳香胺作固化剂时如果温度太高或加有促进剂时也会发生这种现象。因此，在使用 TGPAP 树脂时应特别注意其固化性能。TGPAP 树脂固化物具有优良的热稳定性和化学稳定性，用 DDS（二氨基二苯砜）固化的 TGPAP 树脂的 T_g（玻璃化转变温度）高达 250 ℃，用 TGPAP 树脂制得的复合材料具有耐烧蚀性能和耐 γ-辐射的性能。该树脂也可以用作胶黏剂和高性能涂料。

2）4,4′-二氨基二苯甲烷环氧树脂（TGDDM）

4,4′-二氨基二苯甲烷环氧树脂（TGDDM）由 4,4′-二氨基二苯甲烷与环氧氯丙烷反应制得，其分子结构如下：

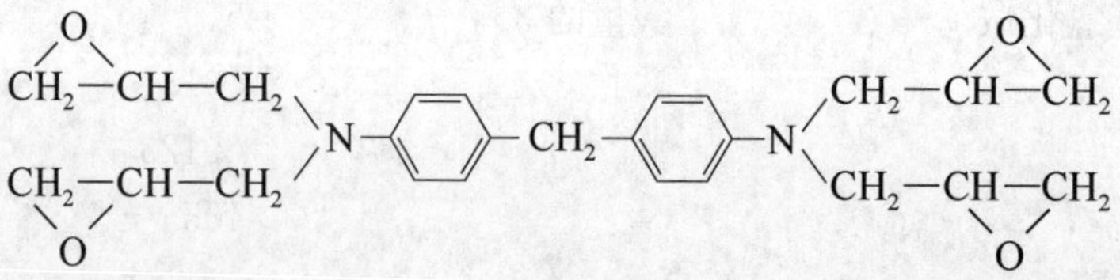

当 TGDDM 的环氧当量为 110 g/mol 时，其黏度为 3～6 Pa·s（50 ℃）。该树脂是一种高性能复合材料的基体树脂，它具有优良的耐热性能，用 DDS 作为固化剂时其 T_g 为 240 ℃；优良的长期耐高温性能和机械强度保持率；优良的耐化学和辐射稳定性；并具有较低的固化收缩率。因此，用该树脂制成的复合材料是一种耐高温的结构复合材料和耐高能辐射材料。TGDDM 树脂也用作高性能结构胶黏剂。

3）三聚氰酸环氧树脂

三聚氰酸环氧树脂（TGIC）是由三聚氰酸和环氧氯丙烷在催化剂存在下进行反应，再以氢氧化钠进行闭环反应制得。三聚氰酸存在酮-烯醇互变异构现象：

（化学结构式）

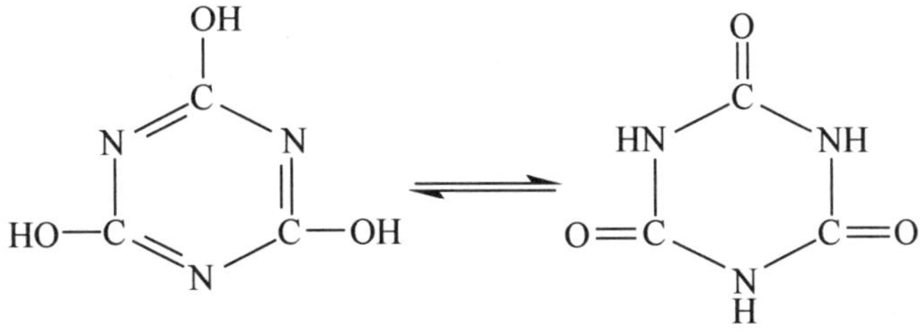

烯醇　　　　　　　　　酮

反应方程式如下：

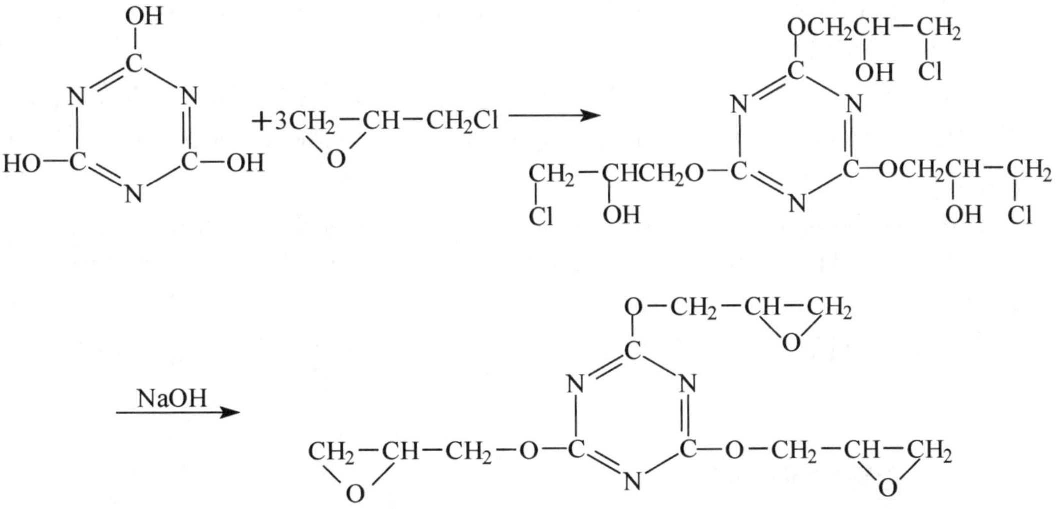

（化学反应方程式）

$$\xrightarrow{\text{NaOH}}$$

（化学结构式）

由于三聚氰酸存在酮-烯醇互变异构现象，得到的是三聚氰酸三缩水甘油胺和异三聚氰酸三缩水甘油酯的混合物。分子中含有三个环氧基，固化后结构紧密，具有优异的耐高温性能。分子结构中的三氮杂苯环使该树脂具有良好的化学稳定性、优良的耐紫外光性、耐气候性和耐油性。由于分子中含14％的氮，故遇火有自熄性，并有良好的耐电弧性。

该树脂的合成工艺如下：将三聚氰酸 18 kg，环氧氯丙烷 24 kg 及苄基三乙基氯化铵 300 g 加入反应釜中，于 117 ℃下回流反应 2.5 h。冷却，于 28～30 ℃下逐步加入 50％的氢氧化钠溶液 44 kg，加完后，水洗，分层。最后加入冰醋酸 200 mL，减压回收环氧氯丙烷。得到琥珀色黏稠状树脂，环氧值≥0.8 mol/100 g。提纯后得到结晶性粉末，环氧值 0.9～0.99 mol/100 g。

4）海茵环氧树脂

海茵（Hydantoin）环氧树脂可以是缩水甘油胺型、缩水甘油醚型或缩水甘油酯型，同时可以是单海茵核也可以是多海茵核。树脂有低黏度的如 0.1～0.35 Pa·s(25 ℃)，也有中等黏度的如 1.5～2.5 Pa·s(25 ℃)，也可以是固体。可以在一个分子上有两个以上环氧基，它

们的共同点都是具有五元氮杂环的结构:

式中的 R_1、R_2 可以是 H、—CH_3、—C_2H_5、芳基或芳烷基等。

海茵环氧树脂具有下述特点:

(1) 黏度低、工艺性能好　海茵环氧树脂的黏度比二酚基丙烷型要低得多,在使用时无需添加稀释剂就有很好的工艺性。

(2) 热稳定性好,能耐高温　由其制成的 H 级绝缘浇注料,在 180 ℃下可使用 5 000 h 以上;在 130 ℃的使用寿命为 40 年。

(3) 耐气候性好　由海茵环氧树脂制得的涂料,在日光或紫外光曝晒下,性能优于二酚基丙烷型环氧树脂和丙烯酸树脂涂料,它具有不易变黄和粉化的特点。其耐盐雾、抗腐蚀性也很突出。

(4) 在高电压或超高压下电性能突出,尤其是耐电弧性和抗漏电痕迹化更引人注目。

(5) 未固化的海茵环氧树脂具有良好的水溶性,可以用来处理纺织品、纸张,以提高强度和抗皱性能。

(6) 海茵环氧树脂的极性很强,对玻璃纤维、碳纤维和多种填料都有很好的润湿能力和黏结性能。

3.2.5　脂环族环氧树脂

脂环族环氧树脂是由脂环族烯烃的双键经环氧化而制得的。它们的分子结构和二酚基丙烷型环氧树脂及其他环氧树脂有很大差异,前者环氧基都直接连接在脂环上,而后者的环氧基都是以环氧丙基醚连接在苯核或脂肪烃上。

由于脂环族环氧树脂是由脂环族烯烃的双键经环氧化而得,所以合成方法与前面介绍的那些环氧树脂完全不同。

脂环族环氧树脂固化物的特点:① 较高的抗压与抗拉强度;② 长期暴置在高温条件下仍能保持良好的力学性能和介电性能;③ 耐电弧性较好;④ 耐紫外光老化性能及耐气候性较好。

脂环族环氧树脂种类很多,也有很多新品面市,下面介绍几种有代表性的脂环族环氧树脂。

1. 二氧化双环戊二烯(6207 环氧树脂或 R - 122 环氧树脂)

二氧化双环戊二烯是白色固体结晶粉末,熔点大于 184 ℃,环氧值为 1.22 mol/100 g。

它是以双环戊二烯为原料采用过醋酸环氧化而制得：

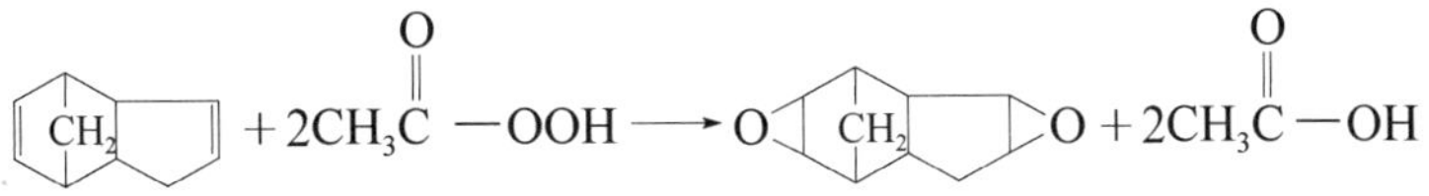

二氧化双环戊二烯的合成工艺如下：

1）过醋酸的制备

过醋酸由醋酸与过氧化氢在硫酸催化下合成：

$$CH_3\overset{\overset{O}{\|}}{C}—OH + H_2O_2 \xrightleftharpoons{H_2SO_4} CH_3\overset{\overset{O}{\|}}{C}—OOH + H_2O$$

将 50%～70%的过氧化氢与冰醋酸以 1∶2 的物质的量之比混合，再加入冰醋酸溶液质量的 1.5%的硫酸，混合均匀，于 25～40 ℃下搅拌 4 h，过醋酸浓度可达 22%以上。若搅拌 6 h，浓度可达 26%～27%。

2）双环戊二烯的环氧化

取双环戊二烯与过醋酸的物质的量之比为 1∶2.2，碳酸钠或醋酸钠为过醋酸当量的 2.5～3 倍。

在反应釜中投入双环戊二烯，再加入碳酸钠（或醋酸钠），于 20～40 ℃下滴加过醋酸，滴加温度不得超过 40 ℃，滴加完毕后在 20～30 ℃下反应 3～4 h。

反应结束后在真空度 93.3 kPa 下脱除醋酸，蒸馏温度不得超过 60 ℃。然后物料加 2 倍水稀释；于 40 ℃下用 30%氢氧化钠中和至 pH=7～8。离心脱水，再水洗 2 次，最后于 60～65 ℃下真空干燥。

二氧化双环戊二烯虽是高熔点固体，但它与固化剂混合后即成为低共熔物。例如，100 g 二氧化双环戊二烯与 50 g 顺酐（或苯酐）、7.48 g 甘油或三羟甲基丙烷混合后，在 50～70 ℃时已成为均匀液体，具有较长的适用期。

2. 3,4-环氧基-6-甲基环己烷甲酸 3′,4′-环氧基-6′-甲基环己烷甲酯（201 环氧树脂或 H-71 环氧树脂）

201 环氧树脂是由丁二烯与巴豆醛经加热、加压合成 6-甲基环己烯甲醛，再在异丙醇铝催化下合成双烯 201，最后经过醋酸环氧化而得，反应式如下：

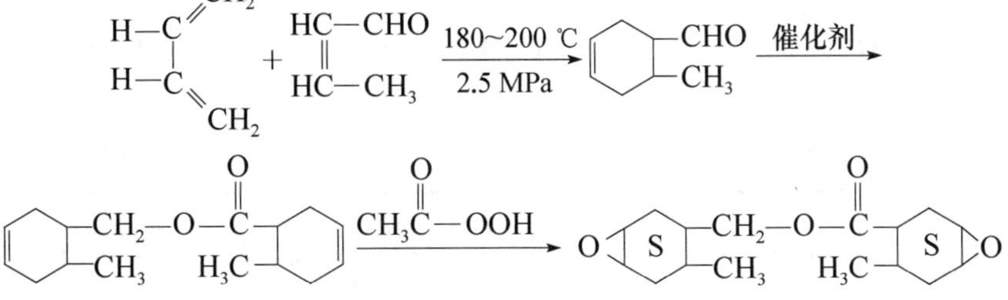

201 环氧树脂是浅黄色低黏度液体，黏度＞2 Pa·s，环氧值为 0.62～0.67 mol/100 g。

可广泛用于复合材料的缠绕、层压、浇铸、涂料和黏合等方面,也可用作二酚基丙烷型环氧树脂的稀释剂。

3. 二氧化双环戊烯基醚

二氧化双环戊烯基醚是以双环戊二烯为原料,经裂解、加氯化氢、水解醚化及环氧化反应过程而制得,反应式如下:

(1) 双环戊二烯裂解成环戊二烯

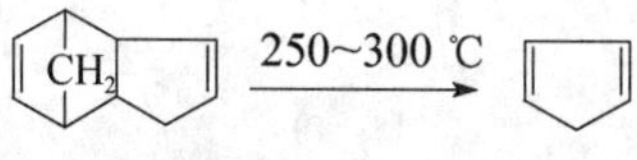

(2) 环戊二烯加氯化氢,制取 3-氯环戊烯

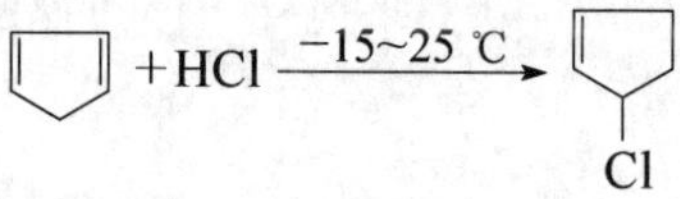

(3) 3-氯环戊烯水解醚化,制取双环戊烯基醚

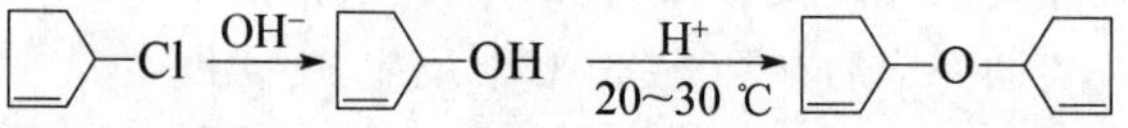

(4) 双环戊烯基醚环氧化,制取二氧化双环戊烯基醚

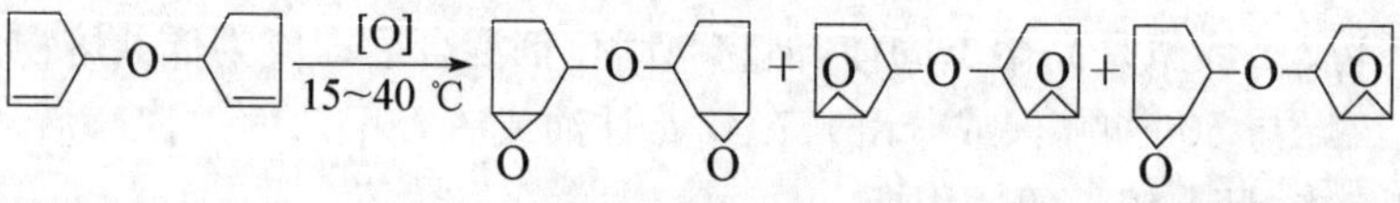

顺式异构体   反式异构体   顺反异构体

由于上述三种异构体产物的性能差别不大,因此一般在工业上不加分离,可直接应用。三种异构体的性质见表 3.2.5。

表 3.2.5 三种二氧化双环戊烯基醚异构体的性质

异 构 体	顺式、反式	顺 反 式
外 观	白色结晶固体	无色透明液体
熔点/℃	54.5～56.5	/
在混合物中所占比例	约70%	约30%

二氧化双环戊烯基醚树脂主要用胺类固化,固化物具有高强度、高耐热性及高延伸率,俗称三高环氧树脂。其力学性能比二酚基丙烷型环氧树脂高 50% 左右,延伸率约为 5%,热变形温度可达 235 ℃。

3.2.6 脂肪族环氧树脂

脂肪族环氧树脂与双酚 A 型环氧树脂及脂环族环氧树脂不同,其在分子结构里无苯核,也无脂环结构,仅有脂肪链,环氧基与脂肪链相连。

环氧化聚丁二烯树脂(2000 环氧树脂)是一种典型的脂肪族环氧树脂,该树脂由低相对分子质量液体聚丁二烯树脂中的双键经环氧化制得。在它的分子结构中既有环氧基也有双键、羟基和酯基侧链。分子结构如下:

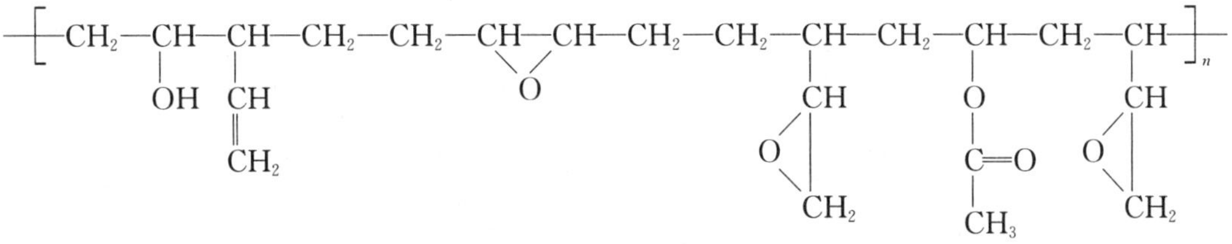

$$[CH_2-CH-CH-CH_2-CH_2-CH-CH-CH_2-CH_2-CH-CH_2-CH-CH_2-CH-CH_2-CH]_n$$

环氧化聚丁二烯树脂是浅黄色黏稠液体,低黏度树脂为 $0.8 \sim 1.2$ Pa·s,高黏度树脂为 2.0 Pa·s 左右。环氧值 $0.162 \sim 0.186$ mol/100 g,碘值 180。易溶于苯、甲苯、乙醇、丙酮、汽油等溶剂,易与酸酐类固化剂反应,也能和胺类固化剂反应。树脂分子中的不饱和双键可与许多乙烯类单体(如苯乙烯)进行共聚反应,环氧基和羟基等可进行一系列其他的化学反应,因此可用多种类型的改性剂进行改性。

环氧化聚丁二烯树脂固化后的力学性能、韧性、黏结性能、耐高低温度性能都良好,在 $-60 \sim 160$ ℃范围内,可以正常使用。可用作复合材料、浇铸、黏合剂、电器密封涂料以及用于改性其他类型的环氧树脂。

3.2.7 含其他元素的环氧树脂

在环氧树脂的分子结构中引入其他的元素,如硅元素、钛元素等,可以使环氧树脂获得特殊的性能。常见的是有机硅环氧树脂和有机钛环氧树脂。硅元素的引入可提高树脂的耐热、耐水和电绝缘性能,钛元素的引入可提高树脂的防潮性、电绝缘性及热老化性能。

1. 有机硅环氧树脂

有机硅环氧树脂一般是用低相对分子质量的二酚基丙烷型环氧树脂与低相对分子质量聚硅氧烷分子中的羟基、乙氧基等在催化剂存在下进行缩合反应制得。

(1) 聚硅氧烷中的烷氧基与环氧树脂中的羟基起脱醇反应

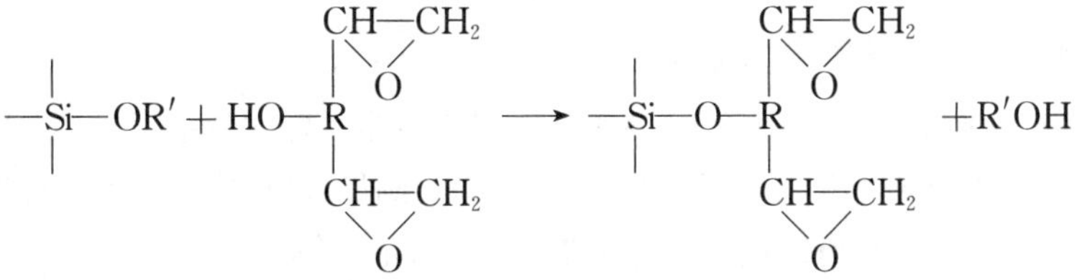

$$-Si-OR' + HO-R \longrightarrow -Si-O-R + R'OH$$

（2）聚硅氧烷中的羟基与环氧树脂中的羟基起脱水反应

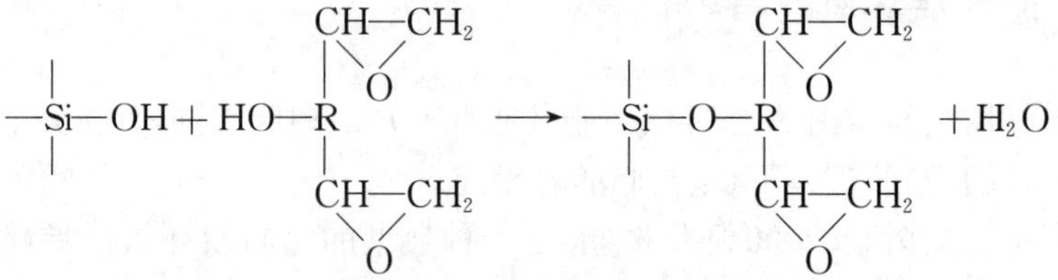

$$-Si-OH + HO-R \underset{CH-CH_2}{\overset{CH-CH_2}{\big|}} \longrightarrow -Si-O-R \underset{CH-CH_2}{\overset{CH-CH_2}{\big|}} + H_2O$$

（3）聚硅氧烷中的羟基与环氧树脂中的环氧基反应

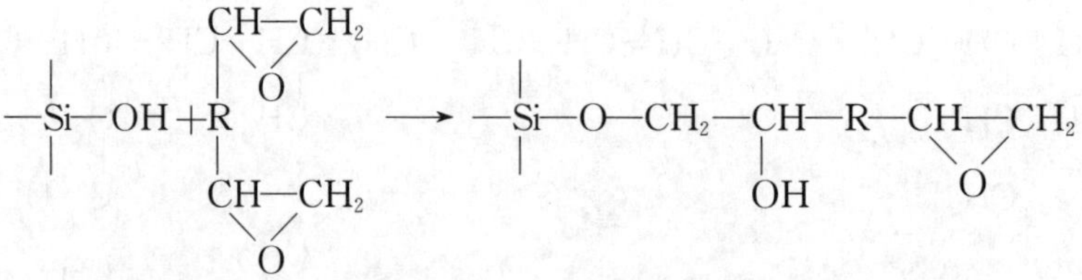

$$-Si-OH + R \overset{CH-CH_2}{\underset{CH-CH_2}{\big|}} \longrightarrow -Si-O-CH_2-CH-R-CH-CH_2$$

低相对分子质量聚硅氧烷可用芳基氯硅烷和烷基氯硅烷在乙醇存在下进行共水解缩聚制得。有机硅环氧树脂固化物具有优异的力学性能、介电性能、防潮与耐海水性能，可用于 H 级电机、潜水电机等的线圈浸渍。

2. 有机钛改性二酚基丙烷型环氧树脂

有机钛改性环氧树脂是由正钛酸丁酯和低相对分子质量二酚基丙烷型环氧树脂分子中的羟基进行反应制得，具有下列结构：

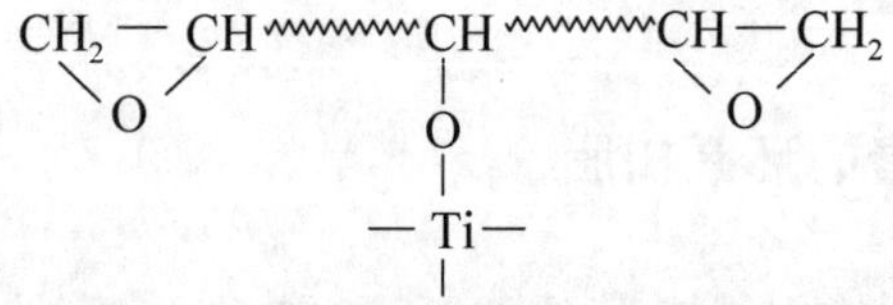

$$\underset{O}{\overset{CH_2-CH}{\big|}} \sim\sim\sim \underset{O}{\overset{CH}{\big|}} \sim\sim\sim \underset{O}{\overset{CH-CH_2}{\big|}}$$
$$-Ti-$$

有机钛改性环氧树脂由于分子中不存在游离羟基，所以它的防潮性、电绝缘性和耐热老化性能都较二酚基丙烷型环氧树脂为好。其合成工艺如下：

将 500 kg 环氧树脂加入反应釜中，加入 40 kg 纯苯，将温度控制在 40～45 ℃，滴加正钛酸丁酯-苯溶液（1 份正钛酸丁酯溶于 2 份纯苯中），20～30 min 内滴完，搅拌 15 min。用 30 min 左右升温至 120～130 ℃，然后控制溶剂蒸出速度，逐渐升温至 140 ℃，保持在 140～143 ℃至溶剂馏出量减少，然后减压蒸馏至无溶剂蒸出为止，冷却放料。

正钛酸丁酯的用量由环氧树脂的型号确定，相对分子质量大的环氧树脂分子结构中含有较多的羟基，正钛酸丁酯的用量就较大；相对分子质量小的环氧树脂正钛酸丁酯的用量就小。

3. 有机磷改性环氧树脂

在有机磷化合物中，环状磷化合物 DOPO 是综合性能较好的磷系阻燃剂。DOPO 分子结构中的活泼氢可以与环氧树脂反应，得到含磷环氧树脂。例如，多官能度的酚醛环氧树脂与 DOPO 反应，得到含磷环氧树脂，磷含量可根据需要调整，通常控制在 2%～4%，反应方程式如下：

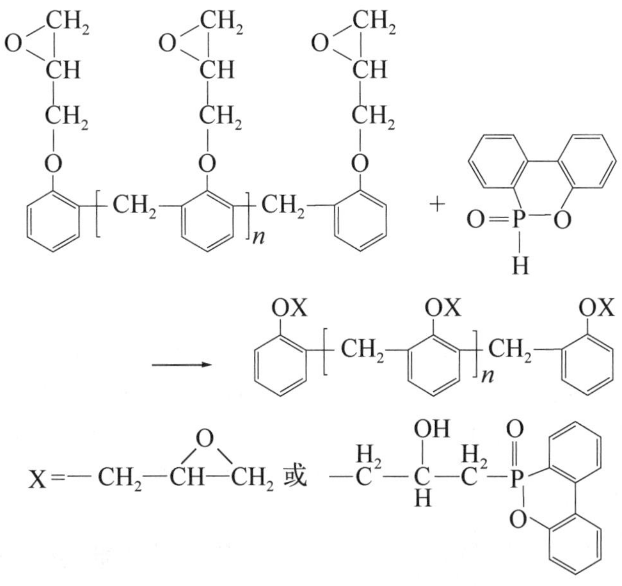

$$X = -CH_2-CH-CH_2 \quad 或 \quad -C^2_{H_2}-C_{H}^{OH}-C_{H_2}^2-P \overset{O}{\underset{O}{\cdots}}$$

DOPO 改性的环氧树脂可以用双氰双胺、4,4′-二氨基二苯砜和酚醛树脂固化,固化产物具有很好的阻燃性能。

3.2.8　环氧树脂通过逐步聚合反应的固化过程

环氧树脂是线型结构的聚合物,在使用时,必须加入固化剂,然后在一定温度条件下固化,生成三维网状结构的高聚物。用于环氧树脂的固化剂虽然种类繁多,但大体上可分为两类。一类是可与环氧树脂分子进行加成,并通过逐步聚合反应的历程使它交联成体型结构。这类固化剂称为反应性固化剂,一般都含有活泼的氢原子,在反应过程中伴有氢原子的转移,例如多元伯胺、多元羧酸、多元硫醇和多元酚等。另一类是催化性的固化剂,可引发树脂分子中的环氧基按阳离子或阴离子聚合的历程进行固化反应,例如叔胺和三氟化硼配合物等。两类固化剂都是通过树脂分子结构中具有的环氧基和仲羟基的反应完成固化过程的。

环氧树脂在固化剂的作用下可以转变成为不溶、不熔的体型高聚物,但固化产物不易进行化学分析,这个事实和可能产生的复杂反应一起,使固化历程的研究工作变得十分复杂。下述的固化历程是用模型化合物经一系列实验所得出的结论。

1. 脂肪族多元伯胺

1) 固化原理

脂肪族伯胺与环氧树脂的反应一般认为是连接在伯胺氮原子上的氢原子和环氧基团反应,转变成仲胺,再由仲胺转变成叔胺。反应式如下:

(1) 伯胺与环氧基反应生成仲胺

$$R-NH_2 + CH_2-CH\text{\scriptsize\textasciitilde\textasciitilde} \longrightarrow R-N-CH_2-CH\text{\scriptsize\textasciitilde\textasciitilde} \qquad (3-2-9)$$

（2）仲胺再与另一个环氧基反应生成叔胺

$$R-\underset{H}{\overset{}{N}}-CH_2-\underset{OH}{\overset{}{CH}}\text{\tiny\raisebox{0pt}{wwww}} + CH_2-\underset{O}{\overset{\diagdown\diagup}{CH}}\text{\tiny\raisebox{0pt}{wwww}} \longrightarrow R-N\begin{cases} CH_2-\underset{OH}{CH}\text{\tiny wwww}\\ CH_2-\underset{OH}{CH}\text{\tiny wwww} \end{cases}$$

$$(3-2-10)$$

伯胺与环氧树脂通过上述逐步聚合反应历程交联成复杂的体型高聚物。

当环氧树脂分子变大后,氨基上的氢未必全部参加反应,但这并不妨碍体型结构的形成。在固化过程中,由上述反应式(3-2-9)和式(3-2-10)形成的叔胺,由于两侧连接有庞大的树脂分子链,这种巨大的位阻效应使它进一步引发环氧基聚合的催化效应减弱。

脂肪族多元伯胺与环氧树脂的反应虽然并不需要催化剂,然而不同的添加物对反应有不同的效应。一系列质子给予体物质对固化反应有加速作用,例如含羟基的醇类和酚类、羧酸、磺酸和水等。与此相反,质子接受体物质对固化反应有抑制作用,例如酯类、醚类、酮类和腈类等。芳烃也有抑制作用。添加物的促进效应一般按下列顺序递减:

酸类＞酚类＞水＞醇类＞腈类＞芳烃(苯或甲苯等)＞二氧六环＞二异丙醚

醇类或其他含羟基化合物的催化效应可考虑近似正比于它们的酸度,因此酚类有较强的催化效果。环氧树脂分子链上存在的羟基以及在固化过程中树脂分子链上形成的仲羟基也有催化效应。

一系列质子给予体添加物对固化反应的促进作用可能是由于添加物 HX 和环氧基中的氧原子形成氢键,然后经过三分子的过渡状态使环氧基打开,最后是由于快速的质子转移使反应完成:

$$CH_2-\underset{O}{\overset{\diagdown\diagup}{CH}}\text{\tiny wwww} + HX \underset{}{\overset{快}{\rightleftharpoons}} \quad \underset{CH_2-CH\text{\tiny wwww}}{\overset{\overset{\displaystyle HX}{|}}{O}} \qquad (3-2-11)$$

$$\underset{R''}{\overset{R'}{\diagup}}NH + \underset{CH_2-CH\text{\tiny wwww}}{\overset{\overset{\displaystyle HX}{|}}{O}} \longrightarrow \underset{R''}{\overset{R'\ \delta^+}{\diagdown}}\overset{}{N}-H \atop \vdots \atop \underset{HX}{\overset{\displaystyle O\delta^-}{\underset{\vdots}{CH_2-CH\text{\tiny wwww}}}} \longrightarrow \underset{R''}{\overset{R'\ \delta^+}{\diagdown}}\overset{}{N}-H \atop \underset{HX}{\overset{\displaystyle O\delta^-}{\underset{\vdots}{CH_2-CH\text{\tiny wwww}}}}$$

$$(3-2-12)$$

$$(3-2-13)$$

由于形成三分子过渡状态的反应是双分子反应(3-2-12),并且它的速度比较慢,是整个反应中的速度控制步骤,实验结果证实总的反应动力学符合二级反应的规律。

2) 常用固化剂

脂肪族伯胺与二酚基丙烷型环氧树脂在室温下很容易发生反应,而与非二酚基丙烷型环氧树脂,其反应是比较迟缓的,需要加热或添加酸性催化剂以获得足够的反应速度。一般脂环族环氧树脂和环氧化聚烯烃树脂较少使用脂肪族伯胺作固化剂。用脂肪族伯胺固化的环氧树脂的热变形温度较低,通常在 $80\sim120\ ^{\circ}\mathrm{C}$。相对分子质量小的脂肪族伯胺挥发性较大,对操作工人的身体健康会产生不良影响,故通常做成改性胺以降低挥发性,实际使用中以改性胺居多。

脂肪族胺类固化剂种类较多,常见的品种有:

$\mathrm{H_2NCH_2CH_2NHCH_2CH_2NH_2}$　　　　　　　　二乙烯三胺

$\mathrm{H_2NCH_2CH_2NHCH_2CH_2NHCH_2CH_2NH_2}$　　　　三乙烯四胺

$\mathrm{H_2NCH_2CH_2NHCH_2CH_2NHCH_2CH_2NHCH_2CH_2NH_2}$　四乙烯五胺

$\mathrm{H_2N(CH_2CH_2NH)_nCH_2CH_2NH_2}$　　　　　　　　多乙烯多胺

$\mathrm{(CH_3CH_2)_2NCH_2CH_2CH_2NH_2}$　　　　　　　　N,N-二乙胺基丙胺

$\mathrm{H_2NCH_2CH_2CH_2NHCH_2CH_2CH_2NH_2}$　　　　　　亚胺基双丙胺

常用脂肪族胺类固化剂的性能见表 3.2.6。

表 3.2.6　常用脂肪族胺类固化剂的性能

固 化 剂	相对分子质量	活泼氢	计算用量[*] / phr	密度(25 ℃)/ $(\mathrm{g\cdot cm^{-3}})$	20 ℃时 50 g 料的适用期/min
二乙烯三胺	103	5	11	0.95	25
亚胺基双丙胺	131	5	14	0.93	35
三乙烯四胺	146	6	13	0.98	26
四乙烯五胺	189	7	14	0.99	27
N,N-二乙氨丙胺	130	2	7	0.82	120(454 g)

[*] 按二酚基丙烷型环氧树脂(环氧当量 185~192 g/mol)计算;phr 为每 100 份(质量)树脂需用固化剂的质量份数。

脂肪族胺类固化剂在固化过程中的特点是反应剧烈放热,由于放热又进一步加速固化反应,适用期均较短。室温固化后一般要经过 7 d 左右才能达到较高性能,若再在 80 ℃ 或 100 ℃后固化 1~2 h,则力学强度会有明显提高。

脂肪族胺类固化剂的缺点是有毒性及挥发性稍大。因此,常用环氧乙烷、酮类、丙烯腈

等与胺类一起反应进行改性,以降低毒性,调节适用期(更快或更慢固化),改进操作工艺性以及改进与树脂的相容性等。

3) 化学计量关系

脂肪族多元胺与环氧树脂中环氧基的反应是通过氨基上的活泼氢来进行的,理论上氨基氮原子上每一个活泼氢原子都可以使一个环氧基打开,因此有下列化学计量关系:

$$胺的用量(phr)=胺当量\times 环氧值$$

其中,

$$胺当量=\frac{胺的相对分子质量}{胺中活泼氢的数目}$$

phr 为每 100 份树脂需用固化剂的质量份数。

例如,环氧值为 0.51 的二酚基丙烷型环氧树脂,用三乙烯四胺作固化剂,其用量为

$$胺当量=146/6=24.3$$

$$三乙烯四胺用量(phr)=24.3\times 0.51=12.4$$

然而,为了使固化树脂具有合适的性能和操作特性,在实际使用过程中,固化剂的用量要大于按上述化学计量关系求得的固化剂用量,其变动范围一般不大于 10%～20%。

芳香族多元胺的化学计量关系与脂肪族多元胺相同。

2. 芳香族多元伯胺

芳香族多元伯胺在环氧树脂中有较多应用,因为用其固化的环氧树脂固化物具有优良的耐热性和耐腐蚀性。常用的芳香族多元胺固化剂有下列几种:

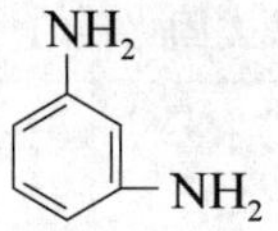

间苯二胺

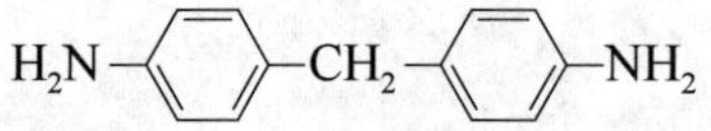

4,4′-二氨基二苯甲烷

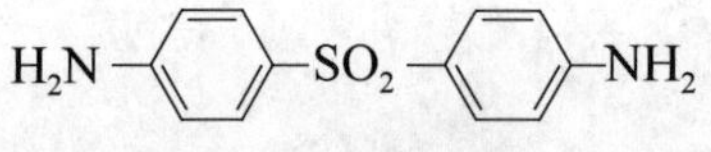

4,4′-二氨基二苯砜

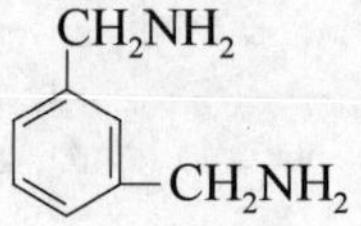

间苯二甲胺

芳香族多元胺固化环氧树脂的反应机理基本上与脂肪族多元胺类似。与脂肪族多元胺相比,由于氮原子上电子云的密度降低,其碱性较低,以及芳环的立体位阻效应,使环氧基团和芳香族胺的反应比脂肪族胺慢。同时由于它们中大多数的熔点较高以及起始反应加

成物在树脂中的溶解度较低,因此便于控制反应程度(例如可控制在 B 阶)。如果在室温条件下控制反应使其不产生放热现象,则二酚基丙烷型环氧树脂与间苯二胺的反应只消耗 30％的环氧基,在此阶段的反应混合物是可熔、可溶的固体,有效的适用期可达 4 周。而在同样条件下用脂肪族多元胺,则环氧基可消耗 60％,反应混合物已成为不溶、不熔的固体。芳香族多元胺的这一特性使它既可用于复合材料的湿法成型工艺,也可用于干法成型工艺。

芳香族多元胺与环氧树脂的固化反应也可被醇类、酚类、三氟化硼配合物和辛酸亚锡等加速。辛酸亚锡对脂环族环氧树脂的固化加速作用特别明显。

间苯二胺是无色结晶,熔点 63 ℃,接触空气易氧化成深棕色甚至黑色,但对性能无影响。相对分子质量为 108,分子中含有 4 个活泼氢原子,用于固化液体二酚基丙烷型环氧树脂的常用化学计量是 14.5 phr,经 25 ℃/8 h,85 ℃/2 h 以及 175 ℃/1 h 的固化顺序,固化体系的热变形温度为 150 ℃。若用它固化酚醛多环氧树脂,则热变形温度可高达 200 ℃左右。

4,4′-二氨基二苯甲烷为白色结晶,熔点 89 ℃,反应活性比间苯二胺低。其固化体系的性能与间苯二胺相似。它的特点是固化物即使在高温条件下也保持良好的力学性能与电性能。对液体二酚基丙烷型环氧树脂的常用化学计量是 27 phr,固化制度是室温凝胶(8～12 h),然后 80～100 ℃/2 h 或 2 h 以上。若再在 200 ℃后固化 1 h,则可获得更好的耐热和耐化学性能。

4,4′-二氨基二苯砜为浅黄色粉末,熔点 178 ℃,暴露于空气或见光会氧化变成淡红色,由于分子结构中含有吸引电子的砜基,因此它的活性是几种芳香胺中最低的。在没有促进剂的情况下,用其作固化剂时最后的固化温度要高达 175～200 ℃,且用量要过量 10％,才能得到较好的性能。在添加酸促进剂的情况下,其用量可以少于化学计量。用它固化的液体二酚基丙烷型环氧树脂有较高的热变形温度(达 193 ℃),常用量是 33.5 phr。

间苯二甲胺是无色透明液体,沸点 247 ℃,凝固点 14.1 ℃,黏度(20 ℃)6.8 mPa·s,LD_{50}=1 750 mg/kg,胺当量 34.1,参考用量为 17.5 phr,与二酚基丙烷型环氧树脂反应活性大,可室温固化。

用芳香族多元胺固化环氧树脂在室温下放热效应并不高,这是因为起始的加成产物是固体,限制了进一步的反应。一旦超过起始加成物的熔点,反应时的放热现象同样可迅速出现。为了使固化体系充分固化,必须进行后固化,后固化的温度必须超过固化体系的玻璃化转变温度。

值得指出的是,芳香族多元胺的化学计量关系比较特殊。据报道,当高纯度的二酚基丙烷型环氧树脂用少于化学计量的间苯二胺(0.75 胺当量/环氧当量)进行长时间固化,固化物的热变形温度竟可达 240 ℃,因而提出间苯二胺可能被 5 个环氧基在环上烷基化,从而有效地增加了交联密度。

3. 脂环族多元伯胺

脂环族多元伯胺是指分子结构中含有脂环的胺类化合物。用脂环族多元伯胺固化环氧树脂可获得颜色浅、光泽好，以及耐热性、耐候性、力学性能较好的固化物。大多数脂环族多元伯胺与环氧树脂的固化反应活性低于脂肪族多元伯胺，固化时放热量较小，需要后处理才能使其固化完全。加入促进剂可加速脂环族多元伯胺的固化反应速度，常用的促进剂有叔胺、甲酚等。常用的脂环族多元胺固化剂有下列几种：

(1) N-氨乙基哌嗪　其分子结构式为：

$$H_2NCH_2CH_2 - N \bigcirc NH$$

在常温下为无色或淡黄色透明液体，沸点 210～230 ℃，黏度(25 ℃)30 mPa·s。胺当量43.1，参考用量 22 phr，适用期 20～30 min，固化条件：室温/24 h，+80 ℃/3 h。用 N-氨乙基哌嗪固化的环氧树脂具有较好的耐热性能、介电性能、耐化学介质性能、耐水性能和耐冲击性能，热变形温度 110～120 ℃。

(2) 异佛尔酮二胺　其化学名称为 3-氨甲基-3,5,5-三甲基环己胺，简称 IPD，分子结构式为：

$$\begin{array}{c} NH_2 \\ H_3C \bigcirc CH_3 \\ H_3C \quad CH_2NH_2 \end{array}$$

在常温下为无色或淡黄色透明液体，沸点 247 ℃，凝固点 10 ℃，闪点 110 ℃，LD_{50} 1 030 mg/kg，黏度(25 ℃)18 mPa·s。胺当量 41，参考用量 23 phr，适用期 60 min，固化条件：室温 24/h+80 ℃/4 h。用异佛尔酮二胺固化的环氧树脂具有较好的力学性能、耐热性能、耐候性能、介电性能，热变形温度 149 ℃。

(3) 盖烷二胺　盖烷二胺简称 MDA，结构式为：

$$\begin{array}{c} CH_3 \\ H_3C \bigcirc C-NH_2 \\ H_2N \quad CH_3 \end{array}$$

在常温下为淡黄色透明液体，黏度(25 ℃)19 mPa·s。胺当量 43，参考用量 20 phr，适用期 8 h，固化条件：室温/24 h+80 ℃/2 h 或 130 ℃/30 min。用盖烷二胺固化的环氧树脂固化物具有较好的耐热性能、介电性能和力学性能，热变形温度 155 ℃。

(4) 1,3-二(氨甲基)环己烷　其又称双氨甲基环己烷，简称 1,3-BAC，分子结构式为：

$$H_2NCH_2 \qquad CH_2NH_2$$

在常温下为无色透明液体,沸点 244 ℃,凝固点 -70 ℃,闪点 107 ℃,LD_{50} 700 mg/kg,胺当量 35.5,参考用量 17.8 phr,固化条件:室温固化。用 1,3-BAC 固化的环氧树脂具有较好的力学性能、耐水性能、耐候性能、耐化学药品性能、介电性能和透明性好等优点,热变形温度 119 ℃。

（5）3-氨基环戊甲胺　3-氨基环戊甲胺简称 TAC 脂环胺,分子结构式为:

$$CH_2NH_2$$

$$H_2N$$

在常温下是无色透明液体,沸点 198 ℃,凝固点 18 ℃,黏度（25 ℃）6 mPa·s,胺当量 28.5,参考用量 5～15 phr,固化条件:室温固化。用 TAC 脂环胺固化的环氧树脂具有光泽好、耐候性好、力学性能好、耐化学性药品好,能在潮湿条件下使用。

（6）4,4'-二氨基二环己基甲烷　其分子结构式为:

$$H_2N-\!\!\bigcirc\!\!-CH_2-\!\!\bigcirc\!\!-NH_2$$

在常温下是白色固体,熔点 40 ℃,胺当量 52.5,参考用量 25～30 phr,固化条件:60 ℃/3 h+150 ℃/2 h。环氧树脂固化物的色泽浅、耐候性好、力学性能好、介电性能好,热变形温度 150 ℃。

（7）4,4'-二氨基双 3-甲基环己基甲烷　其分子结构式为:

$$H_2N-\!\!\bigcirc\!\!-CH_2-\!\!\bigcirc\!\!-NH_2$$
$$H_3C \qquad\qquad CH_3$$

在常温下是透明液体,黏度（25 ℃）60 mPa·s,胺当量 59.5,参考用量 31～33 phr,适用期 3 h,固化条件:80 ℃/2 h+150 ℃/2 h。环氧树脂固化物的色泽浅、耐候性好、力学性能好、介电性能好,热变形温度 130～135 ℃。

4. 杂环多元伯胺

螺环二胺（ATU）是杂环多元伯胺中用作环氧固化剂的品种之一,化学名称为 3,9-二(3-氨基亚丙基)-2,4,8,10-四氧杂螺环[5,5]十一烷,分子结构式为:

$$H_2N-(CH_2)_3-\!\!\bigcirc\!\!-(CH_2)_3-NH_2$$

螺环二胺在常温下是白色蜡状固体,熔点 47～48 ℃,胺当量 68.5,低毒性,参考用量

35 phr,适用期 1~2 h,固化条件：室温 3 天或 60 ℃/2 h。用螺环二胺固化环氧树脂具有固化收缩率小、黏结性好、耐冲击性好、吸湿性小、耐候性好等优点,固化物热变形温度 50~80 ℃。

5. 改性多元胺

低相对分子质量的脂肪族多元伯胺由于挥发性较大,对操作工人的健康危害较大;树脂固化物的脆性较大,耐冲击性差。经改性以后脂肪族多元伯胺这两方面的缺点都得到极大改善,脂环族多元胺的改性也有相同的效果。

多元胺的改性方法很多,常用的有以下几种:

1) 多元胺与含有环氧基的化合物反应

改性以后的多元胺相对分子质量增大,挥发性降低,对皮肤的刺激性大幅度减少。用改性多元胺固化环氧树脂得到的固化物,其性能取决于含环氧基化合物的分子结构。常用的含环氧基化合物有环氧丙烷、正丁基缩水甘油醚、低相对分子质量环氧树脂等。反应方程式如下:

$$R-NH_2 + H_2C\underset{O}{\overset{\frown}{-}}CH-R' \longrightarrow R-NH-CH_2-\underset{OH}{CH}-R'$$

2) 多元胺的曼尼斯加成反应

多元胺与苯酚、甲醛进行的缩合反应称为曼尼斯反应,反应方程式如下:

$$R-NH_2 + HCHO + \text{(苯酚结构)} \longrightarrow R-NH-CH_2-\text{(邻羟基苯基结构)} + H_2O$$

另一个例子是多元胺与腰果壳油、甲醛进行缩合反应,反应方程式如下:

$$R-NH_2 + HCHO + \text{(腰果壳油酚结构} C_{15}H_{25-31}) \longrightarrow R-NH-CH_2-\text{(取代苯酚结构} C_{15}H_{25-31}) + H_2O$$

用于改性的多元胺有乙二胺、二乙烯三胺、间苯二胺,甚至双氰胺也可以用这种方法改性。固化剂分子结构中含有的酚羟基具有促进环氧树脂固化的作用,可以在低温下固化。这类固化剂具有较好的耐腐蚀性能,用腰果壳油合成的固化剂还具有韧性好、耐水性好和附着力高等优点。已经在防腐蚀复合材料和防腐蚀涂料方面得到广泛应用。

3) 多元胺的迈克尔加成反应

在分子结构中含有 α、β 不饱和双键的化合物,如丙烯酸酯、丙烯腈和丙烯酰胺等,通过与多元胺分子中的活泼氢进行加成反应,降低了多元胺的挥发性。目前得到工业应用的是丙烯腈与多元胺的反应产物氰乙基二乙烯三胺。用该固化剂时,固化物的耐溶剂性得以提升,机械性能和电气性能略有下降。

常用胺类固化剂的使用特性见表3.2.7。

表3.2.7　胺类固化体系的使用特性

固 化 剂	25 ℃时的黏度或熔点	推荐用量/phr	适用期	典型的固化周期	特　性
改性多元胺	500 mPa·s	35	40 min	25 ℃/7 d	对混凝土的黏结性优良
改性液态芳族胺	3 000 mPa·s	20	>3 h	80 ℃/2 h+200 ℃/2 h	耐热性能、耐腐蚀性能、电性能优良
二乙烯三胺	5 mPa·s	8~12	30 min	25 ℃/7 d	固化速度快、常温性能好
三乙烯四胺	25 mPa·s	10~13	30 min	25 ℃/7 d	固化快、力学性能、耐化学性能好
间苯二胺	62.6 ℃	13~15	3.5 h	80 ℃/2 h+154 ℃/2 h	耐热性能、耐化学性能好
二氨基二苯砜	170~180 ℃	36	100 ℃/3 h	130 ℃/2 h+200 ℃/2 h	耐热性能、耐化学性能好
二乙氨基丙胺	2 mPa·s	4~8	2~3 h	100 ℃/2 h	黏度低、黏结性优良
间苯二甲胺	6.8 mPa·s	16~20	50 min	25 ℃/7 d	耐热性、耐水性、耐腐蚀性好
异佛尔酮二胺	18 mPa·s	23	1 h	80 ℃/4 h	耐热性、耐候性好
1,3-BAC	/	17.8	30 min	25 ℃/7 d	耐热性、耐水性、耐腐蚀性好
N-氨乙基哌嗪	30 mPa·s	22	30 min	室温/3 h+200 ℃/1 h	介电性能、耐冲击性、耐腐蚀性能优良

6. 端氨基聚醚

端氨基聚醚是以聚醚多元醇为骨架，在分子的端部含有伯胺基团的一类固化剂，又称聚醚胺。聚醚骨架的相对分子质量为148~6 000，有聚乙二醇、聚丙二醇、聚乙二醇/聚丙二醇，有二官能度的聚醚，也有三官能度的聚醚。某些牌号端氨基聚醚的性能见表3.2.8。

聚丙二醇为骨架的端氨基聚醚的分子结构为：

$$H_2N-CH-CH_2-O-CH_2-CH-O-CH_2-CH-O-CH_2-CH-NH_2$$
$$\quad\ \ |CH_3 \qquad\qquad |CH_3 \qquad |CH_3 \qquad\quad |CH_3$$

表3.2.8　端氨基聚醚的性能

项　目	性　能　值			
	D-230	D-400	D-2 000	T-403
密度(20 ℃)/(g·cm⁻³)	0.946	0.970	0.998	0.981
黏度(20 ℃)/(mPa·s)	9.4	26.5	430.7	76
沸点/℃	>200	>200	>250	>250
凝固点/℃	<-60	<-40	<-29	<-20
闪点/℃	>124	>158	>234	>196

项　目	性　能　值			
	D-230	D-400	D-2 000	T-403
胺值/(mg KOH/g)	450~488	241~275	56	340~380
LD_{50}/(mg·kg^{-1})	1 660	500	450	220
适用期/min	180~240	>300	300~330	/

端氨基聚醚固化剂的特点是无色透明、黏度低、沸点高、蒸气压低、毒性小、固化放热温度低,与环氧树脂的固化物具有无色透明、光泽度高、柔韧性好、耐低温性和耐热冲击性好等优点。但是端氨基聚醚与环氧树脂反应活性较低,常用壬基酚作为促进剂加快固化速度,同时也能提高耐湿性能。

7. 聚酰胺

酰胺很少单独用作固化剂,因为酰胺基上的氢并不活泼,它们常用作酸酐固化的促进剂。广泛用作环氧树脂固化剂的是氨基聚酰胺,它是由脂肪族多元胺与二聚或三聚植物油脂肪酸反应制得的。其反应式如下:

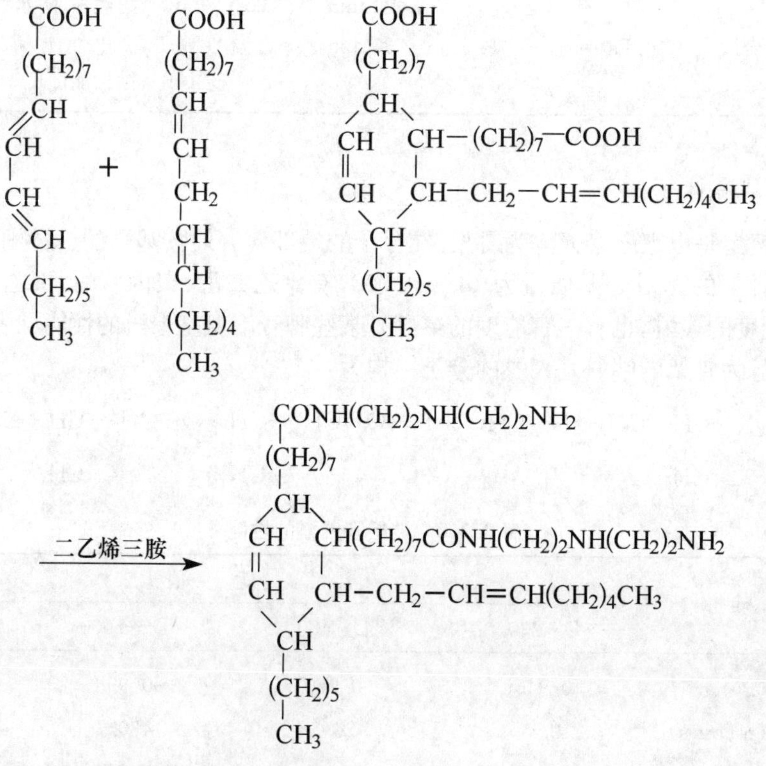

9,11-和9,12-亚油酸先二聚,然后再与两分子二乙烯三胺反应,得到的氨基聚酰胺分子结构中同时存在酰胺基与伯、仲胺的基团,环氧树脂的固化反应正是由伯、仲胺引起的,因此,氨基聚酰胺与环氧树脂的固化反应机理类似于脂肪族多元胺。

氨基聚酰胺广泛地被用作环氧树脂的固化剂,其主要优点是:① 挥发性和毒性小;② 与树脂的相容性良好;③ 化学计量要求不严,对液体二酚基丙烷型环氧树脂其用量可在 40～100 phr 间变化,固化操作简便;④ 对环氧树脂有增韧作用,可提高其抗冲击强度;⑤ 放热效应低,适用期较长。缺点是固化物耐热性下降,固化物的热变形温度约在 60 ℃。

氨基聚酰胺可在室温下固化缩水甘油醚类环氧树脂,但固化物力学性能较低,若经 65 ℃/4 h 或 80 ℃/2 h 后固化,可获得较好的力学性能。

2,4,6-三(二甲氨基甲基)酚(DMP-30)、三氟化硼配合物等对氨基聚酰胺的固化反应有加速作用。

8. 多元硫醇

巯基基团(—SH)类似于羟基,它可以和环氧基反应,生成含仲羟基和硫醚键的产物,因此多元硫醇可用作环氧树脂的固化剂。

$$R\!-\!SH + CH_2\!-\!CH\text{wwww} \longrightarrow R\!-\!S\!-\!CH_2\!-\!CH\text{wwww}$$

早期的工作都是研究环氧树脂-液体聚硫橡胶的体系,其中巯基相对环氧基的当量比要远小于1,所以必须再加入其他的固化剂才能使环氧树脂充分固化。而为了能使巯基对环氧基的当量比为 1∶1,需要加入大量的液体聚硫橡胶,结果使固化物具有低的交联密度。从而使人们错误地认为,巯基和环氧基的反应不如胺和环氧基的反应剧烈。进一步的研究指出,在有适当的催化剂作用下,环氧基和硫醇的反应要比环氧基与胺类的反应快得多,尤其在低温条件下。二乙烯三胺、DMP-30、二甲氨基丙胺、哌啶和间苯二胺等对固化反应都有较强的促进作用,可使反应在室温下进行。DMP-30 对多元硫醇与环氧树脂固化的影响见表 3.2.9。

表 3.2.9　DMP-30 对多元硫醇与环氧树脂固化的影响

DMP-30 用量/phr	凝胶时间(25 ℃)/h	DMP-30 用量/phr	凝胶时间(25 ℃)/min
0	1 000	2.0	30
0.25	12	3.0	15
1.0	1.2	10.0	1

注:100 g 环氧树脂加 60 g 四巯基醋酸季戊四醇。

叔胺对环氧树脂-多元硫醇固化反应的促进作用可能按下列机理进行:

$$R_3N + R'SH \Longleftrightarrow R'S^{\ominus} + N^{\oplus}HR_3 \qquad (3-2-14)$$

$$R'S^{\ominus} + CH_2\!-\!CH\text{wwww} \longrightarrow R'S\!-\!CH_2\!-\!CH\text{wwww} \xrightarrow{N^{\oplus}HR_3} R'S\!-\!CH_2\!-\!CH\text{wwww} + R_3N$$

$$(3-2-15)$$

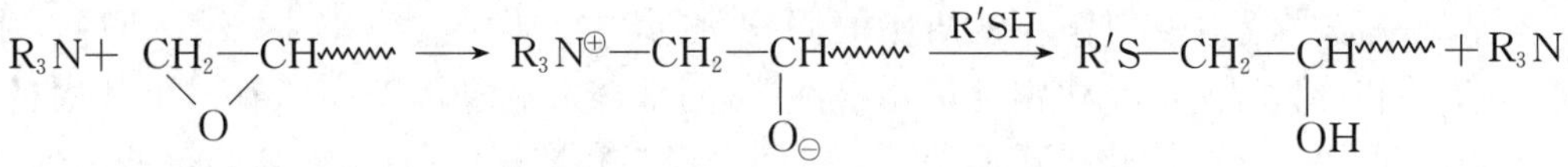

$$R_3N + \underset{\underset{O}{\diagup}}{CH_2-CH}\wwww \longrightarrow R_3\overset{\oplus}{N}-CH_2-\underset{\underset{O^{\ominus}}{}}{CH}\wwww \xrightarrow{R'SH} R'S-CH_2-\underset{\underset{OH}{|}}{CH}\wwww + R_3N$$

$$(3-2-16)$$

反应的催化效应可能通过硫醇盐离子[式(3-2-14)和式(3-2-15)],也可能由于胺促使环氧基开环[式(3-2-16)]。

在环氧树脂-多元硫醇的固化反应中,所用胺类促进剂分子中取代基的位阻效应对促进效果有很大的影响,位阻效应较大的胺类使环氧基的消耗速度变慢。增加胺类的碱性可同时增大反应速率。

9. 多元酚

一阶或二阶酚醛树脂是常用的多元酚固化剂,因此,固化产物实际上是两种树脂经嵌段或接枝聚合后形成的非常复杂的体型结构,固化物兼具有酚醛和环氧两种树脂的性能,达到相互改性的目的。

一阶或二阶酚醛树脂和环氧树脂的反应,主要是通过酚醛树脂分子中的酚羟基和醇羟基,与环氧树脂分子中的环氧基和仲羟基之间的相互作用。

(1) 酚醛树脂分子中的酚羟基与环氧树脂中的环氧基反应

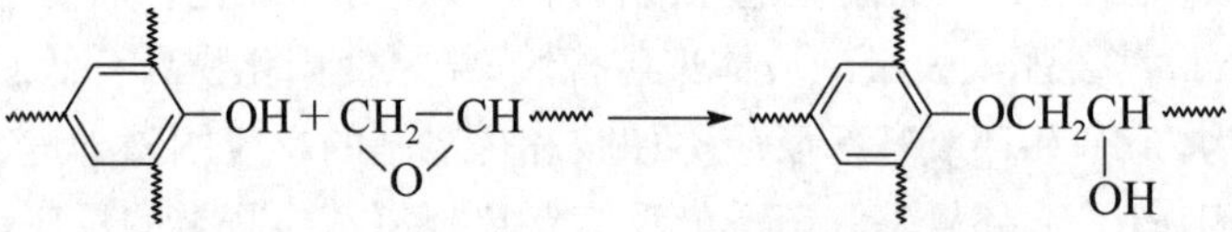

体系中的酚羟基对产物中的仲羟基与环氧基的进一步醚化反应有催化作用。

(2) 一阶酚醛树脂分子中的醇羟基与环氧树脂中的环氧基及羟基反应

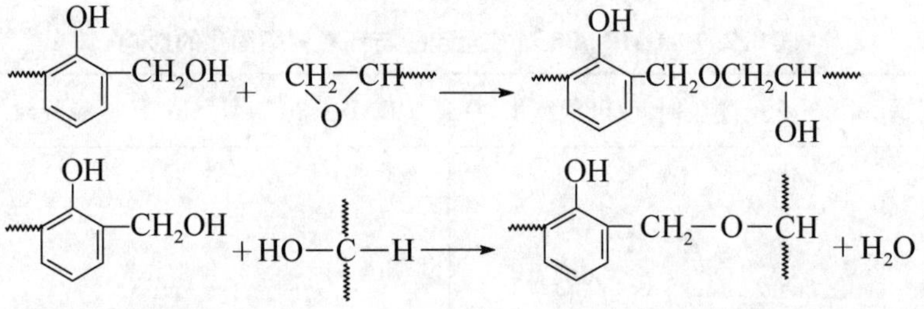

碱(例如氢氧化钾、苄基二甲胺和氢氧化苄基三甲胺等)对上述固化反应有促进作用。苄基二甲胺比氢氧化钾的促进效果要大得多,而氢氧化苄基三甲胺更为有效。

10. 多元羧酸酐

多元羧酸酐(简称酸酐)作为环氧树脂的固化剂广泛用于浇铸、黏合剂、层压、模压和缠绕工艺等方面,是一类重要性仅次于胺类的固化剂。

1) 固化原理

在无催化剂的情况下即使反应温度高达 $200\ ℃$,环氧基与酸酐的反应也很迟钝,且环氧基的消失速率要比酸酐约快 2 倍。因此,在无外加催化剂的条件下,二酚基丙烷型环氧树脂用酸酐固化的反应,是由于包含在反应体系中的水分、羟基(例如存在于高相对分子质量树脂中的仲羟基)和羟基化合物所引发:

$$(3-2-17)$$

$$(3-2-18)$$

$$(3-2-19)$$

由反应式(3-2-17)生成半酯。半酯再与环氧基反应,生成带羟基的二酯[式(3-2-18)]。环氧基和新生的羟基或早已存在的羟基发生醚化反应[式(3-2-19)]。反应式(3-2-17)是可逆的酸酐单价加成反应,因此没有参与交联反应。反应式(3-2-18)和式(3-2-19)是环氧树脂中环氧基的不可逆聚合反应,参与交联。

叔胺、三氟化硼或其他路易斯酸都对环氧基与酸酐的反应有促进作用,它们能促使酸酐开环。叔胺促进环氧基与酸酐反应的机理如下:

$$(3-2-20)$$

$$(3-2-21)$$

$$(3-2-22)$$

叔胺促使酸酐开环,形成羧酸盐离子[式(3-2-20)]。后者再与环氧基反应生成醇盐酯离子[式(3-2-21)]。醇盐酯阴离子和酸酐反应生成酯[式(3-2-22)]。重复上述过程,导致生成含有部分聚酯结构的固化产物。

在上述反应中还可加入助催化剂:酚、酸和醇类。它们的催化活性按下列顺序:

$$酚 > 酸 > 醇$$

活性的大小可能与它们和叔胺形成氢键的能力有关:

$$R_3N + HA \rightleftharpoons [R_3N \cdots HA]$$

一般认为在 70~140 ℃的范围内,由叔胺催化的反应过程不会发生醚化反应。固化反应速率正比于胺促进剂的起始浓度和树脂中羟基的起始含量。

路易斯酸的促进作用也在于使酸酐开环:

$$R_2HN : BF_3 \rightleftharpoons \overset{\oplus}{H} + R_2\overset{\ominus}{N} : BF_3$$

由实验可知,催化剂直接影响两个竞争反应,即酯化反应[式(3-2-20)和式(3-2-21)]和醚化反应[式(3-2-19)]的程度。所以,用酸酐作固化剂,未加催化剂固化的环氧树脂的物理性能和加催化剂固化的环氧树脂的物理性能是有差异的。一般来说,添加催化剂固化的环氧树脂的性能优于未加催化剂固化的环氧树脂。

综上所述,在酸酐和环氧基反应之前,酸酐必须预先开环。酸酐开环可通过三条途径:

(1) 通过环氧树脂分子中的羟基或体系中游离的水分、酚类等。在无外加催化剂的情况下,酯化和醚化反应都可能发生。

(2) 通过添加叔胺。叔胺催化主要进行酯化反应,催化剂的分子结构和浓度对反应的速率有影响。

(3) 通过添加三氟化硼配合物或其他路易斯酸。酸性添加物加速醚化反应。

2) 常用固化剂

酸酐是环氧树脂应用中仅次于胺类的非常重要的一类固化剂。与胺类相比,酸酐固化的缩水甘油醚类环氧树脂具有色泽浅、力学与介电性能优良以及更高的热稳定性等优点。树脂-酸酐混合物具有黏度低、适用期长、挥发性弱以及毒性较小的特点,加热固化时体系的收缩率和放热效应也较低。其不足之处是为了获得合适的性能需要在较高温度下保持较长的固化时间,但这一缺点也可使用适当的催化剂来克服。酸酐同样可用于固化脂环族环氧树脂和环氧化聚烯烃树脂,这两类树脂和酸酐的反应速率要比胺类快得多。

最常用的酸酐包括芳香族和脂环族两类,下面列出有代表性的几种:

苯酐(PA)

四氢苯酐(THPA)

六氢苯酐(HHPA)

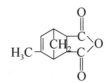

纳狄克甲基酸酐(商品名,NMA)

氯茵酸酐(商品名,HET 酸酐)

均苯四甲酸二酐(PMDA)

常用的促进剂有:

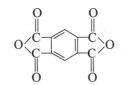

苄基二甲胺(BMDA)

(二甲氨基甲基)酚(DMP - 10)

$(CH_3)_2N-H_2C$ —— $CH_2-N(CH_3)_2$

$CH_2-N(CH_3)_2$

2,4,6-三(二甲氨基甲基)酚(DMP - 30)

三乙醇胺

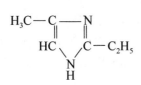

2-乙基-4-甲基咪唑

N-正丁基咪唑

酸酐的结构对环氧-酸酐体系的工艺性能有很大影响(如凝胶时间、放热效应、固化速度等),还影响最终固化物的物理和化学性能。然而,酸酐结构对固化体系性能影响最大的还是表现在热变形温度、热老化时的失重以及热稳定性等热性能方面。例如用 HET 酸酐固化的环氧树脂的分解温度最低,热稳定性较差,热失重也较多。

酸酐结构对固化速率的影响,其活性顺序排列如下:

顺酐＞苯酐＞四氢苯酐＞甲基四氢苯酐

酸酐分子结构中若有负电性取代基,则反应活性增加,因此 HET 酸酐非常活泼,用它固化环氧树脂实际上不用再加入催化剂。酸酐固化剂中有代表性的一些品种介绍如下:

(1) 苯酐　苯酐是最早用作环氧树脂的固化剂之一,白色固体,相对分子质量 148,熔点 131 ℃。与树脂的相容性较差,且在热混合物中易升华。苯酐主要用于低相对分子质量缩水甘油醚类环氧树脂。它与树脂混合时必须加热至 120 ℃,混合后的料温不能低于 60 ℃,以免苯酐析出。在 60 ℃时上述系统有较长的适用期。一般用量是 30 phr,不加催化剂时,固化条件:120～130 ℃/16～24 h。

(2) 四氢苯酐　四氢苯酐不易升华,固化物色泽较浅。它与树脂混合时的温度必须在 80～100 ℃,低于 70 ℃时,四氢苯酐易析出。

四氢苯酐在强酸性催化剂如硫酸、五氧化二磷存在下,分别在 200 ℃及 194 ℃的温度下加热 5 h 及 7 h,它的六元环上的双键就会发生从 4 位转至 3 位、2 位、1 位的现象,生成包含四种如下结构同分异构体的混合物。

4位异构　　　3位异构　　　2位异构　　　1位异构

异构体混合物在室温下为液体,这样就克服了四氢苯酐熔点高、操作不方便的缺点。

(3) 甲基四氢苯酐　甲基四氢苯酐是一种低黏度的液体,与环氧树脂的相容性好,可以大大降低环氧树脂体系的黏度,适用期长,固化时放热小。固化物色泽较浅,并具有介电性能、力学性能好等优点。为了缩短固化时间、提高固化物性能,在使用时常常加入促进剂。

(4) 六氢苯酐　六氢苯酐是低熔点(熔点 35～36 ℃)蜡状固体,在 50 ℃时就易与环氧树脂相混合,它与液体二酚基丙烷型环氧树脂混合后,混合物的黏度低,适用期长,固化时放热小,能在比较短的时间内就完成固化。固化物色泽很浅,耐热性、电性能及化学稳定性比较好。由于六氢苯酐的活性较低,使用时常加入促进剂苄基二甲胺或 DMP - 30。

(5) 纳狄克甲基酸酐　纳狄克甲基酸酐是在脂环上有甲基取代的内次甲基四氢苯酐一系列异构体的商品名称。它在常温下是液体,易与环氧树脂混合,适用期长,工艺操作方便,对于液体二酚基丙烷型环氧树脂,它的最大用量为 90 phr,最小用量约为 60 phr。对于不加催化剂的树脂混合物在 23 ℃时的适用期达 2 个月,加入 0.5 phr DMP - 30 催化剂后,适用期仍可达 4～5 d。

纳狄克甲基酸酐是所有酸酐中最具多变性的,它可以在广泛范围内改变树脂-固化剂的比例、改变催化剂的类型和用量、改变固化的工艺条件,从而使固化物有综合的平衡性能。为了获得最佳的耐热性与硬度,必须采用化学计量的固化剂及高温下长时间的固化制度。减少固化剂用量和降低固化温度,可改进固化物的韧性和耐开裂性,但会使其耐热性能下降。

(6) 氯茵酸酐 氯茵酸酐是黄白色结晶状粉末,熔点 230 ℃,易吸水而很快水解成酸。若酸酐中存在游离酸,可加速固化,缩短适用期,降低固化物的热变形温度。

氯茵酸酐分子结构中含有 6 个氯原子,可使固化物具阻燃性能,由于该酸酐熔点高,且本身兼有催化剂作用,在高温下适用期很短,使操作困难。将其他低熔点酸酐与之混合使用可使混合酸酐的熔点大大降低,一般使用较多的是六氢苯酐,两者比例为:氯茵酸酐∶六氢苯酐=60∶40。

氯茵酸酐一般在 100～120 ℃时能与树脂相互混合。

(7) 均苯四甲酸二酐 均苯四甲酸二酐是固体,熔点 286 ℃,室温下不溶于二酚基丙烷型环氧树脂,又由于与环氧树脂反应活性较大,与树脂混合不容易。用均苯四甲酸二酐作固化剂可以用以下四种方法与环氧树脂相混合:① 先把均苯四甲酸二酐在高温下溶于树脂,再用第二个酸酐(辅助酸酐)降低其活性;② 先把均苯四甲酸二酐溶于溶剂中(如丙酮),然后混入环氧树脂;③ 将均苯四甲酸二酐在室温下悬浮在液体环氧树脂中,此时它的颗粒大小必须小于 10 μm;④ 将均苯四甲酸二酐与二元醇反应成为如下结构的酸性酯酐,再混入环氧树脂。

用均苯四甲酸二酐固化的环氧树脂有较高的交联密度,因而具有较高的热变形温度和良好的耐溶剂性能。

3) 化学计量关系

根据酸酐固化原理,并考虑环氧树脂和酸酐的结构,体系有无催化剂,以及复杂的固化反应历程,实际上的化学计量关系可按下式计算:

$$酸酐固化剂用量(phr) = C × 酸酐当量 × 100 ÷ 环氧当量$$

或 $$C × 酸酐当量 × 环氧值$$

式中,C 为常数,依酸酐的种类不同而异。一般的酸酐 $C=0.85$;含卤素酸酐 $C=0.60$;加有叔胺催化剂 $C=1.0$。

$$酸酐当量 = 酸酐的相对分子质量 ÷ 酸酐基团的数目$$

例如:环氧值为 0.51 的环氧树脂,用苯酐作固化剂

$$酸酐当量 = 148 ÷ 1 = 148$$

按其结构为一般酸酐,取 $C=0.85$

$$苯酐用量(phr) = 0.85 × 148 × 0.51 = 64$$

苯酐的实际用量最好在化学计量关系计算的基础上再通过实验来确定。

常用酸酐固化体系的使用特性见表 3.2.10。

表 3.2.10　酸酐固化体系的使用特性

固化剂	25 ℃时的黏度或熔点	推荐用量/phr	适用期	典型的固化周期	特　性
邻苯二甲酸酐	131 ℃	30～75	110 ℃/3.5 h	150 ℃/2～24 h	优良的力学、耐温和介电性能,价廉
纳狄克甲基酸酐	0.175～0.225 Pa·s	80～90	25 ℃/24 h,100 ℃/30 min	140 ℃/2 h;200 ℃/2～19 h	色泽浅,低黏度,适用期长,耐热性能好
六氢邻苯二甲酸酐	35～37 ℃	50～100	＞28 h	100 ℃/2 h;149 ℃/2 h	低黏度混合物,适用期长,中等耐热,耐冲击性好
甲基六氢苯酐	0.06 Pa·s	60～80	/	120～150 ℃/8～12 h	低黏度、适用期长、色泽浅
甲基四氢苯酐	0.04 Pa·s	60～90	/	120～150 ℃/8～12 h	低黏度、适用期长、色泽浅
四氢邻苯二甲酸酐	99～101 ℃	70～80	100 ℃/2 h	100 ℃/2 h;150 ℃/4 h	价廉、色泽浅
顺丁烯二酸酐	52.5 ℃				压缩强度高,常和其他酸酐合用
氯茵酸酐	240 ℃	100～140	120 ℃/1.5 h	120 ℃/24 h	高温机械性能、介电性能、阻燃性能好
均苯四甲酸二酐	285 ℃	32	3～4 d	221 ℃/20 h	耐热性能、力学性能好

3.2.9　环氧树脂通过离子型聚合反应的固化过程

前述的反应性固化剂主要通过逐步聚合的历程使环氧树脂固化,其大多含有活泼氢,通过固化剂与环氧树脂的化学反应使之交联成体型结构高聚物。下面要阐述的是另一类催化性的固化剂,它们仅对固化反应的起催化作用,这类固化剂主要是引发树脂分子中环氧基的开环聚合反应,从而交联成体型结构的高聚物。由于树脂分子间的直接相互反应,使固化后的体型高聚物基本上具有聚醚的结构。催化型固化剂的用量主要凭经验,由实验来决定。选择的依据主要是考虑获得最佳综合性能和工艺操作性能间的平衡。常用的是路易斯酸和路易斯碱,它们可以单独用作固化剂,也可用作多元胺或聚酰胺类或酸酐类固化体系的促进剂。

催化型固化剂可以使树脂分子按阴离子型聚合反应的历程(用路易斯碱)或按阳离子型聚合反应的历程(用路易斯酸)进行固化。

1. 阴离子型固化剂

阴离子型固化剂中常用的是叔胺类,例如苄基二甲胺、DMP-10 和 DMP-30 等。它们属于路易斯碱,氮原子的外层有一对未共享的电子对,因此具有亲核性质,是电子给予体。单官能团的仲胺(如咪唑类化合物)当其活泼氢和环氧基反应后,也具有路易斯碱的催化作用。

1) 固化原理

叔胺引发环氧树脂的聚合反应历程属于典型的阴离子逐步聚合反应,聚合物的相对分子质量随反应的进行逐步增大。

在反应过程中,叔胺首先引发环氧基开环,形成醇盐离子:

$$R_3N+ \ CH_2-CH\text{\scriptsize www} \longrightarrow R_3\overset{\oplus}{N}-CH_2-CH\text{\scriptsize www}$$

继而醇盐离子与另一个树脂分子中的环氧基反应,使分子链增长:

$$R_3\overset{\oplus}{N}-CH_2-CH\text{\scriptsize www} + CH_2-CH\text{\scriptsize www} \longrightarrow R_3\overset{\oplus}{N}-CH_2-CH\text{\scriptsize www}$$

反应不断进行,使树脂分子交联形成体型聚合物:

链终止的过程可能是由于叔胺的端基消除,并形成不饱和双键的端基:

$$-R_3N \longrightarrow$$

叔胺固化环氧树脂的速率在很大程度上与氮原子取代基的位阻效应有关。位阻效应对反应速率的影响比胺类的碱性和醇类、酚类对它的催化作用还要大。

含有羟基(醇类和酚类)的分子对上述反应有催化作用。羟基(醇羟基和酚羟基)的来源:① 固化剂或改性剂引入的羟基;② 高相对分子质量环氧树脂分子链上的羟基;③ 环氧树脂制造中未反应的酚羟基。催化作用可能是由于进一步生成的烷氧基离子的引发作用较快的缘故:

$$R_3N + CH_2-CH\backsim \longrightarrow R_3\overset{\oplus}{N}-CH_2-CH\backsim$$

$$R_3\overset{\oplus}{N}-CH_2-CH\backsim + R'OH \longrightarrow R_3\overset{\oplus}{N}-CH_2-CH\backsim + R'O^{\ominus}$$

$$R'O^{\ominus} + CH_2-CH\backsim \longrightarrow R'OCH_2-CH\backsim$$

$$R'OCH_2-CH\backsim + CH_2-CH\backsim \longrightarrow R'-OCH_2-CH\backsim$$

2) 常用固化剂

常用的阴离子型固化剂有:苄基二甲胺、邻羟基苄基二甲胺(DMP-10)、2,4,6-三(二甲氨基甲基)酚(DMP-30)、2-甲基咪唑和2-乙基-4-甲基咪唑。

用苄基二甲胺来固化液体二酚基丙烷型环氧树脂的用量在6~10 phr,在室温大约需固化6 d,根据树脂用量和叔胺用量的不同,适用期为1~4 h,但它很少单独用作固化剂,单独用作固化剂的是其酚衍生物DMP-10和DMP-30,酚羟基可以显著地加速树脂的固化速率。它们固化液体二酚基丙烷型环氧树脂的用量在5~10 phr,适用期0.5~1 h,放热量相当高,可以使体系快速固化(25 ℃/24 h)。

2-甲基咪唑和2-乙基-4甲基咪唑这类衍生物的优点是毒性小、配料容易、固化体系黏度小、适用期长、固化简便、固化物的介电性能和力学性能良好。它们固化液体二酚基丙烷型环氧树脂的用量在3~4 phr,25 ℃时的适用期为8~10 h(500 g料)。2-乙基-4-甲基咪唑的熔点为45 ℃,稍受热即熔融,可以和环氧树脂混溶。2-甲基咪唑熔点143~145 ℃,直接和环氧树脂混溶有困难,必须先用溶剂(如一缩二乙二醇)溶解,再和环氧树脂混溶。

用以下几种方法可以使咪唑类化合物制成潜伏性固化剂或促进剂,在常温下有较长的储存期,在高温下可以快速固化。咪唑可以与环氧树脂、异氰酸酯和脲形成加成物,与有机酸形成盐,与金属盐形成配合物,用高分子成膜剂包覆形成微胶囊等,都是常用的制备潜伏性固化剂的方法。

咪唑类固化剂对固化过程的引发历程如下:

交联反应可同时通过仲胺基上的活泼氢和叔胺的催化引发作用,它较其他的催化型固化剂有较快的固化速度和较高的固化程度。

2. 阳离子型固化剂

路易斯酸($AlCl_3$、$ZnCl_2$、$SnCl_4$ 和 BF_3 等)是电子接受体。阳离子型固化剂中用得最多的仅是三氟化硼,它是一种有腐蚀性的气体,能使环氧树脂在室温下以极快的速度聚合(仅需数十秒)。三氟化硼不能单独用作固化剂,因为反应太剧烈,树脂凝胶太快,无法操作。为了获得在实际情况下可以操作的体系,常用三氟化硼和胺类(脂肪族胺或芳香族胺)或醚类(乙醚)的配合物,各种三氟化硼胺配合物的特性见表 3.2.11。其中常用的是三氟化硼-乙胺配合物,又称 BF_3:400。它是结晶物质(熔点 87 ℃),在室温下非常稳定,离解温度约 90 ℃。BF_3:400 非常亲水,在湿空气中极易水解成不能再作固化剂的黏稠液体。它可以直接和热的树脂(约 85 ℃)相溶。也可将其溶解在带羟基的载体中(如二元醇、糠醇等),再用这种溶液作为固化剂。在使用 BF_3:400 时要注意避免使用石棉、云母及某些碱性填料。

表 3.2.11　各种三氟化硼胺配合物的特性

三氟化硼-胺配合物中的胺类	外　观	熔点/℃	三氟化硼含量/%	室温下适用期*
苯胺	淡黄色	250	42.2	8 h
邻甲苯胺	黄色	250	38.8	7~8 d
N-甲基苯胺	淡绿色	85	38.8	5~6 d
N-乙基苯胺	淡绿色	48	36.0	3~4 d
N,N-二乙基苯胺	淡绿色	—	31.3	7~8 d
乙胺	白色	87	59.5	数月
哌啶	黄色	78	44.4	数月
苄胺	白色	138~139	35.9	3~4 周

* 100 g 二酚基丙烷环氧树脂加 1 g 三氟化硼配合物。

三氟化硼-胺配合物引发环氧树脂分子中环氧基的聚合反应是按阳离子型聚合反应的历程,聚合历程比较复杂,它还取决于固化体系中有无羟基的存在,甚至对环氧树脂分子链上的羟基还是另外添加的羟基,其聚合历程亦有所不同。对于纯的二酚基丙烷二缩水甘油醚,首先是在一定的温度条件下三氟化硼-胺配合物离解释出 $H^{\oplus}$,然后由 $H^{\oplus}$ 攻击环氧基引发聚合反应:

$$F_3B:NHR_2 \xrightarrow{\text{热}} F_3B:\overset{\ominus}{N}R_2 + H^{\oplus}$$

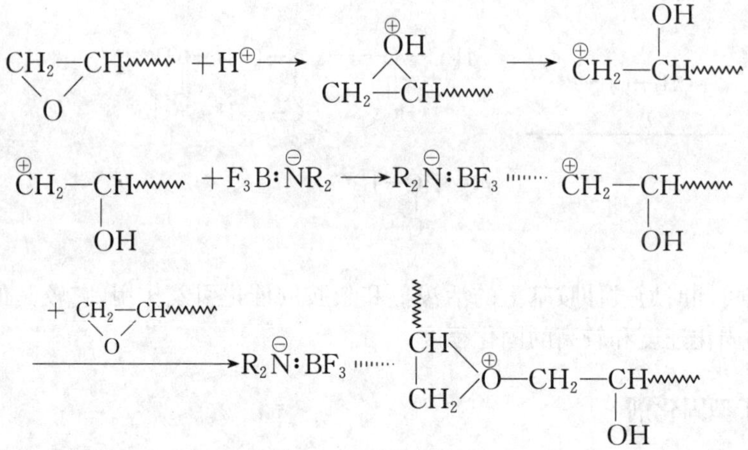

链终止反应可能是由于离子对的复合:

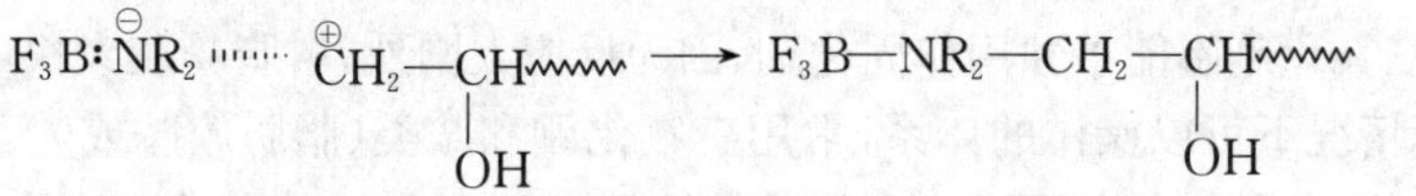

液体二酚基丙烷型环氧树脂与 3~4 phr 的 BF₃：400 混合后,在室温下的适用期达 4 个月。加热到 100~120 ℃,配合物离解,使固化反应快速进行。温度对固化反应非常敏感,低于 100 ℃ 固化速度几乎可忽略,在 120 ℃ 时快速反应,并释放出大量的热。它主要用于复合材料的层压、模压成型工艺。

3.2.10 环氧树脂通过其他反应的固化过程

除了上述固化剂外,还有一些有用的固化剂,它们使环氧树脂固化的过程可能不限于上述的某一种反应历程。属于这类固化剂的有双氰胺、含硼化合物、金属盐类和多异氰酸酯等。

在这一类固化剂中最重要的是双氰胺,它对含羟基的高相对分子质量二酚基丙烷型环氧树脂特别适宜。双氰胺的固化性质直接与它在 145~160 ℃ 时的离解产物及在树脂中的溶解作用有关,其具有下列异构体:

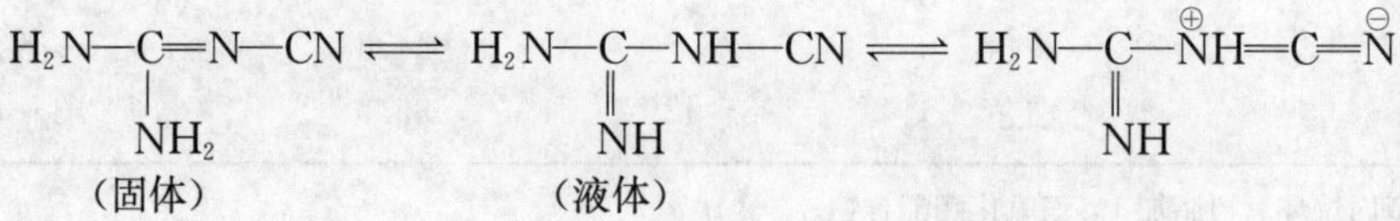

升高温度使双氰胺显示碱性,它与环氧基的反应类似于多元胺。但由于分子结构中存在着碳化二亚胺(N=C=N),可以和羟基加成,也可以进行其他的反应。

双氰胺在高于 145 ℃时快速分解,它很难和环氧树脂混溶,一般先溶于溶剂中(如二甲基甲酰胺、二甲基乙酰胺、丙酮-水混合物等),再和环氧树脂混溶,但这种做法具有局限性,这些溶剂在体系中难于除干净,影响复合材料的性能,所以现在通行的做法是将双氰胺粉碎成 5 μm 左右的超细粉,然后分散到环氧树脂中,在加热固化时快速溶解入环氧树脂中。当二酚基丙烷型环氧树脂用 4 phr 双氰胺固化,其适用期可达半年以上,超过 145 ℃时快速固化。固化反应可为叔胺(如苄基二甲胺)、咪唑、有机脲化合物或季铵盐(如苄基三甲基氯化铵)等催化。固化物具有优良的力学性能和介电性能。

3.2.11 环氧树脂稀释剂和增韧剂

二酚基丙烷型环氧树脂的黏度较大,在某些应用中工艺性较差,且该类环氧树脂固化物的韧性不太强,不能满足某些应用的要求。因此,在环氧树脂中加入稀释剂来降低黏度,改善工艺性能;加入增韧剂来提高环氧树脂固化物的韧性。

1. 稀释剂

稀释剂主要用来降低环氧树脂的黏度,在浇铸时使树脂有较好的流动性和渗透性,在黏合及复合材料成型时使树脂有较好的浸润性和工艺操作性能。此外,选择适当的稀释剂还有利于控制环氧树脂与固化剂的反应热,延长树脂-固化剂体系的适用期,增加树脂-固化剂体系中填料的用量。

稀释剂有两种:非活性稀释剂与活性稀释剂。非活性稀释剂不能与环氧树脂及固化剂进行反应,纯属物理混合,仅达到降低黏度的目的。活性稀释剂在其分子结构里含有活性环氧基或其他活性基团,能与环氧树脂及固化剂反应。

使用稀释剂的目的是改进工艺性能,但是其用量不宜过多,特别是非活性稀释剂,用量过多对树脂固化物的性能会有不良影响。

1)非活性稀释剂

非活性稀释剂的加入量一般为树脂质量的 5%～15%。用量少时,对树脂固化物的性能影响很小,化学稳定性,特别是耐溶剂性能会受到影响;用量大时,固化物的性能会变坏。由于一部分非活性稀释剂在固化过程中挥发,会引起树脂收缩性增加及黏结性降低。

非活性稀释剂大多为高沸点溶剂和聚氯乙烯用增塑剂,如苯二甲酸二丁酯、苯二甲酸二辛酯等。其中,苯二甲酸酯类是比较重要的非活性稀释剂,除可以降低固化体系的黏度外,还能够起到改善固化物耐热冲击性能的作用。常用的非活性稀释剂见表 3.2.12。

表 3.2.12　常用的非活性稀释剂

稀 释 剂	相对分子质量	沸点/℃	稀 释 剂	相对分子质量	沸点/℃
丙酮	58.1	56.5	环己酮	98.1	156.0
甲乙酮	72.1	79.6	甲苯	92.1	110.8

稀释剂	相对分子质量	沸点/℃	稀释剂	相对分子质量	沸点/℃
二甲苯	106.2	144.0	苯二甲酸二戊酯	306.4	342.0
正丁醇	74.1	117.0	苯二甲酸二辛酯	396.4	384.0
苯乙烯	104.1	146.0	磷酸三乙酯	182.2	210.0
苯二甲酸二甲酯	194.2	283.0	磷酸三丁酯	226.0	289.0
苯二甲酸二丁酯	278.4	335.0	磷酸三甲酚酯	368.4	240.0

2) 活性稀释剂

活性稀释剂在固化时能与固化剂或环氧树脂反应,通过化学反应,稀释剂进入树脂的网络结构,对固化物的性能影响较小,大部分活性稀释剂还能增加固化体系的韧性。

某些活性稀释剂长期接触往往会引起皮肤过敏,在使用过程中必须注意。常用的活性稀释剂见表 3.2.13。

表 3.2.13　常用的活性稀释剂

稀释剂	结构式	相对分子质量	黏度/(mPa·s)
环氧丙烷烯丙基醚	CH_2—CH—CH_2—O—CH_2—CH=CH_2（环氧基O）	114	2
环氧丙烷丁基醚	CH_2—CH—CH_2—O—CH_2—CH_2—CH_2—CH_3（环氧基O）	130	2
环氧丙烷苯基醚	CH_2—CH—CH_2—O—苯基（环氧基O）	150	7
二缩水甘油醚	CH_2—CH—CH_2—O—CH_2—CH—CH_2（双环氧基O）	131	6
脂环族环氧	结构式（含CH_3、CH_2、H_3C）	168	84
脂环族环氧	结构式（含CH_2）	140	8
乙二醇二缩水甘油醚	CH_2—CH—CH_2—O—C_2H_4—O—CH_2—CH—CH_2（双环氧基O）	174	100
甘油环氧	CH_2—O—CH_2—CH—CH_2／CH—OH／CH_2OCH_2—CH—O—CH_2—CH—CH_2／CH_2Cl	300	160

ааOKOK

续　表

稀 释 剂	结 构 式	相对分子质量	黏度 /(mPa·s)
环己二醇二缩水甘油醚	(结构式)	228	20
新戊二醇二缩水甘油醚	(结构式)	216	20
丁二醇二缩水甘油醚	(结构式)	202	20

2. 增韧剂

环氧树脂固化物性能较脆,抗冲击强度及耐热冲击性能较差,从而影响由其制成的复合材料的可靠性和耐用性。为了改善环氧树脂固化物的这一不足,常常在树脂中加入增韧剂。增韧剂能够改善固化物的抗冲击强度及耐热冲击性能,提高黏合剂的剥离强度,减少固化时的反应热及收缩性。但是,增韧剂的种类和加入量不同,对树脂固化物的力学性能、介电性能、化学稳定性,特别是耐溶剂性和耐热性会产生不同的影响,如果加入量不当,会对上述性能产生不良影响。

增韧剂有两种:一种是不参加环氧树脂固化反应的非活性增韧剂;另一种是在分子链上含有活性基因,能参与固化反应的活性增韧剂。

1) 非活性增韧剂

(1) 增塑剂　增塑剂是最常用的非活性增韧剂,但因为其分子结构中不含有能参与固化反应的活性基团,而且时间长了会游离出来,导致制品容易老化,同时,增塑剂还会对环境产生不利影响,所以现在用得越来越少,在有些产品中已经被禁止使用。它们的黏度都很小,可兼作稀释剂,用以增加树脂的流动性,提高树脂的浸润、扩散和吸附能力,一般用量为树脂质量的 5%～20%。常用的非活性增韧剂见表 3.2.14。

表 3.2.14　常用的非活性增韧剂

名　称	相对分子质量	相对密度	沸点/℃
苯二甲酸二甲酯	194.2	1.193	283
苯二甲酸二乙酯	222.2	1.118	295
苯二甲酸二丁酯	278.4	1.050	335
苯二甲酸二戊酯	306.4	1.022	342
苯二甲酸二辛酯	396.4	0.987	384
磷酸三乙酯	182.2	1.068	210

名　称	相对分子质量	相对密度	沸点/℃
磷酸三丁酯	226.0	0.973	289
磷酸三苯酯	326.3	1.185	47～50(熔点)
亚磷酸三苯酯	310.3	1.184	360
磷酸三甲酚酯	368.4	1.167	240

(2) 热塑性树脂　虽然热塑性树脂通常不参与环氧树脂的固化反应,但用其增韧环氧树脂具有较好的增韧效果,而且它对固化物的耐热性能影响较小,所以在高性能复合材料中得到了广泛应用。使用时将热塑性树脂溶解于环氧树脂中,在环氧树脂固化过程中发生相分离,但由于加入热塑性树脂后,环氧树脂的黏度大幅度增加,热塑性树脂的加入量受到限制,所以在工业应用中,将热塑性树脂粉碎成 $13\ \mu m$ 左右的颗粒,直接分散在环氧树脂中,可以大幅度增加热塑性树脂的添加量。常用的热塑性树脂有聚砜、聚醚砜、聚碳酸酯、苯氧树脂、聚醚酰亚胺和聚酰亚胺等。

2) 活性增韧剂

活性增韧剂主要是一些含有各种活性基团(如环氧基、羧基、羟基、巯基、氨基等)的高聚物,直接参与环氧树脂的固化反应,成为交联体系中的一个组成部分。

(1) 低相对分子质量聚酰胺　低相对分子质量聚酰胺是由二聚或三聚的植物油酸或者是不饱和脂肪酸与多元胺缩聚而成的低相对分子质量树脂。聚酰胺通过分子结构中的胺基与环氧基反应,具有非常好的增韧效果。它的用量范围幅度很大,可按固化物的性能要求来选择。胺值为 200 mgKOH/g 的聚酰胺的一般用量为 E-44 环氧树脂质量的 80% 左右,胺值为 300 mgKOH/g 的聚酰胺的一般用量为 E-44 环氧树脂质量的 45% 左右。

(2) 聚硫橡胶　两端具有巯基(—SH)的低相对分子质量聚硫橡胶是环氧树脂经常使用的增韧剂。其结构式如下:

$$HS-(CH_2CH_2OCH_2OCH_2CH_2SS)_n-CH_2CH_2OCH_2OCH_2CH_2SH$$

根据相对分子质量大小,聚硫橡胶可分为几种牌号,见表 3.2.15。

表 3.2.15　聚硫橡胶的特性

特　性	聚硫 1	聚硫 2	聚硫 3
相对分子质量	4 000	1 000	500
黏度(25℃)/(Pa·s)	40	1	0.3
pH(水萃取)	6～8	5～6	5～6

聚硫橡胶通过分子结构中的巯基与环氧基反应,但反应很慢,必须再加入其他的固化剂或促进剂。聚硫橡胶容易自动氧化而起缩合或加成作用,由液态变成固态而失去增韧剂作用。

（3）韧性环氧树脂　韧性环氧树脂有以下两种：

① 聚二元醇二缩水甘油醚。其结构式如下：

$$CH_2-CH-CH_2-O\left[CH_2-\underset{R}{CH}-O\right]_n CH_2-CH-CH_2$$
$$\underset{O}{}\qquad\qquad\qquad\qquad\qquad\qquad\underset{O}{}$$

R 通常是甲基，$n \leqslant 7$。它们是低黏度液体，主要用来改善液体二酚基丙烷型环氧树脂及酚醛多环氧树脂的韧性，用量一般为环氧树脂质量的 $10\% \sim 30\%$。

② 亚油酸二聚体二缩水甘油酯。其结构式如下：

$$(CH_2)_7-\overset{O}{\overset{\|}{C}}-O-CH_2-CH-CH_2$$
$$(CH_2)_7-\overset{O}{\overset{\|}{C}}-O-CH_2-CH-CH_2$$
$$CH_2-CH=CH-CH_2-(CH_2)_4-CH_3$$
$$(CH_2)_3$$
$$CH_3$$

这种二缩水甘油酯是以不饱和脂肪酸二聚体为原料制备的，因而固化物的耐碱性、耐汽油性比较差。

（4）环氧化聚丁二烯树脂　环氧化聚丁二烯树脂由于主链分子上具有较长的碳链，树脂在固化后具有优异的韧性，可以用其来改善二酚基丙烷型环氧树脂的韧性、耐水性能和介电性能。它的用量范围较大，可按固化物的实际性能要求加以确定。

（5）不饱和聚酯树脂　不饱和聚酯是由二元酸和二元醇经缩聚反应而得到的一种线型聚合物，调节所用的二元酸和二元醇的碳链长短，可以得到韧性很好的不饱和聚酯，用其增韧环氧树脂具有很好的效果。

（6）丁腈橡胶　丁腈橡胶也是环氧树脂常用的增韧剂，特别是分子结构中含有端羧基的液体丁腈橡胶，具有较好的增韧效果，它可以在环氧树脂固化时与环氧基团反应，成为树脂网络结构的一部分。如果将其预先与环氧树脂反应形成液体丁腈橡胶改性的环氧树脂，那么它会具有更好的增韧效果，是目前先进复合材料制造中常用的增韧方法之一。无活性端基的液体丁腈橡胶也有一定的增韧效果，可以用于增韧环氧树脂，由于其价格便宜在工业上也有较多应用。如果用顺丁烯二酸酐接枝到液体丁腈橡胶中，形成分子结构中含有酸酐基团的液体丁腈橡胶，则增韧效果会大幅度提高。丁腈橡胶增韧环氧树脂会降低固化物的玻璃化转变温度，对耐热性有要求的应用，要控制其添加量。

（7）丙烯酸树脂　丙烯酸树脂是指用甲基丙烯酸甲酯、丙烯酸乙酯、丙烯酸丁酯、甲基丙烯酸等单体共聚得到的聚合物，通过分子设计可以得到不同应用要求的树脂。用柔性丙烯酸树脂增韧环氧树脂具有较好的增韧效果，如果丙烯酸树脂的分子结构中含羧基则具有更好的效果。用丙烯酸树脂增韧环氧树脂还能改善其耐候性能。

3.3　酚醛树脂

3.3.1　概述

由苯酚和甲醛经缩聚反应而得到的酚醛树脂是最早被合成的热固性树脂。一般来说,酚和醛的缩聚产物通称为酚醛树脂。19世纪后期,已有化学家对此类树脂展开了研究,并成功地合成了一系列的酚醛树脂。1909年,贝克兰(L. H. Backeland)首先合成了有应用价值的酚醛树脂,从此开启酚醛树脂的工业化生产。

酚醛树脂由于原料易得,合成方便,且固化树脂的性能能够满足多种使用要求,因此在工业上得到了广泛的应用。早期酚醛树脂的模压产品大量使用在要求低价格和大批量的工业产品方面。例如,要求耐热及耐水性能的纸质层压板、模压制品、摩阻材料、绝缘材料、砂轮黏结剂、耐气候性好的纤维板等。后来,基于技术革新,酚醛树脂良好的力学性能和耐热性能,突出的瞬时耐高温烧蚀性能,以及树脂本身具有的广泛的改性余地,使其广泛用于制造玻璃纤维增强塑料。另外,酚醛树脂复合材料还在航天工业中用于空间飞行器;在火箭、导弹等方面,作为瞬时耐高温和耐烧蚀结构材料;有着非常重要的用途。

酚醛树脂的合成和固化过程完全遵循体型缩聚反应的规律。控制不同的合成条件(例如酚与醛的比例、所用催化剂的类型等),可以得到两类不同的酚醛树脂。一类称为热固性酚醛树脂,它是含有可进一步反应的羟甲基活性基团的树脂,如果合成反应不加控制,则会使体型缩聚反应一直进行至形成不溶、不熔的具有三维网络结构的固化树脂,这类树脂又称一阶树脂。另一类称为热塑性酚醛树脂,它是线型树脂,进一步反应不会形成三维网络结构的树脂,要加入固化剂后才能进一步反应形成具有三维网络结构的固化树脂,这类树脂又称二阶树脂。这两类树脂的合成与固化原理并不相同,聚合物的分子结构也不同。

3.3.2　酚醛树脂的合成原理

酚醛树脂是由酚(如苯酚、甲酚、二甲酚等)和醛(如甲醛、乙醛、糠醛等),在酸或碱催化剂存在下合成的聚合物。为了能合成体型结构的聚合物,两种单体的官能度总数应不小于5。

在酚醛树脂合成中,苯酚为三官能度的单体,甲醛为二官能度的单体。碳链较长的甲醛同系物,较难与酚类合成热固性树脂,但不饱和醛(如糠醛、丙烯醛等)例外。

在酚醛树脂合成过程中,单体的官能度数目、物质的量之比以及催化剂的类型对生成的树脂性能有很大的影响。苯酚与甲醛反应时,由于存在着酚羟基,按其加成取代反应位置的规则,甲醛是在酚羟基的邻、对位进行加成反应的,而酚羟基不参与和甲醛的反应。

1. 热固性酚醛树脂(resol)合成原理

热固性酚醛树脂的缩聚反应一般是在碱性条件下进行的,常用催化剂为氢氧化钠、氨水、氢氧化钡等。甲醛和苯酚的物质的量之比一般控制在1.1~1.5。

1）热固性酚醛树脂合成的总反应过程

用氢氧化钠为催化剂时，总的反应过程可分为下述两步。

（1）甲醛与苯酚的加成反应　甲醛与苯酚进行加成反应，生成多种羟甲酚，形成了一元酚醇和多元酚醇的混合物。

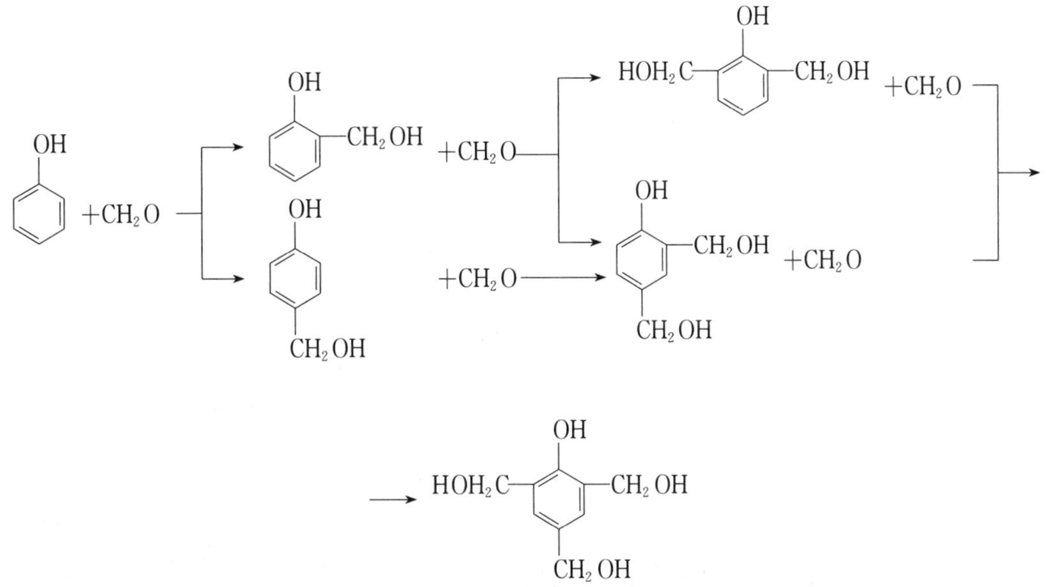

（2）羟甲基苯酚的缩聚反应　羟甲基苯酚可进一步发生缩聚反应，有下列两种可能的缩聚反应：

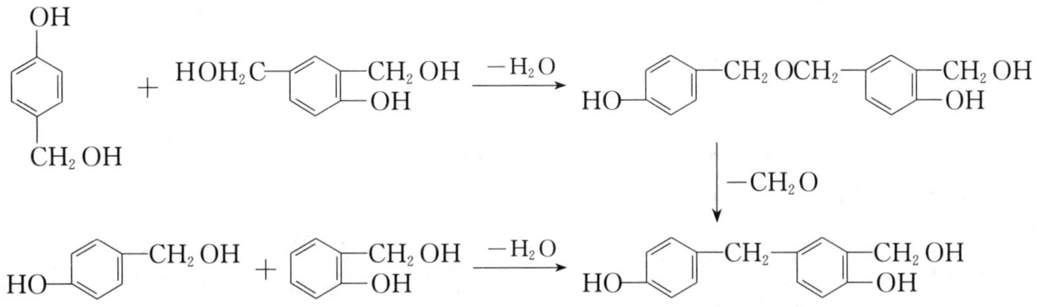

虽然上述两种反应都有可能发生，但在加热和碱性催化条件下，醚键不稳定，所以主要生成后一种反应的产物，即缩聚体间主要以次甲基键连接起来。酚环上的羟甲基位置及活性与发生的反应类型有关，在加成反应中，酚羟基的对位较邻位的活性稍大。若以酚的第一个邻位引入羟甲基的相对速率为 1，则对位的相对速率为 1.07；但由于酚环上有两个邻位，所以在实际反应中邻羟甲酚较对羟甲酚生成速率大得多。在缩聚反应中，对羟甲酚较邻羟甲酚活泼，因此缩聚反应时对位的容易进行，使酚醛树脂分子中主要留下了邻位的羟甲基。

由上述反应形成的一元酚醇、多元酚醇或二聚体等在反应过程中不断进行缩聚反应，使树脂相对分子质量不断增大，若反应不加控制，树脂就会形成凝胶。用冷却法可使反应在凝胶点前任何阶段上停止，再加热又可使反应继续进行，由此可合成适合各种用途的树脂。例如,可控制较低的反应程度,制得平均相对分子质量很低的、在室温下可溶于水的水溶性酚醛树脂;也可进一步使缩聚反应进行至脱水成半固体的树脂,然后溶于醇类溶剂成为醇溶性酚醛树脂;再进一步反应至脱水后成为固体树脂。显然,上述各种树脂的分子中都含有可以进一步缩聚的羟甲基。因为加成反应速率较缩聚反应的速率大得多,所以只要控制好反应条件,就可得到低相对分子质量的多元酚醇的缩聚物。

2) 强碱催化下的反应历程

在强碱性催化剂(如 NaOH)存在下,甲醛与苯酚的加成反应可能具有下列历程:

(1) 甲醛在水溶液中有下列平衡反应

$$HOCH_2OH \rightleftharpoons \overset{\delta+}{CH_2}\!\!=\!\!\overset{\delta-}{O} + H_2O$$

(2) 苯酚与 NaOH 在平衡反应时形成负离子的形式

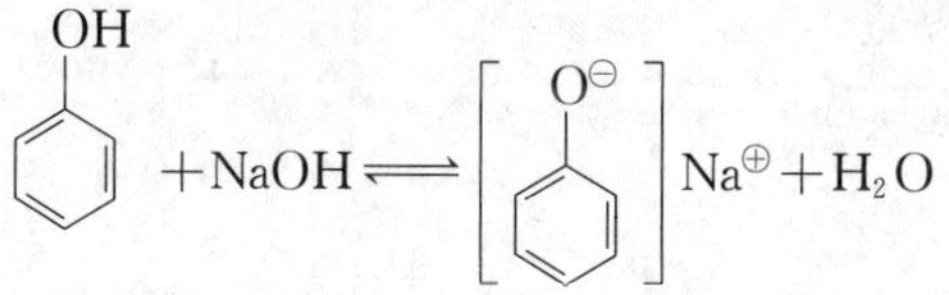

(3) 酚钠和甲醛起加成反应

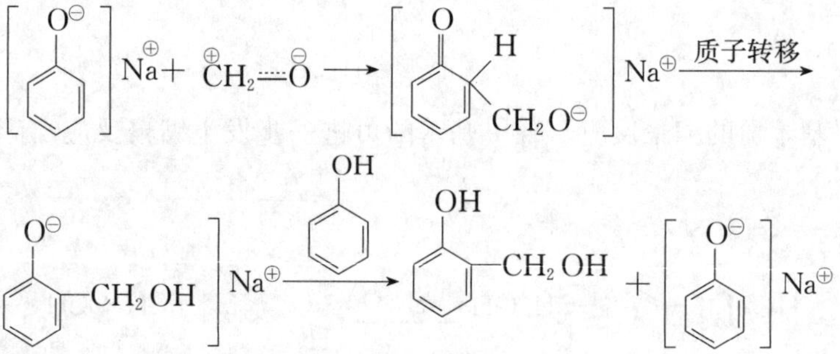

上述反应的推动力主要在于酚负离子的亲核性质。

对羟甲基苯酚可能通过下列历程形成:

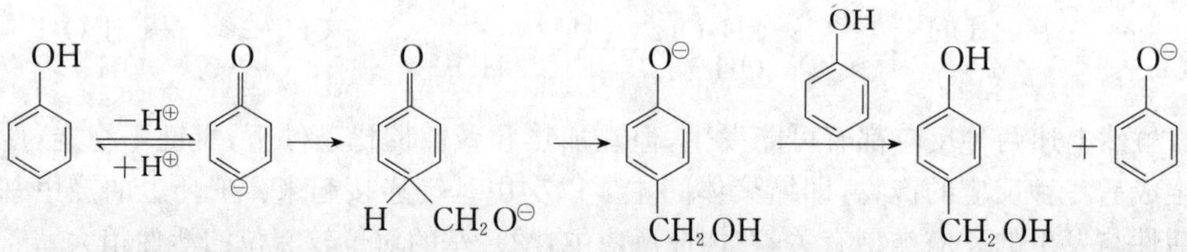

上述这个反应历程对邻位取代虽也适用,但邻位的醌式结构由于位阻及氢键的缘故,较对位难于形成。

3) 氨催化的热固性酚醛树脂

用氨为催化剂合成热固性酚醛树脂的反应较用碱金属氢氧化物为催化剂时的反应更为复杂,其反应历程尚不十分清楚,但在合成时发现有下述现象:① 用氨催化时生成的树脂几乎立即失去水溶性;② 分析树脂产物中发现有二(羟苄)胺或三(羟苄)胺;③ 树脂中也存在羟甲基;④ 氨催化的酚醛树脂可反应至较大相对分子质量而不会产生凝胶。

上述这些现象可解释为：由于形成的二(羟苄)胺或三(羟苄)胺不易溶于水，它使树脂很快失去水溶性，另外，氨与甲醛易生成六次甲基四胺，它与酚可形成一种加成物，此加成物又能分解成二甲氨基取代酚，由二甲氨基取代酚反应的产物的支化程度较酚醇为小，由此解释了氨催化的酚醛树脂有较大相对分子质量而无凝胶的现象。

2. 热塑性酚醛树脂(novolac)合成原理

热塑性酚醛树脂是指强酸性条件下(pH<3)，甲醛和苯酚的物质的量之比小于 1 时，缩聚合成得到的一种热塑性线型树脂。它是可溶、可熔的分子内不含羟甲基的酚醛树脂。

在酸性反应条件下，苯酚和甲醛的缩聚反应的速度较加成反应快 5 倍以上，因此，甲醛和苯酚在酸性条件下，首先主要生成二酚基甲烷：

$$2\ \text{C}_6\text{H}_5\text{OH} + \text{CH}_2\text{O} \longrightarrow (\text{HO})\text{C}_6\text{H}_4\text{-CH}_2\text{-C}_6\text{H}_4(\text{OH}) + \text{H}_2\text{O}$$

当甲醛和苯酚的物质的量之比为 0.8 : 1 时，数均相对分子质量在 500 左右，所得酚醛树脂分子链中酚环大约有 5 个。

1) 强酸催化下的反应历程和分子结构

(1) 反应历程 通常认为，在酸催化下的反应是与甲醛或它在水溶液中的甲二醇形式的质子性质有关的亲电取代反应：

$$\text{CH}_2\text{O} + \text{H}_2\text{O} \xrightarrow{\text{H}^+} \text{HO-CH}_2\text{-OH} + \text{H}^+ \rightleftharpoons \text{HO-CH}_2\text{-OH}_2^{\oplus} \rightleftharpoons {}^{\oplus}\text{CH}_2\text{OH} + \text{H}_2\text{O}$$

脱水的碳鎓离子立即与游离酚反应，生成 $\text{H}^{\oplus}$ 和二酚基甲烷：

$$\longrightarrow \text{HO-C}_6\text{H}_4\text{-CH}_2\text{-C}_6\text{H}_4\text{-OH} + \text{H}^{\oplus}$$

动力学数据表明，$\text{H}^{\oplus}$ 在酚和醛反应的开始阶段是活泼的催化剂，缩聚反应的速度大体上正比于氢质子的浓度。

前已述及，在强酸性条件下缩聚反应的速度大致上比加成反应快 5 倍以上，所以在甲醛和苯酚的物质的量之比小于 1 时，合成的热塑性酚醛树脂的分子中基本上应不含羟甲基。

若甲醛和苯酚的物质的量之比等于1,则可导致支化,甚至出现凝胶,这时测得的临界支化系数为0.56。当反应条件设为3-3型缩聚反应的情况下,在反应程度达到56%时就会出现凝胶。

(2) 分子结构　热塑性酚醛树脂的分子结构与合成条件有关。在强酸性条件下酚羟基的对位较活泼,因此合成的热塑性酚醛树脂中,酚环主要通过对位连接。理想化的树脂分子结构如下:

2) 中等pH条件下的反应历程和分子结构

在强酸性介质条件下合成的热塑性酚醛树脂的分子结构中的酚环,主要通过对位连接起来,少量的通过邻位连接。当用某些特殊的金属碱盐作催化剂,在pH为4~7时,可合成酚环主要通过邻位连接起来的高邻位热塑性酚醛树脂。

在二价金属碱盐作催化剂的二价金属离子中,最有效的是锰、镉、锌和钴,其次为镁和铅。过渡金属,例如铜、锰、铬、镍和钴的氢氧化物也很有效,其中锰和钴的氢氧化物是生成2,2′-二羟甲酚最有效的催化剂。

(1) 反应历程　在pH为4~7内的二价金属碱盐催化剂存在下,合成高邻位酚醛树脂的反应历程可表示如下:

$$M^{2+} + CH_2(OH)_2 \rightleftharpoons [M^{\oplus} - O - CH_2 - OH] + H^+$$

在上述反应历程中,二价金属离子会形成不稳定的螯合物,然后再形成邻位加成的酚醛树脂。

二羟基二苯基甲烷的三个异构体中，2, 2′-异构体活性最大。在 160 ℃时分别在 2, 2′-异构体、2, 4 -异构体和 4, 4′-异构体中加入 15%的六次甲基四胺，测定的凝胶时间：2, 2′-异构体仅需 60 s，而 2, 4 -异构体与 4, 4′-异构体分别为 240 s 和 175 s。

2, 2′-异构体的活性较大，可用在两个酚羟基间形成氢键的结果来说明，氢键产生 H^+，有附加的催化效应。

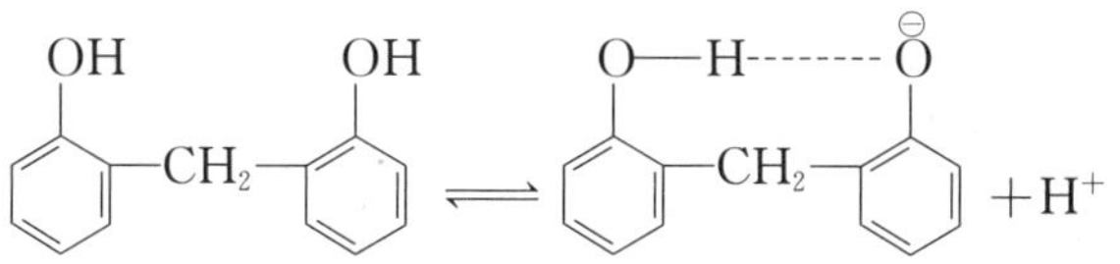

(2) 分子结构　理想的高邻位酚醛树脂的分子结构如下：

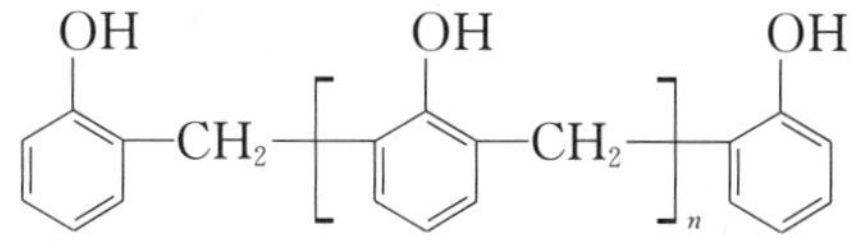

高邻位热塑性酚醛树脂的最大优点是固化速度比一般的热塑性酚醛树脂快 2～3 倍，因此适合于热固性树脂的注射成型。同时，用高邻位酚醛树脂制得的模压制品的热刚性也较好。

3. 酚醛树脂合成的影响因素

1) 单体官能度的影响

由于醛类是二官能度的单体，为了进行体型缩聚反应，所用的酚类必须有三个可反应的官能度。苯酚是羟基取代的苯衍生物，在与甲醛进行亲电取代反应时，反应主要发生在酚羟基的邻、对位，因此它有三个活性点，可视作三官能度的单体。间甲酚和 3, 5 -二甲酚也具有三个活性点，而对甲酚和邻甲酚只有两个活性点，在一般情况下难以形成体型高聚物。

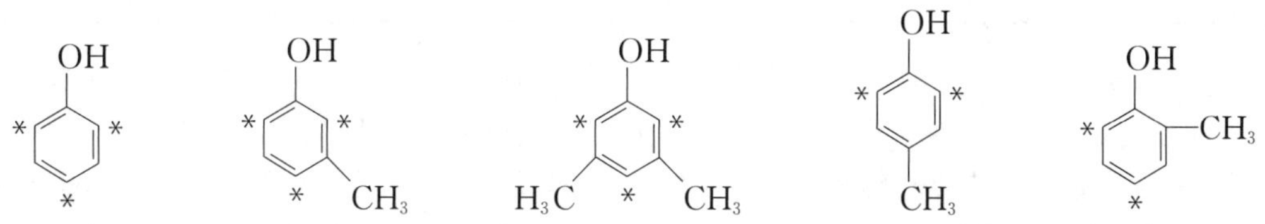

苯酚　间甲酚　3, 5 -二甲酚　对甲酚　邻甲酚

*——活性点

2) 酚环上取代基的影响

有间位取代基的酚类会增加邻、对位的取代活性，有邻位或对位取代基的酚类则会降低邻、对位的取代活性，所以烷基取代位置不同的酚类的反应速率有很大的差异，见表 3.3.1。

表 3.3.1 酚类烷基取代位置与相对反应速率的关系

取代位置不同的酚	相对反应速率	取代位置不同的酚	相对反应速率
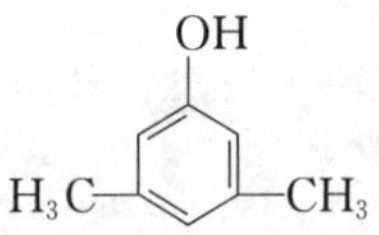 3,5-二甲酚	7.75	 对甲酚	0.35
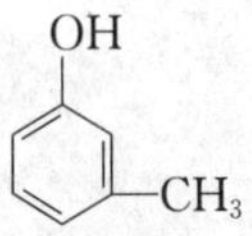 间甲酚	2.88	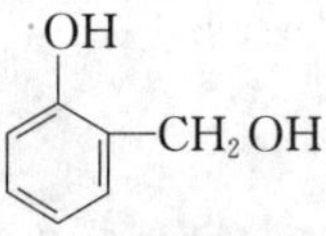 邻羟甲酚	0.34
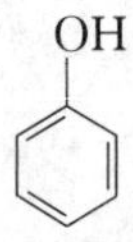 苯酚	1.00	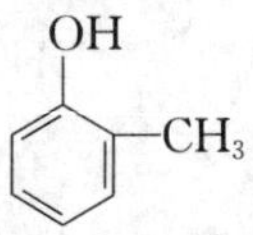 邻甲酚	0.26
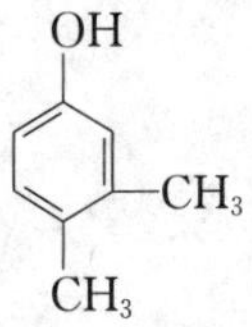 3,4-二甲酚	0.83	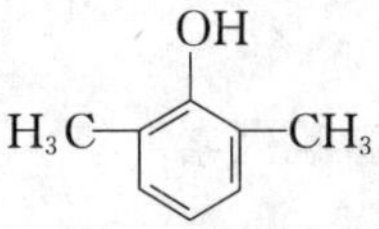 2,6-二甲酚	0.16
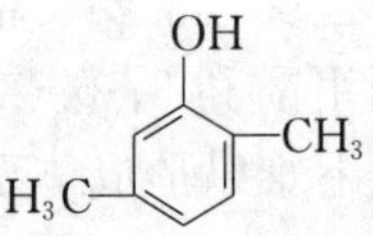 2,5-二甲酚	0.71		

由表 3.3.1 可知,3,5-二甲酚的相对反应速率最大,2,6-二甲酚的相对反应速率最小,两者相差近 50 倍。当酚环上部分邻、对位的氢被烷基取代以后,由于活性点减少,故通常只能得到低分子或热塑性树脂;当间位取代加成后,虽可增加树脂固化速度,但树脂的最后固化速度却会因空间位阻效应的影响反而比未取代的树脂还低,这一点应该引起注意。

3) 单体物质的量之比的影响

只有当甲醛和苯酚的物质的量之比大于 1.1 时,固化后才可得到体型结构的酚醛树脂。当用碱作催化剂时,会因甲醛量超过苯酚量而使初期的加成反应有利于酚醇的生成,最后可得热固性树脂。工业上常用醛与酚的物质的量之比为 1.1~1.5。增加甲醛用量可提高树脂黏度、凝胶化速度,可增加树脂产率以及减少游离酚的含量,见表 3.3.2。

表 3.3.2　苯酚和甲醛物质的量之比对树脂性能的影响

苯酚∶甲醛 物质的量之比	树脂的产率 （以苯酚计）/%	凝胶时间 （150 ℃）/s	黏度 /(mPa·s)	游离酚含量 /%
5∶4	112	160	23	24.3
5∶5	118	98	40	16.8
5∶6	122	100	42	15.5
5∶7	126	96	43	14.8

如果酚的物质的量比醛大，则因醛量不足而使酚分子上活性点没有完全利用，反应生成的羟甲基就与过量的苯酚反应，最后只能得到热塑性的树脂。

以 3 mol 苯酚和 2 mol 甲醛反应为例：

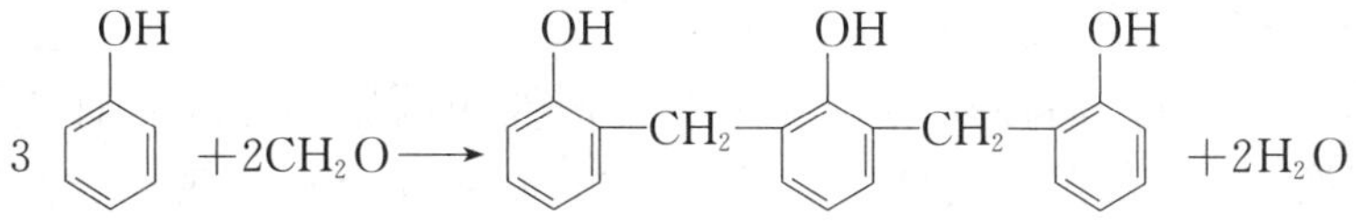

显然，上述反应只能得到热塑性的树脂。

当用酸作催化剂时，工业上制造热塑性酚醛树脂的醛与酚的物质的量之比为（0.8～0.86）∶1。适当增大甲醛用量，会使生成树脂的软化点升高；同时，树脂的凝胶时间缩短、游离酚的含量降低，见表 3.3.3。

表 3.3.3　甲醛与苯酚比例对热塑性酚醛树脂性能的影响

100 g 苯酚加入 甲醛的质量/g	树脂产率 （以苯酚计）/%	软化点 /℃	凝胶时间* /s	50%乙醇溶液的 黏度/(Pa·s)	游离酚含量 /%
24	109	97.5	160	83	8.7
26	110	103.0	80	130	5.9
28	112	112.0	65	370	4.7
29	凝胶	/	/	/	/

* 加入 10%六次甲基四胺混合后，150 ℃的凝胶时间。

4）催化剂性质的影响

在制造酚醛树脂的过程中，催化剂性质的影响也是一个重要因素。一般常用的催化剂有下列三种：

（1）碱性催化剂　最常用的是氢氧化钠，它的催化效果好，用量可小于 1%，但反应结束后，树脂需用酸（如草酸、盐酸、磷酸等）中和。一般用于热固性树脂的合成，但由于中和生成的盐的存在，使树脂介电性能较差。氢氧化铵[常用 25%（质量分数）的氨水]也是常用的催化剂，其催化性质温和，用量一般为 0.5%～3%，也可制得热固性树脂。由于氨水可在树脂脱水过程中除去，故树脂的介电性能较好。也有用氢氧化钡作催化剂的，用量一般为 1%～1.5%，反应结束后通入 CO$_2$，使催化剂与 CO$_2$ 反应生成 BaCO$_3$ 沉淀，过滤后可除去残留物，因此,也可得介电性能较好的树脂。据报道也有用有机胺(如三乙胺)作催化剂的,所得树脂相对分子质量小且介电性能也好。

(2) 碱土金属氧化物催化剂 常用的有 BaO、MgO、CaO,催化效果比碱性催化剂弱,但是这类催化剂可合成高邻位的酚醛树脂。

(3) 酸性催化剂 盐酸是最常用的酸性催化剂,催化效果好,用量为 0.5%～0.3%。当醛与酚的物质的量之比小于 1 时,可得热塑性酚醛树脂;当醛与酚的物质的量之比大于 1 时,反应很难控制,极易形成凝胶。也有用碳酸(H_2CO_3)、草酸、柠檬酸等作催化剂的,一般用量较大,在 1.5%～2.5% 之间。使用草酸的优点是缩聚过程容易控制,合成的树脂颜色较浅,并有较好的耐光性。

酸性催化剂的浓度对树脂固化速度有较大的影响,反应速率随氢离子浓度增加而增大。但碱性催化剂则不然,氢氧根离子浓度超过一定值后,催化剂浓度变化对反应速率基本上无明显的影响。

5) 反应介质 pH 的影响

反应介质的 pH 对产品性质的影响比催化剂性质的影响还大。研究结果表明,将 37% 甲醛水溶液与等量的苯酚混合反应,当介质 pH 为 3.0～3.1 时,加热沸腾数日也无反应,若加入酸使 pH<3.0 或加入碱使 pH>3.1 时,则缩聚反应就会立即发生,故称 pH 的这个范围为酚醛树脂反应的中性点。所以,当甲醛与苯酚的物质的量之比小于 1 时,在强酸性催化剂存在下(pH<3.0)则反应产物为热塑性树脂,在弱酸性或中性碱土金属催化剂存在下(pH 4～7),可得高邻位线型酚醛树脂;当甲醛与苯酚物质的量之比大于 1 时,在碱性催化剂存在下(pH 8～11),可得热固性树脂。一般认为,苯酚和甲醛缩聚反应初期的最合适的 pH 应在 6.5～8.5 之间。

6) 其他因素的影响

上述讨论都是基于苯酚分子中能参加化学反应的活性点只有三个来考虑的,但实际情况并不完全如此。由酚醛树脂的氢化裂解实验表明产物中尚有间甲酚存在,这表明反应中也存在少量间位取代反应物。因此,当甲醛大大过量时,邻或对甲基苯酚与甲醛反应也可得热固性树脂,因为只要有极少数的间位取代反应就已足够引起交联而形成体型结构的树脂。同时,甲醛过量时,在强酸性催化剂存在下(pH=1～2)会发生次甲基之间的交联反应:

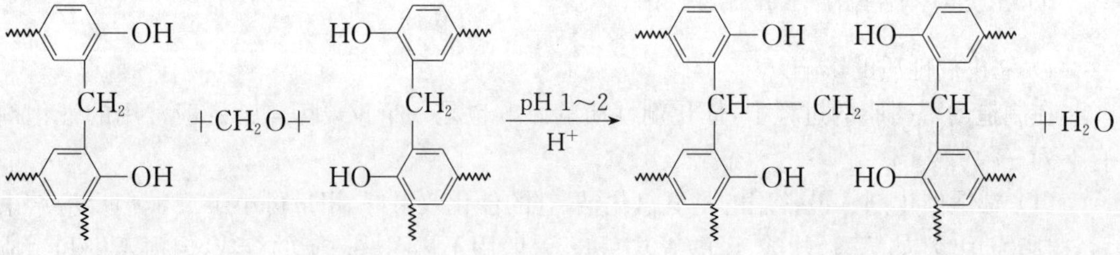

酚醛树脂的缩聚反应与不饱和聚酯树脂的缩聚反应不同,其特点是反应的平衡常数很大($K=10\,000$),反应的可逆性小,反应速率和缩聚程度取决于催化剂浓度、反应温度和时间,而受排出反应副产物水的影响很小,故即使在水介质中反应,合成树脂反应仍能顺利进行。

综上所述,可根据酚和醛的官能度、两者的物质的量之比以及反应介质的 pH 来获得工业上两类主要的酚醛树脂:

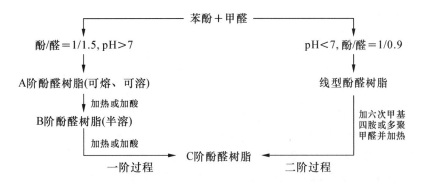

3.3.3 酚醛树脂的合成方法

1. 热固性酚醛树脂的合成

热固性酚醛树脂的合成是用碱性催化剂,例如氢氧化钠、氢氧化钡或氨水等,在甲醛/苯酚的投料物质的量之比为(1.1~1.5)∶1 时进行的。生产工艺流程见图 3.3.1。

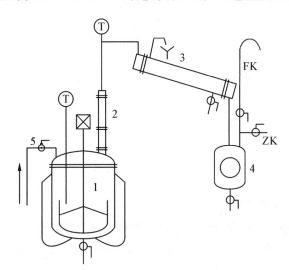

图 3.3.1　合成酚醛树脂的工艺流程图

1—反应釜;2—竖冷凝器;3—横冷凝器;4—接收器;5—液体加料管;
T—测温单元;ZK—接真空泵;FK—放空管

1) 树脂合成工艺

氨水催化酚醛树脂的合成工艺如下:

a. 配方

原料	物质的量之比	质量/kg
苯酚	1	1 152
37%甲醛水溶液	1.3	1 294

25%氨水	61.8
乙醇	600

b. 操作步骤

在 4 m³ 的搪瓷反应釜中加入苯酚、甲醛及氨水,搅拌加热至 70 ℃,由于反应放热,温度会自动上升。当温度升至 78 ℃时即用冷水冷却,使反应温度缓慢地上升并保温在 85~95 ℃(不超过 95 ℃)。保温约 1 h 后,每隔 10 min 取样测定,凝胶时间达 90 s/160 ℃左右时终止反应,再进行下一步的脱水操作。

树脂的脱水过程在 70 ℃、67 kPa 条件下进行。脱水过程必须小心操作,以防树脂凝胶。脱水至树脂呈透明后即测定凝胶时间,当凝胶时间达 70 s/160 ℃左右时,立即加入乙醇稀释溶解,然后过滤放料,即制得产品。

氨催化的热固性酚醛树脂主要用于浸渍增强材料,如玻璃纤维、布、棉布、纸等,用以制备复合材料。

用氢氧化钠作催化剂合成的热固性酚醛树脂具有水溶性,催化剂用量小于 1%,按上述反应过程使反应物在回流温度下反应 0.75~1 h 即可出料,不必脱水。

水溶性热固性酚醛树脂主要用于矿棉保温材料的黏结剂、胶合板和木材的黏结剂、纤维板和复合板的黏结剂等。

用氢氧化钡作催化剂合成的热固性酚醛树脂,特点是黏度小,固化速度快,适于低压成型。

2) 树脂技术指标

热固性酚醛树脂的主要技术指标

树脂黏度(4#黏度杯测定)	5~10 s(25 ℃)
凝胶时间	90~120 s(160 ℃)
	14~24 min(130 ℃)
树脂固体含量	57%~62%
游离酚含量	16%~18%

2. 热塑性酚醛树脂的合成

热塑性酚醛树脂是用酸性催化剂,例如盐酸、草酸、甲酸等,在苯酚与甲醛的物质的量之比为 1:(0.8~0.86)时合成的。合成设备与前述热固性树脂的设备相似。

1) 树脂合成工艺

盐酸催化酚醛树脂的合成工艺过程如下:在反应釜中,按苯酚:甲醛=1:0.85 的物质的量之比投料,反应釜的加料系数为 0.7。在搅拌下,加入 30%的盐酸调节 pH 为 2.1~2.5。用蒸汽加热至 80 ℃即停止加热。该反应是放热反应,料温自动上升至沸腾(95~100 ℃),沸腾平稳后保持 1 h,降温至 75 ℃时再加入盐酸,前后两次所加入的盐酸用量为苯酚质量的 0.065%。再缓慢升温至沸腾,维持约 0.5 h(以树脂在室温冷水中不粘手为指标)反应结束。立即减压脱水,当树脂的软化点达到规定指标时为止,趁热放料于铁盘中,冷却后粉碎备用。

盐酸催化的苯酚与甲醛的反应放热剧烈,每 1 kg 苯酚与甲醛的反应热达 627.7 kJ,在反应过程中应及时采取冷却措施,不然会引起暴聚。通常缩聚反应在 3~6 h 内完成。

树脂为热塑性,易溶于乙醇和丙酮中,树脂贮存稳定,适当增加甲醛用量可提高树脂的相对分子质量。

制备高邻位热塑性酚醛树脂的方法与上述方法基本相似,不同的是脱水后还要在150～160 ℃除去未反应的游离酚。

使用盐酸作为催化剂的优点是反应速度快,以及它在树脂中可在脱水时随水蒸气逸出。缺点是对设备有腐蚀性。

热塑性酚醛树脂产品牌号很多,例如牌号为2123的酚醛树脂是用盐酸和草酸混合催化剂合成的,外观为松香状固体,游离酚小于4%,软化点大于100 ℃,适用于模压制品。

2）树脂技术指标

热塑性酚醛树脂的技术指标如下:

外观　　　　　　　　　　无色或淡黄色透明脆性固体
游离酚含量　　　　　　　<4%
凝胶时间　　　　　　　　65～90 s/150 ℃(加入14%六次甲基四胺)
固体含量　　　　　　　　95%以上

3.3.4 酚醛树脂的固化

酚醛树脂的固化速度,对于复合材料的成型工艺具有重要的意义。酚醛树脂固化的总速度由下列两个阶段反应速率组成:① A阶树脂凝胶化转变为B阶状态的反应速率;② 从B阶转变为不溶、不熔C阶状态的反应速率。上述两项反应速率并不相互依赖。为了明确起见,将树脂从A阶状态转变为B阶状态的反应速率称为凝胶速率,而将树脂从B阶状态转变为C阶状态的反应速率称为固化速率。

当酚醛树脂处于凝胶点以前时,可以浸渍增强纤维或其织物,并能按设计要求制成适当的几何形状的产品。一旦达到凝胶点后,复合材料制品基本定型,进一步的固化可使复合材料制品的物理和化学性能得到完善。因此,掌握热固性树脂的热固化性能(凝胶化速率和固化速率),对于复合材料成型工艺有直接的指导意义。

一阶热固性酚醛树脂是体型缩聚控制在一定程度内的产物,因此在合适的反应条件下可促使体型缩聚继续进行,固化成体型高聚物。二阶热塑性酚醛树脂由于在合成过程中甲醛用量不足,形成线型的热塑性树脂,但是树脂分子内留有未反应的活性点,因此如果加入能与活性点继续反应的固化剂,补足甲醛的用量,则能使体型缩聚继续进行,固化成体型高聚物。

1. 热固性酚醛树脂的固化

一阶树脂的固化性能主要取决于合成树脂时酚与醛的比例和体系合适的官能度。前已述及,甲醛是二官能度的单体,为了制得可以固化的树脂,酚的官能度必须大于2。在三官能度的酚中,苯酚、间甲酚和间苯二酚是最常用的原料。三官能度和二官能度酚的混合物同样可以制得可固化的树脂,存在少量一官能度酚,同样可以不过于牺牲固化性能。为了保证良好的固化性能,所需三官能度酚的量与酚的类型有关,若酚环上有体积很大的负电性取代基,即使三官能度酚的用量很大,也不能得到很好的固化性能;反之,某些具有两个甚至一个官能度的酚,也可能得到交联的聚合物。

制备一阶树脂时醛/酚的最高比例(物质的量之比)可达 1.5∶1,此时固化树脂的物理性能也达最高值。

一阶热固性酚醛树脂可以在加热条件下固化,也可以在酸性条件下固化,下面分别叙述之。

1) 热固化

(1) 热固化原理　在加热条件下,热固性酚醛树脂的固化反应非常复杂,这种复杂性不但取决于温度条件、原料酚的结构以及酚羟基邻、对位的活性,同时取决于合成树脂时所用的碱性催化剂的类型。由于酚醛树脂固化后成为不溶、不熔的坚硬固体,增加了对酚醛树脂固化性能的研究困难。为了简化问题,一般常用纯的酚醇来研究固化历程。考虑到在强碱(如 NaOH)催化下合成的一阶树脂主要是含有一元酚醇与多元酚醇的混合物,因此下面讨论的固化原理主要以这种树脂作为基础。

酚醛的反应与温度有关,在低于 170 ℃时主要是分子链的增长,此时的主要反应有两类。

① 酚核上的羟甲基与其他酚核上的邻位或对位的活泼氢反应,失去一分子水,生成次甲基键,例如:

$$\text{(酚核反应式) } \longrightarrow \quad + \ H_2O$$

生成次甲基键的活化能约为 57.3 kJ/mol。

② 两个酚核上的羟甲基相互反应,失去一分子水,生成二苄基醚,例如:

$$\text{(酚核反应式) } \longrightarrow \quad + \ H_2O$$

生成醚键的活化能约为 114.7 kJ/mol。

反应温度从 160～170 ℃开始直至高于 200 ℃时,酚醇的第二阶段的反应变得明显。在这一较高的温度范围内,反应极为复杂,主要是由二苄基醚的进一步反应,以及也由于在较低温度下偶尔保留下来的未反应的酚醛的进一步反应引起。在这一阶段的特点是反应过程中很少逸出甲醛,甚至不放出水,固化产物显示红棕色或深棕色。一般认为,此时主要生成次甲基苯醌 ($O = \bigcirc = CH_2$) 和它们的聚合物,以及复杂的分子端基的氧化还原产物。在这一阶段,反应常表现为羟基含量减少和相对分子质量减小,然后相对分子质量增大。由于在工业上酚醛树脂的热固化常控制在 170 ℃左右的条件下进行,第二阶段的反应虽有可能发生,但重要性较小,因此主要讨论低于 170 ℃时的第一阶段反应。

一阶树脂在低于 170 ℃固化时,在酚核间主要形成次甲基键及醚键,其中次甲基键是酚醛树脂固化时形成的最稳定和最重要的化学键。碱和酸都是形成次甲基键的催化剂,在酸性条件、中等温度下的固化速率正比于氢离子浓度;强碱条件下,在反应的早期,当 pH 超过一定的值后,固化速率与碱的浓度无关。

在固化过程中形成的醚键既可以是固化结构中的最终产物,也可以是过渡的产物。酚醇在中性条件下加热(低于 160 ℃)很容易形成二苄基醚,然而超过 160 ℃,二苄基醚易分解成次甲基键,并逸出甲醛。

醚键的形成与体系的酸碱性有很大的关系。在碱性条件下,酚醇的固化主要通过次甲基键连接起来,在固化物中基本未探测到醚键的存在;在酸性条件下,醚键和次甲基键均可形成,但在强酸性条件下,主要生成次甲基键。

在酚醇分子中取代基的大小与性质对醚键的形成也有很大的影响,见表 3.3.4。

表 3.3.4　对位取代的二元酚醇的取代基对醚键形成的影响

对位取代基	释出水的温度/℃	释出甲醛的温度/℃	温度差/℃
甲基	135	145	10
乙基	130	150	20
丙基	130	155	25
正丁基	130	150	20
叔丁基	110	140	30
苯基	125	170	45
环己基	130	180	50
苄基	125	170	45

经上述分析可知,一阶酚醛树脂在热固化时,次甲基键和醚键同时生成,两者在树脂固化结构中的比例与树脂中羟甲基的数目、体系的酸碱性、固化温度和酚环上活泼氢的数量有关。若固化温度低于 160 ℃,对于由取代酚形成的一阶树脂,主要生成二苄基醚。对于由三官能度酚合成的树脂,这一反应也可发生,但不是主要的反应。如果树脂在碱性条件下,则主要生成次甲基键;在酸性条件下,次甲基键与醚键同时生成,但在强酸条件下主要生成次甲基键。

温度高于 170 ℃,二苄基醚键不稳定,可进一步反应。而次甲基键在低于树脂的分解温度时非常稳定,不易被破坏。在中性条件下,从三官能度酚合成的一阶树脂的固化结构中,次甲基键是主要的连接形式。

固化温度达 170～250 ℃时,第二阶段的缩聚反应极为复杂。此时二苄基醚很快减少,而次甲基键大量增加,同时生成次甲基苯醌和它们的聚合物,以及氧化还原产物。这些反应导致生成十分复杂的产物,其反应机理还不十分清楚。

(2) 影响热固化速率的因素　影响热固化速率的因素主要有以下几种：

① 树脂合成时的酚/醛物质的量之比。一阶热固性树脂在固化时的反应速率与合成树脂时的苯酚/甲醛物质的量之比有关，随甲醛含量增加，树脂的凝胶时间缩短。

② 固化体系的酸碱性。一阶树脂的固化性能受体系酸碱性的影响很大。当固化体系的 pH＝4 时为中性点，固化反应极慢，增加碱性会导致快速凝胶，增加酸性会导致极快地凝胶。

③ 固化温度。随固化温度升高，一阶树脂的凝胶时间明显缩短，每增加 10 ℃，凝胶时间约缩短一半。

(3) 热固化工艺条件　用热固性酚醛树脂制备复合材料时常采用加压热固化的工艺过程，最终固化温度一般控制在 175 ℃左右。在固化过程中所需的压力与成型工艺过程有关，例如层压工艺的压力一般为 10～12 MPa；模压工艺的压力较高，在 30～50 MPa 的范围内。若采用的增强材料不同，则成型压力也不相同。例如，酚醛布质层压板要求 7～10 MPa，而纸质层压板为 6.5～8 MPa。

在酚醛树脂复合材料成型工艺过程中施加压力的作用如下：

① 克服固化过程中挥发物的压力。在热压过程中产生的挥发物(溶剂、水分和固化产物等)如果没有较大的成型压力，就会在复合材料制品内形成大量的气泡和微孔，从而影响复合材料的质量。一般在热压过程中产生的挥发物越多，温度越高，所需成型压力就越大。因此，成型压力的大小主要取决于树脂的特性。

② 使预浸料层间有较好的接触。

③ 使树脂有合适的流动性，并使增强材料受到一定的压缩。

④ 防止制品在冷却过程中变形。

2) 常温固化

一阶酚醛树脂用手糊成型、缠绕成型等成型工艺制备复合材料时，希望在较低的温度，甚至室温下固化。在酚醛树脂中加入酸类固化剂可使其室温固化。常用的酸类固化剂有盐酸或磷酸(可把它们溶解在甘油或乙二醇中使用)，也可用对甲苯磺酸、苯酚磺酸或其他的磺酸。

在一阶树脂中添加酸使之固化的反应，在许多方面都与二阶酚醛树脂合成过程中的反应类似。主要区别在于一阶树脂的酸固化过程中醛相对酚有较高的比例，以及当酸添加时醛已化学结合至树脂的分子结构之中；与二阶酚醛树脂合成时相似，一阶酚醛树脂酸固化时的主要反应是在树脂分子间形成次甲基键。然而，若酸的用量较少、固化温度较低以及树脂分子中的羟甲基含量较高时，二苄基醚也可形成。一阶酚醛树脂酸固化时的特点是反应剧烈，放出大量的热。

一阶酚醛树脂酸固化最好在较低的 pH 下进行。已经发现，一阶树脂在 pH 为 3～5 的范围内非常稳定。对各种类型的一阶酚醛树脂而言，最稳定的 pH 范围与树脂合成时所用酚的类型和固化温度有关。间苯二酚类型的树脂最稳定的 pH 为 3，而苯酚类型的树脂最稳定的 pH 约为 4。显然，在 pH 小于 3 时固化反应由 H^+ 催化，而在 pH 大于 5 时，固化过程由 OH^- 催化。

一阶酚醛树脂常温固化时的反应活性除与体系的 pH 有关外，还与其分子结构有关。用间苯二酚部分代替苯酚合成的酚醛树脂具有较高的活性，用酸作固化剂，能在常温下快速固化。

用氢氧化钠为催化剂合成的酚醛树脂若采用酸固化剂进行固化,则当树脂合成时的酚/甲醛的物质的量之比为1∶1.5时,固化树脂有最好的物理性能。若甲醛用量过高,树脂在固化过程中要释出甲醛,或者在固化结构中有醚键存在。

3) 固化树脂的结构

上面从化学的角度讨论了一阶树脂的固化过程,在这一过程中聚合物分子链间由主价键连接起来,形成三维结构的体型高聚物。然而,固化树脂的结构并不像上述所描述的那样简单,而是非常复杂。

有人计算了以苯酚-甲醛树脂通过次甲基键充分交联成体型聚合物后的强度,发现由此算得的理论强度比实验测得值要大将近三个数量级。若用次价键代替主价键的同样固化结构,计算得的理论强度仍大大超过实验值。这些巨大的差异表明,完全由主价键或次价键交联的结构并不存在。

由于在固化反应时,体系的黏度很大,分子的流动性降低,因此交联反应不可能完全;同时,由于存在游离酚、游离醛及水分这类杂质,也影响了交联的完全程度,由于聚合物分子链会纠缠在一起,固化物的分子结构很不均匀,并包含许多薄弱点,因此导致酚醛树脂的实际强度远低于理论值。

2. 热塑性酚醛树脂的固化

二阶树脂是可溶、可熔的热塑性树脂,需要加入固化剂才能使树脂固化。常用的固化剂有多聚甲醛、六次甲基四胺等,热固性酚醛树脂也可用来使二阶树脂固化,因为它们分子中的羟甲基可与热塑性酚醛树脂酚环上的活泼氢作用,交联成三维网状结构的产物。

热塑性酚醛树脂最广泛用于酚醛模压料,大约有80%的模压料是用六次甲基四胺固化的。用六次甲基四胺固化的二阶树脂还可用作黏合剂和浇注树脂。热塑性酚醛树脂采用六次甲基四胺固化的原因是:① 固化快速,模压周期短,模压件在升高温度后有较好的刚度,且制件从模具中顶出后翘曲最小;② 可以制备尺寸稳定的及硬度较好的热固性塑料;③ 固化时不放出水,制件有较好的介电性能。

六次甲基四胺是氨与甲醛的加成物,外观为白色结晶,在150 ℃时很快升华,分子式为$(CH_2)_6N_4$,结构式如下:

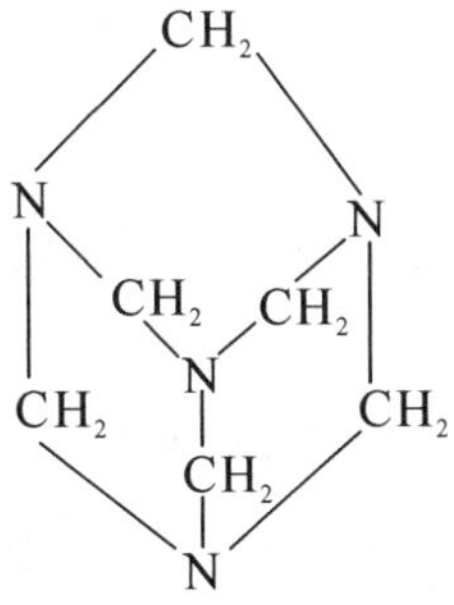

用六次甲基四胺固化热塑性酚醛树脂的原理一般认为有两种。

一种是六次甲基四胺与只有1个邻位活性位置的酚可反应生成二(羟基苄)胺,如:

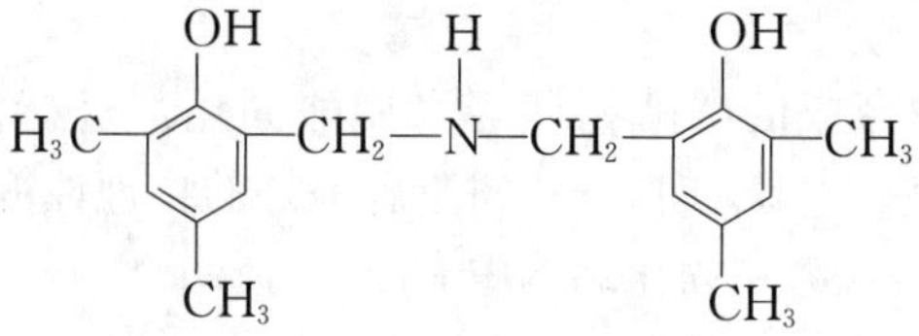

若六次甲基四胺与只有 1 个对位活性位置的酚反应,可生成三(羟基苄)胺,如:

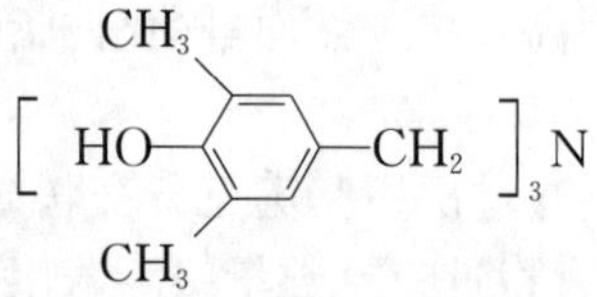

用多官能度的酚可得到与上述相似的产物。酚与六次甲基四胺反应时,二(羟基苄)胺和三(羟基苄)胺是主要的产物,这些反应产物是在 130~140 ℃或稍低的温度下得到的。在较高固化温度(如 180 ℃)下,这类仲胺或叔胺不稳定,进一步与游离酚反应,释出 NH_3,形成次甲基键。这一现象与一阶树脂中的二苄基醚在较高温度下不稳定,释出甲醛形成次甲基键类似。

若体系中无游离酚存在,则可能形成甲亚胺键,如:

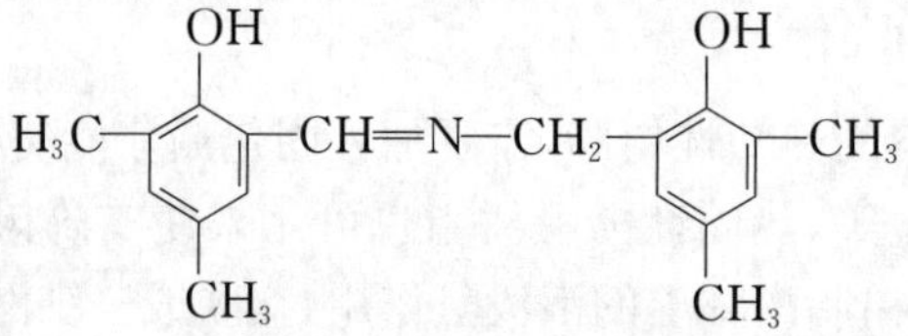

这一产物显黄色,可能就是用六次甲基四胺固化的二阶树脂常带黄色的原因。

另一类更为通常的反应是六次甲基四胺和包含活性点、游离酚(约 5%)和少于 1%水分的二阶树脂反应。此时,在六次甲基四胺中任何一个氮原子上连接的 3 个化学键可依次打开,与 3 个二阶树脂的分子链反应,反应产物结构如下:

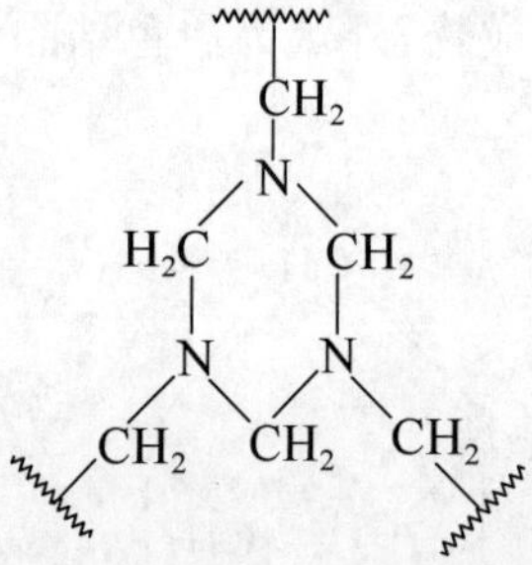

对用六次甲基四胺固化的二阶树脂固化产物的研究表明,六次甲基四胺中的氮有 66%~77%已化学结合于固化产物中,因而,每个六次甲基四胺分子仅失去 1 个氮原子。固化时没有水放出,仅释出 NH_3,并且最少 1.2%的六次甲基四胺就可与二阶树脂反应生成凝胶的事实,均支持上述反应历程。

影响热塑性酚醛树脂固化速率的因素主要有以下几种:

（1）六次甲基四胺的用量　六次甲基四胺的用量对二阶树脂的凝胶时间、固化速率和制品的耐热等性能有很大影响。六次甲基四胺的用量不足，会延长树脂的凝胶时间，从而增加模压时的压制时间，并降低制品的耐热性；六次甲基四胺用量过多，也会使制品的耐热性和介电性能下降。一般用量为树脂的 $6\%\sim14\%$，最适宜的用量为 10% 左右。

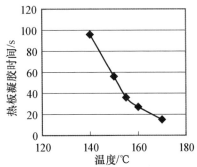

（2）树脂中游离酚和水含量　通常二阶树脂中含有少量的游离酚和微量的水分，它们对凝胶时间有影响。当游离酚和水分的含量增加时，使凝胶时间缩短；当水分含量不超过 1.2% 时，影响较小；当游离酚含量超过 7% 时，凝胶时间较短。游离酚含量与水分含量太高会引起制品性能下降。

（3）温度　温度对二阶树脂的固化速率有显著的影响，随着温度上升，凝胶时间缩短，固化速率增加，见图 3.3.2。

图 3.3.2　温度对二阶树脂凝胶时间的影响（10% 六次甲基四胺）

3.3.5　酚醛树脂的改性

通过对酚醛树脂的改性，可以增加其韧性，提高它与增强材料的黏结性能、耐潮湿性能、耐温性能等，酚醛树脂的改性一般可通过下列途径：

（1）封锁酚羟基　酚羟基在树脂合成中不参加化学反应，因此在树脂分子链中就留有酚羟基而容易吸水，使产品介电性能和机械性能下降；同时，酚羟基容易在热或紫外线作用下生成醌等物质，造成颜色的不均匀变深。封锁酚羟基可克服上述缺点，并调节树脂的固化速率。

（2）引入其他组分　引入能与酚醛树脂反应或与它相容性较好的组分，以达到对酚醛树脂改性的目的。

1. 聚乙烯醇缩醛改性酚醛树脂

用聚乙烯醇缩醛改性酚醛树脂，是工业上应用得较多的一种改性方法。用聚乙烯醇缩醛作改性剂，可提高酚醛树脂的黏力，增加韧性，降低固化速率从而降低成型压力。酚醛树脂通常为氨水催化的热固性酚醛树脂，而聚乙烯醇缩醛分子中要求含有一定量的羟基（$11\%\sim15\%$），目的是提高其在乙醇中的溶解性，增加与酚醛树脂的相容性，增加改性后树脂与玻璃纤维的黏结性，以及在成型温度下（$145\sim160\ ℃$）与酚醛树脂分子中的羟甲基相互反应，生成接枝共聚物。接枝共聚物的生成反应如下：

形成的接枝共聚物具有较好的韧性。

聚乙烯醇缩醛中,常用耐热性较好的聚乙烯醇缩甲醛或缩乙醛代替缩丁醛,也有用缩甲醛和缩丁醛混合缩醛的,为了提高聚乙烯醇缩醛改性酚醛树脂的耐热性和耐水性,可加入一定量的正硅酸乙酯,常用配方如下:

热固性酚醛树脂	135 kg
聚乙烯醇缩甲醛	100 kg
正硅酸乙酯	30 kg

用无水乙醇(40 份)与甲苯(60 份)作混合溶剂,配制成 20%～25% 的溶液使用。正硅酸乙酯在浸胶烘干及热压过程中与聚乙烯醇缩醛分子中的羟基以及酚醛树脂中的羟甲基反应,最后进入树脂的交联结构,从而提高制品的耐热性。

2. 环氧改性酚醛树脂

用双酚 A 型环氧树脂改性热固性酚醛树脂的体系,兼具环氧树脂优良的黏结性和酚醛树脂优良的耐热性。可以看作环氧改性酚醛,也可看作酚醛改性环氧;同时,酚醛树脂也起了环氧树脂固化剂的作用,两种树脂经过化学结合形成复杂的体型结构。

酚醛树脂与环氧树脂的反应主要按下列方式进行:

(1) 酚醛树脂中酚羟基与环氧基起醚化反应

(2) 酚醛树脂中的羟甲基与环氧树脂中的羟基或环氧基发生缩水或开环反应

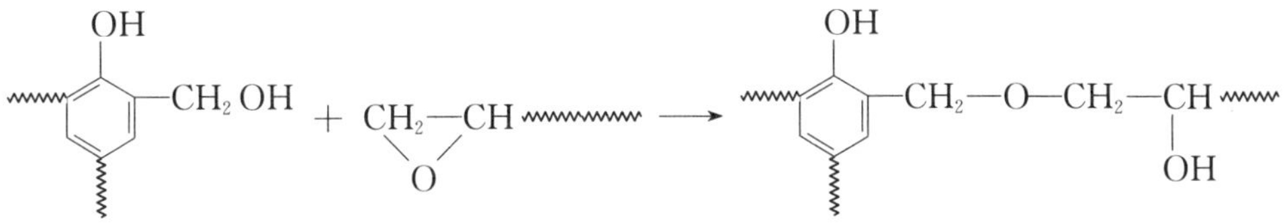

两种树脂混合物加热固化时,固化温度为 175 ℃左右,但成型压力较纯酚醛树脂低。一般层压时压力为 6 MPa,模压时压力为 5～30 MPa。

酚醛树脂经环氧树脂改性后,其玻璃纤维复合材料的抗拉强度可提高 100 MPa,抗冲击强度可提高 3.5 倍。

环氧改性酚醛树脂主要用于复合材料的层压和模压制品、涂层、结构黏合剂、浇注等方面。

3. 有机硅改性酚醛树脂

有机硅树脂有优良的耐热性和耐潮性,它的黏结性较差,机械强度较低,且不耐有机溶剂或酸、碱介质的侵蚀。使用有机硅单体与酚醛树脂中的酚羟基或羟甲基发生反应,放出小分子产物,以改进酚醛树脂的耐热性和耐水性,是制备耐高温酚醛树脂的一个重要途径。如,用 Si(OR)$_4$ 改性的酚醛树脂制成的玻璃纤维复合材料在 200 ℃下仍有良好的热稳定性。

酚醛树脂与有机硅单体的反应式如下:

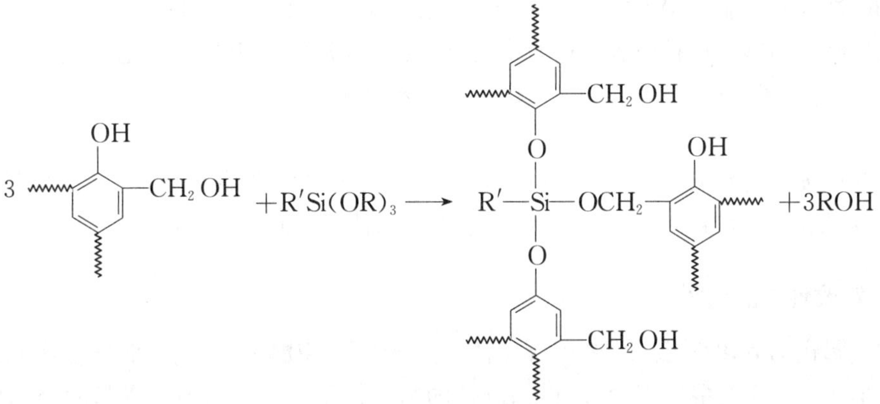

用不同的有机硅单体或混合单体与酚醛树脂反应,可得到不同性能的改性酚醛树脂,具有广泛的选择性。其改性方法通常是先制成有机硅单体和酚醛树脂的混合物,然后在浸渍、烘干及压制成型过程中完成上述交联反应。

用有机硅改性的酚醛树脂复合材料可在 200～260 ℃下工作相当时间,并可作为瞬时耐高温材料,用作火箭、导弹等外壳的耐烧蚀材料。

4. 硼改性酚醛树脂

硼改性酚醛树脂是先用硼酸和苯酚反应,生成不同反应程度的硼酸酚酯混合物,然后再与甲醛水溶液或多聚甲醛反应,生成含硼酚醛树脂,反应式如下:

硼改性酚醛树脂也具有热固性酚醛树脂的性质,固化过程也具有明显的三个阶段,由于树脂分子中引进了柔性较大的—B—O—键,所以韧性有所改善。固化产物中含硼的三维交联结构,使产品的耐烧蚀性能和耐中子性能也比一般的酚醛树脂好。在硼改性酚醛树脂中,由于酚羟基中的强极性的氢原子被硼原子取代,所以邻、对位的反应活性降低,固化速率比酚醛树脂慢,可以适应低压成型的要求。

与氨催化酚醛树脂和氢氧化钡催化的酚醛树脂相比,硼改性酚醛树脂有较高的热稳定性,其玻璃纤维复合材料的机械强度和介电性能也比一般酚醛树脂和环氧改性的酚醛树脂产品好。

硼改性酚醛树脂的湿态性能下降较多。为了克服这个缺点,用双酚A代替或部分代替苯酚合成酚醛树脂。这种树脂可用两步法合成:首先双酚A和甲醛在氢氧化钠催化下进行缩合反应,部分脱水后,加硼酸和硼砂进行第二步反应,真空脱水,最后制得硼改性双酚A酚醛树脂。

硼改性酚醛树脂玻璃纤维复合材料具有优良的耐高温性能及烧蚀性能,使它成为在火箭、导弹和空间飞行器等空间技术上广泛采用的一种优良的耐烧蚀材料。

5. 钼改性酚醛树脂

用金属钼的氧化物、氯化物以及它的酸类,与苯酚、甲醛反应,使过渡性金属元素钼以化学键的形式结合于酚醛树脂中,制得钼改性的酚醛树脂。钼改性酚醛树脂的合成反应分两步进行:

① 钼酸和苯酚在催化剂作用下,生成钼酸苯酯:

② 钼酸苯酯再与甲醛进行缩聚反应,生成钼酚醛树脂:

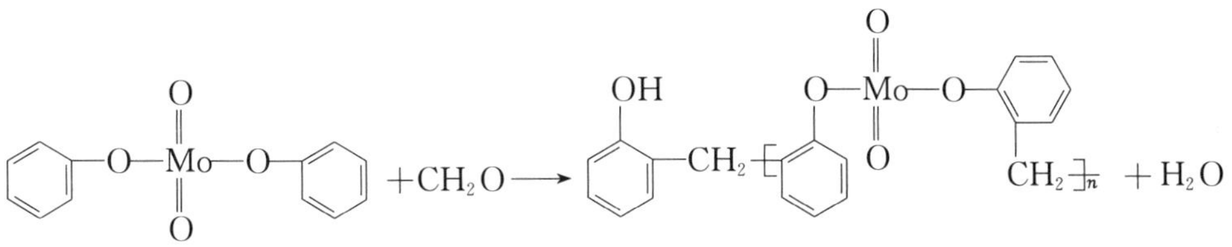

钼改性酚醛树脂的合成方法是：将苯酚和钼酸加入反应釜中，搅拌下升温至 60 ℃，反应 30 min。加入 37％甲醛水溶液和催化剂，在反应温度下保温 2 h，制得线型钼改性酚醛树脂。冷却后为深绿色固体，软化点约 100 ℃，聚合 50～60 s。该树脂可用六次甲基四胺固化。

钼改性酚醛树脂是一种新型耐烧蚀性树脂，其热分解温度随钼含量的增加而上升，见表 3.3.5。钼改性酚醛树脂的热分解温度为 460～560 ℃，在 700 ℃下热失重为 40％左右。而一般酚醛树脂在 700 ℃时失重 100％，硼改性酚醛树脂在 700 ℃下也失重 50％以上。用钼改性酚醛树脂制得的复合材料既具有耐烧蚀、耐冲刷性能，又具有机械强度高、加工工艺性能好等优点，可用于制造火箭、导弹等耐烧蚀、热防护材料。

表 3.3.5　钼含量对钼改性酚醛树脂热性能的影响

钼含量/％	热分解温度/℃	700 ℃下热失重/％
6.0	460	46.2
8.0	475	41.1
10.0	560	41.9

6. 磷改性酚醛树脂

磷酸或氧氯化磷与酚醛树脂反应可制得磷改性酚醛树脂。磷改性酚醛树脂在氧化性介质中具有优异的耐热性和耐火焰性。氧氯化磷与酚醛树脂的反应是在 20～60 ℃下，于二噁烷中进行。其反应方程式如下：

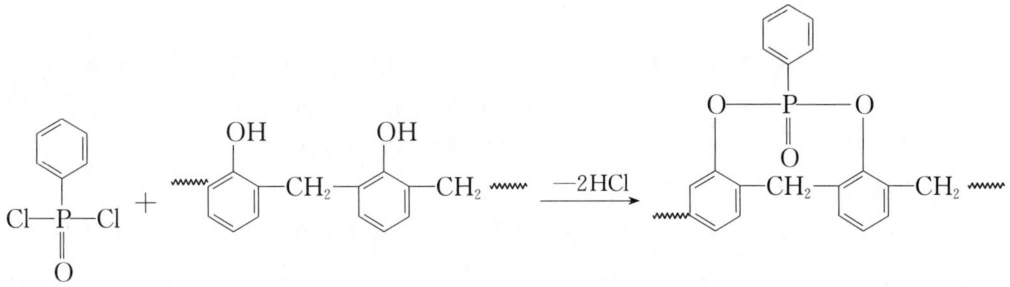

7. 二甲苯改性酚醛树脂

将疏水性结构的二甲苯环引进酚醛树脂的分子结构中，降低了树脂结构中酚羟基的含量，使改性后的酚醛树脂的耐水性和耐碱性能得到改善，又可适用于低压成型工艺的要求。

二甲苯改性酚醛树脂的合成过程分为两步：先将二甲苯和甲醛在酸性催化剂下合成二甲苯甲醛树脂，它是一种热塑性树脂；然后再将它和苯酚、甲醛进行反应制得热固性树脂。

1) 二甲苯甲醛树脂的合成反应

二甲苯甲醛树脂是以二甲苯、甲醛为原料，浓硫酸为催化剂，反应时二甲苯的三个异构体的反应速率相差很大，其中，间二甲苯的反应速率最大，三个异构体的反应速率比为

$$间位：邻位：对位＝11：3：2$$

间二甲苯与甲醛在硫酸催化下的反应式如下：

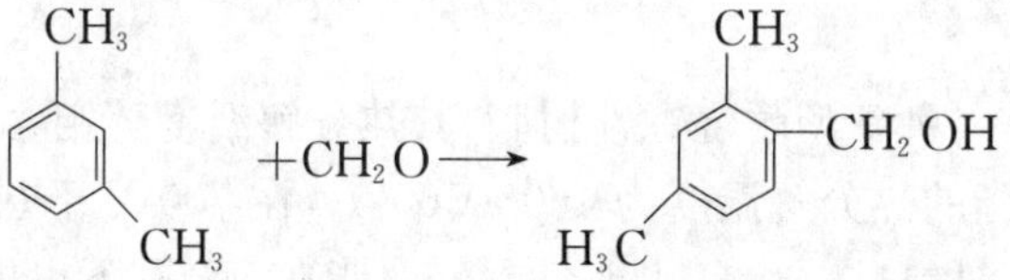

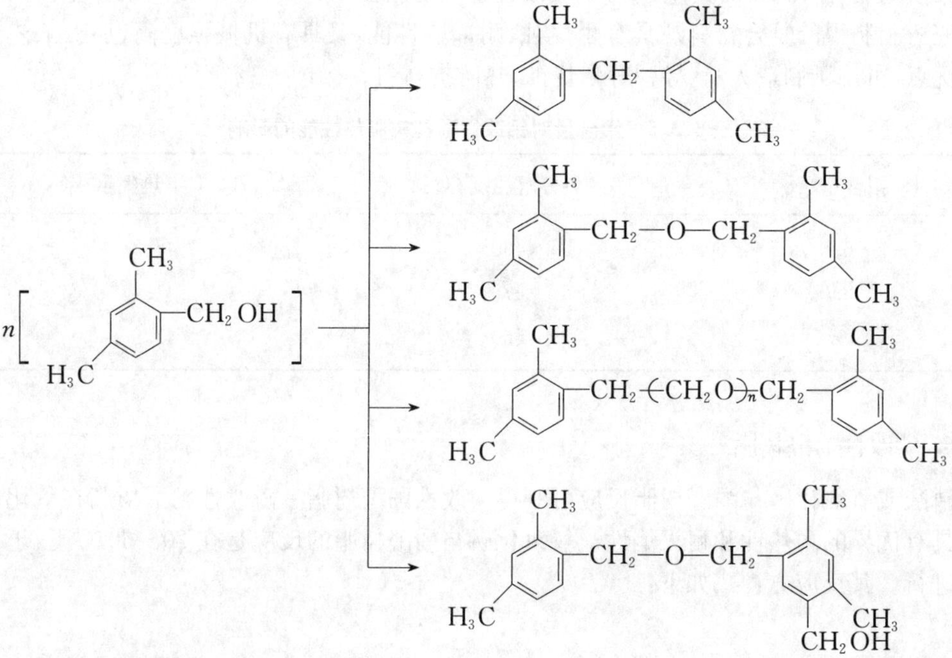

二甲苯甲醛树脂的相对分子质量一般为 350～700，即含有 3～6 个二甲苯环的上述反应物的混合体。树脂可溶于丙酮、乙醚、甲苯和二甲苯中，微溶于醇类，不溶于水。树脂中羟甲基含量约 5％，氧含量 10％～12％，它是评价树脂活性的主要指标。

2) 二甲苯改性酚醛树脂的合成反应

二甲苯甲醛树脂在形式上虽类似热塑性酚醛树脂，但加入六次甲基四胺不能使其固化，仅能使树脂相对分子质量进一步增加。如果把它与苯酚和甲醛进一步反应，可制得热固性树脂。反应式如下：

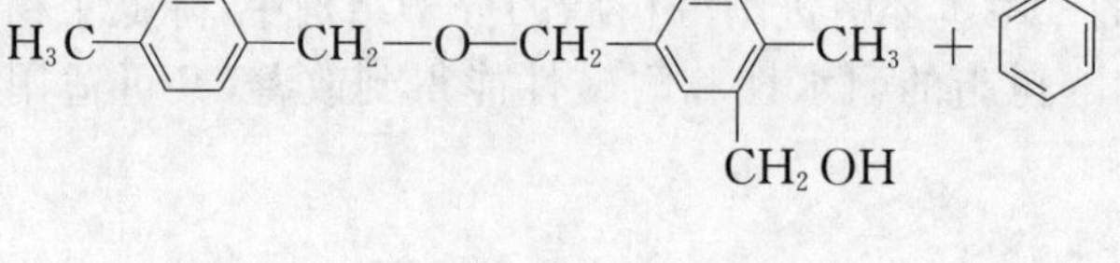

$$\xrightarrow{\text{H}^+}$$

（结构式：H₃C—苯环—CH₂—苯环(OH)—CH₂—苯环(CH₃,CH₃)—CH₂—苯环(OH)）

$$\xrightarrow[\text{NH}_4\text{OH}]{\text{CH}_2\text{O}}$$

（结构式：H₃C—苯环(CH₃)—CH₂—苯环(OH)—CH₂—苯环(CH₃,CH₃)—CH₂OH、CH₂—苯环(OH)、HOH₂C—CH₂OH）

二甲苯改性酚醛树脂较一般一阶酚醛树脂稳定，在 3～6 个月内始终处于均匀状态，不会发生结块或局部凝胶现象。它也具有明显的 A、B、C 三个固化阶段，而且 B 阶时间较长，加工过程易于控制。

8. 二苯醚甲醛树脂

二苯醚树脂是由二苯醚和甲醛缩聚而成。合成的主要方法有直接法和间接法两种。

1) 直接法合成二苯醚甲醛树脂

二苯醚和甲醛(一般为三聚甲醛)在醋酸介质中，以硫酸作催化剂进行缩聚反应，反应过程如下：

醋酸先与甲醛生成醋酸羟甲酯：

$$n\text{CH}_3\text{COOH}+n\text{CH}_2\text{O}\longrightarrow n\text{CH}_3\text{COOCH}_2\text{OH}$$

醋酸羟甲酯与硫酸反应：

$$\text{CH}_3\text{COOCH}_2\text{OH}+\text{H}_2\text{SO}_4\longrightarrow \text{CH}_3\text{COOCH}_2-\text{OSO}_3\text{H}+\text{H}_2\text{O}$$

$$\downarrow \text{分解}$$

$$\text{CH}_3\text{COOCH}_2^{\oplus}+\text{HSO}_4^{\ominus}$$

再与二苯醚反应：

（苯环—O—苯环）$+\text{CH}_3\text{COOCH}_2^{\oplus}+\text{HSO}_4^{\ominus}$

$$\longrightarrow$$ （苯环—O—苯环）$-\text{CH}_2\text{OOCCH}_3+\text{H}_2\text{SO}_4$

$$\downarrow$$

（苯环—O—苯环）$-\text{CH}_2^++\text{CH}_3\text{COOH}+\text{HSO}_4^-$

（苯环—O—苯环）$-\text{CH}_2^++\text{HSO}_4^-+$（苯环—O—苯环）

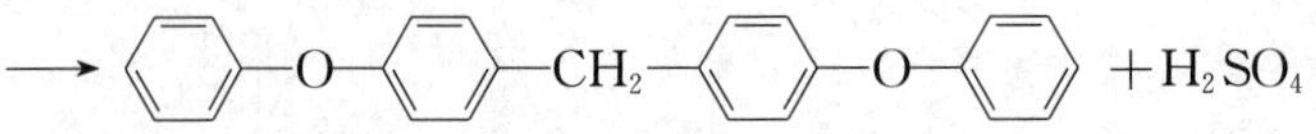

$$\longrightarrow \text{[苯环]}-O-\text{[苯环]}-CH_2-\text{[苯环]}-O-\text{[苯环]}+H_2SO_4$$

上述反应得到的二聚体,仍可在硫酸和醋酸作用下继续反应,最后得到两端带有酯基的树脂:

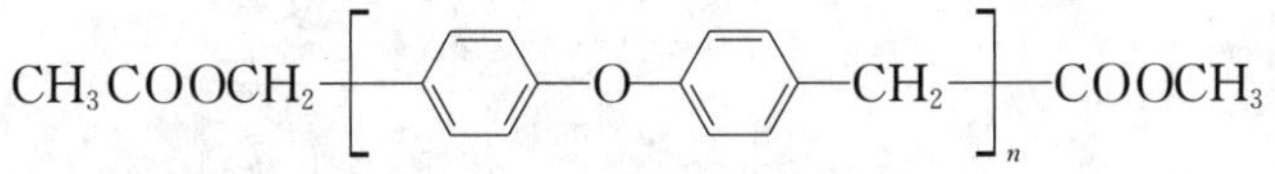

$$CH_3COOCH_2-\text{[}苯环\text{]}-O-\text{[}苯环\text{]}-CH_2-\text{]}_n COOCH_3$$

分子链两端的酯基经皂化后,可得带羟基的树脂:

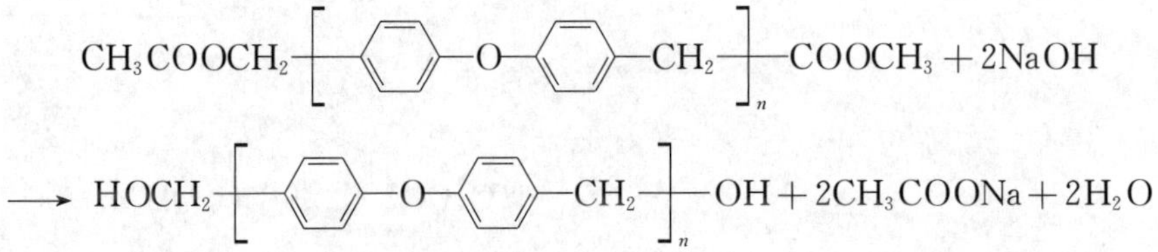

$$CH_3COOCH_2-\text{[}苯环-O-苯环-CH_2\text{]}_n COOCH_3 + 2NaOH$$

$$\longrightarrow HOCH_2-\text{[}苯环-O-苯环-CH_2\text{]}_n OH + 2CH_3COONa + 2H_2O$$

二苯醚甲醛树脂的合成举例如下:

(1) 原料配比

原材料	物质的量之比	质量/kg
二苯醚	1	10.2
多聚甲醛	3	5.4
醋酸	5	18
75%硫酸	0.5	4.0

(2) 操作过程

在50 L反应釜中加入醋酸,再在搅拌下加入多聚甲醛,最后加入硫酸。加热至85 ℃,并维持1 h,使多聚甲醛分解。然后冷却至40 ℃,加入二苯醚。由于反应放热,采取逐步升温的方式,在1 h内逐步升温至95 ℃,保温1 h。1 h后观察搅拌电机电流表变化情况,若电流突变,则为反应终点。立即加入甲苯28 kg,并冷却至50 ℃,搅拌至树脂溶解。静止分层,放去下层废水。树脂经水洗、水汽蒸馏除去未反应的二苯醚等小分子物质、皂化水解等过程得到琥珀色固体树脂。

2) 间接法合成二苯醚甲醛树脂

将二苯醚和甲醛在盐酸存在下反应,生成氯甲基化的二苯醚中间产物:

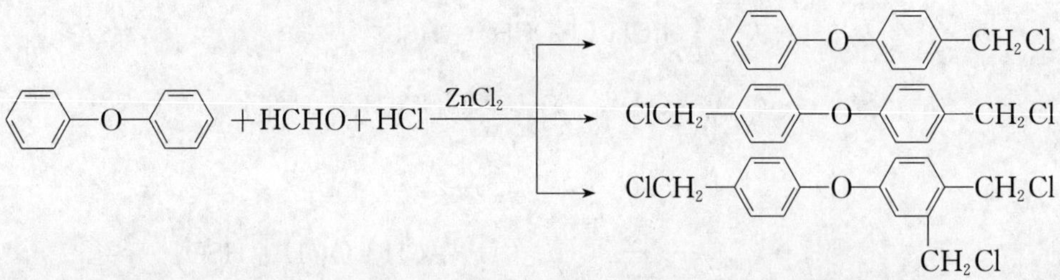

上述产物在碱催化下可与甲醇反应,生成带有烷氧基的二苯醚:

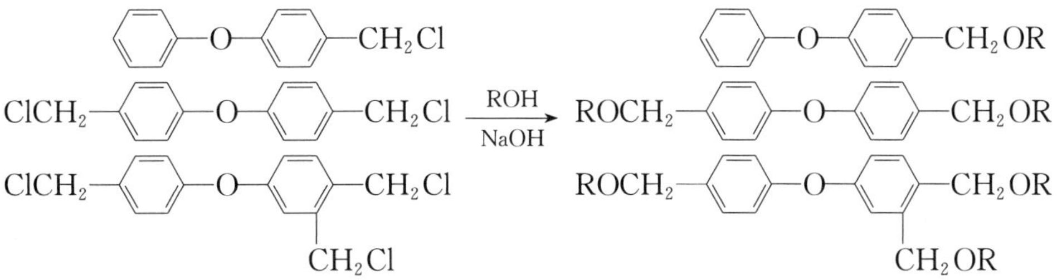

上述反应中生成的一烷氧基、二烷氧基或三烷氧基化合物的含量，可由甲醛的量和盐酸的用量来调节。制成的氯甲基化的混合物的氯含量可控制在 17%～34%，它决定后来所得的烷氧基数。

甲氧基二苯醚在付氏催化剂作用下，放出小分子甲醇，生成具有交联结构的高聚物。反应式如下：

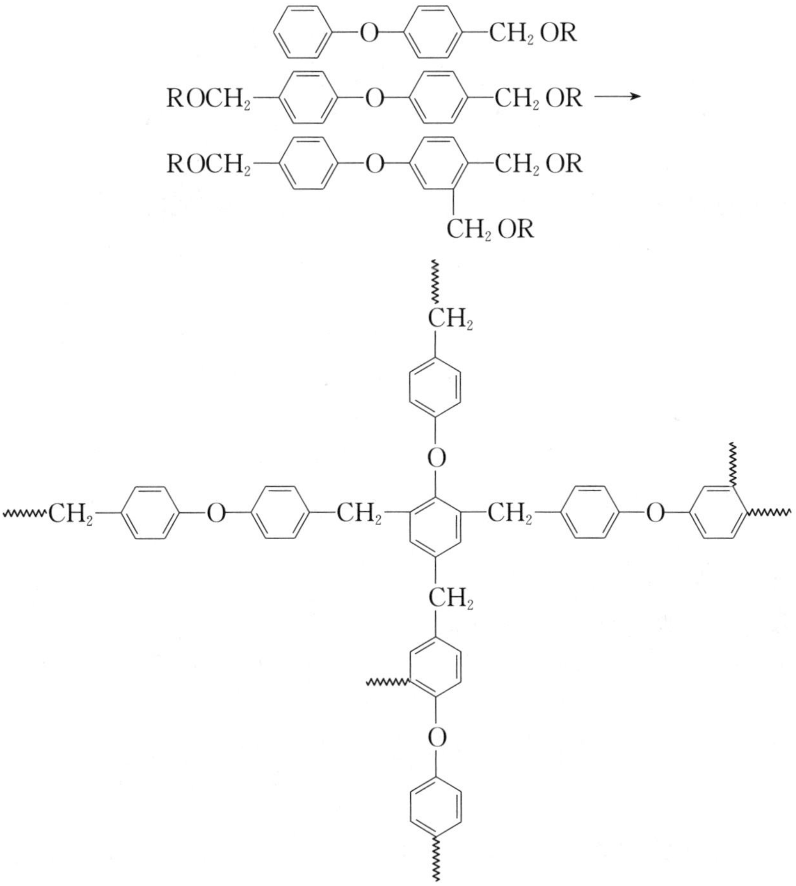

二苯醚甲醛树脂复合材料具有优良的耐热性能，可用作 H 级绝缘材料。它还具有良好的耐辐射性能及耐氟利昂性能，吸湿率也很低。

9. 芳烷基醚甲醛树脂

芳烷基醚甲醛树脂系由芳烃经双氯甲基化后，再经甲醇醚化，最后再在付氏催化剂作用

下与苯酚发生醚交换反应,生成带两个酚环的芳烷基醚化合物,将它再与甲醛反应,得到芳烷基醚甲醛树脂,其反应式如下:

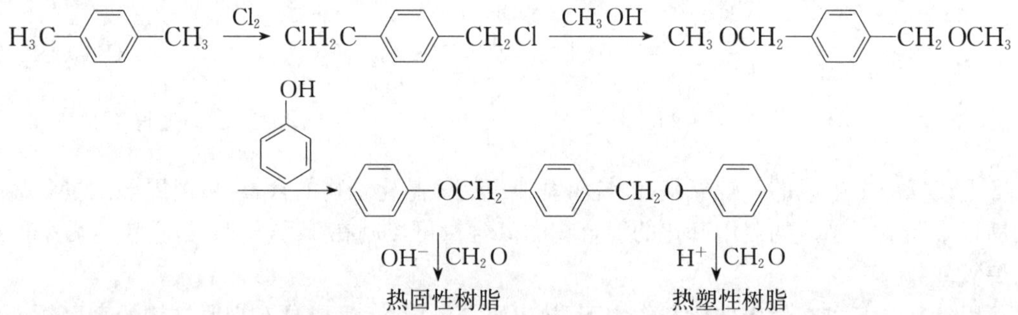

在碱性催化剂存在下与甲醛反应可得热固性一阶树脂,在酸性催化剂存在下则得热塑性二阶树脂。这类树脂具有快速固化的特征。

通常的固化条件是 150~180 ℃,压力 6~28 MPa;制品一般还要在 170 ℃后处理 4~6 h,为了得到最佳性能,还应在 170~250 ℃后处理 12 h。

以芳烷基醚甲醛树脂制成的玻璃纤维复合材料具有优良的耐热老化性能,并具有良好的耐酸、碱性能。经 250 ℃热老化 1 000 h 后,其弯曲强度保留率在 80% 以上,在 300 ℃暴露 300 h 后,其弯曲强度保留率仍在 50% 以上。因此,用该树脂制成的复合材料已用于火箭外壳、火箭发动机主体材料等。

10. 聚苯并噁嗪

聚苯并噁嗪从所用的原料到树脂的分子结构,都类似于酚醛树脂,因此被认为是一种新型的酚醛树脂。该树脂通过苯并噁嗪单体的开环聚合生成酚醛树脂结构,固化时无低分子挥发物放出,制品孔隙率和收缩率低,能减少内应力和微裂纹。在固化以前是低相对分子质量、低黏度的树脂,较适合于各种复合材料的成型工艺。

1) 苯并噁嗪单体的种类

苯并噁嗪单体的种类有如下几种:

(1) 以苯酚、有机胺、甲醛为原料制备的单体

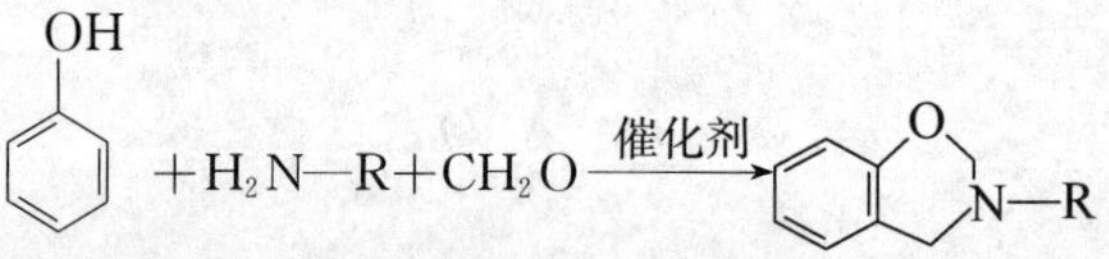

(2) 以二元酚、苯胺、甲醛为原料制备的单体

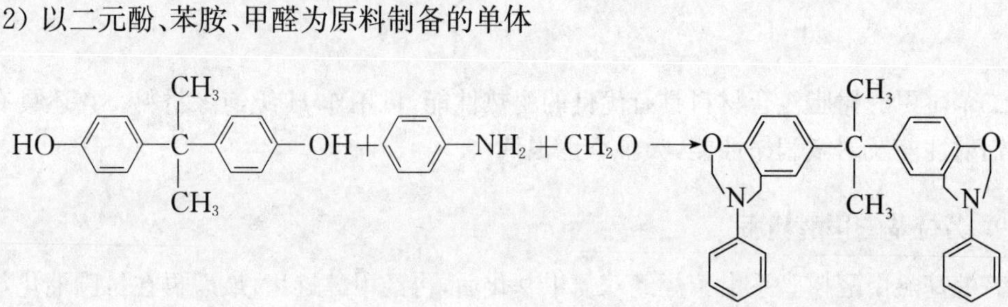

（3）以二元胺、苯酚、甲醛为原料制备的单体

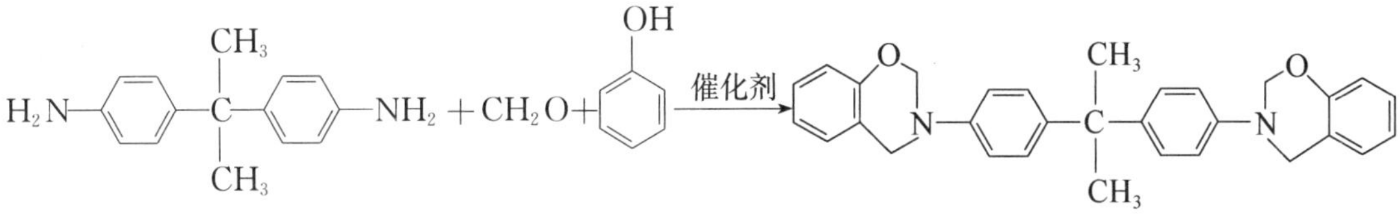

上述各种苯并噁嗪单体的合成，可以视其原料的性质不同，采用不同的介质，制得的苯并噁嗪单体的物理状态有较大的差异，能较好地满足复合材料的成型工艺。

2）苯并噁嗪单体的溶解性能

苯并噁嗪单体作为复合材料的基体树脂，如果采用湿法加工工艺，则希望能在溶剂中有较好的溶解性，其在不同溶剂中的溶解性能见表 3.3.6。

表 3.3.6　苯并噁嗪单体的溶解性

溶　　剂	溶解性	溶　　剂	溶解性
N，N'-二甲基甲酰胺	溶解	N-甲基-2-吡咯烷酮	溶解
丙酮	溶解	无水乙醇	微溶
四氢呋喃	溶解	甲苯	溶解
二甲苯	部分溶解	三氯甲烷	溶解
丁酮	溶解	四氯化碳	微溶

3）苯并噁嗪单体的固化性能

苯并噁嗪单体的固化不同于酚醛树脂，其固化反应是通过噁嗪环的开环聚合进行的。苯并噁嗪单体能在含有活泼氢的化合物或离子型催化剂作用下开环聚合，双（多）苯并噁嗪单体开环聚合后能固化成体型结构的聚合物。

苯并噁嗪单体合成过程中闭环不完全的部分带有的活泼氢，以及酚核上的活泼氢都是噁嗪环开环的催化剂。

苯并噁嗪单体固化产物具有优异的耐热性能，其耐热指数为 230～270 ℃（氮气中），残碳率为 60%～70%（氮气中）。

3.4　高性能树脂

3.4.1　聚酰亚胺树脂

聚酰亚胺树脂具有突出的热稳定性和氧化稳定性，并具有优异的耐辐射性能和介电性能。聚酰亚胺树脂可分成缩聚型、加聚型和热塑性三种类型。

聚酰亚胺的一般结构如下式所示：

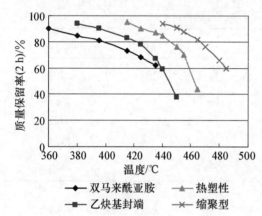

严格来讲,只有加聚型的聚酰亚胺是热固性的树脂,因为加聚型的聚酰亚胺是相对分子质量较小的酰亚胺化的齐聚物,通过活性端基进行交联固化,形成网状结构。固化树脂具有较高的交联密度,因此具有较大的脆性。缩聚型聚酰亚胺其性能像热固性树脂,树脂固化物是不溶、不熔的。

聚酰亚胺作为先进复合材料基体应用的特点在于其能在 250 ℃以上长期使用,这一点即使最好的多官能团环氧树脂也无法达到,不同类型聚酰亚胺的热稳定性如图 3.4.1 所示。

两个主要的原因阻碍了经典聚酰亚胺作为结构复合材料基体的广泛应用。第一,交联密度高、分子链刚性大的聚酰亚胺固有的脆性,导致了复合材料耐损伤性差以及热冲击时基体树脂易开裂,这种开裂则使其吸湿性增加以及冷热交替时易变形。第二,聚酰亚胺的可加工性差。聚酰亚胺的加工一般需要在高温(250～300 ℃)下进行,对于缩聚型聚酰亚胺还需要较高的压力。

图 3.4.1 不同类型聚酰亚胺的热稳定性

- ◆ 双马来酰亚胺 ▲ 热塑性
- ■ 乙炔基封端 × 缩聚型

1. 缩聚型聚酰亚胺树脂

缩聚型聚酰亚胺树脂的主要原料是芳香二酐和芳香二胺。缩聚型聚酰亚胺树脂的合成一般分两步进行:首先,室温下二酐和二胺在极性溶剂(如二甲基甲酰胺、二甲基乙酰胺或 N -甲基吡咯烷酮)中反应,生成可溶解的聚酰胺酸预聚物;然后,通过加热或化学处理完成环化。反应方程式如下:

二酐　　　　二胺　　　　　　　　聚酰胺酸

聚酰亚胺

在聚酰胺酸合成时,先将二胺和溶剂加入反应釜中,再加入干燥的固体二酐。其中单体的纯度、原料配比、溶液浓度和溶剂种类对聚酰胺酸的相对分子质量有很大的影响。由于聚酰胺酸不稳定,所以必须在干燥和冷冻的条件下保存。

聚酰胺酸的环化是在高温下进行的,由于聚酰胺酸的熔点接近环化反应的温度,故沉析作用极大地影响了树脂的流动性,因此不能用于模压和层压工艺。且聚酰胺酸在环化时要放出小分子挥发物,使制品中孔隙率增加,所以缩聚型聚酰亚胺树脂极少用作为复合材料的基体树脂,一般用于制造薄膜和涂料。

选用不同的原料单体可以制备不同性能的聚酰亚胺,表3.4.1列出了3, 3′, 4, 4′-二苯甲酮四酸二酐(BTDA)和各种芳香二胺合成的聚酰亚胺的T_g。

表 3.4.1　BTDA 和各种芳香二胺合成的聚酰亚胺的 T_g

二 胺 结 构	T_g/℃	二 胺 结 构	T_g/℃
	232		284
	257		283
	277		300
	320		300
	320		278

单体的化学结构对缩聚型聚酰亚胺热氧化稳定性有较大的影响:

(1) 对苯二胺与不同的二酐合成的聚酰亚胺,热氧化稳定性的次序如下:

均苯四甲酸二酐＞3, 3′, 4, 4′-二苯甲酮四甲酸二酐＞1, 3-二(3, 4-二羧基苯)六氟

丙烷二酐＞1,4,5,8-萘四甲酸二酐

（2）均苯四甲酸二酐与不同的二胺合成的聚酰亚胺,热氧化稳定性的次序如下:

对苯二胺＞1,5-二氨基萘≥4,4′-二氨基联苯＞1,4-二氨基蒽＞1,6-二氨基芘

由上述热氧化稳定性次序可知,二胺中的稠环数增加,热氧化稳定性降低。

（3）在二胺中的环取代降低热氧化稳定性。

（4）用 $H_2N—C_6H_4—X—C_6H_4—NH_2$ 结构的二胺合成聚酰亚胺时,热氧化稳定性有如下次序:

$$X=单键＞S＞SO_2＞CH_2＞CO＞SO＞O$$

2. 加聚型聚酰亚胺

由于缩聚型聚酰亚胺在成型加工方面的局限性,限制了其在复合材料方面的应用,所以开发了加聚型聚酰亚胺。加聚型聚酰亚胺是指端基带有不饱和基团的低相对分子质量聚酰亚胺,如双马来酰亚胺、降冰片烯封端酰亚胺、乙炔封端酰亚胺等。加聚型聚酰亚胺成型加工时通过不饱和端基进行固化,固化过程中没有挥发性物质放出,极有利于复合材料的成型加工,因此被广泛用于制造复合材料。

1) 双马来酰亚胺树脂

双马来酰亚胺(BMI)的一般结构如下:

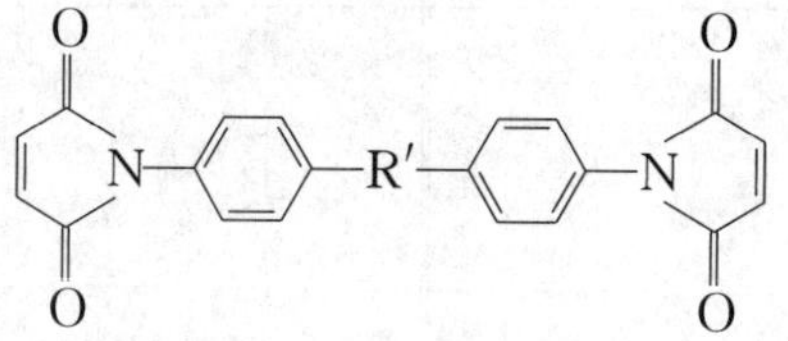

$$R′=CH_2,O,SO_2 或其他基团$$

BMI 树脂是以马来酸酐和二元胺为主要原料,经缩聚反应得到,反应方程式如下:

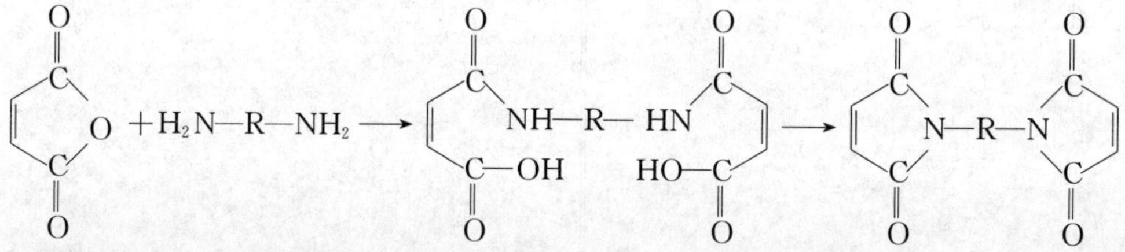

BMI 树脂具有与环氧树脂类似的加工性能,而其耐热性和耐辐射性优于环氧树脂,而且也克服了缩聚型聚酰亚胺树脂成型温度高、成型压力大的缺点。因此,BMI 树脂得到了迅速的发展和广泛的应用。

（1）BMI 单体的性能　BMI 单体一般为结晶固体,芳香族 BMI 具有较高的熔点,脂肪族 BMI 具有较低的熔点。从 BMI 树脂的工艺性能角度,希望 BMI 具有较低的熔点。表3.4.2 列出了几种常见 BMI 单体的熔点。

表 3.4.2 几种常见 BMI 单体的熔点

R	熔点/℃	R	熔点/℃
$-CH_2-$	156~158	⟨苯环⟩$-SO_2-$⟨苯环⟩	251~253
$-(CH_2)_2-$	190~192	⟨甲基苯环⟩	198~201
$-(CH_2)_4-$	171	⟨苯环⟩	>340
$-(CH_2)_6-$	137~138	⟨苯环⟩	307~309
$-(CH_2)_8-$	113~118	⟨二甲基苯环⟩$-CH_3$	172~174
$-(CH_2)_{10}-$	111~113	⟨联苯环⟩	307~309
$-(CH_2)_{12}-$	110~112		
$-CH_2-C(CH_3)_2-CH_2-$	70~130		
⟨苯环⟩$-CH_2-$⟨苯环⟩	154~156		
⟨苯环⟩$-O-$⟨苯环⟩	180~181		

大部分 BMI 单体不溶于丙酮、乙醇等有机溶剂,只能溶于强极性的二甲基甲酰胺(DMF)、N-甲基吡咯烷酮(NMP)等溶剂。

BMI 单体可通过其分子双键端基与二元胺、酰胺、酰肼、巯基、氰脲酸和羟基等含活泼氢的化合物进行加成反应;也可以与环氧树脂、含不饱和双键的化合物(如烯丙基、乙烯基类化合物)反应;在催化剂或热作用下也可以发生自聚反应。

(2) BMI 树脂固化物的性能 BMI 树脂的固化产物是不溶不熔的,刚性和脆性都较大;具有相当高的密度(1.35~1.4 g/cm³),T_g 为 250~300 ℃,断裂延伸率低于 2%;吸湿率与环氧树脂相当(质量分数为 4%~5%),但是吸湿饱和比环氧树脂快。表 3.4.3 列出了 BMI 树脂固化物的性能。

表 3.4.3 BMI 树脂固化物的性能

性 能	最高值	BMI 树脂牌号
T_g/℃		
干态	400	Kerimid FE70003
湿态	297	Ciba-Geigy XU-295
拉伸强度/MPa		
干态(25 ℃)	90	Technochemie H795
湿态(25 ℃)	88	Ciba-Geigy XU-295
断裂延伸率/%		
干态(25 ℃)	2.9	Narmco 5245C
干态(177 ℃)	3.3	Hysol EA9102
断裂韧性/(J·m⁻²)	210	Ciba-Geigy XU-295

（3）BMI 树脂的改性　BMI 树脂虽然具有优良的耐热性能和力学性能，但是 BMI 树脂熔点高、溶解性差、成型温度高和固化物脆性大等缺点，阻碍了它的应用和发展。关于 BMI 树脂的改性研究有较多的报道，目前的研究方向仍然是增韧，其目标是使 BMI 树脂具有更优的耐湿热性能和复合材料的冲后压缩性能，以及具有好的可加工性能和更长的使用期。

文献报道的 BMI 树脂的改性方法较多，主要有如下几种：① 用烯丙基化合物共聚改性；② 用芳香二胺化合物扩链改性；③ 用环氧树脂改性；④ 用热塑性树脂增韧改性；⑤ 用氰酸酯树脂改性。下面对这几种改性方法分别作简要的介绍。

a. 烯丙基化合物共聚改性 BMI 树脂。烯丙基化合物与 BMI 单体共聚后的预聚物易溶于丙酮等低沸点溶剂，且黏附性、稳定性好，固化物具有较好的耐热性和韧性，并具有较好的机械性能和介电性能。

烯丙基化合物种类繁多，但是在改性 BMI 树脂中得到成功应用的是 O, O'-二烯丙基双酚 A(DABPA)，其分子结构如下式所示：

$$CH_2{=}CH{-}CH_2 \qquad\qquad CH_3 \qquad CH_2{-}CH{=}CH_2$$

DABPA 在常温下是棕红色液体，黏度为 12～20 Pa·s。用 DABPA 与 BMI 共聚，预聚体可溶于丙酮，预聚体的软化点比较低(20～30 ℃)，其预浸料有较好的黏性。该体系树脂固化物的性能见表 3.4.4。该体系石墨纤维复合材料的性能见表 3.4.5。

表 3.4.4　DABPA 改性 BMI 树脂固化物的性能

性　能	体系 1	体系 2	体系 3	性　能	体系 1	体系 2	体系 3
拉伸强度/MPa				弯曲强度/MPa	166	184	154
25 ℃	81.6	93.3	76.3	弯曲模量/GPa	4.0	3.98	3.95
204 ℃	39.8	71.3	/	压缩强度/MPa	205	209	/
拉伸模量/GPa				压缩模量/GPa	2.38	2.47	/
25 ℃	4.3	3.9	4.1	HDT/℃	273	285	295
204 ℃	2	2.7	/	T_g(TMA)/℃	273	282	287
断裂伸长率/%				T_g(DMA)/℃			
25 ℃	2.3	3.0	2.3	干态	295	310	/
204 ℃	2.3	4.6	/	湿态	305	297	/

注：① 该树脂为 Ciba-Geigy 公司的 XU292 体系；② 体系 1：BMI：DABPA＝1：1；体系 2：BMI：DABPA＝1：0.87；体系 3：BMI：DABPA＝1：1.12；③ 湿态为 30 ℃，100％湿度下 2 周；④ 固化制度：180 ℃/2 h＋200 ℃/2 h＋250 ℃/6 h。

表 3.4.5　DABPA 改性 BMI 树脂石墨纤维复合材料的性能

性　能	体系 1	体系 2	性　能	体系 1	体系 2
层间剪切强度/MPa			弯曲强度/MPa		
25 ℃	113	123	25 ℃	/	1 860
177 ℃	75.8	82	177 ℃	/	1 509
232 ℃	59	78	177 ℃(湿)*	/	1 120
177 ℃(湿)*	52	53	弯曲模量/GPa		
25 ℃(老化)**	/	105	25 ℃	/	144
177 ℃(老化)**	/	56	177 ℃	/	144
			177 ℃(湿)*	/	142

* 71 ℃、95%湿度下放置 2 周;** 232 ℃老化 1 000 h。

b. 芳香二胺化合物改性 BMI 树脂。BMI 单体可与二元胺发生共聚反应,反应方程式如下:

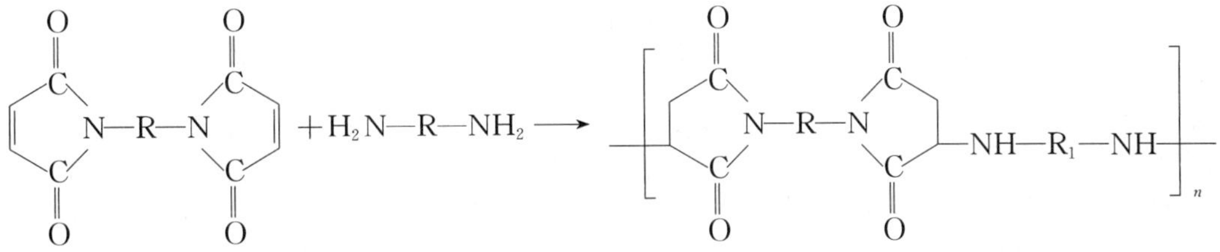

BMI 与二元胺首先进行 Miachael 加成反应,生成线型聚合物,然后 BMI 中的双键打开进行自由基型固化反应,并形成网络结构,而且 Miachael 加成反应后形成的线型聚合物中的仲胺基还可以与聚合物上其余的双键进行进一步的加成反应。

二元胺改性 BMI 的典型例子是 Rhone-Pulence 公司的 Kerimid 601 树脂,该树脂是由 BMI 与 4,4′-二胺基二苯甲烷共聚制得,两者的物质的量之比为 2∶1,共聚物的熔点为 40~110 ℃,固化温度为 150~250 ℃,具有较好的成型工艺性,其预浸料在 25 ℃下的贮存期为 3 个月,0 ℃时为 6 个月。Kerimid 601 树脂复合材料的性能见表 3.4.6。

表 3.4.6　Kerimid 601 E 玻璃布复合材料的性能

性　能	数　据	性　能	数　据
短梁剪切强度/MPa		弯曲模量/GPa	
25 ℃	60	25 ℃	28
200 ℃	51	200 ℃	23
250 ℃	45	250 ℃	21
弯曲强度/MPa		拉伸强度/MPa	344
25 ℃	482	压缩强度/MPa	344
200 ℃	413	冲击强度/(kJ·m⁻²)	
250 ℃	345	缺口	232
		无缺口	267

c. 环氧树脂改性 BMI 树脂。BMI 树脂经环氧树脂改性后,其工艺性能和对增强材料的黏结性能有较大的提高,同时也增加了 BMI 树脂的韧性。但是环氧树脂的加入往往会降低 BMI 树脂的耐热性。

环氧树脂与 BMI 树脂的反应在一般条件下不易进行,因此,环氧树脂、BMI 树脂通过与二元胺(DDM 或 DDS)的加成反应进行共聚。用这种方法得到的预聚物易溶于丙酮,具有良好的黏性和成型工艺性。

d. 热塑性树脂增韧改性 BMI 树脂。用耐高温的热塑性树脂改性 BMI 树脂具有较好的增韧效果,同时不会降低其耐热性能和力学性能。但是用热塑性树脂改性 BMI 树脂会增加体系的黏度,预浸料的黏性下降甚至没有黏性,对树脂的工艺性能有一定的影响。常用的热塑性树脂有聚醚砜(PES)、聚醚酮(PEK)、聚苯并咪唑(PBI)、聚醚酰亚胺(PEI)和聚海茵(PH)等。

其中,PBI 是一种热塑性的芳杂环树脂,具有优异的耐高温和耐低温性能,T_g 为 430 ℃,经 500 ℃ 处理后可以达到 480 ℃。可溶于强极性溶剂,如二甲基乙酰胺、二甲亚砜、N-甲基吡咯烷酮等。PBI 改性 BMI 树脂的性能见表 3.4.7。

表 3.4.7　PBI 改性 BMI 树脂的性能

	材料及性能	1#	2#
配方	Matrimid 5292B/%	33.35	30
	Compimide 795/%	66.65	60
	PBI/%(粒径 10 μm)	/	10
性能	T_g/℃(DMTA,干态)	251	250
	室温模量/GPa	4.53	3.97
	模量下降一半时的温度/℃	211	211
	T_g/℃(DMTA,湿态*)	182	175
	室温模量/GPa	3.86	3.6
	模量下降一半时的温度/℃	151	150
	G_{IC}/(J·m^{-2})	128	272
	吸水率/%	3.24	3.93

* 71 ℃,14 d,100%湿度。

表 3.4.7 所列数据表明,BMI 树脂经 PBI 树脂增韧后,断裂韧性 G_{IC} 值有较大提高,而对 T_g、模量等影响不大。

e. 氰酸酯树脂改性 BMI 树脂。大多数 BMI 树脂的改性方法都是以牺牲 BMI 树脂的耐热性能或工艺性能为代价,增加其韧性,用氰酸酯树脂改性 BMI 树脂则可克服这些不足。

氰酸酯树脂具有环氧树脂的工艺性能和 BMI 树脂的耐热性能,并具有优良的介电性能和耐水性能。用氰酸酯树脂改性的 BMI 树脂具有较高的韧性、耐热性能、耐水性能、介电性能和力学性能,并具有较好的耐磨性和尺寸稳定性。因此,这是一种较好的 BMI 树脂的改性途径。

2) 降冰片烯封端聚酰亚胺树脂

降冰片烯封端聚酰亚胺树脂是指用二元胺、二元酸酐及封端单体合成的聚酰亚胺,其中主要的品种是美国 NASA 路易斯研究中心开发的 PMR 型树脂。PMR 型树脂是芳香二胺、芳香四酸的二烷基酯和纳狄克二酸的单烷基酯的甲醇或乙醇溶液。该溶液可直接用于浸渍增强材料,加热使其发生亚胺化反应后制得预浸料,再经加热加压固化得到复合材料。PMR 型聚酰亚胺树脂的特点是:使用低相对分子质量、低黏度单体;使用低沸点溶剂;亚胺化反应在固化之前完成,故固化时有极少的挥发物产生。用它有可能制造出孔隙率小于 1% 的复合材料。

(1) PMR 型聚酰亚胺树脂的合成　PMR 型聚酰亚胺树脂的合成所用的原料是纳狄克二酸单甲酯(NE)、4,4′-二胺基二苯基甲烷(MDA)和 3,3′,4,4′-二苯甲酮四羧酸二甲酯(BTDE)。反应物之间的物质的量之比为 NE:MDA:BTDE=2.000:3.087:2.087 时,得到的预聚体相对分子质量为 1 500,故称之为 PMR-15。反应物的物质的量之比不同,所得到的预聚体的相对分子质量也不同。反应方程式如下:

PMR 树脂

PMR-15 树脂的合成是将 BTDA 和甲醇加热回流几小时,得到 BTDE 溶液,按配比将其他单体加入 BTDE 溶液中即可得到 PMR 聚酰亚胺树脂溶液。如果 BTDA 和甲醇加热回流时间过长或 BTDE 溶液贮存时间过长,会形成三甲酯或四甲酯,这将影响聚合过程中的链扩展从而使预聚物相对分子质量降低。

PMR-15 的固化反应是按逆 Diels Alder 反应进行的,其固化反应方程式如下:

（2）PMR 型聚酰亚胺树脂的性能

① PMR 型聚酰亚胺树脂的热氧化稳定性。聚合物在高温下会发生交联、氧化降解等化学反应，使其性能变坏，同时也会使物理状态发生变化，如密度增加、脆性增加。因此，聚合物的热氧化稳定性是衡量其耐热性好坏的重要性能。

图 3.4.2 是 PMR‑15 聚酰亚胺复合材料在不同温度下热老化后的质量损失百分率。

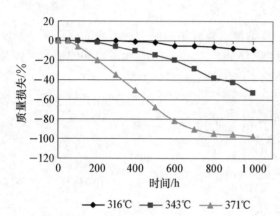

图 3.4.2 不同温度热老化 PMR‑15 聚酰亚胺复合材料的质量损失

图 3.4.2 曲线表明，在 316 ℃ 下热老化 1 000 h 后，PMR‑15 聚酰亚胺复合材料的质量损失仍小于 10%（质量分数），但在 371 ℃ 下热老化 200 h 后，其质量损失已达 20%（质量分数）。因此，PMR‑15 聚酰亚胺复合材料的长期使用温度应低于 316 ℃。

② PMR 型聚酰亚胺树脂的力学性能。PMR 型聚酰亚胺树脂具有较好的力学性能，特别是在高温下具有较高的强度保留率，见表 3.4.8。PMR‑15 固化物的密度为 1.30 g/cm³，在 343 ℃ 后固化以后，T_g 约为 335 ℃，较高的后固化温度可以得到较高的 T_g，但同时降低了层间剪切强度。对层间剪切强度降低的原因，一般认为是由于复合材料中的微裂纹和基体与纤维之间的热膨胀系数不同所产生的残余应力引起的。

表 3.4.8 HM‑S/PMR‑15 复合材料的性能

性　　能	未 后 固 化		在 343 ℃ 后固化 16 h
	室　温	316 ℃	316 ℃
抗弯强度/MPa	1 262	483	1 103
抗弯模量/GPa	185	104	173
层间剪切强度/MPa	59	22	44

3）乙炔封端聚酰亚胺树脂

（1）乙炔封端聚酰亚胺的合成　乙炔封端聚酰亚胺（API）具有优异的热稳定性、介电性能和加工性能。合成 API 的主要原料有 3‑乙炔基苯胺（APB）、芳香二胺和芳香二酐，第一步反应制得乙炔封端酰胺酸，第二步在甲酚溶液中加热亚胺化制得乙炔封端聚酰亚胺预聚体，其反应式如下：

（2）乙炔封端聚酰亚胺的固化　乙炔封端聚酰亚胺的固化反应机理与固化条件有关，其可能的固化反应有如下五种：

① 乙炔基三聚反应：

② Glaser 反应：

③ Strauss 反应：

④ Diels-Alder 反应：

⑤ 自由基聚合反应：

$$-C\!\equiv\!CH + R\cdot \longrightarrow (\!C\!=\!CH)_n \longrightarrow (\!\overset{|}{\underset{|}{C}}\!-\!CH)_n$$

乙炔基封端模拟化合物的固化机理研究表明：在高温下，乙炔基封端树脂的固化产物主要是反式-共轭多烯；在较低的固化温度(120 ℃)下，在反应程度较低时形成环状三聚物，在反应程度较高时形成多烯结构。

（3）乙炔封端聚酰亚胺的性能　乙炔封端聚酰亚胺具有优异的热氧化稳定性和介电性能，良好的耐湿热性能，可以在 288 ℃下长期使用。Gulf 公司生产 Thermid MC‑600 聚酰亚胺的性能如表 3.4.9 所示。

表 3.4.9　Thermid MC‑600 聚酰亚胺树脂的性能

性　能	数　值	性　能	数　值
弯曲强度/MPa		316 ℃热老化 1 000 h 后的	
室温	131	弯曲强度/MPa	
316 ℃	29	室温	92
弯曲模量/GPa		316 ℃	18
室温	4.5	介电常数	
拉伸强度/MPa	83	10 MHz	3.38
拉伸模量/GPa	3.7	9 GHz	3.13
断裂延伸率/%	2	12 GHz	3.12
压缩强度/MPa	172	介电损耗角正切值	
吸水率(50 ℃、1 000 h)/%	2.1	9 GHz	0.006 8
316 ℃老化后失重率/%		12 GHz	0.004 8
500 h 后	2.9		
1 000 h 后	4.4		

Thermid MC‑600 的熔融温度为 195～205 ℃，固化起始温度为 221 ℃，峰值温度为 251 ℃。在 246 ℃、15 MPa 下模压件的 T_g 为 255 ℃，经 371 ℃处理后，T_g 可提高至 350 ℃，该树脂的热分解温度大于 500 ℃。

3.4.2　聚苯并咪唑树脂

聚苯并咪唑(PBI)树脂是一类线型聚合物，典型的 PBI 树脂是以 3,3′-二氨基联苯胺和间苯二甲酸二苯酯为原料经缩合反应得到，其结构如下：

PBI 树脂具有优异的热稳定性能,可以在 270～300 ℃长期使用,400～700 ℃短期使用;并具有优良的低温性能,在－196 ℃下不发脆,在－252 ℃下还保持较好的力学性能;PBI 树脂的介电性能、耐辐射性能和阻燃性能也很突出。因此,PBI 树脂是一种使用温度范围极广、综合性能优异的航空航天材料。

PBI 树脂可用作复合材料的基体树脂、纤维、薄膜、纸、离子交换树脂等,已用于制造航天服、导弹的耐烧蚀部件、飞机、家具等。

1. 聚苯并咪唑树脂的合成

PBI 树脂是以四元胺和二元酸酯为原料合成得到的,不同的四元胺和不同的二元酸酯的组合可以得到不同结构的 PBI 树脂,它们之间的性能差别极大。其中,以 3,3′-二氨基联苯二胺和间苯二甲酸二苯酯为原料反应得到的 PBI 树脂具有较好的综合性能。其反应方程式如下:

PBI

PBI 树脂的合成方法有溶液聚合法、熔融聚合法、固态聚合法。溶液聚合法采用多聚磷酸为溶剂,反应在均相中进行,具有适中的反应温度(180 ℃),可以制得高相对分子质量的 PBI 树脂,是实验室制备高相对分子质量 PBI 样品的常用方法,但是该方法需要在较低的固体含量(3%～5%)下进行聚合,且后处理较复杂,要进行过滤、中和、洗涤等操作,不适合大规模的生产。熔融聚合法是以二苯砜作为一种惰性的热传递介质,这种方法可以制得高相对分子质量的 PBI 树脂,但是聚合反应结束以后要进行过滤、萃取等操作以除去二苯砜,同样不适合于大规模生产。固态聚合法可以在常压或真空下进行,操作简单,产品不需要后处理,因此,适合于大规模的生产。

下面分别介绍溶液聚合法和固态聚合法。

(1)溶液聚合法 将多聚磷酸 60 g,3,3′-二氨基联苯胺四盐酸盐 2.0 g 逐渐加入 100 mL 三口烧瓶中,在氮气气氛下于 140 ℃下溶解,待 HCl 气泡消除后,把间苯二甲酰胺 0.8 g 加入反应瓶中,加热至 200 ℃下反应 12 h。反应混合物呈现一种紫色荧光,并随缩聚反应进行黏度逐渐变大。反应结束,将此热溶液倒入水中,用水洗涤数次,浸在稀碳酸氢钠溶液中过夜,再以水和甲醇洗涤、干燥。得到 1.5 g PBI 树脂。将 0.2 g PBI 溶于 100 mL 浓硫酸中制得溶液,此溶液在 30 ℃下的 η_{sp}/C 为 1.68。

(2) 固态聚合法　将等物质的量的 3,3'-二氨基联苯二胺和间苯二甲酸二苯酯加入三口瓶中,通入氮气,加热至 150 ℃左右反应就开始,排除反应产生的副产物苯酚和水,反应体系的黏度逐渐增加,温度逐渐升至 290 ℃,在此温度下保持 2.5 h。将反应物取出,并粉碎成细粉,将此细粉再装入反应瓶中,赶净空气,充入氮气,逐渐加热至 380 ℃反应 3 h,冷却出料,制得 PBI 树脂。

2. 聚苯并咪唑树脂的性能

1) PBI 树脂的热性能

PBI 树脂具有优异的耐热性能,其玻璃化转变温度为 430 ℃,在 500 ℃下氮气中后处理 3.5 h 后,T_g 可达 480~500 ℃。该树脂在 350~380 ℃下不管是氮气中还是空气中仍非常稳定。在空气中 500 ℃时分解速度加快,600~700 ℃以上就没有残余物,但是在氮气保护下,直到 900 ℃仍有较高的残碳率,见图 3.4.3。

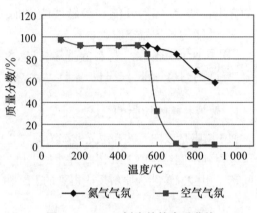

图 3.4.3　PBI 树脂的热失重曲线

2) PBI 树脂的力学性能

玻璃纤维增强的 PBI 树脂基复合材料具有非常优异的力学性能,见表 3.4.10。表 3.4.10 数据表明,PBI 树脂基复合材料具有非常高的弯曲强度、拉伸强度和压缩强度,PBI 树脂的这些性能其他树脂是难以达到的。

表 3.4.10　玻璃纤维布增强的 PBI 树脂基复合材料的力学性能

性　能	数　值	性　能	数　值
弯曲强度/MPa	780	压缩强度/MPa	560
拉伸强度/MPa	420		

PBI 树脂基复合材料的力学性能即使在高温下也有非常高的保留率,见表 3.4.11。表 3.4.11 数据表明,PBI 树脂基复合材料的高温弯曲强度高于聚酰亚胺树脂基复合材料,并且在 360 ℃和 425 ℃下弯曲强度保留率 PBI 树脂基复合材料比聚酰亚胺树脂基复合材料高得

表 3.4.11　复合材料的高温弯曲强度

测试温度/℃	老化条件	弯曲强度/MPa	
		PBI 树脂	聚酰亚胺树脂
25	未老化	780	300
360	360 ℃/0.5 h	615	108
425	425 ℃/0.5 h	461	108

多。据报道,PBI 树脂基复合材料的短期使用温度可达到 700 ℃,长期使用温度可达到 300 ℃。

3) PBI 树脂的阻燃性能

由于 PBI 树脂在火焰中具有极低的气体释放率,并且释放出的气体是惰性的,因此,PBI 树脂在空气中是不燃的,使其燃烧的氧气含量必须达到 46%,即 PBI 树脂的氧指数为 46%。因此,用 PBI 树脂制成复合材料特别适合于在航空航天器上使用。用 PBI 树脂制成的纤维由于其不燃性可用作为航天员的防护服、消防员的服装等。

3.4.3　氰酸酯树脂

氰酸酯树脂是指树脂的分子结构中含有两个或两个以上的氰酸酯官能团的酚衍生物,它在热或催化剂作用下进行三环化反应,生成含有三嗪环的体型结构大分子。氰酸酯树脂固化物具有高的 T_g(240~290 ℃)、低的介电损耗角正切值(0.002~0.008)、良好的力学性能、低的吸水率和成型时低的收缩率,其成型工艺性能与环氧树脂类似,可在 177 ℃下固化,且固化时无小分子放出。

1. 氰酸酯单体的合成

氰酸酯单体的合成方法较多,但是有商业价值的合成方法是:在碱性条件下,卤化氰与酚类化合物反应生成氰酸酯单体:

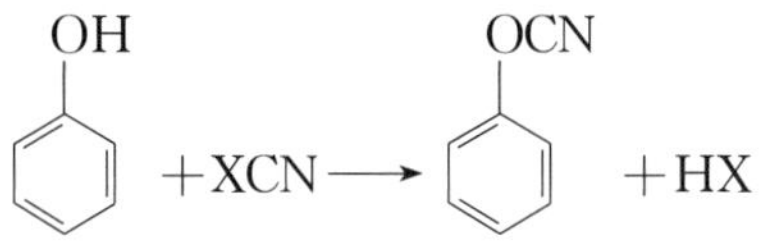

式中 X 指 Cl、Br、I,在实验中常用 Br,因为溴化氰稳定性好、反应活性适中和毒性相对较小;工业上常用氯,因为氯化氰价廉。酚类化合物可以是单酚、二元酚或多元酚,作为复合材料的基体一般用二元酚或多元酚。反应介质中的碱常采用能接受质子酸的有机碱,如三乙胺等。该反应通常在有机溶剂中进行,反应温度视酚的结构不同控制在 −30~20 ℃,如双酚 A 与溴化氰的反应温度通常控制在 −5~5 ℃。产物用减压蒸馏或重结晶等方法提纯。

2. 氰酸酯树脂的固化反应机理

对氰酸酯树脂固化反应的研究结果表明,纯的芳香氰酸酯即使在加热条件下也很难进行固化反应。对叔丁基苯氰酸酯在无催化剂条件下在丙酮和丁酮溶液中 100 ℃反应 5 h 后,对反应产物作 [15]N‑NMR 分析,结果表明,体系中没有发生反应。当在相同的体系中加入万分之二的辛酸锌后,在 100 ℃下反应 1 h 后即发生了明显的三聚反应,以及有少量的氰酸酯发生水解反应。

在氰酸酯基团中,由于氧原子和氮原子的电负性,使其相邻碳原子表现出较强的亲电性:

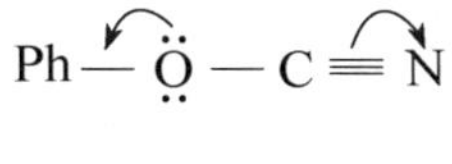

$$Ph—\ddot{O}—C≡N$$

因此，在亲核试剂的作用下，氰酸酯的固化反应既能被酸催化，也能被碱催化。常用的催化剂有单酚、有机金属盐等。氰酸酯树脂在金属盐和酚催化下的固化反应机理如下：

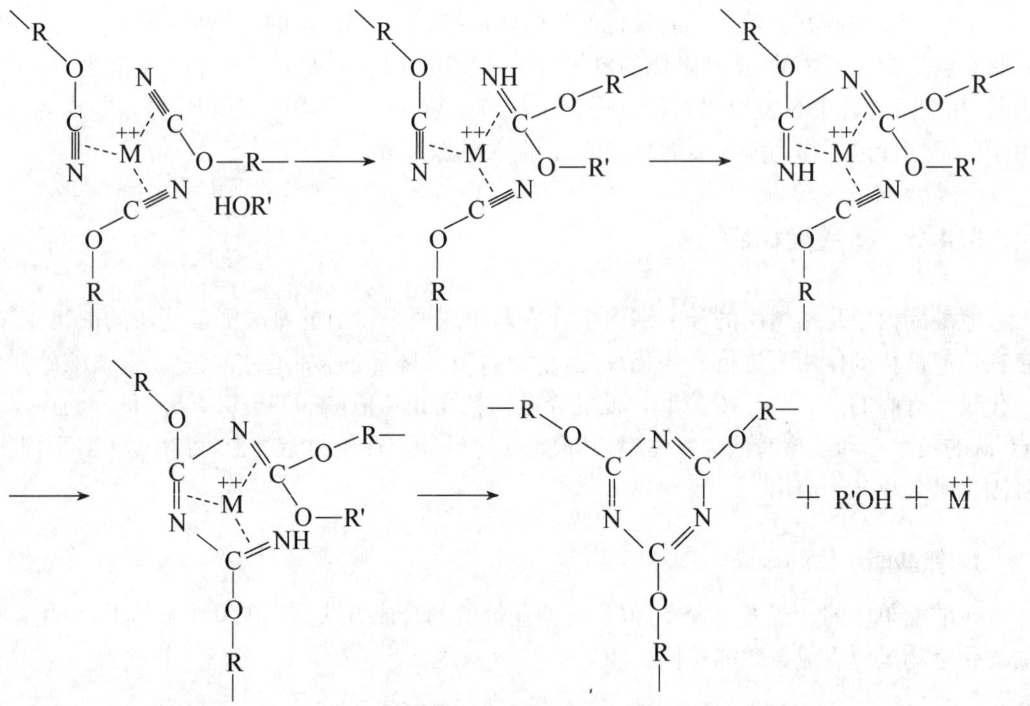

在固化过程中，金属离子首先将氰酸酯分子聚集在其周围，然后酚羟基与金属离子周围的氰酸酯亲核加成反应生成亚胺碳酸酯，继续与两个氰酸酯加成并最后闭环脱去一个分子酚形成三嗪环。固化过程中有机金属盐是主催化剂，酚是协同催化剂，酚的作用是通过质子的转移促进闭环反应。酚的类型和用量对固化反应的催化作用有很大的影响。当用环烷酸铜作主催化剂，壬基酚作助催化剂时，壬基酚浓度小于 2% 的体系在 177 ℃ 固化 3 h 不能充分固化，固化度只有 70%～75%；而将壬基酚浓度提高至 6% 时，其固化度可达 91%，热变形温度为 186 ℃。如果树脂经过 250 ℃ 后处理 1 h，壬基酚浓度为 2% 的浇铸体就能达到 260 ℃ 的热变形温度（固化度 97%），而壬基酚浓度为 6% 的浇铸体的热变形温度仅为 220 ℃（固化度大于 98%）。其原因是适量的壬基酚既能使氰酸酯基团充分反应形成三嗪环，又不会使酚与—OCN 反应生成亚胺碳酸酯，使树脂的交联密度降低，从而得到高热变形温度的氰酸酯树脂浇铸体；而较高的壬基酚浓度虽能使氰酸酯基团充分反应，但是酚与—OCN 的反应使固化树脂的交联密度降低，因此，树脂浇铸体的热变形温度反而低。

3. 氰酸酯树脂的性能

1）氰酸酯树脂的力学性能

氰酸酯树脂具有较好的力学性能，与其他热固性树脂相比其冲击韧性尤其突出，其冲击韧性、G_{IC} 和弯曲应变是环氧树脂（AG80/DDS）和双马来酰亚胺树脂（BMI - MDA）的 2～3

倍。氰酸酯树脂、环氧树脂和双马来酰亚胺树脂的力学性能比较见表3.4.12。

表 3.4.12 氰酸酯树脂与其他树脂的性能比较

性　　能	氰酸酯树脂	环氧树脂 （AG80/DDS）	双马来酰亚胺树脂 （BMI - MDA）
弯曲强度/MPa	161.9	96.5	75.1
弯曲模量/GPa	2.89	3.79	3.45
弯曲应变/%	8.0	2.5	2.2
Izod* 冲击强度/(J·m^{-1})	48	21.3	16
断裂韧性/(J·m^{-2})	191.9	69.4	69.4
拉伸强度/MPa	86.8	/	/
拉伸模量/GPa	2.89	/	/
断裂延伸率/%	3.8	/	/

* 悬臂梁式。

2）氰酸酯树脂的介电性能

固化氰酸酯树脂的三嗪环网络结构使其形成一个共振体系，这种结构使氰酸酯树脂在电磁场作用下，表现出极低的 $\tan \delta$ 和低而稳定的介电常数。当频率发生变化时，这种分子结构对极化松弛不敏感，因此氰酸酯树脂具有使用频带宽（8～100 GHz）的特点。而且在很宽的温度范围内，其介电性能变化很小。氰酸酯树脂的介电性能见表3.4.13。

表 3.4.13 氰酸酯树脂的介电性能

介电性能	氰酸酯树脂	环氧树脂 （AG80/DDS）	双马来酰亚胺树脂 （BMI - MDA）
ε	2.9	4.1	3.5
$\tan \delta$			
常温	0.005	/	/
232 ℃	0.009	/	/

3）氰酸酯树脂的热稳定性

用色-质联用仪对氰酸酯树脂的模型化合物三苯氧基嗪的热分解产物分析表明，其主要热分解产物为二氧化碳（CO_2）和酚。当分解温度高于 400 ℃ 时，热分解产物有苯、氰脲酸、苯基氰、水、氢气及少量苯胺和 HCN 等。在高温和湿态条件下，形成 CO_2 和酚的速度迅速增加。在降解过程中，固化氰酸酯树脂在水的作用下，醚键水解生成酚，酚则催化进一步的分解生成 CO_2 和胺。

3.4.4 聚苯乙烯吡啶树脂

聚苯乙烯吡啶（PSP）树脂是一种耐高温的热固性树脂，在高温下具有较高的力学性能保留率,而且具有较好的加工工艺性能,树脂固化物在燃烧时具有较低的毒性。该树脂是由芳香二醛和吡啶的甲基衍生物,如2,4,6-三甲基吡啶合成的,其反应式如下:

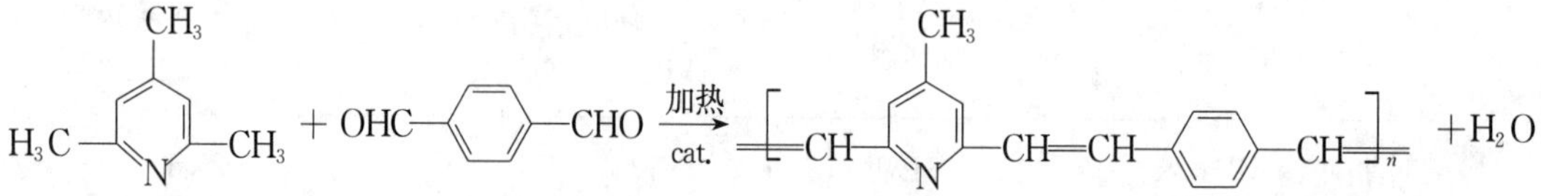

不同的反应时间可以得到不同相对分子质量的树脂,随着反应时间的增加可以分别得到能溶解于乙醇或乙醇-丙酮混合溶剂的固体,只能溶解于极性溶剂的固体,适合于模压成型的固体。该聚合物具有较长的适用期,在 5 ℃可存放 6 个月以上。树脂可以在 200 ℃固化,如能在 250 ℃后处理 2 h 以上,可使其耐热性有较大的提高。其固化反应如下式所示:

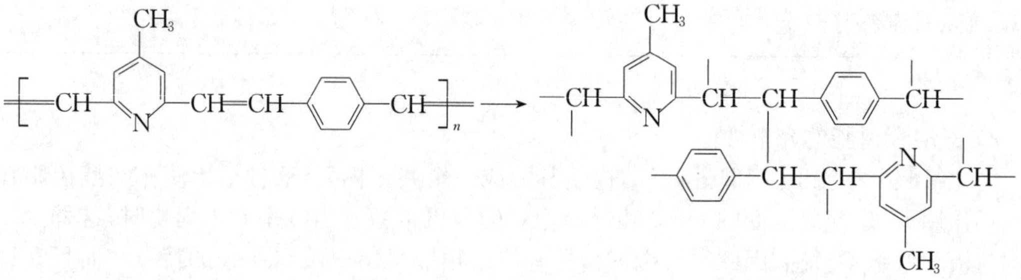

在高温下也可按如下方式固化:

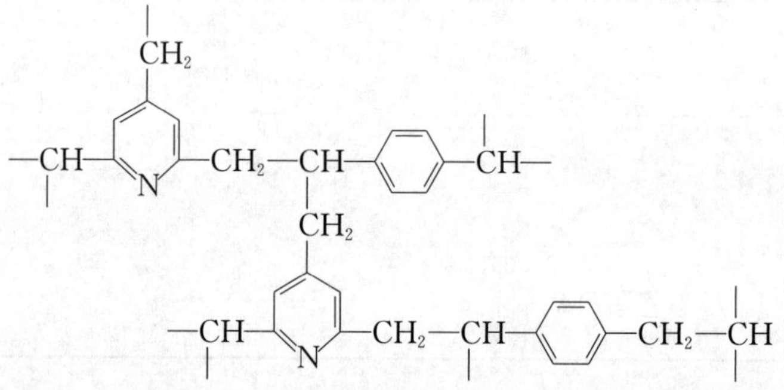

PSP 树脂固化物具有较好的热稳定性。热重分析结果表明,在空气中 435 ℃失重 10%,在氩气中 460 ℃失重 10%。在惰性气体保护下,1 000 ℃下的残碳率约 65%。用玻璃纤维增强的 PSP 树脂基复合材料,在空气中热降解时 CO_2 是主要产物,CO 较少,HCN 只有痕量。

制备预浸料的 PSP 树脂是配制成 75%固体的甲乙酮溶液,用该溶液浸渍的增强材料在 100 ℃下干燥到含 10%~12%的挥发物,预浸料的适用期在室温下为 3 个月左右。在复合材料成型时,把预浸料在 20 min 内加热到 200 ℃,在 45 min 后施加 0.5~1 MPa 的压力,并在 200 ℃下保温 3 h,然后根据需要进行后固化。一般来说,在 150 ℃使用的复合材料制品,在 250 ℃下至少后固化 2 h,如果在更高的温度下使用,要在 250 ℃下后固化 16 h 或 300 ℃ 固化 3 h。表 3.4.14 列出了固化条件对 PSP 树脂基复合材料的力学性能的影响。

表 3.4.14　固化条件对 PSP 树脂基复合材料力学性能的影响

测试温度/℃	不同后固化条件下的弯曲强度/MPa			
	250 ℃，2 h	225 ℃，16 h	250 ℃，16 h	(225 ℃，16 h)+(250 ℃，16 h)
23	1 690	1 550	1 260	1 640
250	830	1 150	1 330	1 340

3.4.5　苯并环丁烯树脂

苯并环丁烯(BCB)树脂具有较高的热变形温度、较好的复合材料成型工艺性能,固化时无小分子副产物放出,可用作高性能的复合材料基体树脂。

1. 苯并环丁烯树脂的合成

用 4-羧基苯并环丁烯(4-CBCB)合成的 BCB 树脂是和酯或酰氨基连接的。例如,4-CBCB 与 4,4′-二氨基二苯甲烷可以制得与酰氨基相连的二苯并环丁烯树脂,反应式如下:

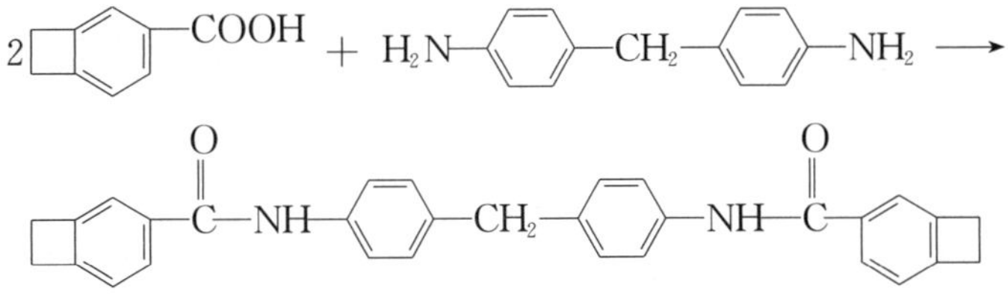

2 mol 4-CBCB 和 1 mol 1,3-二氨基-4,6-二羟基苯在 10%(质量分数)五氧化二磷甲磺酸溶液中反应可制得与苯并噁唑连接的二苯并环丁烯树脂。反应在 100 ℃ 下进行,并用氮气保护。反应式如下:

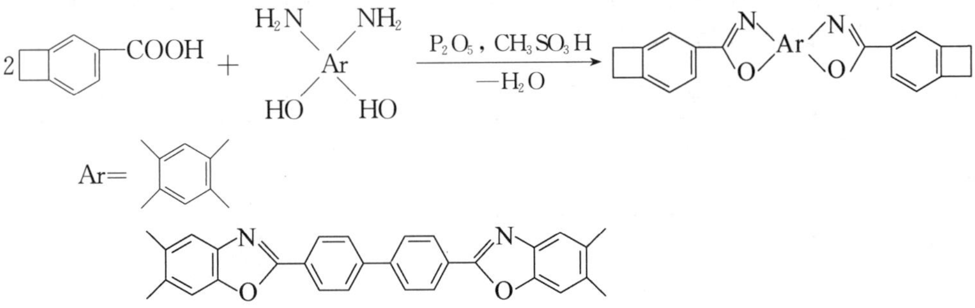

用 4-氨基苯并环丁烯可以制备与酰氨基和酰亚氨基相连的二苯并环丁烯树脂。

用二乙烯基苯和二溴代苯反应可制得全碳氢元素的二苯并环丁烯树脂,全碳氢元素 BCB 树脂具有优异的力学性能、耐热性能、疏水性和介电性能,因此,该树脂可以用于对湿态性能要

求较高的电子材料和高性能复合材料。全碳氢二苯并环丁烯树脂的合成反应式如下:

(1) 全碳氢二苯并环丁烯的合成反应式

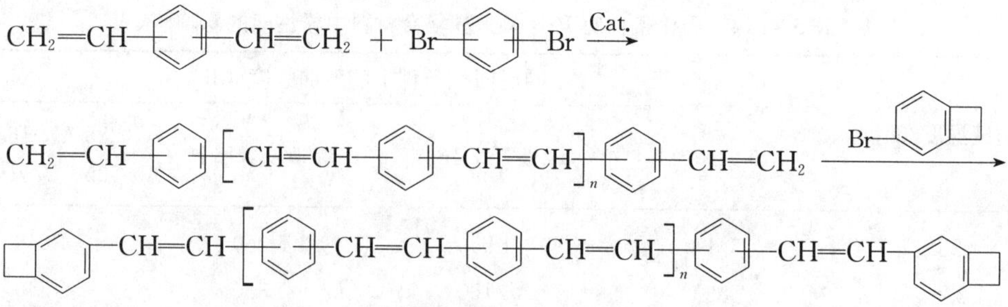

(2) 1，2-二(4-苯并环丁烯)乙烷的合成反应式

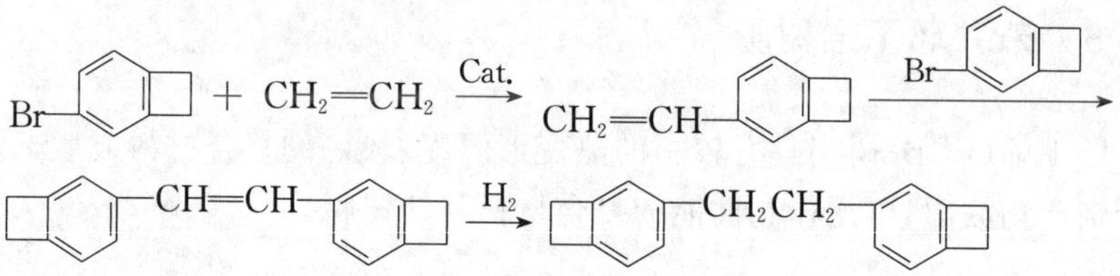

(3) 与炔基连接的二苯并环丁烯树脂的合成反应式

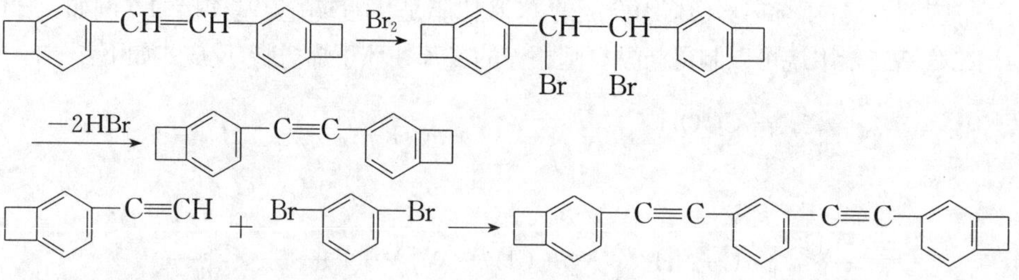

2. 苯并环丁烯树脂的性能

BCB 树脂固化物具有高的玻璃化转变温度,因此,在 200～250 ℃下具有较高的力学性能保留率。并且由于该树脂的芳环结构比例高、交联密度也高,使 BCB 树脂在 400～475 ℃没有明显的质量损失。BCB 树脂的吸湿率明显低于其他热固性树脂,特别是全碳氢的 BCB 树脂。苯并环丁烯树脂固化物的性能见表 3.4.15。

表 3.4.15　苯并环丁烯树脂固化物的性能

性　能	苯并环丁烯树脂					
	A	B	C	D	E	F
拉伸强度/MPa						
25 ℃	99	27.6	/	/	/	/
150 ℃	45	/	/	/	/	/
拉伸模量/GPa						
25 ℃	2.49	2.66	/	/	/	/

性 能	苯并环丁烯树脂					
	A	B	C	D	E	F
250 ℃	1.32	1.86	/	/	/	/
弯曲强度/MPa	/	/	152	/	/	2.0
弯曲模量/GPa						
25 ℃	/	/	4.25,30 ℃	3.31	5.15	2.46
300 ℃	/	/	0.18	/	/	/
断裂韧性/(J·m⁻²)	/	/	80	/	/	/
热膨胀系数/(10^{-6} ℃$^{-1}$)						
$<T_g$	4.10	8.00	3.5	6.5	2.7	4.3
$>T_g$	9.80	/	15.0	/	/	19.3
吸水率(100 ℃)/%						
24 h	/	/	/	0.25	0.87	/
48 h	1.4	0.9	/	/	/	/
T_g/℃	>270	>270	310	/	>350	310
介电常数						
1 MHz	/	/	/	2.57	2.7	/
10 GHz	/	/	/	2.55	/	/
介电损耗角正切值						
1 MHz	/	/	/	0.000 8	0.000 4	/
10 GHz	/	/	/	<0.002	/	/

注: A.

B.

C.

D.

E.

F.

3.4.6 聚醚醚酮

聚醚醚酮(PEEK)是用 4, 4'-二氟苯酮、对苯二酚、碳酸钠为原料,以二苯砜为溶剂合成得到的。其反应式如下:

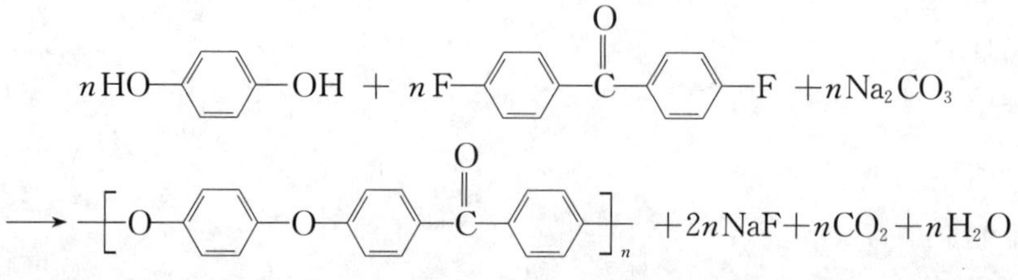

PEEK 是一种半结晶性的聚合物,重均分子量$(2.4\sim3.5)\times10^4$。非晶态和晶态密度分别为 1.265 g/cm^3 和 1.320 g/cm^3,最高结晶度为 48%,吸水率为 0.15%,熔点 334 ℃,抗拉强度在 23 ℃、100 ℃、150 ℃分别为 101 MPa、67 MPa、36 MPa。PEEK 的 T_g 为 143 ℃,热变形温度为 160 ℃,并具有良好的热稳定性,在空气中 420 ℃、2 h 失重只有 2%。在 200 ℃下使用寿命可达 5 万小时。但是 PEEK 在 T_g 以上,强度和模量大幅度下降,如在 200 ℃下,拉伸强度和拉伸模量分别为室温的 42% 和 8%。因此长期使用温度一般不大于 200 ℃。

PEEK 是一种韧性极好的树脂,断裂延伸率大于 40%,因此它具有优异的动态疲劳性能,并具有优异的长期耐蠕变性。PEEK 也具有优良的化学稳定性、阻燃性能以及燃烧时的低发烟性、介电性能和力学性能。

PEEK 在熔点以上有良好的熔融流动性和热稳定性。因此可用于注射、挤出、层压等成型工艺,也可以纺丝和制膜。其成型加工温度为 371~399 ℃。

由于 PEEK 具有优良的综合性能,可以将其用作高性能复合材料的基体树脂。

3.4.7 聚砜和聚芳醚砜

聚砜(PSF)是一类在分子主链上含有砜基和芳核的非结晶性工程塑料。聚砜主要有下列三种类型:

(1) 双酚 A 型聚砜(简称聚砜)

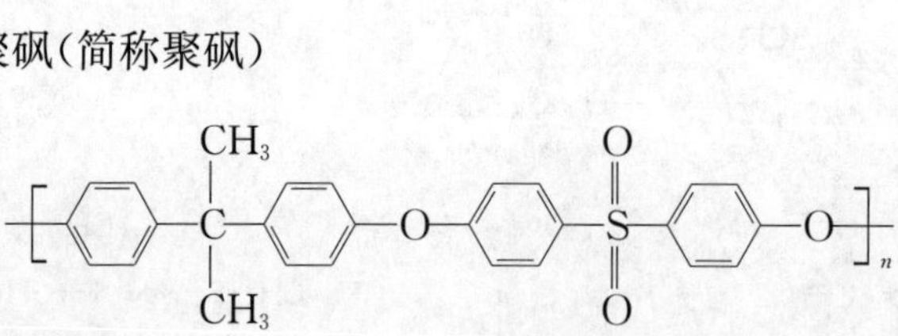

(2) 非双酚 A 型聚砜

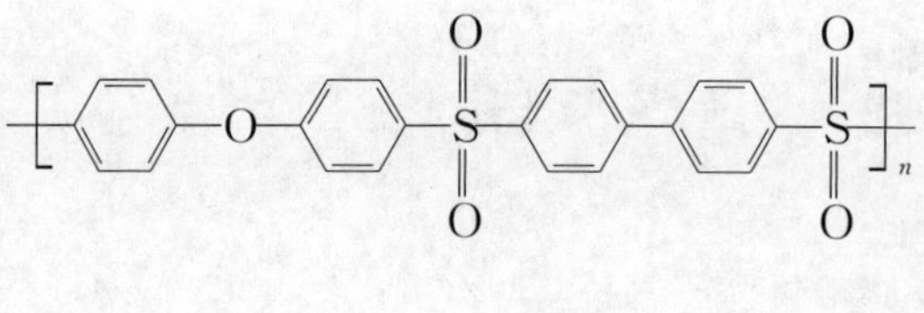

（3）聚芳醚砜

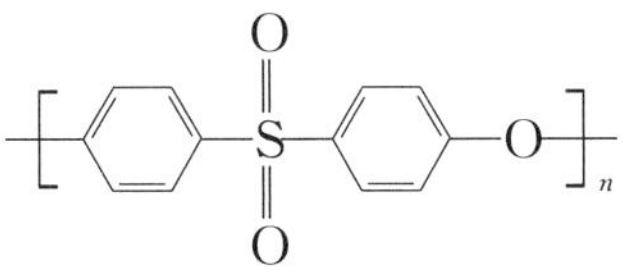

聚砜分子链中的异亚丙基、醚基使聚合物具有较好的柔韧性和熔融加工性能。由于二苯砜基中的硫原子已经处于最高氧化态，同时砜基又倾向于吸引苯环上的电子而使苯环缺电子，因此使整个二苯砜基都处于耐氧化状态。二苯砜基的另一个特点是化学键的强度高，而且整个二苯砜基处于高度共振状态，当吸收大量的热能和辐射能时，可以通过这种共振体系消散，而不发生链断裂和交联。因此聚砜类聚合物具有突出的热和热氧化稳定性。

聚砜是以二氯二苯基砜和双酚 A 的碱金属盐为原料反应制得的，其反应式如下：

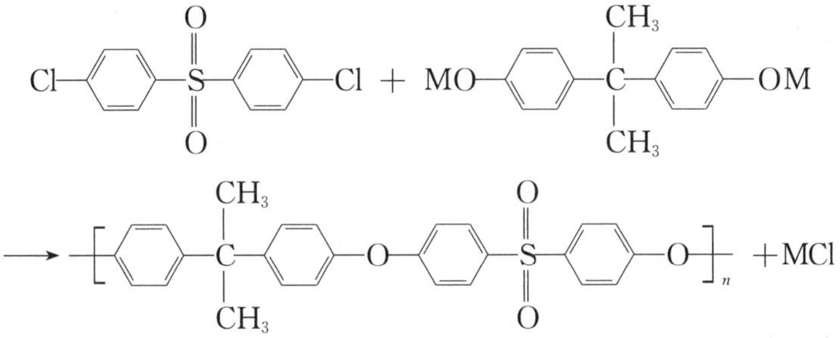

式中　M——Na、K。

在反应过程中，由于砜基的作用使氯原子活化，从而容易与双酚 A 盐起反应。反应可以在溶液中进行，也可以熔融缩聚。

聚芳醚砜可由芳磺酰氯和芳烃反应制备：

$$n\,\text{H}—\text{Ar}—\text{H}+n\,\text{Cl}—\text{SO}_2—\text{Ar}'—\text{SO}_2—\text{Cl} \longrightarrow [\text{Ar}—\text{SO}_2—\text{Ar}'—\text{SO}_2]_n+2n\,\text{HCl}$$

此反应是在少量的路易斯酸（如 FeCl_3、SbCl_5）的催化下进行的。ArH_2 可以是联苯、二苯基醚或萘，但不能是二苯甲酮或二苯砜，因为酮基和砜基有吸电子作用，降低了苯环为成键提供电子对的能力。聚合可在熔融状态下进行，熔融聚合的温度一般为 280 ℃，并要用氮气保护；也可在惰性溶剂中进行，常用的溶剂有硝基苯和二甲基砜。这些溶剂既可以溶解单体又可以溶解聚合物，它们还可以和强的路易斯酸催化剂相溶。但用溶液聚合法容易使聚合物产生支链，所以通常都采用熔融聚合的方法。

聚芳醚砜也可用 4-氯-4'-羟基二苯基砜的单钠盐直接缩聚来制备，反应式如下：

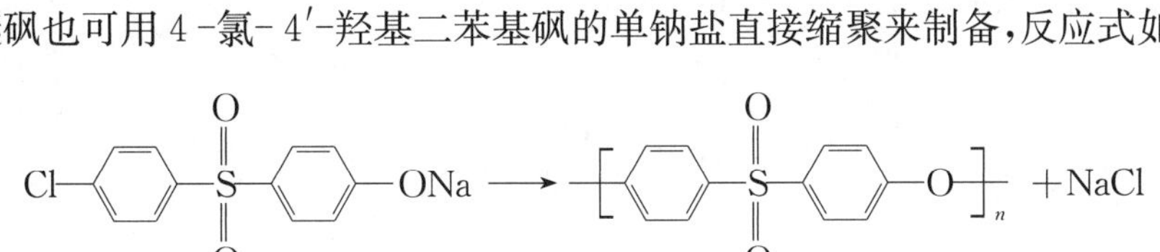

聚砜能在 $-100\sim150$ ℃ 范围内长期使用，其 T_g 为 190 ℃，热变形温度为 175 ℃，是具有优良耐热性能的非结晶性聚合物。聚砜的热稳定性很高，对其热降解的研究结果表明，在 450 ℃ 以前的降解产物主要是二氧化硫和甲烷，当温度进一步升高时，也产生氢、二氧

化碳、甲苯、二苯基醚和苯酚等产物。在高温下除了有链断裂发生以外,也发生交联反应。如果把试样在真空中加热 3 h 以上,就会发生凝胶,凝胶量随加热时间延长而增加,在 20 h 后可达试样重的 75%。

聚砜类树脂具有高的机械强度和突出的耐蠕变性能,而且其蠕变性能通过简单的热处理可以得到明显的提高。例如,把聚芳醚砜在 200 ℃退火 8 h,可使 150 ℃的蠕变模量达到室温值,这是一种提高聚芳醚砜高温承载能力的有效方法。聚砜还具有较好的阻燃性能和低发烟性能。该类树脂可以采用注射、挤出和吹塑等加工方法进行加工。几种商品聚砜的性能见表 3.4.16。

表 3.4.16　三种商品聚砜的性能

性　　能	Udel p1700	Astrel 360	200P
密度/(g·cm^{-3})	1.24	1.36	1.37
拉伸强度/MPa	70	90	84
拉伸模量/GPa	2.48	2.55	2.44
弯曲强度/MPa	106	119	129
弯曲模量/GPa	2.69	2.73	2.57
压缩强度/MPa	96	124	/
压缩模量/GPa	2.55	2.35	/
热变形温度/℃	174	275	203
热膨胀系数/℃$^{-1}$	5.5×10^{-5}	4.6×10^{-5}	5.5×10^{-5}
介电常数(60 Hz)	3.4	3.94	3.5
介电损耗角正切值(60 Hz)	0.008	0.003	0.001
体积电阻率/(Ω·m)	5×10^{16}	3×10^{16}	$10^{17}\sim10^{18}$
吸水率(24 h)/%	0.22	1.8	0.43

3.4.8　聚苯醚

聚苯醚(PPO)是一种白色无定形粉末,软化点在 300 ℃以上,相对分子质量为 6 000～12 000。聚苯醚的合成一般采用 4 -溴- 2,6 -二甲基酚氧银盐聚合的方法,聚合分两步进行,首先制备银盐,然后使银盐聚合,其反应式如下:

制备聚苯醚的另一种普遍采用的方法是氧化法。2,6-二甲基苯酚在铜-胺配合物的催化下,以芳香烃为反应介质,通入氧气,进行氧化偶合反应制得聚苯醚,反应式如下:

$$n\,HO\!-\!\!\!\!\underset{CH_3}{\overset{CH_3}{\bigcirc}}\!\!\!\!+\frac{n}{2}O_2 \longrightarrow \left[O\!-\!\!\!\!\underset{CH_3}{\overset{CH_3}{\bigcirc}}\!\!\!\!\right]_n +n\,H_2O$$

聚合方法可分为沉淀聚合和溶液聚合两种。沉淀聚合一般使用氯化亚铜与二甲胺的配合物为催化剂,在聚合反应开始之前先把溶剂(苯或甲苯)和沉淀剂(异丙醇或乙醇)加到反应釜中,反应过程中不断有聚合物沉淀出来。溶液聚合法一般以氯化亚铜和二正丁胺的配合物作催化剂,在甲苯溶液中进行聚合反应。反应结束时加醋酸终止反应并去除催化剂,再用甲醇或乙醇使聚合物沉淀出来。溶液法与沉淀法相比较有收率高、催化剂清除得较干净、产品色泽和性能较好等特点,但是对单体的纯度要求较高,要求其达到99%以上。

在缩聚反应过程中,严格控制反应条件是获得高相对分子质量、高产率的重要因素。反应是放热反应,在反应过程中应不断冷却,反应温度一般控制在30 ℃左右。

聚苯醚的密度为1.06 g/cm³,与其他聚合物相比有最小的线膨胀系数,聚苯醚耐水性好、吸湿率低、尺寸稳定性好。聚苯醚具有较好的耐热性,T_g为215 ℃,热变形温度为190 ℃,热分解温度在350 ℃以上,可在120 ℃下长期使用。

3.4.9　聚苯硫醚

聚苯硫醚(PPS)具有优异的耐腐蚀性能、耐热性能、耐蠕变性,对增强材料有良好的黏合性能、介电性能、阻燃性能和易加工性能。

聚苯硫醚是在一定的温度下以对二氯苯和硫化钠为原料进行反应制得的,反应式如下:

$$n\,Cl\!-\!\!\!\bigcirc\!\!\!-\!Cl + n\,Na_2S \xrightarrow{\text{加热}} \left[\bigcirc\!\!\!-\!S\right]_n +2n\,NaCl$$

生成的聚合物是高度结晶的,只能在高温下有限地溶解在某些芳烃、氯代芳烃或杂环化合物中,如1-氯萘。在空气中对PPS进行热处理使它发生交联,从而使其转变成坚硬的产物。PPS的物理性能见表3.4.17。

表 3.4.17　PPS 的物理性能

性　能	数　值	性　能	数　值
熔点/℃	287	数均分子量	10 000～50 000
T_g/℃	150	熔融黏度(303 ℃)/(Pa·s)	7×10^3～2×10^5
密度(25 ℃)/(g·cm⁻³)	1.362	特性黏度(250 ℃)二苯醚	0.166($M_w=10\,000$)

聚苯硫醚具有优良的热稳定性,可在240 ℃下长期使用。由于聚苯硫醚的高结晶性,其机械性能随温度升高下降较少。从聚苯硫醚在空气中和氮气中的热重分析可知,在410 ℃以前在氮气中和在空气中的失重情况是相似的,在410 ℃下,2 h失重10%。但是超过

410 ℃,在氮气中的失重渐大于在空气中的失重,这是由于在空气中发生了交联反应。PPS模塑料的性能见表 3.4.18。

表 3.4.18　PPS 模塑料的性能

性　能	未加填料	加 40%玻璃纤维	性　能	未加填料	加 40%玻璃纤维
密度/(g·cm^{-3})	1.3	1.6	介电强度/(kV·mm^{-1})	15	14
拉伸强度/MPa	66	134	体积电阻率/(Ω·cm)	$4.5×10^{16}$	$4.5×10^{16}$
断裂延伸率/%	1.6	1.3	介电常数		
弯曲强度/MPa	96	200	1 kHz	3.1	3.9
弯曲模量/GPa	3.79	11.7	1 MHz	3.1	3.8
压缩强度/MPa	110	145	介电损耗角正切值		
热变形温度/℃	135	>260	1 kHz	0.000 5	0.001 0
吸水率/%	0.01	0.01	1 MHz	0.000 9	0.001 3

3.4.10　聚(苯基硅烷-二乙炔基苯)

含硅聚合物由于在陶瓷基复合材料和导电材料方面的潜在用途,而成为新材料开发的热点。在高温状态下,聚合物中的 Si 原子可以与其他原子形成热稳定的 SiC 或 SiO$_2$ 结构,因此用含硅聚合物制成的复合材料具有极高的热稳定性,在航天领域具有较好的应用前景。

聚(苯基硅烷-1,3-二乙炔基苯)(简称 MSP)的结构如下:

MSP 的相对分子质量小于 2 000 时是黏性液体,相对分子质量大于 2 000 时是黄色结晶状固体。可以在 150 ℃下模压成型,该聚合物结构中的 Si-H 基和乙炔基在高温下很容易发生交联反应,形成体型结构的聚合物,该聚合物在 1 000 ℃以上的惰性气体中处理后,转变成陶瓷状材料。该聚合物具有极高的热稳定性和耐烧蚀性,在氩气中 1 000 ℃下的残碳率为94%,大大高于其他的耐高温聚合物。

类似的聚合物还有聚(苯基硅烷-1,2-二乙炔基苯)、聚(苯基硅烷-1,4-二乙炔基苯)、聚(甲基硅烷-1,3-二乙炔基苯)以及以下两种结构的聚合物:

$$-\!\!\left[Si(Ph)H\!-\!C\!\equiv\!C\!-\!C\!\equiv\!C\right]_{\!n} \qquad -\!\!\left[Si(CH_3)H\!-\!C\!\equiv\!C\right]_{\!n}$$

聚(苯基硅烷-二乙炔)　　　　　　聚(甲基硅烷-乙炔)

(1) 聚(苯基硅烷-二乙炔基苯)的合成

聚(苯基硅烷-二乙炔基苯)的合成方法有两种:一种是以苯基硅烷和间二乙炔基苯为

原料,氧化镁为催化剂,经脱氢聚合反应而成,见反应方程式(A);另一种合成方法是以苯基二氯硅烷、间二乙炔基苯和有机镁试剂为原料,经聚合反应制得,见反应方程式(B)。

$$PhSiH_3 + HC\equiv C-\text{〈Ph〉}-C\equiv CH \xrightarrow{MgO} \left[\begin{matrix}Ph\\ |\\ Si-C\equiv C-\text{〈Ph〉}-C\equiv C\\ |\\ H\end{matrix}\right]_n + H_2$$

(A)

$$EtBr + Mg \longrightarrow EtMgBr$$

$$EtMgBr + HC\equiv C-\text{〈Ph〉}-C\equiv CH \longrightarrow BrMgC\equiv C-\text{〈Ph〉}-C\equiv CMgBr$$

$$PhSiCl_2H + BrMgC\equiv C-\text{〈Ph〉}-C\equiv CMgBr \longrightarrow \left[\begin{matrix}Ph\\ |\\ Si-C\equiv C-\text{〈Ph〉}-C\equiv C\\ |\\ H\end{matrix}\right]_n$$

(B)

合成方法 A 的操作过程如下:

将氧化镁 10.14 kg、苯基硅烷 4.02 kg、间二乙炔基苯 4.51 kg 和甲苯 70 L 加入 150 L 反应釜中,通入氮气。在以下温度条件下反应:28 ℃/3 h、40 ℃/h、50 ℃/h、60 ℃/h、80 ℃/2 h。反应结束后,过滤反应液以除去氧化镁。减压蒸馏除去甲苯,得到产物。产物中含有不同相对分子质量的 MSP,可采用沉淀法将之分离,相对分子质量大者为固体,相对分子质量较小者为液体。

聚(苯基硅烷-二乙炔基苯)具有优良的成型加工性能,固体 MSP 与许多低沸点溶剂如苯、甲苯、四氢呋喃等有很好的相溶性;当使用液体 MSP 时不需要溶剂。用高性能纤维如碳纤维、玻璃纤维、碳化硅纤维作为增强材料制备复合材料时,可以在 150 ℃下、0.98 MPa 的成型压力下成型,成型时没有小分子放出。固化温度在 200 ℃以上时,固化后的 MSP 是黑色的。成型工艺条件大大优于聚酰亚胺等耐高温树脂。

(2) 聚(苯基硅烷-二乙炔基苯)的性能

各种结构聚(硅烷-二乙炔基苯)的相对分子质量、红外光谱及热稳定性能见表 3.4.19。

表 3.4.19　聚(硅烷-二乙炔基苯)的相对分子质量、红外和热性能

名　称	相对分子质量		红外/cm^{-1}		热 性 能		
	M_w	M_n	υ (Si—H, C≡C)	δ (Si—H)	T_{d_5}/℃ 氩气中	T_{d_5}/℃ 空气中	残碳率 /%*
a	7 900	3 900	2 158	812	894	573	94
b	26 000	5 400	2 163	822	577	476	92(650 ℃)
c	3 200	1 700	2 170	820	561	567	88
d	15 700	7 800	2 159	839	850	546	94
e	9 800	3 100	2 160	850	>1 000	572	97

注:＊1 000 ℃氩气中。a 为聚(苯基硅烷-间二乙炔基苯);b 为聚(苯基硅烷-对二乙炔基苯);c 为聚(苯基硅烷-邻二乙炔基苯);d 为聚(甲基硅烷-二乙炔基苯);e 为聚(硅烷-间二乙炔基苯)。

表 3.4.19 的数据表明,在高温下,MSP 具有非常低的质量损失,在氩气中的 T_{d_5}(质量损失 5% 时的温度)是 860 ℃,1 000 ℃ 的残碳率是 94%,相同条件下,PI 的 T_{d_5} 为 586 ℃,1 000 ℃ 的残碳率是 55%。不同结构的聚(硅烷-二乙炔基苯)在空气中的热稳定性类似,但是在氩气气氛中,树脂的热稳定性有较大差异,其中对二乙炔基苯和邻二乙炔基苯制得的聚合物热稳定性较差。MSP 在空气中是完全不燃烧的,极限氧指数为 42。在气体燃烧炉中,MSP 试验块只变红但不燃烧也没有烟,从燃烧炉中取出后,试验块又逐渐回复到黑色。

MSP 树脂的其他性能见表 3.4.20。MSP 树脂具有较好的介电性能,如较高的体积电阻率、较低的介电损耗角正切,并且该树脂具有较低的热膨胀系数。

表 3.4.20　MSP 树脂的性能

项　目	数　值	项　目	数　值
吸水率/%	1.0	体积电阻率/(Ω·cm)	3×10^{16}
弯曲强度/MPa	10	介电常数	3.77
弯曲模量/GPa	5.5	介电损耗角正切	0.002
热膨胀系数/℃$^{-1}$	2.0×10^{-5}		

注:试样在 400 ℃ 氩气中处理 2 h。

用碳纤维增强的 MSP 树脂基复合材料的弯曲强度、弯曲模量在室温、200 ℃、400 ℃ 时几乎相等,表明 MSP 树脂是一种优异的耐高温树脂。

3.5　其他类型的热固性树脂

3.5.1　1,2-聚丁二烯树脂

1,2-聚丁二烯树脂的大分子主链上含有 80% 以上的 1,2 结构,树脂的分子结构中具有不饱和乙烯基侧链,可进一步在引发剂存在下固化成体型高聚物,因此,这是一种热固性树脂。该树脂的外观为淡黄色黏性液体,其分子结构式如下:

$$\left[\left(CH_2-CH=CH-CH_2 \right)_x \left(CH_2-\underset{\underset{\parallel}{\overset{|}{CH}}}{CH} \right)_y \right]_n$$
$$\begin{array}{c} CH \\ \parallel \\ CH_2 \end{array}$$

1,2-聚丁二烯树脂的大分子完全由碳和氢原子组成,是一种全碳氢聚合物,因此由其作为基体树脂制成的复合材料具有优良的介电性能、耐热性能、耐水性能以及耐酸、耐碱性能。1,2-聚丁二烯树脂除用作制备增强塑料外,目前大量用于涂料工业,尤其大量用于船舶涂料。

1. 1，2-聚丁二烯树脂的合成原理

1，2-聚丁二烯树脂是以丁二烯单体为原料，烷基锂、金属钠或可溶性碱金属复合物（如萘-钠体系）为引发剂，按阴离子型聚合的历程合成。在上述这三种引发剂中，用萘-钠引发体系合成的1，2-聚丁二烯树脂由于其乙烯基侧链（也称外双键）含量较高，树脂相对分子质量容易控制，以及可以合成带有各种活性端基的聚合物，因此工业上很有发展前途。

丁二烯等单体用萘-钠引发体系在四氢呋喃溶剂中的聚合反应是属于电荷转移引发下的阴离子型聚合反应，在聚合反应过程中不发生链终止反应。因此形成的聚合物阴离子可以在较长时间内保持，称为活性聚合物。

如果在这活性聚合物体系中继续加入新鲜单体，则聚合反应可以继续进行，直至单体耗尽为止。利用这一方法合成的聚合物的平均相对分子质量仅与单体和催化剂的浓度有关。如果增长链的活性中心（阴离子）用适当的试剂加以终止，则可获得相对分子质量不高带有氢端基或不同官能团端基（例如羟基或羧基）的低聚物，此低聚物可与其他物质再进一步反应，因此它又称为遥爪聚合物。

用上述引发体系可合成相对分子质量为 1 000～4 000 的1，2-聚丁二烯树脂，若聚合物分子链两端被氢封闭，称为PBB；若两端被羟基封闭，称为PBG；若两端被羧基封闭，则称为PBC。这类树脂除用以制备增强塑料及涂料外，还可用以进一步合成新的高分子材料。例如带羟端基的1，2-聚丁二烯遥爪聚合物（PBG）已广泛用于制备具有特殊性能的聚氨酯弹性体及新型塑料，近年来已利用这一聚合方法合成了一类新型的嵌段共聚物，使聚合物具有特殊的性能，例如可合成聚合物分子链中一段是带有弹性的链段，另一段是带有塑性的链段所组成的弹塑体等。活性聚合物作为一种合成新型高分子材料的途径已引起人们广泛的注意。

2. 1，2-聚丁二烯树脂的合成及固化

1，2-聚丁二烯的合成工艺为：在氮气下把一定量的四氢呋喃与萘加入反应釜并搅拌溶解。然后加入金属钠分散体（在惰性介质中制备而成），得到暗绿色的萘-钠引发剂溶液。将此溶液冷却至 $-78\sim-40$ ℃，加入计量的丁二烯单体，在搅拌下聚合几个小时，此时聚合物溶液转变成为淡黄色或棕红色。最后加入不同的链终止剂，使聚合物带有不同的端基（遥爪聚合物）。再经水洗、中和、过滤、回收溶剂、醇洗以及真空干燥，得到无色透明或略带淡黄色的液体树脂。用作涂料或制备增强塑料的1，2-聚丁二烯树脂的相对分子质量常控制在 1 000～4 000，相对分子质量可通过引发剂用量加以调节。用这一方法合成的聚合物中，外双键含量可高达 90% 左右。

1，2-聚丁二烯树脂固化时主要通过大分子链上的乙烯基侧链（外双键）与含有乙烯基的单体（如苯乙烯、乙烯基甲苯、邻苯二甲酸二烯丙酯、甲基丙烯酸甲酯等）在过氧化物引发剂存在下可交联固化为体型结构的树脂。

由于这类树脂外双键活性较低，因此树脂固化时常用引发温度较高的复合引发剂（如过氧化二异丙苯、过氧化二叔丁基和过氧化二苯甲酰的复合引发剂），最终固化温度需大于 140 ℃，固化后的聚丁二烯树脂具有良好的综合性能。

在乙烯基单体存在下，1，2-聚丁二烯通过共聚反应的固化历程，与不饱和聚酯树脂的固化历程相似。固化时的主要问题是速度较慢以及收缩率较大，这可通过树脂改性和添加填料来克服。

3. 1，2-聚丁二烯树脂的性能及应用

1，2-聚丁二烯树脂固化后有良好的耐热性能、介电性能、机械性能、耐化学介质腐蚀性能，以及突出的弯曲强度和耐水性。据报道，未改性的树脂固化后，由于其高的交联密度，树脂的热变形温度可高达 280 ℃，在 150～180 ℃内可长期使用。热固性聚丁二烯层压板的性能见表 3.5.1。

表 3.5.1　热固性聚丁二烯层压板的性能

项　　目	数　　值	项　　目	数　　值
弯曲强度/MPa		弯曲模量/GPa	
室温下	620	室温下	35
149 ℃下	267	149 ℃下	23
水煮 2 h 后	555	水煮 2 h 后	26

1，2-聚丁二烯树脂完全由碳、氢两种元素组成，因此树脂固化物具有优良的介电性能。热固性聚丁二烯树脂的介电性能见表 3.5.2。

表 3.5.2　热固性聚丁二烯树脂的介电性能

项　　目	测试数据	项　　目	测试数据
体积电阻率/($\Omega \cdot$ cm)	$>10^{16}$	击穿电压/(kV $\cdot$ mm^{-1})	44
介电常数(10^5 Hz)	2.4	耐电弧性/s	130
介质损耗角正切值(10^5 Hz)	<0.002		

1，2-聚丁二烯树脂与不饱和聚酯树脂不同，分子中没有酯键，因此具有良好的耐酸碱性能，特别是其耐碱性能大大优于不饱和聚酯树脂和环氧树脂。聚丁二烯树脂复合材料可用作化工设备的耐碱耐酸材料、水下安装设备的防腐材料、食品工业无毒耐蚀涂料、船舶防海水腐蚀涂料和材料、水下通信设备的绝缘材料等。

3.5.2　热固性丁苯树脂

丁苯树脂是由 80%丁二烯与 20%苯乙烯(均为质量分数)在金属钠引发下，在饱和烷烃等惰性介质中，按阴离子型聚合历程合成的相对分子质量为 5 000～10 000 的液体树脂。这种树脂国外称为布通(Buton)树脂，我国于 20 世纪 60 年代初开始有小规模工业生产。与1，2-聚丁二烯树脂相似，丁苯树脂也具有极低的吸水性、优异的介电性能，以及良好的热稳定性能。

丁苯树脂的结构式如下：

$$-[(CH_2-CH=CH-CH_2)_x(CH_2-CH)_y(CH-CH_2)_z]_n$$

丁苯树脂分子的主链和侧链也均有不饱和双键,外双键含量为 $50\%\sim60\%$,可与各种乙烯基单体共聚交联成为体型结构的树脂。在复合引发剂作用下,树脂体系可在室温凝胶,但最后固化温度仍需大于 145 ℃。丁苯树脂主要应用于涂料工业和复合材料工业。

1. 丁苯树脂的合成原理

在烷烃溶剂介质中,以碱金属催化剂引发下的丁二烯与苯乙烯共聚反应为一种非均相的阴离子型的聚合反应,由于碱金属不溶于烷烃溶剂,所以这是一个非均相体系。电荷从金属钠原子表面转移到单体分子的过程较慢,它是受单体分子向金属钠表面的扩散速度所控制,因此链引发与链增长反应过程同时发生。正因如此,在反应体系中控制金属钠颗粒的分散程度与粒度大小非常重要。

在共聚物中同时存在 1,2 结构与 1,4 结构两种形式,且 1,4 结构主要为反式结构。

反应过程中共聚物分子链两端各存在着一个正负离子对:

$$\overset{\oplus}{Na}\overset{\ominus}{M}\!\!-\!\!\overset{}{(M)_x}\!\!-\!\!\overset{}{(M)_y}\!\!-\!\!\overset{}{(M)_z}\!\!-\!\!\overset{\ominus}{M}\overset{\oplus}{Na}$$

链增长反应是在式中形成的离子对之间进行的,这就决定了共聚物的组成与两种单体链节的排列。当丁二烯与苯乙烯以等物质的量之比投料时,在共聚初期的共聚物中苯乙烯链节含 50% 左右。通常认为苯乙烯的活性较丁二烯稍高。两种单体的共聚情况良好。

溶剂介质对共聚速度、共聚物的相对分子质量及结构有较大影响。在饱和烷烃中共聚时共聚物相对分子质量较小,速度较慢。因为饱和烷烃系非极性介质,对反离子 $Na^{\oplus}$ 的溶剂化作用较小,所以导致链增长速度较慢。同时,由于非均相反应,引发速度受扩散控制,也会导致共聚速度降低。如果在饱和烷烃中加入四氢呋喃、二氧六环或醚类等极性介质,由于这类介质有较强的给电子倾向,对反离子 $Na^{\oplus}$ 有较强的溶剂化作用,以及增加了金属钠在介质中的溶解度,促使共聚速度增加,共聚物相对分子质量增大。因此添加醚类或脂环醚对共聚反应有较大的促进作用,介质溶剂化作用愈大,则促进作用愈明显。不同介质对 $Na^{\oplus}$ 反离子的溶剂化作用大小的次序如下:

四氢呋喃 ＞ 二氧六环 ＞ 醚类 ＞ 烷烃类

介质的极性对共聚物中苯乙烯链节的含量也有影响,随介质极性增加,共聚物中苯乙烯链节含量也增大,其作用大小的次序也与上述相同。

影响共聚物相对分子质量大小的另一因素是在介质中的链转移反应,甲苯是特别有效的链转移剂。在丁二烯与苯乙烯共聚时,甲苯同样引起强烈的链转移反应,使共聚物相对分子质量下降,共聚速度减慢。

2. 丁苯树脂的合成及固化

丁苯树脂的合成要在压力釜中进行。用烷烃作为反应介质,例如戊烷、环己烷、高沸点溶剂汽油等,先将计量的金属钠在介质中分散成 <0.2 mm 的钠砂。然后在压力釜中先加入苯乙烯、促进剂(二氧六环或四氢呋喃)、溶剂,开动搅拌器,在搅拌下加入钠砂以免沉淀,最后加入液态丁二烯,加热在 60~80 ℃下进行聚合反应。反应结束后将树脂过滤,除去金属钠,用稀盐酸中和,并用自来水洗到中性,最后用去离子水洗几次,直到检验无氯离子为止。

减压蒸馏除去水和溶剂,就得到透明淡黄色的液体丁苯树脂。相对分子质量为 8 000～10 000。

若需相对分子质量较低的丁苯树脂,可加入一定的甲苯作链转移剂进行调节。树脂外双键含量为 50%～60%,内双键含量为 40%～50%。

丁苯树脂可以通过大分子主链上的不饱和双键以及乙烯基侧链上的不饱和双键,即内双键和外双键进行固化,交联剂为乙烯基单体。在制备增强塑料时常加入一定量的苯乙烯、乙烯基甲苯等作为交联单体进行共聚固化,若加入少量的二乙烯基苯可提高固化速率和增加固化度。

由于丁苯树脂分子链中的内外双键活性较低,固化时常用引发温度较高的过氧化二异丙苯、过氧化二叔丁基等高温引发剂,固化温度一般在 150 ℃左右。

3. 丁苯树脂的性能及应用

丁苯树脂也是一种非极性热固性树脂,因此也具有良好的力学性能,优良的介电性能和热稳定性能,以及耐酸碱腐蚀性能,尤其是高频绝缘性能和耐碱腐蚀性能更为一般热固性树脂所不及,是目前国内热固性树脂复合材料中介电性能和耐碱性能最为优良的品种之一。

表 3.5.3 列出了丁苯树脂复合材料的一些性能,由表中所列的有关性能数据可知,丁苯树脂复合材料不仅具有与不饱和聚酯树脂、环氧树脂、酚醛树脂等复合材料相似的机械强度,而且有很好的湿态抗弯强度,其强度保留率大于 90%。

表 3.5.3 丁苯树脂复合材料的性能

项　　目	测试数值	项　　目	测试数值
拉伸强度/MPa	255	介质损耗角正切值(10^6 Hz)	0.003
弯曲强度/MPa(干态/湿态)	415/403	马丁耐热/℃	>240
介电常数(10^6 Hz)	4.05		

丁苯树脂复合材料也有与聚丁二烯树脂复合材料相类似的耐碱性能,在室温下,碱液浓度为 5%～50%时,浸泡 3 个月后的抗弯强度保留率仍大于 85%,质量变化小于 1%,表明丁苯树脂复合材料在上述条件下具有较好的耐碱性。几种复合材料的耐酸碱腐蚀性能列于表 3.5.4。

表 3.5.4 几种复合材料耐腐蚀性能比较

介　质	浓度/%	通用型不饱和聚酯树脂复合材料	193#＋环氧复合材料	DAP复合材料	丁苯树脂复合材料
NaOH	5.1	+5.43	+1.09	+1.02	+0.51
	29.2	+17.20	+12.10	+2.30	+0.10
	40.3	−8.85	−2.60	+8.34	−1.43
H_2SO_4	5.6	+0.47	−0.37	−0.01	−0.16
	28.8	+5.86	+0.93	+1.80	+1.50
	48.3	+1.57	+0.32	+0.43	+0.12

注:试件不封边,所列数据为室温浸泡 1 年后的质量变化百分率。

丁苯树脂还具有良好的热稳定性,用其制备的复合材料经 180 ℃热老化 200 h 后,其弯曲强度保留率仍达 100%;经 200 ℃热老化 200 h 后,则弯曲强度保留率还有 99.4%。丁苯树脂及其复合材料的上述优良性能已引起有关工业部门重视,已被用于高频绝缘材料、合成氨化肥管道透平电机绝缘材料等。

3.5.3 有机硅树脂

有机硅树脂是主链含有硅氧键,侧基为有机基团的高分子聚合物。按相对分子质量的大小可分为低相对分子质量的有机硅聚合物(一种液体状的硅油)、高相对分子质量的弹性体硅橡胶以及中等相对分子质量的热固性的硅树脂等。用这类有机硅聚合物可制成各种塑料、橡胶、涂料、黏合剂以及润滑油等。

一般高分子化合物的主链是由 C—C、C—O 或 C—N 等键构成。这些键的键能不大,因此耐高温的能力受到限制。而 Si—O 键的键能较高,所以聚有机硅氧烷有很高的耐热性,它由于同时具有侧链的有机基团,因而也具有一般高分子化合物的韧性、高弹性及可塑性等特征。

有机硅树脂复合材料可在较高的温度范围内(200～250 ℃)长时期使用,憎水防潮性能非常突出。主要缺点是与玻璃纤维等增强材料的黏结性较差,强度较低,因此,常用酚醛树脂或环氧树脂改性以提高其强度与刚性。

1. 硅化学概述

在周期表中硅和碳同属于第Ⅳ族,它直接位于碳之下,所以也能与氢、氧以及其他元素形成各种化合物,但硅和碳这两种元素及其所生成的化合物的性质有下列五点主要区别:

(1)硅与其他元素化合时比碳具有更大的正电性,因此硅与氧的反应能力极强。碳和氧不能形成长链状分子,而硅和氧却能结合成长链状分子。

(2)碳与氧能以双键结合成碳基,而硅与氧间则不能以双键相连接。

(3)两个碳原子间能以单键、双键或叁键相结合,但两个硅原子间却只能以单键相连接。

(4)硅与硅原子间键能甚低,只能形成短链,一般最多只能得到 14 个硅原子化合物。

(5)硅与其他元素(氢、卤素、氮、硫)的化合物与同样的碳化物相比,极易发生水解反应。这一反应是合成有机硅聚合物的基础。

硅与其他元素形成的化学键的性质对于形成聚合物的稳定性是很重要的。

Si—Si 键是由两个正电性的硅原子相连接,故 Si—Si 键的键能较低,见表 3.5.5,比 C—C 键要容易分解得多。Si—C 键对热、氧化及水解作用相当稳定。R_4Si 具有高度热稳定性,R 为芳基时热稳定性更高。Si—H 键与 C—H 键截然不同,它极不稳定,与氧、卤素及水都易发生作用,极易与空气作用发生燃烧,生成二氧化硅并放出氢气:

$$SiH_4 + O_2 \longrightarrow SiO_2 + H_2 \uparrow$$

Si—Cl 键热稳定性很高,例如 $SiCl_4$ 在温度大于 600 ℃时仍不分解,但极易水解,且易与含羟基和氨基的化合物作用,因此 Si—Cl 键形成的高聚物也不可能制得。Si—O 键具有极高的热稳定性和化学稳定性,如硫酸、硝酸等强酸也不能破坏石英中的 Si—O 键,只有在氢氟酸或强碱作用下才能使其破裂。

通过上述的讨论可知,只有以 Si—O 键为主链形成的有机硅聚合物才能赋予材料以热稳定性和化学稳定性,所以它是目前在工业上具有实用价值的一类有机硅聚合物。

表 3.5.5　硅、碳与几种元素成键的键能

键的类型	键能/(kJ·mol^{-1})	键的类型	键能/(kJ·mol^{-1})
Si—Si	177.9	C—C	245.3
Si—C	245.3	C—H	365.4
Si—H	313.9	C—F	435.3
Si—F	598.6	C—Cl	293.0
Si—Cl	355.8	C—Br	238.6
Si—Br	288.8	C—I	180.0
Si—I	213.5	C—O	313.9
Si—O	327.6		

2. 有机硅树脂的合成原理

有机硅树脂常用甲基氯硅烷和苯基氯硅烷这类具有可以水解的活泼基团的有机硅单体经缩聚反应而得,这类有机硅单体可由通式 R_nSiX_{4-n} 来表示,其中 X 为 Cl 或 OR′,R 为烷基或芳基,工业上主要用烷基、苯基氯硅烷(如 $RSiCl_3$、R_2SiCl_2、R_3SiCl)及取代正硅酸酯[如 $RSi(OR')_3$、$R_2Si(OR')_2$、R_3SiOR']作原料,当后者 R 为乙烯基取代时,在玻璃纤维工业上被广泛用作表面处理剂,即硅烷类偶联剂。

有机硅单体极容易水解生成不稳定的硅醇:

$$R_3SiCl + H_2O \longrightarrow R_3SiOH + HCl$$

$$R_2SiCl_2 + 2H_2O \longrightarrow R_2Si(OH)_2 + 2HCl$$

$$RSiCl_3 + 3H_2O \longrightarrow RSi(OH)_3 + 3HCl$$

烷氧基取代的有机硅单体同样可水解成硅醇:

$$R_3SiOR' + H_2O \longrightarrow R_3SiOR' + R'OH$$

$$R_2Si(OR')_2 + 2H_2O \longrightarrow R_2Si(OH)_2 + 2R'OH$$

$$RSi(OR')_3 + 3H_2O \longrightarrow RSi(OH)_3 + 3R'OH$$

上述反应形成的硅醇,即可发生缩聚反应,形成硅氧键的缩聚物:

$$-\overset{|}{\underset{|}{Si}}-OH \ + \ HO-\overset{|}{\underset{|}{Si}}- \ \longrightarrow \ -\overset{|}{\underset{|}{Si}}-O-\overset{|}{\underset{|}{Si}}- \ +H_2O$$

双官能团的硅二醇间进行缩聚反应,可得线型的聚硅氧烷。而单官能团的单体作为封

端基起了控制分子链长短的调节剂的作用。用三官能团单体与双官能团单体进行共水解缩聚反应,最终可得体型结构的聚合物。

水解缩聚反应的影响因素有以下几种:

1) 单体结构对水解缩聚反应的影响

水解缩聚反应的速度与直接连在硅原子上的有机基团的数量和大小有关。有机基团的存在降低水解速度和水解产物的缩聚速度,如氯甲基硅烷的水解缩聚速度随硅原子上甲基取代基的增加而按下列顺序递降:

$$CH_3SiCl_3 > (CH_3)_2SiCl_2 > (CH_3)_3SiCl$$

硅原子上有机取代基的体积越大,则水解速度越慢。

2) 介质的 pH

在酸性介质中水解反应速度和水与酸的浓度的乘积有关,已水解的二官能团的产物会自动形成环状化合物。生成环状化合物的原因是酸能促使中间产物两端的羟基自身脱水而形成环状聚合物。

在中性介质中水解反应即使长时间也不能进行完全。但烷基氯硅烷由于水解时要放出氯化氢,对反应有加速作用。

在碱性介质中水解反应的速度也很慢。在碱用量较多时主要形成线型结构的缩聚物,环状结构的产率大大下降,这可能是因为在碱性介质中形成了下列平衡反应:

$$\begin{matrix} & R & & R & & & & R & & R & \\ & | & & | & & & & | & & | & \\ HO-&Si&-O-&Si&-OH + NaOH \rightleftharpoons NaO-&Si&-O-&Si&-OH + H_2O \\ & | & & | & & & & | & & | & \\ & R & & R & & & & R & & R & \end{matrix}$$

该反应使聚合物一端的羟基被钠离子封闭,缩聚链只能沿一个方向增长。

3) 溶剂的性质

在含氧的有机溶剂(如乙醚)存在下,由于此种溶剂既能溶解硅醇又能与水和单体互溶,溶剂具有稀释作用,减少了不同分子间的碰撞,相应地提高了低相对分子质量有机硅分子内部脱水生成环状体的可能性,因此形成了较多的环状低聚物。若在反应体系中仅存在能溶解单体和聚合物而不能与水互溶的有机溶剂,如苯、甲苯等,则这类溶剂不能有效地起稀释作用,从而可抑制环状聚合物的形成。

若在具有活性官能团的有机溶剂(如醇类)存在下反应,则利于线型聚合物的形成。醇类溶剂抑制环状聚合物形成的原因与碱的作用相仿,是由于部分醇类的反应封闭了聚合物链端的羟基所致。

4) 温度的影响

提高温度能加速水解反应,但是对水解反应来说这种影响不是主要的,而提高温度对水解产物的进一步缩聚具有较大的影响。

3. 有机硅树脂的合成

有机硅树脂由双官能团和三官能团的单体共水解缩聚而得。所以,在制备有机硅树脂时,一般有机基团与硅原子的比值(R/Si)在 1~2,R/Si 的比值增大,则固化树脂的硬度降低而韧性提高。

使用乙基或丙基这种碳链比甲基较长的烷基取代的有机硅单体会降低树脂的耐热性和刚性,但增加了树脂在溶剂中的可溶性。由苯基取代的单体所合成的树脂具有良好的耐热性,但固化后树脂的脆性较大,因此,工业生产上常将甲基氯硅烷和苯基氯硅烷混合使用,以制备耐热性和机械性能均好的树脂。

有机硅树脂的合成可在常压搪瓷釜中进行,模压用有机硅树脂的合成工艺如下:

(1) 水解反应 将单体二苯基二氯硅烷 44.3 kg、二甲基二氯硅烷 36.1 kg、二氯苯基三氯硅烷 68.7 kg、甲基乙烯基二氯硅烷 19.8 kg、甲苯 253 kg 加入混合釜中混合均匀,抽至滴加槽内备用。再将甲苯 85 kg 及自来水 845 kg 加入水解釜中,在搅拌下升温至 30~35 ℃,开始滴加混合单体,滴加时温度控制在 35~40 ℃,在 4~5 h 内滴完。滴加完毕,继续搅拌 30 min,然后静止分层 30 min,放去下层酸水,加入丁醇 76 kg,上层的硅醇抽入到水洗釜内,加 600 kg 自来水进行水洗,搅拌 10 s,静止分层 30 min,放去下层酸水,水洗 6 次,过滤 1 次。在真空下蒸去部分溶剂,浓缩至固体含量在 55%~65%,冷却,放料。

(2) 缩聚反应 将浓缩硅醇加入缩合釜内,搅拌,加入催化剂,在真空下脱除溶剂,然后升温到 160~170 ℃,进行缩聚反应,当胶化时间达到 2.5~7 min(250 ℃)时作为缩合终点,停止加热,趁热放料。

如果把低相对分子质量的硅醇与不饱和聚酯树脂、酚醛树脂或环氧树脂共聚改性,使树脂中的硅醇基团与其他树脂中的羟基、羟甲基或酚羟基等起反应,则可提高这些树脂的耐热性和耐水性以供不同的应用需要。

有机硅树脂固化一般是在较高温度下(200~250 ℃)热固化,最常用的固化剂为三乙醇胺或它和过氧化二苯甲酰的混合物,且固化时间较长。

4. 有机硅树脂的结构与性能

1) 热稳定性

有机硅树脂的大分子主链由 Si—O—Si 键构成,由于 Si—O 键的键能较高,所以比较稳定,耐热性和耐高温老化性能很好,一般耐热温度范围为 200~250 ℃,但有机取代基种类不同其耐热温度也不同。

随硅原子上有机取代基的链长增加,树脂的韧性增大,但热稳定性及硬度降低。树脂的热稳定性按下列顺序递降:

$C_6H_5— > Cl_3C_6H_2— > Cl_2C_6H_3— > ClC_6H_4— > CH_2=CH— > CH_3— > C_3H_7—$

聚有机硅氧烷的耐热程度如下:

苯基系:>200 ℃;甲基系:200 ℃;乙基系:140 ℃;丙基系:120 ℃。

2) 憎水性

有机硅树脂具有憎水性,水珠在其表面不能浸润。当有机硅树脂涂在其他材料,如金属、玻璃、陶瓷、织物等表面上时,由于硅与氧原子的负电性相差较大,硅氧键就具有极性,氧原子即趋向于被涂物质的表面,它与被涂物质的表面上的某些原子形成配价键或以偶极相互吸引,而牢固地和接触表面连接起来,使非极性的有机基团排列向外,形成了一层碳氢基团的表面层。这就阻碍了水分子与主链上的 Si—O 极性键接触,具有了很强的憎水性。因此由有机硅树脂制成的玻璃布层压板有很低的吸水性,在潮湿环境下仍具有良好的电绝缘性能和机械强度。

3) 介电性能

由于聚有机硅氧烷大分子主链的外面具有一层非极性的有机基团,并且大分子链具有较好的分子对称性,所以有机硅树脂具有优良的电绝缘性能。同时该树脂在击穿强度、耐高压电弧与电火花方面表现出极优异的性能。与一般的有机聚合物不同,在受电弧、电火花作用时,即使裂解除去有机基团,但表面剩下的二氧化硅同样具有良好的介电性能。而一般有机聚合物在电弧或电火花作用下常发生碳化,致使电绝缘性能下降,甚至完全丧失。

由于有机硅树脂的憎水性以及在较广的温度与频率范围内介电性能仍可保持不变,所以广泛用作在潮湿条件下的 H 级绝缘材料。

4) 机械强度

有机硅树脂固化后的机械强度不高,主要原因是分子间的作用力不大。若以氯代苯基取代分子链中的苯基,可提高分子链的极性,从而提高机械强度。

5) 耐化学腐蚀性能

有机硅树脂的玻璃纤维层压板可耐浓度为 10%～30% 的硫酸、10% 盐酸、10%～15% 的氢氧化钠、2% 碳酸钠以及 3% 的双氧水,耐浓酸以及某些溶剂,如四氯化碳、丙酮和甲苯的性能较差,醇类、脂肪烃和润滑油对它的影响较小。

有机硅树脂层压板在电工行业中作为 H 级绝缘材料已获得广泛应用,有机硅树脂若经酚醛树脂改性后制成的复合材料可在 260 ℃ 下长期使用,瞬时耐高温可达 550～1 100 ℃,作为一种耐高温的结构材料已用于飞机和导弹部件。

3.5.4　呋喃树脂

呋喃树脂是以糠醛或糠醇为主要原料,与其他原料进行缩聚反应而制得的一类聚合物。呋喃树脂具有突出的耐腐蚀性能、耐热性能,以及原料来源广泛、合成工艺简单等优点。呋喃树脂虽然发现较早,但由于树脂合成过程难于控制以及固化速度较慢,因此开始工业化生产的时间比酚醛树脂晚。同时,由于呋喃树脂的脆性大、黏结性差以及固化速度慢所带来的施工工艺性差等缺点,在很大程度上限制了它的发展和应用。到了 20 世纪 70 年代中期以后,由于树脂合成技术和催化剂应用技术的突破,基本上克服了呋喃树脂存在的上述缺点,它才得到了较快的发展,并用于复合材料的制造。

呋喃树脂的主要原料糠醛来源于农副产品,如棉籽壳、稻壳、甘蔗渣、玉米芯和玉米秆等。我国有着极其丰富的农副产品资源,充分利用这些废弃农副产物来发展呋喃树脂是很有发展前途的。

1. 呋喃树脂的种类

1) 糠醛苯酚树脂

高纯度的糠醛是一种无色透明的油状液体,在空气中易氧化而逐渐转变成深褐色。糠醛可与苯酚反应缩聚成二阶的热塑性树脂,糠醛在酸性条件下容易聚合形成凝胶,所以不用酸性催化剂,常用的催化剂有氢氧化钠、氢氧化钾、碳酸钠或其他碱土金属的氢氧化物,但不用氢氧化铵,因为它易与糠醛发生化学反应。催化剂用量一般为1%左右。

糠醛苯酚树脂的实验室合成方法为:在135℃时使8g碳酸钾溶于400g苯酚中,将300g糠醛在30min内滴加完毕,再在135℃反应4h至无水释出为止。反应产物最后在2.67kPa、135℃下抽真空,直到树脂达一定的熔点。

糠醛苯酚树脂的工业制法如下:将糠醛80份,苯酚100份,氢氧化钠0.5~0.75份加入高压釜中。然后关紧高压釜,开动搅拌,以0.5~0.6MPa的蒸汽通入夹套进行加热,使釜内压力达到0.45~0.55MPa即将蒸汽关闭,釜内温度随反应放热继续上升。釜中压力也随之上升到1.0~1.2MPa。通过冷却或加热保持釜内压力在0.8~1.0MPa(相当于175~180℃)之间,反应40~60min,然后冷却;取出树脂后,即送入真空干燥器中进行烘干,干燥温度为125~135℃,直至树脂的软化点达80~85℃为止。

糠醛苯酚树脂的固化方法与二阶酚醛树脂相似,也要加入六次甲基四胺固化剂。但必须在较高的温度下才能充分固化。如果在130~150℃加热,则树脂的凝胶时间相当长。若温度上升至180~200℃,则由于糠醛树脂分子中双键发生聚合反应而迅速固化,而且其固化速度较酚醛树脂更快。

糠醛苯酚树脂的B阶时间较长,固化时有较长的流动时间,因此广泛地被用作模压料,如果将糠醛苯酚树脂与二阶酚醛树脂混合,则可大大改善树脂的流动性能。

用糠醛苯酚树脂制备的模压制品的耐热性比酚醛树脂为好,使用温度可提高10~20℃,其尺寸稳定性、在高温下的硬度以及介电性能等也比较好。它还可用作砂轮、木材、金属的黏结剂。

2) 糠醛丙酮树脂

在碱性条件下糠醛与丙酮按下列方式缩合:

$$\text{[糠醛]}-\text{CHO}+\text{CH}_3\overset{\text{O}}{\text{C}}\text{CH}_3 \longrightarrow \text{[糠醛]}-\text{CH}=\text{CH}-\overset{\text{O}}{\text{C}}-\text{CH}_3 \qquad (3-5-1)$$

熔点 39℃

若反应体系中糠醛过量,则上述产物进一步缩合:

$$\text{[糠醛]}-\text{CH}=\text{CH}-\overset{\text{O}}{\text{C}}-\text{CH}_3 + \text{[糠醛]}-\text{CHO} \longrightarrow \text{[糠醛]}-\text{CH}=\text{CH}-\overset{\text{O}}{\text{C}}-\text{CH}=\text{CH}-\text{[糠醛]}$$

$$(3-5-2)$$

熔点 59℃

上述两种糠酮单体可与甲醛在酸性条件下进行缩聚反应,使糠酮单体分子间以次甲基键连接起来形成线型树脂,反应比较复杂,例如:

$$2\,\text{[糠醛]}-\text{CH}=\text{CH}-\overset{\text{O}}{\text{C}}-\text{CH}_3 + \text{CH}_2\text{O} \longrightarrow$$

$$H_3C-\overset{O}{\underset{}{C}}-CH=CH-[\text{呋喃环}]-CH_2-[\text{呋喃环}]-CH=CH-\overset{O}{\underset{}{C}}-CH_3 + H_2O \quad (3-5-3)$$

由于糠酮树脂的分子链中含有不饱和双键及呋喃环，在酸性催化剂作用下，这些双键打开交联生成不溶不熔的体型结构的树脂。

糠醛丙酮树脂的合成过程如下：

（1）糠酮单体的合成　将 40 kg 糠醛和 22 kg 丙酮加入反应釜内，并搅拌冷却至室温。加入 16% 氢氧化钠 2 850 mL（1 h 内加完），温度自动上升至 40 ℃ 左右。然后升温到 64 ℃ 反应 30 min。在 0.5 h 内滴加 5 820 mL 氢氧化钠，并反应 1 h。生成的单体用稀酸中和至 pH＝7，水洗，真空脱水 3 h，脱水温度达 115 ℃ 时为脱水终点。

（2）树脂合成　将 60 kg 糠酮单体和 15 kg 37% 甲醛加入反应釜后搅匀，然后加入 24.6% 硫酸 900 mL，在 1 h 内升温至 98～100 ℃，反应 1.5 h 后降温至 80 ℃。加入 16% 氢氧化钠 2 450 mL 中和，然后加入 10 kg 水搅拌 5～10 min 后冷却至 40 ℃，再水洗 3 次。最后真空脱水至 120 ℃ 时即为终点。

3）糠醇树脂

糠醛氢化可制成糠醇。糠醇通常为淡黄色的液体，在酸性催化剂存在下很易缩聚成树脂，在缩聚反应中，糠醇分子中的羟甲基可与另一糠醇分子的 α-氢原子缩合，形成次甲基键：

$$\text{呋喃环}-CH_2OH + \text{呋喃环}-CH_2OH \xrightarrow{H^+} \text{呋喃环}-CH_2-\text{呋喃环}-CH_2OH + H_2O \quad (3-5-4)$$

呋喃环上的羟甲基也与酚环上的羟甲基一样可相互缩合，形成甲醚键：

$$\text{呋喃环}-CH_2OH + \text{呋喃环}-CH_2OH \rightarrow \text{呋喃环}-CH_2-O-CH_2-\text{呋喃环} + H_2O \quad (3-5-5)$$

甲醚键在受热下可进一步裂解出甲醛，形成次甲基键：

$$\text{呋喃环}-CH_2-O-CH_2-\text{呋喃环} \rightarrow \text{呋喃环}-CH_2-\text{呋喃环} + CH_2O \quad (3-5-6)$$

上述含有羟甲基的产物，可以继续进行缩聚反应，最终形成线型的糠醇树脂，其结构通式如下：

$$\text{呋喃环}-CH_2-[\text{呋喃环}-CH_2]_n-\text{呋喃环}-CH_2OH$$

糠醇也可以与糠醛或甲醛等进行共缩聚反应，以改进树脂的反应性和其他性能。

合成糠醇树脂的催化剂可用无机酸（盐酸、硫酸、磷酸等），也可用强酸弱碱所生成的盐（如三氯化铁、三氯化铝、氯化锌等），活性氧化铝、五氧化二磷、铬酸等也可用作催化剂。硫酸是工业上常用的催化剂。酸催化的缩聚反应是强烈的放热反应,所以必须谨慎地控制反应温度。

糠醇树脂的合成工艺如下:在反应釜中加入 70% 的糠醇水溶液,加入硫酸调节 pH 在 1.7~2.3 之间,加热升温到 70~75 ℃进行反应,直至反应物黏度达 0.01 Pa·s(50 ℃时测定)时降温至 60 ℃,并用氢氧化钠中和至 pH 为 5~7。然后真空脱水至树脂呈透明状态即为产品。

糠醇树脂固化物阻燃性能好,在常温下能耐稀碱、稀酸,耐水、耐热,不受一般溶剂的腐蚀,但不耐浓碱和氧化物。糠醇树脂的化学稳定性比酚醛树脂为好。

2. 呋喃树脂的固化

糠酮和糠醇这类呋喃树脂固化时一般用酸类作为固化剂,其固化速度取决于温度以及酸的浓度和用量。硫酸或对甲苯磺酸可使树脂室温固化,弱酸如苯酐、顺酐以及磷酸在室温时不会引起固化,甚至也不会使树脂黏度增加,但在 95~200 ℃时加热几个小时可固化,这类树脂的固化速度较慢,但固化时无小分子物质释出,所以可低压成型。

一般认为,呋喃树脂的固化过程是由于呋喃环上的双键在强酸性催化剂作用下发生加成聚合作用,从而形成体型结构的聚合物。

3. 呋喃树脂的性能和应用

呋喃树脂的性能,主要是指糠酮和糠醇类树脂的性能。糠醛取代甲醛制得的苯酚糠醛树脂,虽然也属呋喃树脂类型,但由于树脂的性能类似于酚醛树脂,故不再讨论。

呋喃树脂的最大特点是与许多热塑性和热固性树脂、天然和合成橡胶等有很好的混溶性能,因此可与环氧或酚醛树脂混合改性。呋喃树脂与一般有机溶剂也有很好的相容性,可溶于丙酮、二氧六环、醇类和芳烃等溶剂。

呋喃树脂固化物的最大特点是耐强酸(除强氧化性的浓硝酸和浓硫酸以外)、强碱和有机溶剂的侵蚀,在 200 ℃下仍很稳定。因此,呋喃树脂主要用作各种耐化学腐蚀和耐高温的防腐材料。其主要的应用有以下几个方面:

(1) 耐化学腐蚀材料　呋喃树脂的耐化学腐蚀性能仅次于聚四氟乙烯树脂,主要用于制备防腐蚀的胶泥,用作化工设备的衬里,或用作防腐复合材料管道的内衬等。胶泥是用液态树脂和粉状惰性填料及固化剂(如对甲苯磺酸)混合而成,常用的填料有石英粉、炭黑、石墨、玻璃纤维等。但以石棉或石英为填料时不宜用于强碱性介质的防腐,而用炭黑或石墨作填料时,可改善胶泥的耐氢氟酸和耐热碱液的性能。呋喃树脂常用作防腐蚀地面瓷砖等的黏结剂,也可用来修补搪瓷玻璃反应釜等。呋喃树脂可制备模压和层压产品,以及防腐蚀的清漆、黏结剂等。

(2) 耐热材料　呋喃树脂复合材料一般可在 180~200 ℃下长期使用,其耐热性比酚醛树脂基复合材料高。

(3) 与其他树脂的改性　呋喃树脂虽然具有优良的耐腐蚀性能和耐热性能,但由于高交联密度引起的脆性影响了其性能的发挥。用其他树脂对其进行改性能较好地改善其脆性。常用的改性树脂有环氧树脂和酚醛树脂,用这两个树脂对呋喃树脂进行改性,不但能改善其脆性,而且能大幅度提高其弯曲强度。环氧或酚醛树脂改性的呋喃树脂复合材料可制备化工反应釜、贮槽、管道等化工防腐设备。

3.5.5 脲醛树脂

由甲醛和尿素合成的热固性树脂称为脲甲醛树脂,简称脲醛树脂。习惯上人们常将脲醛树脂以及三聚氰胺甲醛树脂等这一类树脂称作氨基树脂。

1. 脲醛树脂的合成原理

脲醛树脂的合成和固化过程遵循缩聚反应的规律,即树脂的合成可以控制缩聚反应在某一合适的阶段终止,当固化时又可使这一反应继续进行。脲醛树脂的合成反应也包括加成反应和缩聚反应两个阶段。

1) 甲醛与尿素的加成反应

尿素与甲醛是合成脲醛树脂的主要原料,甲醛常用37%(质量分数)的甲醛水溶液,所以树脂的合成在水溶液中进行。在酸性或碱性条件下,尿素与甲醛在水溶液中首先发生加成反应,生成一羟甲脲:

$$NH_2—CO—NH_2 + CH_2O \rightleftharpoons NH_2CONHCH_2OH \qquad (3-5-7)$$

反应(3-5-7)是可逆的,正反应为双分子反应,逆反应为单分子反应。

一羟甲脲再与甲醛反应,生成二羟甲脲:

$$NH_2CONHCH_2OH + CH_2O \rightleftharpoons CO(NHCH_2OH)_2 \qquad (3-5-8)$$

反应(3-5-8)也是可逆的,正反应为双分子反应,逆反应为单分子反应。

在中性条件下,如果尿素(以 U 表示)与甲醛(以 F 表示)等物质的量反应,则最终达到尿素、甲醛、一羟甲脲以及二羟甲脲这四个组分的平衡。通过动力学研究已估计了上述反应的速率常数及平衡常数,见表3.5.6,由平衡常数可计算出溶液起始含有 1 mol/L 的尿素与 1 mol/L 的甲醛的平衡组成(35 ℃,pH=7)大体为:尿素 0.26 mol/L、甲醛 0.08 mol/L、一羟甲脲 0.56 mol/L 以及二羟甲脲 0.18 mol/L。

表3.5.6 尿素与甲醛加成反应的速率常数

反　　应	二级反应速率常数 /(L·mol⁻¹·s⁻¹)	平衡常数 K /(mol·L⁻¹)
U+F $\rightleftharpoons$ UF	0.9×10^{-4}	0.036
UF+F $\rightleftharpoons$ UF$_2$	0.36×10^{-4}	0.022
UF$_2$+F $\rightleftharpoons$ UF$_3$	0.1×10^{-4}	1.2

注:反应温度35 ℃,pH = 7。

当起始F/U物质的量之比大于1:1时,上述平衡组成受到影响,因为当F/U物质的量之比大于2:1时,二羟甲脲可进一步与甲醛反应生成少量三羟甲脲:

$$CO(NHCH_2OH)_2 + CH_2O \rightleftharpoons HOCH_2NHCON(CH_2OH)_2 \qquad (3-5-9)$$

反应(3-5-9)的速率常数及平衡常数也列出在表3.5.6中。

反应(3-5-7)和(3-5-8)可被 H^+ 或 OH^- 所催化,但 OH^- 的催化效应较大。由于正反应和逆反应均可被催化到大致上相同的程度,所以随 pH 的变化平衡常数改变不大。在实际的脲醛树脂合成过程中,由于反应最终都在酸性条件下进行,羟甲脲很易参加缩聚反应以及生成不溶性的次甲基脲沉淀,所以常不能达到平衡。

一般认为,甲醛与尿素的加成反应是由于甲醛对尿素的亲电进攻,此时借尿素提供电子对而形成 C—N 键:

$$NH_2-C-N:+CH_2 \longrightarrow NH_2-C-NH-CH_2OH$$

然而,在水溶液中甲醛主要以甲二醇的形式存在,甲二醇不能直接与尿素加成,它必须首先脱水形成甲醛:

$$CH_2(OH)_2 \longrightarrow CH_2O + H_2O$$

这一步反应在尿素与甲醛加成以前发生。

在碱性溶液中,碱性催化剂(以 B 表示)从尿素分子吸引一个质子,形成尿素阴离子,有利于甲醛的亲电进攻:

$$NH_2CONH_2 + B \longrightarrow NH_2CON\overset{\ominus}{H} + \overset{\oplus}{B}H$$
$$NH_2CON\overset{\ominus}{H} + CH_2O \longrightarrow NH_2CONHCH_2\overset{\ominus}{O}$$
$$NH_2CONHCH_2\overset{\ominus}{O} + \overset{\oplus}{B}H \longrightarrow NH_2CONHCH_2OH + B$$

最终生成羟甲脲。

在酸性溶液中,甲醛有可能由于增加一个质子而活化,形成的阳碳离子较未离子化的甲醛更易进攻尿素。若以 HA 表示酸,反应历程如下:

$$CH_2O + HA \longrightarrow \overset{\oplus}{C}H_2OH + \overset{\ominus}{A}$$
$$NH_2CONH_2 + \overset{\oplus}{C}H_2OH \longrightarrow NH_2\overset{\oplus}{C}ONH_2CH_2OH$$
$$NH_2\overset{\oplus}{C}ONH_2CH_2OH + \overset{\oplus}{A} \longrightarrow NH_2CONHCH_2OH + HA$$

通过这一反应历程同样生成羟甲脲。

一羟甲脲易溶于水,二羟甲脲在水中的溶解度较小,在室温下 100 g 水中大约只溶解 15 g。将一羟甲脲的水溶液酸化或加热,得到白色的不溶性产物:次甲基脲 $(NH_2CON=CH_2)$。将含二羟甲脲和一羟甲脲的水溶液或尿素与甲醛的物质的量之比为 1:2 的水溶液酸化时,也会生成沉淀,产物从水中析出。这是因为二羟甲脲和一羟甲脲在酸性溶液中进一步缩聚成羟甲基终止的线型低相对分子质量聚合物的缘故:

$$HOCH_2NHCONH(CH_2NHCONH)_nCH_2OH$$

正是因为这一原因,反应(3-5-7)和(3-5-8)的平衡状态在实际的反应过程中常常不能达到。

2) 羟甲脲的缩聚反应

羟甲脲分子中由于存在活泼的羟甲基(—CH$_2$OH),它们可进一步参加缩聚反应。虽然,在酸性或碱性条件下缩聚反应都可以进行,但在碱性条件下缩聚反应进行得很慢,所以工业上合成脲醛树脂都在酸性条件下进行。

(1) 在酸性条件下的缩聚反应　动力学研究表明,在酸性的稀水溶液中,由羟甲脲参加的缩聚反应都是在酸催化下羟甲基和酰氨基之间的双分子反应:

$$—\underset{\underset{H}{|}}{N}—CH_2OH + H—\underset{\underset{H}{|}}{N}—\overset{\overset{O}{\parallel}}{C}— \longrightarrow —\underset{\underset{H}{|}}{N}—CH_2—\underset{\underset{H}{|}}{N}—\overset{\overset{O}{\parallel}}{C}—+H_2O$$

导致缩聚产物中含有次甲基键。

已经研究了在尿素(U)、一羟甲脲(UF)和二羟甲脲(UF$_2$)之间的五个可能的反应:

$$U + UF \longrightarrow NH_2CONHCH_2NHCONH_2 + H_2O \tag{3-5-10}$$
$$(UMU)$$

$$U + UF_2 \longrightarrow NH_2CONHCH_2NHCONHCH_2OH + H_2O \tag{3-5-11}$$
$$(UMUF)$$

$$UF + UF \longrightarrow NH_2CONHCH_2NHCONHCH_2OH + H_2O \tag{3-5-12}$$
$$(UMUF)$$

$$UF + UF_2 \longrightarrow HOCH_2NHCONHCH_2NHCONHCH_2OH + H_2O \tag{3-5-13}$$
$$(FUMUF)$$

$$UF_2 + UF_2 \longrightarrow HOCH_2NHCONHCH_2N(CH_2OH)CONHCH_2OH + H_2O$$
$$(FUMUF_2) \tag{3-5-14}$$

符号 M 表示从甲醛导致的次甲基键。上述反应在 35 ℃ 和 pH=4.0 时的二级反应速率常数列于表 3.5.7。

表 3.5.7　羟甲脲间缩聚反应的二级反应速率常数

反　　应	$k/(\text{L}\cdot\text{mol}^{-1}\cdot\text{s}^{-1})$	反　　应	$k/(\text{L}\cdot\text{mol}^{-1}\cdot\text{s}^{-1})$
U + UF $\longrightarrow$ UMU	3.3×10^{-4}	UF + UF$_2$ $\longrightarrow$ FUMUF	0.5×10^{-4}
U + UF$_2$ $\longrightarrow$ UMUF	2.0×10^{-4}	UF$_2$ + UF$_2$ $\longrightarrow$ FUMUF	0.03×10^{-4}
UF + UF $\longrightarrow$ UMUF	0.85×10^{-4}		

在实验中发现,反应(3-5-14)的进行速度非常慢(在 pH=4 时)。因此认为,羟甲基不易与已取代的酰胺基反应。表 3.5.7 的数据表明,一羟甲脲中的—NH$_2$ 基团的活性比尿素中的—NH$_2$ 基团的活性要小,一羟甲脲中的羟甲基比二羟甲脲中的羟甲基要活泼。升高

温度时上述五个反应的速度都增加,活化能约 62.7 kJ/mol。

在上述五个反应中,经过初次缩聚后产物中仍有羟甲基或酰氨基,它们可以不断地使缩聚反应进行下去,生成相对分子质量较高的聚合物。然而,分别由一羟甲脲和二羟甲脲进行缩聚反应(由它们本身或与尿素进行缩聚反应)而得的树脂在结构上有很大差异,前者仅能得到热塑性树脂,仅当体系中具有一定量的二羟甲脲时才能得到热固性树脂。这种差异涉及参加缩聚的单体的官能度问题。

按照体型缩聚的概念,只有参加缩聚反应的单体的平均官能度大于 2 时,才能形成热固性树脂。一羟甲脲($NH_2CONHCH_2OH$)分子中可以进行缩聚反应的官能团是羟甲基及其他三个连接在氮原子上的氢原子,分子中共有四个活性基团。然而,一羟甲脲分子中的羟甲基只能与另外的一羟甲脲分子中氮原子上的活泼氢进行缩聚,而氮原子上的三个氢原子也只能与另一个一羟甲脲分子中的羟甲基进行缩聚,所以实际上每个一羟甲脲分子中只有两个可以进行缩聚反应的活性基团,即反应体系的平均官能度等于 2,只能得到线型聚合物。在二羟甲脲($HOCH_2NHCONHCH_2OH$)分子中具有两个可以参加缩聚反应的羟甲基及两个连接在氮原子上的氢原子,这两个羟甲基可分别与另一个二羟甲脲分子中氮原子上的两个氢原子进行缩聚,而氮原子上的两个氢原子也可分别与另一个二羟甲脲分子中的两个羟甲基进行缩聚,所以反应体系的平均官能度等于 4,可以得到体型结构的聚合物。

前已述及,当甲醛与尿素的物质的量之比等于 1:1 时,主要形成一羟甲脲,在加成反应的过程中二羟甲脲的形成量甚少,这样的配比只能生成热塑性脲醛树脂。当甲醛与尿素的物质的量之比大于 1:1 时,随甲醛用量的增加形成的二羟甲脲的量也增加,合成得到热固性的脲醛树脂。所以,工业生产脲醛树脂都是在甲醛与尿素物质的量之比大于 1:1 的条件下进行的。

(2) 在碱性条件下的缩聚反应　在碱性条件下羟甲脲的缩聚反应与酸性条件不同,在缩聚物分子中不含次甲基键,而含有甲醚(—CH_2OCH_2—)键,它是通过羟甲基之间的缩聚反应形成的,例如一羟甲脲与二羟甲脲缩聚:

$$NH_2CONHCH_2OH + HOCH_2NHCONHCH_2OH \rightarrow H_2NCONHCH_2OCH_2NHCONHCH_2OH + H_2O$$

上述反应也可形成缩聚物。但由于在碱性条件下的缩聚反应较慢,因此脲醛树脂的合成一般不在碱性条件下进行。

2. 脲醛树脂的合成

脲醛树脂的合成一般分两步进行(两步法生产),即先在中性或微碱性条件下进行甲醛与尿素的加成反应,生成羟甲脲,然后再在酸性条件下进行羟甲脲的缩聚反应,控制生成一定相对分子质量的树脂。

1) 脲醛树脂合成工艺

(1) 聚合特征　两步法生产脲醛树脂,其聚合过程有下述变化。当尿素加毕将温度控制在 95 ℃左右反应,透明的反应溶液会渐呈混浊。继续反应时介质 pH 渐降,溶液混浊情况有所好转,至某一反应程度 pH 下降至 5 左右介质呈酸性,溶液又渐渐变得透明。如果反应不加控制让其在酸性条件下继续进行下去,则溶液黏度不断增大,溶液又渐渐变得不透明,直至出现凝胶。如果继续加热反应,最终可得到坚硬的、无色透明的不溶不熔物。

上述合成过程中的一系列变化一般可作如下解释:在起始透明的尿素与甲醛水溶液中随着加成反应的进行渐呈混浊,是由于生成某种在水中不溶解的物质的缘故。这些不溶解的物质可能是二羟甲脲,因为它在水中溶解度较小,但更主要的可能是由于羟甲脲缩聚形成的分子链长短不一的缩聚物:

$$HOCH_2NHCONH(CH_2NHCONH)_nCH_2OH$$

这些缩聚物在水中沉淀出来,使溶液逐渐混浊。随缩聚反应的继续进行,这类缩聚物在水中的溶解度又渐渐增加,因此观察到在反应过程中随反应介质达到酸性条件后溶液又渐渐变得透明,羟甲脲缩聚物在水中溶解度渐增以致完全溶解于水,这可能是由于溶液中的游离甲醛与羟甲脲缩聚物分子链中氮原子上的活泼氢反应,生成羟甲基侧链的缘故,例如:

$$HOCH_2NHCONH{\leftarrow}CH_2NCONH{\rightarrow}_{\overline{n}}CH_2OH$$
$$|$$
$$CH_2OH$$

如果在酸性条件下继续反应,则透明的溶液又渐渐混浊,黏度也不断增加。这可能是因为羟甲基不断参加缩聚反应,形成次甲基键或甲醚键后本身浓度下降,所以缩聚物在水中溶解度降低,溶液又发混。但通过这些反应使缩聚物的相对分子质量不断增大,所以溶液黏度渐增。

在酸性条件下如果反应不加控制,则随溶液黏度不断增加以致出现凝胶,这说明缩聚物分子已开始出现三维网络结构。进一步缩聚使网络结构更趋紧密,最终形成坚硬的不溶不熔物。

(2) 合成工艺 将 37% 甲醛 514.2 kg、水 25 kg 加入反应釜中,用 15%NaOH 溶液校正 pH 到 4.8~5.2。升温到 80~85 ℃,将预先溶好的热脲素溶液(尿素 190.1 kg 溶于 102.4 kg 水中)自高位槽在 30~60 min 内加入反应釜中,温度控制在 90~100 ℃,复测 pH 应在 5~5.5。在 90~100 ℃保持以 2 份树脂和 5 份清水在 25 ℃生成云雾状不溶物作为反应终点。真空脱水 2~3 h,温度 45~60 ℃,脱水量在 300 kg 以上,黏度达 75~100 Pa·s,立即冷却,降温到 45 ℃以下,pH 调至 7,出料。

2) 脲醛树脂合成的影响因素

(1) 尿素与甲醛的投料比 为了合成热固性树脂,甲醛与尿素的摩尔投料比必须大于 1,生产压塑粉用脲醛树脂的 F/U 物质的量之比控制在 1.5∶1 左右,黏合剂用脲醛树脂合成时两者物质的量之比控制在(1.5~2.0)∶1 之间。

生产压塑粉用的脲醛树脂合成时控制甲醛/尿素的物质的量之比较低,这主要是为了降低压塑粉模压时的固化收缩率。用于黏合剂的脲醛树脂合成时,甲醛/尿素的物质的量之比控制较高,主要是为了获得较高缩聚度的树脂。然而,甲醛过量太多则液体树脂中游离醛含量过高,增加了树脂的固化收缩率,易使制品发生层间开裂。研究表明,当 F/U 的物质的量之比为 1.75∶1 时,树脂固化后的透明性最好;当 F/U 的物质的量之比为 1.5∶1 时,所得树脂固化后的耐沸水性最好,但稳定性稍有下降。一般认为,F/U 的物质的量之比控制在(1.6~2.0)∶1 较合适。

（2）反应介质的酸碱性　一羟甲脲与二羟甲脲在强碱条件下(pH 为 11～13)的生成速度极慢,在酸性条件下羟甲脲又容易转变成不透明、不溶于水的沉淀,酸性愈强,沉淀愈多。因此为了得到透明的树脂溶液,反应介质的 pH 应严格控制。

在缩聚阶段,pH 的大小主要影响树脂黏度上升的快慢。pH＝7.6 时缩聚极慢,pH＜4(强酸性条件) 缩聚反应极快,易生成凝胶,此时必须谨慎操作。

最终得到的脲醛树脂都必须在中性条件下贮存,以防止缩聚反应进行导致树脂凝胶。

（3）反应温度　温度越高反应速度愈快,但温度过高树脂容易凝胶,当温度超过 110 ℃时一羟甲脲也易于转变成次甲基脲形成白色沉淀,因此一般反应温度都控制在 100 ℃以下。

（4）甲醛水溶液的浓度及纯度　甲醛水溶液中甲醛浓度愈高,反应速度愈快,一般甲醛浓度大于 30％时就可用于合成脲醛树脂。甲醛中的杂质尤其是重金属离子(如铁离子),对反应速度、树脂色泽及固化后的性能都有影响。

3. 脲醛树脂的固化

脲醛树脂的固化过程实际上是树脂分子链通过其活性基团(羟甲基及氮原子处的活泼氢)继续进行缩聚反应的结果,例如分子链中的羟甲基与另一分子链中氮原子上的活泼氢反应,形成次甲基键:

$$\begin{array}{c} \sim\!\!\sim\!\!CONCH_2\!\sim\!\!\sim \\ | \\ CH_2OH \\ \\ \sim\!\!\sim CONHCH_2\!\sim\!\!\sim \end{array} \longrightarrow \begin{array}{c} \sim\!\!\sim\!\!CONCH_2\!\sim\!\!\sim \\ | \\ CH_2 \\ | \\ \sim\!\!\sim CONCH_2\!\sim\!\!\sim \end{array} +H_2O$$

然而分子间的交联也有可能通过相邻分子链中羟甲基之间的相互反应,形成甲醚键:

$$\begin{array}{c} \sim\!\!\sim\!\!CONCH_2\!\sim\!\!\sim \\ | \\ CH_2OH \\ \\ CH_2OH \\ | \\ \sim\!\!\sim CONCH_2\!\sim\!\!\sim \end{array} \longrightarrow \begin{array}{c} \sim\!\!\sim\!\!CONCH_2\!\sim\!\!\sim \\ | \\ CH_2 \\ | \\ O \\ | \\ CH_2 \\ | \\ \sim\!\!\sim CONCH_2\!\sim\!\!\sim \end{array} +H_2O$$

但甲醚键在加热时不稳定,可断裂失去甲醛并形成次甲基键:

$$\begin{array}{c} \sim\!\!\sim\!\!CONCH_2\!\sim\!\!\sim \\ | \\ CH_2 \\ | \\ O \\ | \\ CH_2 \\ | \\ \sim\!\!\sim CONCH_2\!\sim\!\!\sim \end{array} \longrightarrow \begin{array}{c} \sim\!\!\sim\!\!CONCH_2\!\sim\!\!\sim \\ | \\ CH_2 \\ | \\ \sim\!\!\sim CONCH_2\!\sim\!\!\sim \end{array} +CH_2O$$

所以,在充分交联的理想固化结构中,分子链间应该完全由次甲基键连接起来,且不存在—NH—或—CH₂OH 基团。但实际树脂的固化结构要复杂得多,其中保留有相当数目的—NH—和—CH₂OH 基团,同样可存在某些甲醚键。必须指出,由于甲醚键是由羟甲基之间的相互反应形成,除非它进一步断裂成次甲基键并释出甲醛继续反应,否则将使体系的官能度下降。因此,如果在最终的固化结构中保留有大量的甲醚键,则将引起交联程度严重下降。

脲醛树脂的固化除了加热条件外,可以不必再添加其他辅助剂,但是,为了加速固化常加入一种固化促进剂,以缩短固化周期。固化促进剂的作用是在一定温度下能释出游离酸,从而加速体型缩聚的进程。对压塑粉来说,工业上常用的促进剂有硫酸锌、磷酸三甲酯、氨基磺酸铵和草酸二乙酯等。

对脲醛黏结剂来说,固化时常加入铵盐,例如氯化铵,它可与树脂中的游离甲醛反应生成游离酸。氯化铵与甲醛的反应较复杂,一般认为反应过程如下式所示:

$$4NH_4Cl + 6CH_2O \longrightarrow N_4(CH_2)_6 + H_2O + 4HCl$$

3.5.6 三聚氰胺甲醛树脂

三聚氰胺甲醛树脂是由三聚氰胺和甲醛缩聚而成的热固性树脂。三聚氰胺甲醛树脂具有优良的耐热性、耐候性、耐水性、介电性能、阻燃性能及力学性能,因此,该树脂广泛用作为黏结剂及复合材料的基体树脂。

1. 三聚氰胺与甲醛的加成反应

在弱碱性的条件下,三聚氰胺与甲醛(在水溶液中)反应生成不同羟甲基化程度的羟甲基三聚氰胺,羟甲基化的程度取决于甲醛与三聚氰胺的物质的量之比。若 1 mol 三聚氰胺和 3 mol 温热的甲醛水溶液反应,直至形成溶液,并快速冷却,则得到结晶的三羟甲基三聚氰胺:

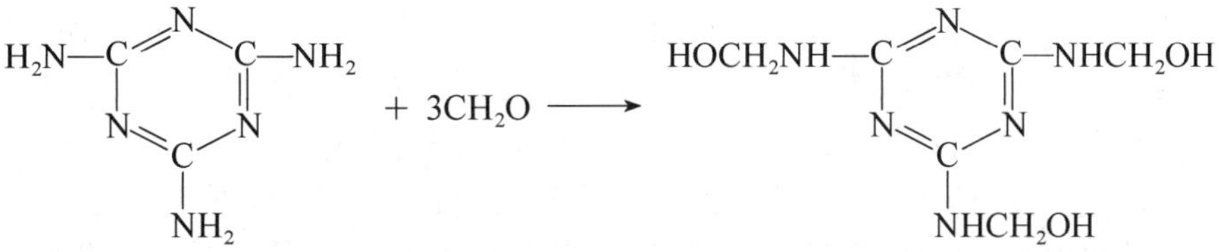

由于三聚氰胺分子中存在三个活泼的氨基,因此 1 mol 三聚氰胺可与多至 6 mol 的甲醛反应,生成六羟甲基三聚氰胺。

三聚氰胺为弱碱,当它在已中和至中性的甲醛水溶液中加热至 60 ℃ 以上逐渐溶解时,溶液转变成碱性,由于形成羟甲基衍生物而溶解完全,反应放热。1 mol 三聚氰胺用大于等于 2 mol 甲醛,则很容易溶解。若甲醛用量较小,则必须加水以保证三聚氰胺的完全溶解。

三聚氰胺甲醛树脂合成时甲醛与三聚氰胺的物质的量之比常在(2~3):1 之间,因此主要形成二羟甲基或三羟甲基三聚氰胺。与脲醛树脂的合成原理相似,树脂的形成主要通过羟甲基三聚氰胺的进一步缩聚反应。在碱性条件下,二或三羟甲基三聚氰胺很易进一步缩聚成树脂,在缩聚的初期树脂仍有水溶性。若在酸性条件下缩聚,则树脂很快失去水溶性,因此树脂的合成常在碱性条件下进行。

很多人已研究过三聚氰胺(M)与甲醛(F)在稀水溶液中的加成反应动力学,在溶液

pH＝7.7时存在下列可逆反应：

$$M + F \rightleftharpoons MF \qquad (3-5-15)$$

$$MF + F \rightleftharpoons MF_2 \qquad (3-5-16)$$

$$MF_2 + F \rightleftharpoons MF_3 \qquad (3-5-17)$$

上述三个反应的正、逆反应速率常数见表 3.5.8。表 3.5.8 数据表明，三聚氰胺羟甲基化成一羟甲基或二羟甲基三聚氰胺时的速率差别不大。

表 3.5.8　三聚氰胺与甲醛加成反应的速率常数

反应式	温度/℃	正反应(二级)速率常数 $k_1/(L \cdot mol^{-1} \cdot s^{-1})$	逆反应(二级)速率常数 $k_2/(L \cdot mol^{-1} \cdot s^{-1})$
$M + F \rightleftharpoons MF$	50	1.4×10^{-3}	0.3×10^{-4}
	70	6.1×10^{-3}	3.5×10^{-4}
$MF + F \rightleftharpoons MF_2$	50	1.0×10^{-3}	1.4×10^{-4}
	70	5.4×10^{-3}	6.6×10^{-4}
$MF_2 + F \rightleftharpoons MF_3$	50	1.8×10^{-3}	/
	70	7.4×10^{-3}	/

2. 树脂的合成和固化过程

1）树脂缩聚反应的特征

当三聚氰胺与中性的甲醛水溶液在超过 80 ℃加热搅拌并回流时，所观察到的缩聚过程的情况与脲醛树脂类似。首先，在三聚氰胺完全溶解后的短时间内，生成的浆状溶液可与水混合，冷却时沉淀出羟甲基三聚氰胺。将树脂继续加热，它甚至在冷却时也稳定，在一定的时间范围内无固体沉淀出来，树脂与水能以任何比例互溶；在这一阶段溶液与诸如乙醇和异丙醇这些醇类有一定的相溶性，这种相溶性随缩聚反应进行而降低。

进一步反应一段时间后，把一滴树脂浆液放入大量的冰水中时，可产生轻度的乳白光。这时树脂开始出现疏水性；继续反应，树脂的疏水性渐增，体系冷却时开始分成水相与树脂相两层。

若反应再继续进行下去，树脂相就形成不可逆的凝胶，将凝胶或疏水性树脂加热，则最终得到坚硬的、不溶不熔的产物。

上述一系列反应过程的速度随温度增加而增加，而且反应体系的 pH 也有很大的影响，只要稍微增加体系的酸性，上述各步反应的速度都明显加快。实际上，只要反应体系的 pH 不降至 8 以下，反应是很容易控制的，若 pH 超过 10，则反应进行极慢。树脂形成的速度也同样受 M/F 的物质的量之比所影响，随甲醛比例增加，反应速度增加。

只要对上述反应体系快速冷却，就可将缩聚反应控制在反应的任何阶段，一般都控制树脂达到疏水阶段的某一点，反应终点可借测定树脂冷却时与水的相容性来控制。

2）树脂缩聚反应的历程

与脲醛树脂相比，羟甲基三聚氰胺的缩聚反应历程研究得较少。一般认为，羟甲基三聚氰胺缩聚时其三氮杂苯环仍保留,缩聚反应主要通过不同三聚氰胺上的羟甲基之间或羟甲基与另一个三聚氰胺分子中氨基上的活泼氢之间进行,它们可分别通过甲醚键或次甲基键连接起来:

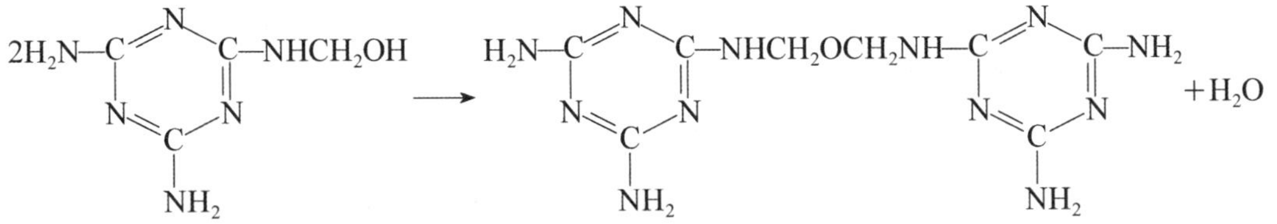

$$2H_2N-\text{(三嗪环)}-C-NHCH_2OH \longrightarrow H_2N-\text{(三嗪环)}-C-NHCH_2OCH_2NH-C-\text{(三嗪环)}-C-NH_2 \quad +H_2O$$

$$(3-5-18)$$

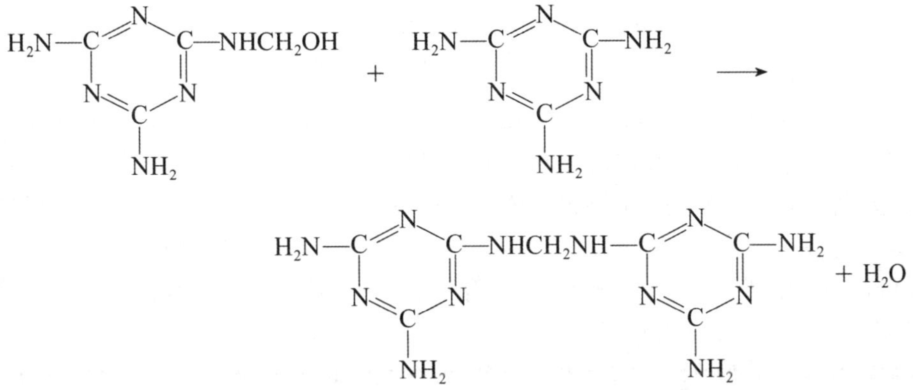

$$H_2N-\text{(三嗪环)}-C-NHCH_2OH \quad + \quad H_2N-\text{(三嗪环)}-C-NH_2 \longrightarrow$$

$$H_2N-\text{(三嗪环)}-C-NHCH_2NH-C-\text{(三嗪环)}-C-NH_2 \quad + H_2O$$

$$(3-5-19)$$

$$2H_2N-\text{(三嗪环)}-C-NHCH_2OH \longrightarrow H_2N-\text{(三嗪环)}-C-NHCH_2NH-C-\text{(三嗪环)}-C-NHCH_2OH \quad +H_2O$$

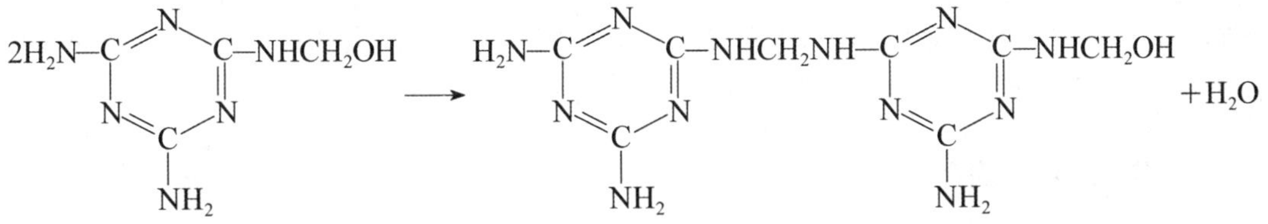

$$(3-5-20)$$

反应方程式(3-5-18)的产物分子通过甲醚键连接,而在反应式(3-5-19)和式(3-5-20)中则通过次甲基键连接起来。前已述及,在树脂形成过程中,三聚氰胺树脂会逐渐失去水溶性,这与缩聚反应过程中羟甲基逐渐减少有关。

羟甲基三聚氰胺在缩聚过程中可以同时形成次甲基键和甲醚键。研究结果表明,当 F 和 M 物质的量之比为 6∶1 时,固化树脂中几乎全为甲醚键;当 F 和 M 物质的量之比为 2∶1 时,则以次甲基键为主。而当三羟甲基三聚氰胺热固化时,固化树脂中甲醚键与次甲基键的比例约为 3∶1。

3) 三聚氰胺甲醛树脂的合成

模压料用三聚氰胺甲醛树脂的合成工艺方法如下:

将 120 kg 甲醛加入反应釜(200 L)中,加入 0.218 kg 六次甲基四胺,搅拌至溶解。在搅拌下加入 70 kg 三聚氰胺。加热至 30～34 ℃,让其自行放热升温至 70 ℃,反应 1.5 h 测定聚合度(1 份树脂加入 3 份水中,如呈白色沉淀即为终点)。到达终点后,加入三乙醇胺(稳定剂)0.365 kg、硬脂酸锌 0.183 kg,搅拌均匀后放料。

液体三聚氰胺甲醛树脂在室温时的贮存期较短(仅数天),工业上常将其经过喷雾干燥制成粉末树脂,后者在隔绝空气的条件下可长期贮存。

3.5.7 聚氨酯树脂

1. 概述

聚氨酯(Polyurethane,PU)是指分子结构中含有氨基甲酸酯基团(—NH—COO—)的聚合物,分子结构式如下:

$$\left[\begin{matrix} O \\ \| \\ C-NH-R-NH-C-O-R'-O \end{matrix}\right]_n$$

聚氨酯树脂一般由有机多异氰酸酯和低聚物多元醇(如聚醚多元醇和聚酯多元醇)反应获得。其分子结构包括:柔性链段和刚性链段;氨基甲酸酯基和其他化学基团;直链、支链和交联链段等。聚氨酯树脂具有可发泡性、弹性、耐磨性、黏结性、耐低温性、耐溶剂性以及耐生物老化等多种性能。由聚氨酯树脂制成的复合材料、泡沫塑料、弹性体、涂料、胶黏剂、纤维、合成皮革等产品,被广泛应用于机电、船舶、航空、车辆、土木建筑、轻工以及纺织等部门,在材料工业中占有重要的地位。

随着聚氨酯树脂成型技术的发展,该树脂已经越来越多地应用于复合材料领域。在近几年中,聚氨酯复合材料成型工艺发展了反应注射(Reaction Injection Molding,RIM)成型、拉挤成型、缠绕成型、真空灌注和喷射成型等技术。与用于制备复合材料的传统热固性树脂(如环氧树脂、乙烯基树脂、不饱和聚酯树脂)相比,聚氨酯树脂具有韧性好、固化过程中没有小分子挥发、环保性较好、可快速固化等优点。

2. 聚氨酯树脂的合成

1) 聚氨酯树脂的合成原理

聚氨酯树脂通常由有机多异氰酸酯和低聚物多元醇反应,生成端基为异氰酸酯基的预聚物,然后预聚物与二醇或者二胺类扩链剂反应,再经交联而制得。多异氰酸酯化合物含有高度不饱和的异氰酸酯基团(—N=C=O),化学性质非常活泼。反应条件和反应原料的不同会使异氰酸酯的反应产生很大的差别。一般按照如下反应式进行:

$$R-N=C=O+R'-OH \longrightarrow R-\overset{H}{\underset{N}{|}}-\overset{O}{\underset{\|}{C}}-O-R'$$

若反应物中的异氰酸酯基过量,则得到的是端基为—NCO 的聚氨酯预聚体,可用于制备弹性体、胶黏剂、涂料,甚至泡沫塑料等;若反应混合物中羟基与异氰酸酯基等物质的量,则理论上会生成相对分子质量无穷大的高聚物,但是受到体系中可能存在的微量水分、催化性杂质及单官能度杂质的影响,聚氨酯的相对分子质量一般为数万到十多万;如果羟基过量,则得到的是端羟基聚氨酯,可用于制备胶黏剂及混炼型聚氨酯弹性体生胶等。用于复合材料制造用的聚氨酯树脂通常设计成低黏度的双组分胶液,在成型时将两个组分混合均匀即可使用。

2）原材料

聚氨酯树脂主要的原料是多异氰酸酯和聚醚多元醇或聚酯多元醇。多异氰酸酯类化合物的化学结构、特性以及分子大小，直接影响聚氨酯树脂的性能。聚醚多元醇与聚酯多元醇的品种较多，具有不同官能度、相对分子质量以及反应活性，利用此特点可制备不同性能的聚氨酯树脂。

（1）多异氰酸酯　制备聚氨酯树脂用的多异氰酸酯有芳香族异氰酸酯、脂环族异氰酸酯和脂肪族异氰酸酯等种类。聚氨酯工业中用量最大的异氰酸酯主要有甲苯二异氰酸酯（TDI）、二苯基甲烷二异氰酸酯（MDI）、多亚甲基多苯基多异氰酸酯（PAPI）、异佛尔酮二异氰酸酯（IPDI）和六亚甲基二异氰酸酯（HDI）等。其中，TDI主要用于制造软质聚氨酯泡沫塑料、涂料、浇注型聚氨酯、聚氨酯弹性体、胶黏剂、铺装材料和塑胶跑道等；MDI用于制造热塑性聚氨酯弹性体、合成革树脂、鞋底树脂、单组分溶剂型胶黏剂等；PAPI主要用于合成硬质聚氨酯泡沫塑料、胶黏剂等；HDI、IPDI用于耐候性的聚氨酯涂料，三异氰酸酯用作聚氨酯及其他树脂的交联剂等。

常用的几种异氰酸酯分子结构式如下：

TDI：

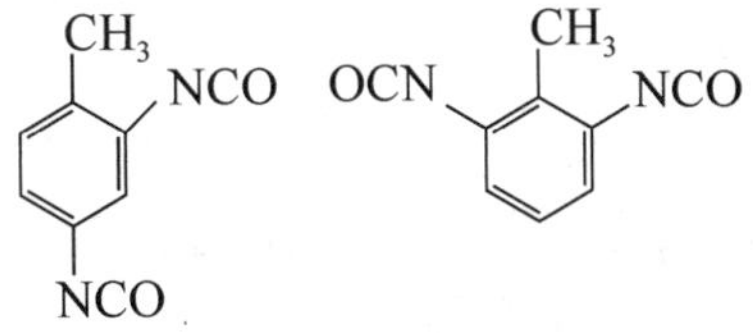

2,4-TDI　　2,6-TDI

MDI：

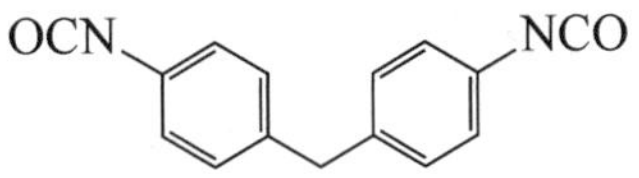

IPDI：

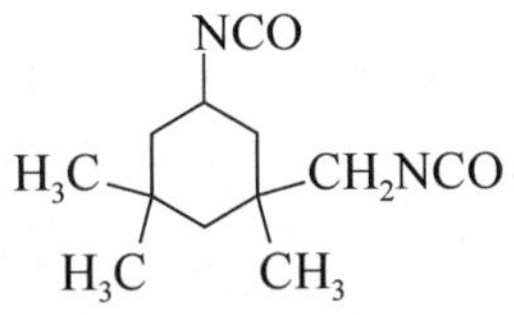

HDI：

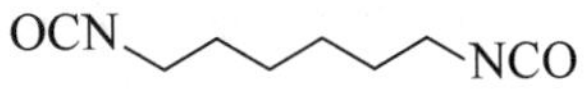

（2）聚醚多元醇　分子端基或侧基含两个或两个以上羟基、分子主链由醚链（—R—O—R′—）组成的低聚物称为聚醚多元醇，典型的分子结构式如下：

$$H{[}O-\overset{CH_3}{\overset{|}{C}H}-CH_2{]}_{n_1}O-R-O{[}\overset{CH_3}{\overset{|}{C}H}-CH_2-O{]}_{n_2}H$$

聚醚多元醇通常以多羟基、含伯氨基化合物或醇胺为起始剂，以氧化丙烯、氧化乙烯等环氧化合物为聚合单体，开环均聚或共聚而成。在聚醚多元醇分子结构中，醚键内聚能较低，易于旋转，由它制备的聚氨酯材料低温柔顺性好，耐水解性能优良。

聚醚多元醇的种类很多，根据其特性可分为三大类：① 通用型聚醚多元醇，包括聚氧化丙烯多元醇及聚氧化丙烯-氧化乙烯共聚醚多元醇;②聚合物多元醇,以通用聚醚多元醇为基础,与丙烯腈、苯乙烯等乙烯基单体,在引发剂作用下通过自由基接枝聚合而成;③聚四氢呋喃及其共聚聚醚多元醇,主要用于合成高性能耐水解聚氨酯弹性体等。

（3）聚酯多元醇　聚酯多元醇可由二元羧酸与二元醇等通过缩聚反应而得到,广义上包括常规聚酯多元醇、聚己内酯多元醇和聚碳酸酯二醇,结构中含有酯基（—COO—）或碳酸酯基（—OCOO—）。聚酯多元醇的分子结构式如下:

$$HO-R'\left[O-\overset{\overset{O}{\|}}{C}-R-\overset{\overset{O}{\|}}{C}-O-R'\right]_n OH$$

由于含有大量伯羟基,聚酯多元醇的反应活性较高,可在低温施工。聚酯型聚氨酯具有较多的酯基、氨酯基等极性基团,内聚强度和附着力强,具有较高的强度和耐磨性。根据是否含有苯环,聚酯多元醇可分为脂肪族多元醇和芳香族多元醇。

脂肪族聚酯多元醇多用于生产浇注型聚氨酯弹性体、热塑性聚氨酯弹性体、微孔聚氨酯鞋底、PU革树脂、聚氨酯胶黏剂、聚氨酯油墨和色浆、织物涂层等。芳香族聚酯多元醇一般用于制造硬质聚氨酯泡沫塑料,也用于非泡沫聚氨酯,如聚氨酯涂料、胶黏剂、弹性体等。以高羟值芳香族聚酯多元醇合成的硬质泡沫塑料,还具有泡沫细腻、韧性好、价格低等优点,其阻燃性优于聚醚多元醇为基质的泡沫塑料。

（4）其他多元醇及含活性氢低聚物　除聚醚多元醇和聚酯多元醇两大类低聚物多元醇外,其他含多官能度活性氢的低聚物也用作聚氨酯的原料,包括聚丙烯酸酯多元醇、端羟基聚丁二烯、端氨基聚醚、蓖麻油、大豆油多元醇、环氧树脂等。

聚丙烯酸酯多元醇是由不含羟基的丙烯酸酯与含羟基的丙烯酸酯或烯丙醇为原料合成的低聚物多元醇。聚丙烯酸酯多元醇与多异氰酸酯反应生成的聚合物具有聚丙烯酸酯的耐光性和聚氨酯的配方灵活、固化快速的特点,得到的涂料耐候、耐磨、耐化学品性能优异,可应用于户外涂料、汽车漆等。

端羟基聚丁二烯是一种新型液体橡胶,可与扩链剂、多异氰酸酯在室温或高温下交联。聚丁二烯主链使聚合物具有类似天然橡胶及丁基橡胶等聚合物的性能,固化物透明度好,具有优异的耐水解性、电绝缘性、耐酸碱性,一般用于电器灌封胶、轮胎结构橡胶制品、水下密封材料等。

蓖麻油中含有多个羟基,是一种历史悠久的天然植物油多元醇。蓖麻油可直接用于制造聚氨酯胶黏剂、涂料、泡沫塑料,也可改性后使用。其他植物油或动物油的分子不像蓖麻油那样含多个羟基。近年来,有企业利用价格低廉的植物油（如大豆油、棕榈油）为原料,通过化学方法增加羟基含量,代替石油化工资源的聚醚多元醇,用作聚氨酯硬泡的原料。

环氧树脂含有仲羟基和环氧基,这些基团可以与异氰酸酯反应。环氧树脂可用作聚氨酯涂料、胶黏剂、弹性体等的改性树脂,提高聚氨酯的耐高温、黏附力、耐水解和耐化学品性能。

（5）助剂　助剂在聚氨酯产品的生产制造中必不可少,可用于改进生产工艺,提高产品质量以及扩大应用范围。常用的助剂有溶剂、催化剂、扩链剂与交联剂、稳定剂、填料等。

①催化剂。制备聚氨酯树脂的过程中主要有三种反应需要用催化剂:异氰酸酯二聚或三聚、异氰酸酯与多元醇反应、异氰酸酯与水反应。在聚氨酯树脂制备时大多采用有机锡类

（二月桂酸二丁基锡、辛酸亚锡）和胺类催化剂（三亚乙基二胺、四甲基丁二胺、三乙醇胺、三乙胺）来催化 NCO/OH 和 NCO/H_2O 反应，其相对活性见表 3.5.9。

表 3.5.9　有机锡类和胺类催化剂对异氰酸酯反应的相对活性

催化剂	浓度/%	NCO/OH 反应的相对活性	NCO/H_2O 反应的相对活性
无	—	1.0	0
四甲基丁二胺	0.1	56	1.6
三亚乙基二胺	0.1	130	27
二月桂酸二丁基锡	0.1	210	1.3
辛酸亚锡	0.1	540	1.0

② 扩链剂和交联剂。扩链剂是指含两个官能团的化合物，例如二元醇、二元胺、乙醇胺等，通过扩链反应生成线型高分子；交联剂是指三官能度以及四官能度化合物如三醇、四醇等，它们使得聚氨酯产生交联网络结构。扩链剂和交联剂是小分子，在聚氨酯分子中对硬段含量产生贡献。在满足固化的前提下，扩链剂用量越多，相应的二异氰酸酯用量也越多，聚氨酯的硬段含量高，由此得到高强度、较高强度的材料。

水是特殊的扩链剂和固化剂，水分子的两个氢原子都与异氰酸酯基反应，相当于是二官能度扩链剂。湿固化聚氨酯胶黏剂和涂料主要利用空气中的水分进行固化反应。

③ 稳定剂。聚氨酯树脂存在着老化问题，主要是热氧化、光老化以及水解，针对此问题须添加抗氧剂、光稳定剂、水解稳定剂等予以改进。

抗氧剂的作用是阻止由氧诱发的聚合物的断链反应，并分解生成的过氧化氢。2,6-二叔丁基对甲酚（防老剂-264）、4,4'-二叔辛基二苯胺等是特别有效的抗氧剂。光稳定剂包括紫外线吸收剂和位阻胺。

④ 填料。聚氨酯树脂中添加填料主要是为了改进物理性能，加入填料能起到补强作用，提高聚氨酯的力学性能，降低收缩应力和热应力，增强对热破坏的稳定性，降低热膨胀系数，另外还可改进树脂的黏度和降低成本。

一般聚氨酯树脂中使用的填料有碳酸钙、滑石粉、气相白炭黑等。填料添加前需经过脱水处理，以避免消耗掉部分异氰酸酯，生成的二氧化碳会导致树脂出现发泡现象，影响聚氨酯树脂的性能。

3. 聚氨酯树脂的固化

聚氨酯树脂的固化可分为一步法和两步法。一步法是将所有原料一次混合反应生成聚氨酯制品；两步法又称为预聚物法，是将低聚多元醇和多异氰酸酯先反应生成相对分子质量较低的预聚物，然后加入扩链剂与预聚物反应生成聚氨酯制品。异氰酸酯由于含有高度不饱和的异氰酸酯基，因此它能与任何一种含有活泼氢的化合物反应。聚氨酯的固化反应中最主要的就是异氰酸酯与活泼氢的化学反应，其次还有异氰酸酯的自聚反应和其他的交联反应等。

1）异氰酸酯与羟基的反应

异氰酸酯与羟基反应是聚氨酯树脂固化的主要反应，通常先由端羟基的低聚物多元醇与过量二异氰酸酯反应,生成端基 NCO 的预聚体。不同位置的羟基参与反应的活性大小顺序为伯羟基＞仲羟基＞叔羟基。在异氰酸酯与羟基的反应中,强碱或弱碱、许多金属离子或化合物都可作为催化剂,而酸的催化作用较弱。

$$\sim\!\!\sim NCO + \sim\!\!\sim OH \longrightarrow \sim\!\!\sim NHCOO \sim\!\!\sim$$
氨基甲酸酯基

2）异氰酸酯与水的反应

异氰酸酯与水反应,首先生成不稳定的氨基甲酸,氨基甲酸再迅速分解为胺和二氧化碳。生成的胺比水更容易与异氰酸酯反应,进一步生成取代脲。异氰酸酯与水的反应速度相当于与仲醇的反应速度,但是比与胺的反应速度慢。水可在制备聚氨酯弹性体时起到扩链剂的作用,还可以在泡沫材料中起到发泡剂的作用。但是在大多数聚氨酯树脂的制备过程中,水是应当尽量避免的,以免材料出现气泡,因此在使用前要将聚酯和聚醚多元醇进行真空脱水。

$$R-NCO + H_2O \longrightarrow R-NH-\overset{\overset{\text{O}}{\|}}{C}-OH \longrightarrow R-NH_2 + CO_2\uparrow$$
氨基甲酸

$$R-NCO + R-NH_2 \longrightarrow R-NH-\overset{\overset{\text{O}}{\|}}{C}-NH-R$$
取代脲

3）异氰酸酯与胺的反应

此反应跟异氰酸酯与羟基的反应一样,是制备聚氨酯的常用反应。伯胺基和仲胺基都易于与异氰酸酯反应生成取代脲,由于氨基的活性较大,该反应可在极短时间内发生。

$$\sim\!\!\sim NCO + \sim\!\!\sim NH_2 \longrightarrow \sim\!\!\sim NHCONH \sim\!\!\sim$$
脲基

4）异氰酸酯与氨基甲酸酯的反应

只有在高温或是催化剂(如强碱)作用下,该反应才会发生。在多异氰酸酯的预聚体合成过程中,为了避免凝胶现象,需要严格控制反应温度。

$$\sim\!\!\sim NCO + RNHCOO\sim\!\!\sim \longrightarrow \sim\!\!\sim NHCON(R)COO\sim\!\!\sim$$
脲基甲酸酯基

5）异氰酸酯与聚脲的反应

在非催化条件下,110 ℃以上时,异氰酸酯与脲就具有反应活性,该反应是一种加成聚合,生成缩二脲。

$$\sim\!\!\sim NCO + RNHCONH\sim\!\!\sim \longrightarrow \sim\!\!\sim NHCON(R)CONH\sim\!\!\sim$$
缩二脲基

3.5.8 聚双环戊二烯

1. 概述

聚双环戊二烯(PDCPD)由双环戊二烯(Dicyclopentadiene，DCPD)通过开环易位聚合

(ROMP)形成,具有较大的交联密度,分子链不容易发生相对滑移,因此具有较好的尺寸稳定性。其主链结构中存在大量的环状结构单元,分子链刚性较好,故模量较高。PDCPD树脂具有优异的机械性能、良好的耐腐蚀性能以及耐热性能,其耐热性和环境适应性优于聚氨酯、聚氯乙烯等材料。

DCPD可细分为三种结构:内型桥环式、外型桥环式以及挂环式,如图3.5.1所示。其中内型桥环式最为常见,商品化的DCPD中内桥环式占95%以上。

(a) 内桥环式   (b) 外桥环式   (c) 挂环式

图3.5.1　DCPD的分子结构

20世纪90年代初,PDCPD材料在欧洲及美国、日本的大型机械制造商中受到热捧。随着工业化生产的不断推进,纤维增强复合材料因具有优良的综合性能得到了广泛的应用。PDCPD复合材料应用的范围相对比较大,除了汽车行业还将其应用于管道机泵、卫浴设施等。将纤维与PDCPD进行复合,制备出性能优异的PDCPD复合材料,拓宽了PDCPD的应用范围。

2. 合成原理

1) 原料

DCPD由石油脑、柴油等裂解制乙烯过程中的副产物C5馏分中制得。其凝固点为31.5 ℃,沸点170 ℃,溶于醇、甲苯等有机溶剂,不溶于水。纯的DCPD在室温下为无色晶体,有类似樟脑气味,混入少量杂质的情况下,则会变成淡黄色的液体状态。

目前,制取高纯度DCPD主要有溶剂萃取、反应精馏、加热二聚、蒸馏二聚等方法。此外,还有吸附精制、膜分离等新技术尚未进入工业化。提纯后的DCPD纯度可以达到99.5%。

(1) 溶剂萃取法　以二甲基甲酰胺(DMF)为溶剂,利用双环戊二烯、间戊二烯和异戊二烯的相对挥发度不同分离出高纯度的双环戊二烯、异戊二烯及间戊二烯产品。该法采用了一次热二聚、两次萃取蒸馏和两次精馏,可同时分离出3种二烯烃。

(2) 反应精馏法　将粗DCPD通过减压蒸馏塔进行精馏,可获得纯度为90%～94%的DCPD,其缺点是能耗较大,产物收率低,且提纯时需要添加抗氧剂,生产成本较高。

(3) 加热二聚法　将粗DCPD在180～400 ℃的高温下进行解聚,经蒸馏或精馏得到高纯度CPD后,再次二聚、蒸馏,最终获得96%～99%的高纯度DCPD。此法工艺简单,操作方便,生产成本低且提纯精度高。

(4) 吸附精制技术　吸附剂以氧化铝、硅藻土、分子筛或活性炭等为载体,负载硫酸、盐酸、磷酸等一种或多种酸。使粗DCPD与吸附剂在30～120 ℃下充分接触,吸附10～24 h,经过滤分离得到纯度为99.5%的DCPD。吸附过程可以为连续操作或间歇操作。该法工艺简单,能耗低,且防止了高聚物的产生及结焦问题。

（5）膜分离技术　将粗 DCPD 经解聚、二聚生成的 DCPD 在膜分离器中经渗透膜分离，可获得 98.0%～99.0%的高纯度 DCPD。

2）PDCPD 聚合催化剂

采用何种催化剂是制备 PDCPD 材料的关键所在，其活性、稳定性及成本等因素影响着所制成材料的结构与性能。在 DCPD 聚合过程中经常用到的催化体系有三种类型，分别为：① 由主催化剂和助催化剂组成的经典催化体系，该体系由主催化剂和助催化剂协同反应产生卡宾配体；② 金属卡宾和次烷基化合物，分子结构中实际含有卡宾部分；③ 其他类型，催化剂分子结构中缺乏有效的卡宾或烷基基团，但能通过与单体作用或热、光激发，得到卡宾配体。

（1）经典催化体系　经典催化体系由双组分组成，第一组分多为 Ti、Ta、W、Mo、Re、Ru 等过渡金属元素化合物，称为主催化剂；第二组分多为强路易斯碱类物质，例如 $SiCl_4$、烷基铝及其衍生物、RMgI、苯乙炔等，称为助催化剂。主催化剂在助催化剂的辅助下形成了高活性的金属卡宾物质，从而催化开环易位反应进行。主催化剂决定了金属卡宾催化所形成的活性种的物质的量，而助催化剂决定了金属卡宾催化剂形成的速度。也可添加第三组分作促进剂，如乙醇、苯酚等，有利于单体转化率的提高。

（2）金属卡宾和次烷基化合物　1992 年，Grubbs 用 3,3-二苯基环丙烯与 $RuCl_2(PPh_3)_3$ 反应得到了第一个结构明确的钌卡宾催化剂，该催化剂在空气中能稳定保存，且能在水溶液中催化降冰片烯的开环易位反应。Grubbs 等人针对这种催化剂的催化活性、耐官能团性和合成方法进行了改进，得到了具有更高催化活性的第一代卡宾催化剂，其结构如下：

在第一代卡宾催化剂的基础上，研究者们尝试进一步提高金属钌上的电子云密度，并且把其中一个膦配体与饱和的氮杂环卡宾进行置换，得到了新的配合物，即第二代卡宾催化剂，结构如下：

第二代卡宾催化剂不仅保持了第一代催化剂的优点，例如耐氧、耐水、耐官能团性能等，而且还大大提高了催化剂的催化活性，是开环易位反应中应用最为广泛的催化剂。

金属卡宾和次烷基化合物催化体系具有很高的催化活性、稳定性好，但因其原料价格高,合成工艺复杂等原因,限制了其大规模的工业化生产。

3) 合成原理

DCPD 在不同的催化体系下发生开环易位聚合反应(Ring-opening metathesis polymerization, ROMP),得到 PDCPD。这类反应过程利用金属卡宾切断烯烃中的不饱和键,再重排成另一种烯烃。在一般的条件下,由于碳碳双键键能较大而很难发生这类反应,但是在 DCPD 进行 ROMP 反应的过程中,通常以催化体系中的金属卡宾(M=CHR)结构作为聚合物反应过程中的活性中心,该活性中心将 DCPD 中的 C=C 双键打开,与之结合,能够形成一种金属环丁烷结构,裂解并重排形成新的烯烃和另一种金属卡宾,这一过程即为"易位"的过程。理论上 DCPD 分子中的降冰片烯双键和环戊烯双键都可以打开,但由于环戊烯双键(降冰片烯环张力能为 83.6 kJ/mol,环戊烯环张力能为 20.5 kJ/mol)比较稳定,因而先发生如图 3.5.2 所示的开环易位反应,从而形成线形聚双环戊二烯,再形成交联型聚合物。

图 3.5.2　双环戊二烯聚合机理

不同的催化体系会导致聚合体系结构的不同,目前为止对交联型 PDCPD 的形成主要提出了以下三种聚合机理。

(1) DCPD 中的降冰片烯环和环戊烯环同时发生开环易位得到交联的 PDCPD,其中聚合物中保留了降冰片烯环和环戊烯环。

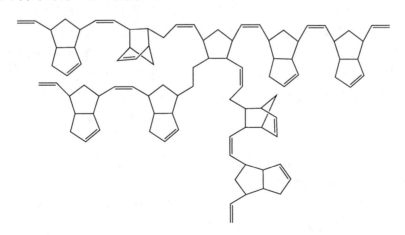

(2) DCPD 中降冰片烯环发生开环易位反应生成线形 PDCPD,同时聚合物中的环戊烯双键也发生开环易位从而形成交联结构。

(3) DCPD 中降冰片烯环发生开环易位反应生成线形 PDCPD,得到的聚合物中环戊烯环的双键发生加成反应,从而得到一种新结构的 PDCPD。

由于 DCPD 的聚合反应从引发到交联聚合的速度很快,并且原料为液态,黏度低,特别适合反应注射成型(RIM)工艺进行成型。在进行 DCPD 的 RIM 聚合工艺时,一般将原料分为两组,一组为 DCPD、催化剂、添加剂和稳定剂,另一组为 DCPD、助催化剂、聚合反应时间调节剂和其他的调节剂。两个组分原料分别放于两只容器中,精确地控制桶内物料的温度。两个原料分别通过各自的加热系统和定量泵一起注入 RIM 成型机的混合头进行撞击混合,然后注入模具中。混合的料液在很短的时间内发生化学反应,可以形成网状的高分子聚合物,等到固化后即可开模,可以通过聚合反应时间调节剂对混合料液的开始反应时间进行调节。

影响 DCPD 聚合反应的工艺因素主要有主催化剂的用量、单体纯度、助催化剂的用量、调节剂的用量、反应温度以及添加剂的用量。

① 主催化剂用量过多会加快反应的引发,得到的产品交联度大,韧性降低,而且使成本提高;用量太少则反应不完全,转化率降低,单体残留量大。

② 助催化剂会与主催化剂反应形成活性中心,若助催化剂用量太少,会使反应不完全,转化率降低;但用量过多,不仅能造成成本增加和残留率变大,而且会导致聚合物的固化性

能变差。

③ DCPD 单体纯度需要保持在 99％以上，这是为了防止其中的阻聚杂质影响聚合反应。

④ 调节剂的用量可以根据具体的操作进行调节。调节剂用量过少，反应引发快，不能满足混合、充模这两步工艺要求；而用量过大，一方面会影响成型效率，另一方面也会影响产品性能，因而必须根据具体工艺要求控制合适的用量。

3. 双环戊二烯树脂的性能

DCPD 作为聚合反应单体，由于结构中含有降冰片烯和环戊烯环，合成的均聚物 PDCPD 结构主链中存在大量的刚性结构单元，使材料具有很强的刚性。由于其单体分子结构中存在两个双键，其反应活性较高，可以和多种不同的化合物发生共聚反应生成共聚树脂，被广泛应用于新型高分子材料的合成。由此制得的改性聚合物具有较大的交联密度，分子链不容易发生相对滑移，因此具有较好的尺寸稳定性。

虽然通过不同的聚合方法和催化体系制备出的 PDCPD，在各项性能上有一定的差异，但是大体上都具有良好的刚性、耐冲击性以及优良的耐腐蚀性能等。表 3.5.10 列出了 PDCPD 的各项性能指标。从表中数据可以看出，PDCPD 是一种性能较好的工程塑料。

表 3.5.10 PDCPD 树脂的性能

性 能 指 标	数 值
密度/(g·cm^{-3})	1.058
拉伸强度/MPa	45.2
断裂伸长率/％	35.1
弯曲强度/MPa	68.7
缺口冲击强度/(J·m^{-1})	441

表 3.5.11 列出了 PDCPD 和几种常见的通用塑料在冲击强度、弯曲模量和密度方面的对比数据。

表 3.5.11 各种聚合物的物理性能对比

名 称	悬臂式冲击强度/(J·cm^{-1})	弯曲模量/MPa	密度/(g·cm^{-3})
PDCPD	4.31	1 931	1.04
PU	2.65	1 382	1.06
PC	7.45	2 342	1.20
PA	6.37	1 000	1.13
MPPO	2.65	2 479	1.06
PA66	1.08	1 205	1.14
POM	0.78	2 822	1.42

4 热固性复合材料成型工艺

4.1 手糊成型工艺

4.1.1 概述

所谓手糊成型工艺,是指用手工或在机械辅助下将增强材料和热固性树脂铺覆在模具上,树脂固化后形成复合材料的一种成型方法。对于量少、品种多及大型制品,较宜采用此法。但这种成型方法操作人员多,操作者的技术水平对制品质量影响大,虽看似简单,但要制得优质制品也是相当困难的。手糊成型工艺制造复合材料制品一般要经过如下工序:① 增强材料剪裁;② 模具准备;③ 涂擦脱模剂;④ 喷涂胶衣;⑤ 成型操作;⑥ 固化;⑦ 脱模;⑧ 修边;⑨ 装配;⑩ 制品。

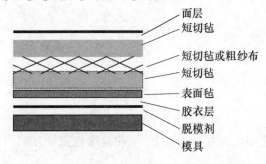

图 4.1.1 典型的手糊成型复合材料结构

手糊成型工艺制得的复合材料制品具有如图 4.1.1 所示的典型结构。

与其他成型工艺相比,手糊成型工艺具有如下的优缺点。

其优点有:操作简便、操作者容易培训;设备投资少、生产费用低;能生产大型的和复杂结构的制品;制品的可设计性好,且容易改变设计;模具材料来源广;可以制成夹层结构。

其缺点有:是劳动密集型的成型方法,生产效率低;制品质量与操作者的技术水平有关;生产周期长;制品力学性能较其他方法低。

为了提高手糊成型工艺的生产效率,又发展出了喷射成型工艺,喷射成型工艺的生产效率比手糊成型工艺提高了 2~4 倍。为了提高手糊成型制品的力学性能,还发展出了袋压成型工艺,该工艺通过在未固化的手糊成型制品上施加一定的压力,提高复合材料制品的密实度,从而提高制品的力学性能。因此,按成型时施加压力的大小,手糊成型工艺可以分成接触成型和低压成型两大类。

4.1.2 原材料

手糊成型工艺所需原材料有玻璃纤维及其织物、合成树脂、辅助材料等。

1. 玻璃纤维及其织物

从手糊成型工艺的特点出发,选用玻璃纤维及其织物时应注意以下要求:容易被树脂浸润;有较好的形变性,以满足复杂形状制品的成型需要;满足制品的性能要求,如力学性能、耐腐蚀性能等;在满足性能要求的前提下价格便宜。

手糊成型工艺常用的玻璃纤维及其织物有如下几种:

1) 无捻粗纱

无捻粗纱主要用于喷射成型或复合材料制品的局部增强。喷射成型工艺对粗纱的性能要求是:① 切割性好;② 带静电少;③ 分散性好;④ 浸润性好;⑤ 易贴服模具。

在喷射成型工艺中,粗纱在高速下被牵引、切割、分散,切割处的橡胶辊和粗纱导向辊之间因高速旋转摩擦而产生静电,严重影响了粗纱的切割性和分散性。因此,集束剂、表面处理剂的选择就更为重要了。

2) 无捻粗纱布

这是手糊成型工艺中最常用的玻璃纤维织物,它的优点是形变性好;易被树脂浸润;增厚效率高;能提高玻璃钢制品的抗冲击性能;价格便宜。手糊成型工艺对粗纱布的性能要求是:① 浸润性好,质地均匀;② 裁剪、铺放时不滑移,操作容易;③ 成型时贴模性好,不产生因回弹而引起的成型缺陷;④ 织造时要尽量减少纤维损伤和起毛。

3) 短切原丝毡

短切原丝毡(简称短切毡)也是手糊成型工艺中常用的增强材料。它的优点是树脂浸透性好;气泡容易排除;形变性好;施工方便。手糊成型工艺对短切毡的要求是:① 浸润性好;② 毡的强度和硬挺性要有良好的平衡;③ 均匀性好,避免厚度不均匀、原丝间的黏结、分散不好等弊病;④ 成型时对模具的贴服性好。

4) 加捻布

加捻布是由多股加捻纱织成的,其中按织法不同又可分为:平纹布、斜纹布、缎纹布和单向布等。手糊成型工艺常用斜纹布,由斜纹布制成的复合材料制品的强度比无捻粗纱布制成的制品高(冲击强度除外),制品表面平整,气密性好,但是价格比无捻粗纱布贵,增厚效果差。

5) 玻璃布带

玻璃布带可用来糊制加强型材和特殊部位,减少裁剪。

除以上一些玻璃纤维织物外,还可以根据制品形状织成各种套形织物,使用方便,又可避免裁剪,使制品没有玻璃布接头。

2. 热固性树脂

从手糊成型工艺的特点出发,对热固性树脂的要求有:① 能够配制成黏度适宜的胶液;② 能在室温或较低温度下凝胶、固化,要求在固化时无低分子物产生;③ 无毒或低毒;④ 价格便宜、来源广泛。

在手糊成型工艺中,常用的热固性树脂有不饱和聚酯树脂、环氧树脂和酚醛树脂。下面对三种热固性树脂的性能、价格等方面作一对比,供选用时参考。

1) 工艺性能

环氧树脂:黏度较大,使用时要加入稀释剂;固化剂用量变动范围小,胶液使用期不易调整;用胺类化合物作固化剂时,毒性较大。

不饱和聚酯树脂:黏度小,对玻璃纤维的浸润性好;胶液的使用期调节范围广。

酚醛树脂:黏度小,对玻璃纤维的浸润性好;在较低温度下,固化周期长。

2) 制品性能

环氧树脂:用环氧树脂制造的复合材料制品力学性能、耐腐蚀性能好,固化收缩率低,但是脆性较大。

不饱和聚酯树脂:力学性能比环氧树脂低,但是制品的耐酸性好;由于固化收缩率大,制品的表面质量较差。

酚醛树脂:由酚醛树脂制成的复合材料制品阻燃性能好,且燃烧时烟密度低、毒性小。

3) 价格

不饱和聚酯树脂、酚醛树脂价格便宜,环氧树脂价格较贵。

由上述比较可知,不饱和聚酯树脂由于其工艺性能好、价格便宜、制品性能满足大部分的应用要求,所以应用最广泛;酚醛树脂由于其优异的阻燃性能,可用于对阻燃性能要求极高的场合,如飞机、火车、船舶的内装饰材料以及公共场所的装潢材料;环氧树脂主要用于力学性能要求较高的复合材料制品。

3. 辅助材料

复合材料手糊成型用的辅助材料包括各种固化剂、引发剂、促进剂、填料、稀释剂、触变剂、消泡剂、脱模剂等。其中,固化剂、引发剂、促进剂、稀释剂、消泡剂等在复合材料基体一章中介绍,就不再赘述。下面主要介绍脱模剂、填料、触变剂等。

1) 脱模剂

为了把已经固化成型的复合材料制品能容易地从模具上取下来,必须在模具的工作面涂上脱模剂,以制得表面平整光洁的制品,并保证模具完好无损,能够重复使用。脱模剂一般是由非极性或极性很弱的物质制成,因为这些物质与树脂的黏结力非常小,具有极好的脱模效果。在手糊成型工艺中使用的脱模剂应具备下列条件:使用方便,成膜时间短;成膜均匀、光滑,对树脂的黏附力小;操作安全,对人体无害;不腐蚀模具,不影响树脂的固化。

选用脱模剂时,需要考虑的因素有模具材料、树脂种类、固化温度、制品的制造周期和脱模剂的涂刷时间等。脱模剂的种类很多,一般分为三大类:薄膜型、溶液型和油蜡型。

(1) 薄膜型脱模剂　薄膜型脱模剂使用方便、脱模效果好,但因变形小,不适用于形状复杂的制品。常用的薄膜型脱模剂有聚酯薄膜、聚氯乙烯薄膜、聚丙烯薄膜、聚乙烯薄膜、聚乙烯醇薄膜、聚四氟乙烯薄膜等。聚氯乙烯薄膜和聚乙烯薄膜容易被苯乙烯溶胀,故不宜用于不饱和聚酯树脂复合材料的生产。薄膜型脱模剂使用时用油膏把薄膜粘贴在模具的工作面上,粘贴时要防止薄膜起皱和漏贴。

(2) 溶液型脱模剂　溶液型脱模剂种类多,应用面广,可以适合不同类型复合材料制品的制造需要。常用的溶液型脱模剂有以下几种。

① 过氯乙烯溶液脱模剂。这种脱模剂渗透性好,适用于木材、石膏等多孔性材料的封孔,但不宜与制品直接接触,常与其他脱模剂复合使用。使用温度在 120 ℃ 以下。

配方	过氯乙烯粉	5~10 份
	甲苯和丙酮(1:1)	90~95 份

配制方法　按配方称料混合,放置一天,然后搅拌均匀,当物料完全溶解后便可使用。

② 聚乙烯醇脱模剂。聚乙烯醇脱模剂价格便宜,无毒,使用性好,可直接和制品接触。但是干燥慢,影响生产效率,而且必须在干燥后才能使用,否则残存的水将对聚酯、环氧树脂的固化产生不良影响。聚乙烯醇脱模剂的使用温度在 150 ℃以下。

配方	聚乙烯醇	5～8 份
	乙醇	35～60 份
	水	60～35 份

配制方法　在搅拌下将聚乙烯醇加入热水中溶解,然后过滤,再在搅拌下滴加乙醇。

乙酰基含量 10%～38% 的低相对分子质量聚乙烯醇溶解性好,容易脱模。水和乙醇的比例可以调整,要求快干,可多加乙醇,要求成膜均匀,可多加水,但是乙醇太多会给配制带来困难。加入表面活性剂软皂 2 份,可使成膜均匀;加入气溶胶磺酸琥珀酸盐型表面活性剂 1 份,可使成膜平整光滑;加入 0.1% 有机硅消泡剂,能减少涂刷过程中的气泡;加入 4%～5% 的甘油,可使成膜富有韧性;加入 0.75 份苯甲酸钠,可防止金属模生锈;为防止漏涂,常加入蓝墨水或柏林蓝等。

③ 聚苯乙烯脱模剂。聚苯乙烯脱模剂成膜平滑光亮,成膜时间短,对环氧树脂有极好的脱模效果。但是该脱模剂不适用于不饱和聚酯树脂,因不饱和聚酯树脂中的苯乙烯能溶解聚苯乙烯。聚苯乙烯脱模剂使用甲苯作溶剂,因此毒性较大,使用时应有良好的通风设备。其使用温度控制在 100 ℃以下。

配方	聚苯乙烯	5 份
	甲苯	95 份

配制方法　按配方称量混合,放置数天后搅拌均匀即可使用。为加速溶解,可在 50 ℃下微热。

④ 醋酸纤维素脱模剂。这种脱模剂成膜光洁、平整,使用方便,毒性小,但价格较贵。该脱模剂对环氧树脂有一定黏附性,所以最好与聚乙烯醇脱模剂复合使用,将前者涂在模具上,然后将聚乙烯醇脱模剂涂在它的表面与制品接触。

配方	二醋酸纤维素	5 份
	乙醇	4 份
	乙酸乙酯	20 份
	双丙酮醇	5 份
	甲乙酮	24 份
	丙酮	48 份

配制方法　将二醋酸纤维素加入上述混合溶剂中,搅拌均匀,去除残渣。

⑤ 硅橡胶脱模剂。硅橡胶脱模剂成膜薄,脱模效果好,耐高温,所以常作为高温脱模剂,可以在 200 ℃以上使用。但是要得到理想的脱模效果,脱模剂涂刷后需在 180～200 ℃烘 1～2 h,然后成型。

(3) 油蜡型脱模剂　油膏、石蜡型脱模剂即油蜡型脱模剂,其价格便宜,使用方便,脱模效果好,无毒,对模具无腐蚀作用。然而这类脱模剂的使用,会使制品的表面玷污,并且给下道工序喷涂造成困难,因此在使用上受到限制。

此类脱模剂常用的有硅酯、脱模蜡、石蜡、汽车上光蜡等。

石蜡类脱模剂能使制品表面光洁,使用时只需在模具的成型面上涂上一层薄薄的脱模蜡,经反复擦拭光亮后,即可成型。硅酯虽有良好的脱模作用,但在胶衣涂刷或制品涂刷时,要注意涂敷性。

脱模剂最好复合使用,这样能得到良好的脱模效果。例如,对于石膏模、木模,采用过氯乙烯脱模剂封孔,以醋酸纤维素脱模剂作中间层,以聚乙烯醇脱模剂作外层,具有良好的脱模效果。用聚苯乙烯脱模剂作中间层,以聚乙烯醇脱模剂作外层也能收到满意的效果。

如果制品的表面不再涂漆,则可以在聚乙烯醇脱模剂的表面擦一层薄薄的汽车上光蜡;如果制品的表面要涂漆,则先在模具上擦一层汽车上光蜡,然后涂刷聚乙烯醇脱模剂。石蜡型脱模剂和聚乙烯醇脱模剂复合使用将使脱模更顺利,有利于提高模具的使用寿命。

脱模剂复合使用的原因是:尽管各种脱模剂本身的黏附性都很低,但是手糊成型用的树脂都有较高黏附性,因此,在脱模剂与制品界面上仍有一定的黏附力。当脱模剂复合使用时,分开部分是在黏附力最小的两层脱模剂之间。所以对于大型制品和形状复杂的制品,以及对于强度不高的模具,在成型时采用复合脱模剂是很必要的。

2) 填料

在热固性树脂中,加入填料的目的是降低固化收缩率和热膨胀系数,减少固化时的发热量以防龟裂;改善制品的耐热性、电性能、耐磨耗性、表面平滑性及遮盖力,提高黏度或赋予触变性;降低成本。

对填料的性能要求是:在树脂中的分散性要好;吸油量少;不影响树脂的固化和贮存稳定性。常用的填料有以下几种:① 碳酸钙($CaCO_3$),使用最普遍,经表面处理后可减少吸油量,并赋予体系触变性;② 石棉、铝粉,可提高冲击强度;③ 石英粉、三氧化二铝(Al_2O_3),可提高压缩强度;④ 三氧化二铝、二氧化钛(TiO_2),可提高黏附力;⑤ 三氧化二锑,能提高树脂的阻燃性;⑥ 金属粉、石墨粉,可提高导热性和导电性;⑦ 滑石粉、石膏粉,可降低成本。

3) 颜料糊

为了防止复合材料制品染色不均,常把色料配成糊状,以提高着色效果。用于热固性树脂的颜料糊应满足以下要求:① 在树脂中易分散,无色斑和分色现象,着色力大;② 不影响树脂的黏度和固化;③ 有机过氧化物的存在或成型时的加热不会产生变色或褪色;④ 贮存时不会引起树脂凝胶、色泽沉降或分离等现象。

颜料中有机颜料着色力强、分散性好、透明度高,但耐气候性、耐氧化性、耐溶剂性则不如无机颜料。常用的颜料粉有:钛白、锌白、铁黑、炭黑、镉黄、铬黄、镉红、立索尔红、氧化铁红、镉橙、铬橙、氢氧化铬绿、铬绿、酞青绿、酞青蓝、钴蓝、群青蓝及精制钨酸盐(紫色)等。

4) 触变剂

在热固性树脂中加入触变剂,可赋予树脂具有触变性。所谓触变性,就是指在混合搅拌、涂刷等动作状态下,树脂黏度变低,而静止时黏度又变高的性质。触变度大小是用测定黏度的方法,以 6 r/min 与 60 r/min 下测定的黏度值之比来表示,一般在 1.2 以上为宜。

气相二氧化硅(SiO_2)是常用的触变剂,一般粒径为 $10\sim20\ \mu m$,表面积为 $50\sim400\ (m^2/g)$,表面带有 Si—OH 基团。这种 Si—OH 基团能形成联结薄弱的网状结构,从而使树脂增稠,用量是树脂的 $1\%\sim3\%$。另外,聚氯乙烯细粉、膨润土、超细碳酸钙也是常用的触变剂。

具有触变性的树脂在立面上成型复合材料时,可以防止树脂的流挂、滴落、麻面;使成型操作容易进行。

4.1.3 模具

模具是复合材料手糊成型工艺中的主要装备,模具的结构形式和材料对复合材料制品的质量和生产成本有很大的影响。

1. 模具设计的基本原则

在设计复合材料手糊成型用的模具时,要综合考虑各方面的因素,主要有下列几个方面:

(1) 要符合制品设计的精度要求。变形小的模具,其精度高,可保证制品尺寸准确。另外,要特别注意玻璃钢的收缩,玻璃钢的收缩与制品的形状、大小、厚度及增强方式等有关,因此,对尺寸精度要求高的制品,尤要慎重对待。一般可以根据经验给出收缩余量和变形余量。

(2) 要有足够的强度和刚度。防止生产过程中外力对模具的损坏,以延长模具的使用周期。

(3) 要容易脱模。脱模难易是评定模具设计的重要指标。一般大型密封容器,多采用拼装模;小型容器则采用不拆除的衬里或可溶性材料的内模;为了容易脱模和对制品无损伤,可在模具中设计气孔或水孔,允许注入压缩空气或高压水来帮助脱模;在模具的拐角处应尽量避免锐角。

(4) 造价要便宜,材料要容易得到。模具的经济效益,不仅要考虑模具本身的造价,而且还要考虑其使用寿命。

2. 模具的结构形式

手糊成型工艺所使用的模具分单模和对模两类。单模又分阴模和阳模两种。不论单模或对模都可以根据工艺要求设计成整体式或拼装式。几种常用的模具结构形式如下:

1) 阴模

阴模的工作面是向内凹陷的(图4.1.2)。用阴模生产的复合材料制品外表面光滑,尺寸准确。但凹陷深的阴模操作不便,排风困难,也不容易控制质量。阴模常用于生产船壳等外表面要求高的制品。

2) 阳模

阳模的工作面是凸出的(图4.1.3)。用阳模生产的制品内表面光滑,尺寸准确,操作方便,质量容易控制,便于通风。在手糊成型工艺中大多采用阳模成型。

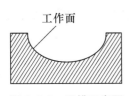

图 4.1.2 阴模示意图

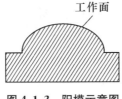

图 4.1.3 阳模示意图

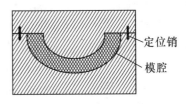

图 4.1.4 对模示意图

3）对模

对模是由阳模和阴模两部分组成(图4.1.4)。用对模生产的制品内外表面均很光滑,厚度精确。对模一般用来生产表面精度及厚度要求高的制品,但阳模在装出料时要经常搬动,故不适合大型制品的生产。

4）拼装模

拼装模的构造比较复杂,但是由于某些制品结构复杂或者是为了脱模方便,常将模具分成几块拼装。如大型缠绕容器的模具就是采用这种形式,在缠绕前将模块组合,固化后再从开孔处把模块拆除。

3. 模具材料选择

模具的质量除取决于模具的结构设计外,最根本的问题是制模材料的基本性能要和模具的制造要求与使用的条件相适应。因此,根据模具的结构和使用情况,合理选用制模材料,是保证制品质量和降低成本的关键之一。

模具材料应不受树脂和辅助材料的侵蚀,不影响树脂的固化,能经受一定温度范围的变化,价格便宜,来源方便,制造容易。常用的模具材料有木料、石蜡、水泥、金属、石膏、玻璃钢、陶土、可溶性盐等。

1）木材

作模具用的木材要求质均、无节、不易收缩变形。常用的有红松、银杏、杉木、枣木、桃花芯木等,木材的选用应根据制品的形状和使用情况来决定。在制造模具前,木材都应制成板条进行干燥,使其含水量不大于10%,以减少模具的变形和裂纹。木模不耐久、不耐高温、表面需要经过封孔处理,但木模易加工制造,比较轻便,适用于制造结构形状复杂和大尺寸的室温固化制品。

2）石膏

通常是用半水石膏。制造石膏模具时,可用木材、砖等制成骨架,再在骨架上糊一层石膏层。为了提高模具的刚度,一般在石膏中加入水泥(石膏:水泥＝7:3)。这种模具的优点是制造容易,费用少,但经不起冲击,易变形,不耐用。使用前要预先干燥,其表面也需进行加工和封孔处理。石膏模具适用于形状简单的大型制品和几何形状较复杂的小型制品的成型。

3）石蜡

石蜡模需在母模上翻制,主要用来成型形状复杂和脱模困难的小型异形制品。制品固化后加热使石蜡从制品的预留口流淌出来。为减小石蜡模具的收缩变形,提高模具的刚度,可在石蜡中加入5%的硬脂酸。石蜡模制造方便,使用时不需涂脱模剂,材料可以反复回收使用,成本较低。但是由于石蜡熔点低、易变形,制品的精度不高。

4）混凝土

混凝土模具制造较方便,成本低,刚性好,不易变形,可长期重复使用。但型面校正较困难,适用于线型光滑、规则、形状不复杂的大中型制品。

5）玻璃钢

玻璃钢模是由木模或石膏模翻制成的,其优点是质轻、耐久和制造简单,适合于表面质量要求较高、形状复杂的中小型玻璃钢制品。

6) 泡沫塑料

多用于不取出的模芯部分,常用的有聚苯乙烯泡沫塑料、硬质聚氨酯泡沫塑料和酚醛树脂泡沫塑料。

7) 低熔点合金

一般是用58%的铋和42%锡制成,熔点为135 ℃,其优点是制模周期短,工艺简单,可重复使用。

8) 可溶性盐

用60%~70%磷酸铝、30%~40%碳酸钠、5%~8%偏硼酸钠和2%石英粉制成粉料,压制烧结成需要的形状,在80 ℃热水中能迅速溶解。多用于制造不容易取出的复杂模具。

9) 金属

常用品种有铸铁、铸铝、铸铝合金、碳素钢、不锈钢等。金属模具耐久,不变形,精度高,但加工复杂,成本贵,制造周期长。适用于小型大批量生产的高精度定型产品。

4. 玻璃钢模具的制造

玻璃钢模具应满足下面几点要求:① 收缩和变形要与原设计精度保持一致;② 要有良好的表面光洁度;③ 能反复多次地承受固化时的放热、收缩,脱模时的冲击,模具使用寿命要长。

1) 玻璃钢模具用原材料

制造玻璃钢模具所用的玻璃纤维制品种类及其组合是十分重要的,同时,还要选择好所用的树脂。

(1) 模具用胶衣树脂   玻璃钢模的寿命取决于胶衣层的耐久性,而且制品的光泽度也依赖于模具所用的胶衣树脂的质量。

模具用胶衣树脂的选择原则是:① 固化时的放热和收缩要小;② 胶衣层具有优异的耐断裂、耐冲击性能;③ 胶衣层要有优良的耐热性、光泽度和硬度;④ 要有良好的涂刷性;⑤ 要与制品胶衣的色调相反。

(2) 增强层树脂   增强层所用的树脂关系着模具的变形性和耐久性,对尺寸要求严格的制品,尤其要正确地选择增强层树脂。若增强层夹于胶衣层和补强层之间,可用耐热高强度的间苯型聚酯,而补强层用通用型聚酯即可。

增强层树脂的选择原则是:① 固化收缩要小;② 韧性好;③ 有易操作的黏度;④ 耐热性好。模具的变形取决于树脂的固化收缩率,选择固化收缩率小的树脂,并使其缓慢而完全地固化,是制得优质玻璃钢模的关键。

2) 玻璃钢模具的制作

玻璃钢模具的厚度一般是由经验确定的,是制品厚度的2~3倍。在模具制作以前,要先设计好玻璃钢模具制造的工艺卡片,玻璃钢模具制作的工艺卡片如图4.1.5所示。

(1) 胶衣层   在已精加工的木模表面上涂刷脱模剂,干燥后便可开始涂刷或喷涂胶衣。胶衣层厚度一般是 $0.4\sim0.6$ mm,树脂用量为 $500\sim600$ g/m²。涂刷后在室温(20~25 ℃)下放置至凝胶,凝胶后在 $40\sim50$ ℃下加温固化 $1\sim3$ h。

(2) 增强层   玻璃钢模的加工状态和寿命,受增强层的影响很大,所以增强层在成型时要注意以下各点:

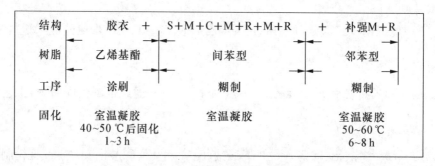

图 4.1.5　玻璃钢模具制造的工艺卡片

① 表面毡层的糊制。所用树脂是间苯型树脂,用量为 $600\ g/m^2$,要充分浸润和脱泡。

② 第二层以后的糊制。将玻璃纤维短切毡和粗纱布合用,可防止变形,提高刚度及耐冲击性。由于增强层很厚,糊制可分几次完成,以减少固化发热量。

③ 补强。补强的目的是弥补模具因刚性不足而产生变形,补强材料一般用钢、木材、泡沫塑料等。

④ 脱模。强度层和补强做完后,在室温下固化 24 h,然后在 $50\sim60\ ℃$ 下固化 $6\sim8$ h 后脱模。根据玻璃钢模具的种类不同,也可以在 $60\ ℃$ 下放置一夜,待其充分固化后脱模。

⑤ 表面加工。脱模后依次用 $600^{\#}$、$800^{\#}$、$1000^{\#}$、$1200^{\#}$ 水砂纸加水打磨表面,再顺序地用粗目、中目、细目抛光膏抛光。模具在使用前应打蜡上光,反复擦拭 $2\sim3$ 次。

(3) 玻璃钢模具的寿命及影响因素

影响玻璃钢模寿命的因素很多,通常对于不同类型玻璃钢制品的模具,要求其能承受的脱模次数也是不一样的。例如,浴缸等批量产品,要求其模具的脱模次数为 $100\sim150$ 次,对外观要求不高的制品,要求其模具的脱模次数为 $200\sim300$ 次。

影响玻璃钢模具寿命的主要因素有:

① 模具的制作方法。制作模具时要仔细检查所用的原材料,操作方法应正确,要控制环境温度。模具的制作方法正确,其寿命长。

② 脱模剂种类及用法。头几次使用时,应将蜡和溶液型脱模剂复合使用。只用蜡时,用量要少,而且要反复擦拭打光,成型无胶衣制品时,用硅烷脱模剂涂刷一次,可连续使用 $40\sim60$ 次。正确选择和使用脱模剂,可使模具寿命延长。

③ 制品的成型条件。受冷热交变会促使玻璃钢模具老化,故环境温度要控制,特别是在冬季施工时更为重要。固化炉温度控制在 $50\sim60\ ℃$,最高不超过 $80\ ℃$。制品的成型条件直接影响模具使用的寿命。

④ 模具的保管方法。要避免日光直接照射或风吹雨打;为了防止蠕变,模具不能承受局部载荷,保管得好可以延长模具的使用寿命。

⑤ 模具的大小和形状。模具越大,形状越复杂,脱模时承受的机械负荷也越大,模具寿命越短,故对于大型模具应设法分模。

⑥ 模具承受过大的机械力导致模具寿命缩短。脱模时的冲击及搬运模具时的振动、相互碰撞等非正常负荷,系因模具设计、制作不良、管理不善等所致,这些因素都会影响玻璃钢模具的使用寿命。

4.1.4 手糊成型工艺

1. 原材料的准备

在手糊成型之前,必须准备好所用的原材料,这些准备工作是保证成型工艺顺利进行和保证制品质量的重要基础。

1）增强材料的准备

如果增强材料采用玻璃纤维,玻璃纤维织物的裁剪设计很重要,一般小型和复杂的制品应预先裁剪,以提高工效和节约用布。简单形状可按尺寸大小裁剪,复杂形状则需要用纸板做成样板,照样板裁剪。裁剪时应注意以下两点:① 玻璃布的经纬向强度不同,对要求正交各向同性的制品,则将玻璃布经纬向交替铺放;② 裁剪玻璃布的大小,应根据制品尺寸、性能要求和操作难易来确定。玻璃布越大制品强度越高,因此玻璃布裁剪时应尽可能大。

2）树脂胶液的配制

树脂胶液的配制是将树脂、固化剂或引发剂、促进剂、填料和助剂等混合均匀,常温固化的树脂具有很短的适用期,必须在凝胶以前用完。树脂胶液的配制是手糊成型工艺的重要步骤之一,它直接关系到制品的质量。

树脂胶液配制的关键是凝胶时间和固化程度的控制。凝胶时间是指在一定温度下树脂、引发剂、促进剂混合以后达到凝胶所需要的时间。手糊成型工艺要求树脂在成型操作完以后的一段时间内凝胶,使树脂能充分浸透增强材料。如果凝胶时间过短,在成型操作过程中树脂黏度迅速增加,树脂胶液难以浸透增强材料,造成黏结不良,影响制品质量;如果树脂凝胶时间过长,成型操作完以后长期不能凝胶,引起树脂胶液流失和交联剂挥发,使制品固化不完全,强度降低。

树脂的凝胶时间除与配方有关外,还与环境温度、湿度、制品厚度等有关。因此,在每次生产以前,一定要做凝胶试验,随时修改配方。凝胶试验测得的凝胶时间一般要比制品的凝胶时间短。一般对于中等厚度(5~6 mm)的复合材料制品其凝胶时间为凝胶试验所需时间的3~4倍。

不饱和聚酯树脂凝胶时间的控制是通过调节促进剂(例如环烷酸钴或异辛酸钴)的用量来实现的,凝胶时间随促进剂用量的增加而缩短。不同种类、不同生产企业的促进剂其凝胶时间具有很大的差异。不饱和聚酯树脂的固化程度与引发剂、促进剂、固化温度等因素有关,配方确定以后,固化温度对固化程度有较大的影响,当室温低于15 ℃时,不饱和聚酯树脂的固化速度非常慢,相同的固化时间其固化程度较低。因此,在室温低于15 ℃时,应当采取加热或保温措施。

环氧树脂凝胶时间的控制不如不饱和聚酯树脂那样方便,这是由于环氧树脂固化剂的用量不能随意增减的缘故。环氧树脂使用脂肪族伯胺类固化剂时,凝胶时间较短,不便操作。为了增加树脂的适用期,常采用活性低的固化剂如二甲基丙胺、二乙氨基丙胺、咪唑、聚酰胺等与伯胺共用来调整凝胶时间。活性低的固化剂反应温度高,而伯胺反应活性大,反应温度低,两者共用后可利用伯胺反应的放热效应,来促进低活性固化剂反应,从而使伯胺的用量减少,以延长凝胶的时间。

典型的树脂配方如下:

例 1　室温固化不饱和聚酯树脂

原材料	质量/份
不饱和聚酯树脂	100
过氧化甲乙酮溶液	2
环烷酸钴溶液	1~4

例 2　室温固化不饱和聚酯树脂

原材料	质量/份
不饱和聚酯树脂	100
50%过氧化苯甲酰糊	4
N,N'-二甲基苯胺溶液	1~4

例 3　室温固化环氧树脂

原材料	质量/份
E-51 环氧树脂	100
稀释剂	10~30
三乙烯四胺	12

2. 模具准备及脱模剂涂刷

1) 模具准备

复合材料制品的外观及表面状态在很大程度上取决于模具表面的好坏,模具的寿命还直接影响复合材料的寿命,所以对手糊成型用的模具必须进行充分准备,并在长期使用中加以注意。

玻璃钢模具的准备方法:① 新模具要对照图纸组装,核对模具的形状、尺寸及脱模锥度。② 如果是使用过的模具,则要检查模具的破损情况,如有破损要进行修补。如果发现模具表面粗糙时,则应按下列顺序仔细地加以修整:用从粗到细的水砂纸加水打磨;用抛光膏或抛光水抛光;上抛光蜡。③ 保管模具时要盖好聚乙烯薄膜,使模具表面不粘粉尘、油污、水汽。

2) 涂刷脱模剂

石蜡类脱模剂的涂刷方法有:① 清除模具表面的水分、灰尘、污垢,充分干燥模具;② 将石蜡脱模剂在模具表面按一定方向、一定顺序轻轻地擦拭,模具的凸部、棱角要特别注意涂均匀;③ 待干燥后用软布擦亮;④ 大部分石蜡类脱模剂都含有挥发性物质,所以重复涂刷时,中间应有一定的时间间隔,待上次所涂脱模剂中的挥发物完全挥发掉,再涂下一次。

溶液类脱模剂的涂刷方法有:溶液类脱模剂一般用软毛刷、纱布、软质聚氨酯泡沫塑料(海绵)等涂刷。其中以海绵制品最易涂刷。在海绵的一端蘸上少量脱模剂溶液,在模具表面轻轻地涂刷。与涂刷石蜡一样,也应沿一个方向按顺序涂刷。脱模剂涂刷后要仔细地进行检查,有无不匀或漏涂的地方,然后把模具放在通风良好的地方或放入烘房内干燥。

3. 胶衣层制备

热固性树脂在固化过程中都会产生一定的收缩,由于这种收缩作用使玻璃布纹在制品的表面上凸出来,这对于某些表面质量要求高的制品是很不利的。为了改善复合材料制品的表面质量,延长使用寿命,在制品表面往往做一层树脂含量较高、性能较好的面层,它可以是纯树脂层,也可用表面毡增强,通常称为胶衣层。胶衣层的质量好坏,对制品的耐气候性、耐水和耐化学性能影响很大。胶衣层能保护制品不受上述介质的侵蚀,延长制品的使用期,其厚度一般为 0.25～0.5 mm。根据不同的性能要求,选用不同的胶衣树脂。

1) 胶衣树脂胶液的配制

配方　原材料	质量/份
胶衣树脂	100
过氧化甲乙酮	2
环烷酸钴溶液	1～4
颜料糊	1～3

胶衣树脂胶液的配制方法和其他不饱和聚酯树脂相同,但因胶衣树脂有触变性,因此在配制时要进行充分的搅拌。

胶衣树脂也可按如下用量自行配制:间苯型不饱和聚酯树脂或乙烯基酯树脂,100 份(质量份);气相二氧化硅,1.8 份;触变助剂,0.6 份;消泡剂,0.5 份。按配比将上述物料加入混合釜中,搅拌均匀后即可放料包装。

2) 胶衣喷涂

(1) 喷涂前的准备工作

① 检查喷枪、压缩机及工具,如有不妥,则要进行修整。在向模具上喷涂之前要用胶衣树脂在玻璃板上先预喷一下,以确定好喷涂状态。

② 使用前胶衣树脂要充分搅匀,因为在贮存过程中会产生轻微分离。

③ 在确定好温度、喷涂时间后,把胶衣树脂、引发剂、促进剂等准确计量后混合。

④ 检查温、湿度。要仔细核准放置在操作场所的温、湿度计。

⑤ 安全检查,确认周围无明火。

(2) 喷涂　喷涂厚度一般在 0.3～0.6 mm 之间,喷涂量为 400～500 g/m^2。喷枪口径为 2.5 mm 时,适宜的喷涂压力是 0.4～0.5 MPa,这个压力是喷枪口压力。如果压力太大,则材料的损耗也大。喷枪的方向要与成型面垂直,左右平行移动胳膊,均匀地按一定的速度移动喷枪进行喷涂。喷涂距离应保持在 400～600 mm 之间,若离成型面太近,容易造成小波纹及颜色不匀。

喷涂距离长短与喷枪的种类、口径、和喷涂压力有关,应事先调整好。喷涂结束后要充分清洗喷枪等设备。

(3) 胶衣涂刷　胶衣树脂也可以用毛刷均匀地涂在模具上,一般涂层厚度控制在 0.26～0.6 mm 之间,即 300～500 g/m^2。涂胶衣毛刷的毛要短,毛质要柔软;涂刷垂直面时,应从下向上运动,而且应该由模具的上部依次向下涂刷。用毛刷涂刷胶衣,虽然厚度不易均匀,但与喷涂相比树脂飞溅少,周围环境清洁。

制品的许多缺陷都是由于胶衣层涂刷不当引起的。如果胶衣层涂刷太薄,则易导致苯乙烯单体过量挥发,使胶衣层干燥而不是固化;如果胶衣层太厚,则在冲击等外力作用下胶衣层易发生开裂;如果胶衣层没有凝胶就糊制复合材料,则易起皱。

4. 复合材料制品的糊制及固化

1) 糊制

待胶衣层凝胶后(发软而不粘手)即可糊制。先在模具上刷一层树脂,然后铺一层玻璃布,并注意排除气泡,涂刷时要用力沿布的径向;顺一个方向从中间向两头把气泡赶尽,使玻璃布贴合紧密,含胶量均匀,如此重复,直至达到设计厚度。铺第一、二层玻璃布时,树脂含量应高些,这样有利于浸透织物和排出气泡。厚的复合材料制品应分次糊制,每次糊制厚度不应超过 7 mm,否则厚度太大固化发热量大,易使制品内应力大而引起变形、分层。图4.1.6 是手糊成型工艺的示意图。

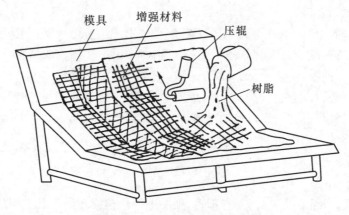

图 4.1.6　手糊成型工艺的示意图

糊制时常会遇到直角、锐角、尖角及细小的突起、凸字等复杂的部位。这些直角、尖角等部位一般称之为死角区。在制品设计时应尽量避免死角区,如不能避免时,可酌情处理。具体处理方法是,当制品几何形状规整时,可用添加触变剂的树脂填充成圆角,待凝胶后再糊玻璃布,当此死角区不仅要求几何形状规整,而且要求一定强度时,必须在树脂中加一些增强材料,如短切玻璃纤维、长玻璃纤维束,甚至可以预埋粗钢丝。

对于细小的突起、柱、棱或凸字等处理方法是:当其对强度要求不高时,可用树脂浇铸的办法先把模具的沟槽部位填平(尤其是一些凸字),然后再进行正常糊制。当其要求一定强度时,就不能只用树脂浇铸。最好先涂刷一层表面胶衣,待其凝胶后用浸胶乱纤维填满,再进行其他部分的正常糊制。另外一个比较方便的办法就是将预先加工的金属或复合材料件镶嵌此处,这对于柱体或突起的块状物是很合适的。

糊制复合材料时,金属镶嵌件必须经过酸洗、去油,才能保证黏结牢固。为了使金属件几何位置准确,需要先在模具上定位。如果是用短切毡作增强材料,含胶量一般控制在 $65\%\sim75\%$;用粗纱布时,含胶量一般控制在 $45\%\sim55\%$,当短切毡和粗纱布合用时,含胶量一般控制在 $55\%\sim65\%$。

糊制工作虽较简单,但操作者的熟练程度和认真态度对制品质量影响极大,要求做到快速、准确、含胶量均匀,无气泡及表面平整等。

2) 固化

手糊制品一般采用常温固化。糊制工段的室温应保持在 15 ℃以上,湿度不高于 80%。

温度过低、湿度过高都不利于聚酯树脂的固化。

制品在凝胶后,需要固化到一定程度才可脱模,脱模后继续在大于 15 ℃的室温条件下固化或加热处理。室温固化的不饱和聚酯复合材料制品一般在成型后 24 h 可达到脱模强度,在脱模后再放置一周左右即可使用,但是要达到最高强度值,往往需要很长的时间,有报道,不饱和聚酯复合材料的强度增长,一年以后才能稳定。

判断复合材料的固化程度,除强度外,常用的方法是测定其巴氏硬度值。一般巴氏硬度值达到 15 时便可脱模,对尺寸精度要求高的制品,巴氏硬度值达到 30 时方可脱模。

升高环境温度,能够加速复合材料制品的固化反应,提高模具的利用率。手糊成型的环境温度最好是 25~30 ℃,这样的条件既适宜于施工操作,又可以缩短脱模时间。对于不饱和聚酯复合材料制品,在树脂凝胶前不宜加热处理,否则会引起交联剂挥发,造成制品难以固化。

为了缩短复合材料制品的生产周期,常常采用加热后处理措施,后处理的升、降温制度,要考虑多种影响因素,根据实验结果制定。一般环氧复合材料的热处理温度可高些,常控制在 150 ℃以内,不饱和聚酯复合材料的热处理温度不超过 120 ℃,一般控制在 60~80 ℃下处理 2~8 h。

复合材料制品从凝胶到加热后固化之间的时间间隔,对复合材料制品的耐气候性影响很大,特别是后固化温度超过 50 ℃时,更应重视。因此,在加热固化处理时,应先将复合材料制品在室温下放置 24 h。

加热处理的方式很多,一般小型复合材料制品可以在烘箱内加热处理,稍大一些的制品可放在固化炉内处理,大型制品则多采用加热模具或采用红外线加热等。

5. 脱模、修整及装配

当制品固化到脱模强度时,便可进行脱模;脱模最好用木制或铜制工具,以防脱模时将模具或制品划伤。

向预埋在模具上的管接头送入压缩空气(约 0.2 MPa)或水,同时用木手锤敲击制品,注意不能用手锤胡乱敲打,否则会损伤模具及制品的胶衣。当用压缩空气或水不能使制品脱模时,可用刮板等把制品边缘挠开一点间隙,然后插入楔子,把制品脱下。用刮板和楔子脱模时要注意不要损伤模具的边缘。

有些大型制品即使选用了最理想的脱模剂系统,在脱模时仍需用很大的力,因此要使用一些机械帮助脱模,如千斤顶、吊车、拉紧螺丝等。

对于大型或异形制品可采用预脱模办法,这种方法是先在模具上糊两三层玻璃布,待固化后将其剥离,然后再放到模具上继续糊制。因为模具与制品之间已经分离,所以很容易把制品从模具上取下来。用这种方法制造的制品尺寸精度不是很高。

脱模后的制品要进行机械加工,除去毛边、飞刺、修补表面及内部缺陷。

大型制品往往分几部分成型,机加工后要进行拼接组装,组装时的连接方法有机械连接和黏结两种。最可靠的办法是两种方法同时使用。

如制品需涂漆,则可先将表面残存的脱模剂去除,然后按一般的油漆工艺进行上漆。

6. 制品中产生缺陷的原因及解决办法

1) 胶衣层的缺陷

(1) 褶皱 这是胶衣层最常见的缺陷之一。产生原因是胶衣层未足够固化就进行糊制,使得树脂中的交联剂(苯乙烯)部分溶解胶衣从而产生褶皱。预防的措施如下:检查胶衣层厚度(0.3~0.5 mm),如果胶衣层太薄,由于交联剂的挥发将使胶衣树脂固化不完全。检查配比是否正确,混合是否均匀。检查颜料糊对胶衣树脂固化的影响。如果气温太低,则将车间温度提高至18~20 ℃。待胶衣树脂达到足够的固化度(发软而不粘手)再糊制。

(2) 针孔、气泡 产生针孔和气泡是由于胶衣树脂中含有气泡,模具表面的尘粒也会引起针孔。预防的措施如下:确保模具表面无尘;涂刷胶衣前模具表面用空气吹刷;检查树脂黏度,如果需要稀释可用苯乙烯;如果凝胶时间太短,可调整引发剂、促进剂的用量,适当延长凝胶时间;在胶液配制好以后,静止片刻后再使用。

(3) 光泽不好 光泽不好是由于制品脱模过早,以及石蜡脱模剂使用不当。预防的措施如下:石蜡脱模剂不能擦得过多,并且一定要擦亮;掌握好制品脱模时机。

(4) 胶衣剥落 胶衣层和强度层之间的黏结存在缺陷,易引起胶衣剥落,这种现象一般在脱模时出现。主要有以下几个原因:模具表面的粗糙度太大,使胶衣与模具的黏结力增加;石蜡类脱模剂渗透入胶衣层中;胶衣表面被污染,因此胶衣层与强度层之间黏结不良;胶衣层固化时间太长,胶衣层凝胶后应在24 h以内糊制强度层;强度层固化不良。

(5) 色斑 颜料分散不均匀、模具表面的灰尘等都会引起色斑。预防的措施如下:在使用胶衣以前应确保模具表面清洁和光洁。胶衣树脂在使用前要充分搅拌。涂刷或喷涂胶衣时,应使胶衣的厚度均匀。垂直面施工时,胶衣层不能太厚,否则会由于树脂的流挂而使厚度不均。

(6) 起泡 在胶衣层和强度层之间如果裹入空气或溶剂就会使胶衣层起泡,这种缺陷一般在脱模以后的短时间内或后固化期间出现。起泡原因及预防的措施如下:在糊制强度层时玻璃毡或布浸润不够,在糊制时应充分浸透玻璃毡或布;原材料或胶衣层被水或溶剂污染,应确保刷子和滚子等操作工具干燥;高温固化时要选择恰当的引发剂。

(7) 裂纹 制品脱模以后,其表面有时立即出现细小的裂纹,有时几个月以后才会出现裂纹。引起这种缺陷的原因及预防的措施如下:胶衣层太厚,胶衣层厚度一般应控制在0.3~0.5 mm;树脂系统选择不当,应根据不同的性能要求,选择不同的胶衣树脂;胶衣树脂中苯乙烯加得太多,或者填料加得太多,树脂固化不良;制品受到冲击,当制品背面受到过大的冲击时,胶衣层表面将会产生星形开裂,应选用韧性更好的胶衣树脂。

(8) 泛黄 当制品在户外使用时胶衣树脂泛黄。造成泛黄的原因和应采取的措施如下:若是在成型操作时湿度太大所致,要把环境相对湿度控制在75%以下,并确保所用的原材料不含水分;若是因胶衣树脂选择不当所致,则应选择对紫外光稳定的树脂;若因使用过氧化苯甲酰、N, N'-二甲基苯胺引发系统而使胶衣泛黄,则应改变引发系统;固化不完全。

2) 强度层的缺陷

(1) 制品表面发黏 制品接触空气时表面发黏,是由于暴露面固化不良,引起的原因及相对应的解决办法分别为:车间湿度太大,因水对不饱和聚酯和环氧树脂的固化有阻聚作用。空气中的氧对不饱和聚酯树脂的固化有阻聚作用,使用过氧化苯甲酰作引发剂时更为明显。解决的办法：① 在表面层树脂中加入0.02%左右的石蜡；② 使用气干型树脂作为表面层树脂；③ 覆盖玻璃纸、薄膜或表面涂一层冷干漆等,使之与空气隔绝。固化温度太低,解决的办法：提高固化温度,适当增加引发剂和促进剂用量。引发剂和促进剂配比弄错。表层树脂中交联剂挥发过多,树脂中苯乙烯挥发,使比例失调,造成不固化。防止的办法：① 避免树脂凝胶前温度过高；② 控制通风,减少交联剂挥发。

（2）变形　制品脱模以后产生变形,有以下几种原因：脱模时固化度不够,应掌握好脱模时机。树脂固化不良。加强筋不够,对一些大型制品可以考虑埋入钢筋加强,或改进制品的结构设计。

（3）硬度低、刚度差　这种缺陷是由制品固化不完全引起的,防止的措施如下：检查引发剂、促进剂的用量。避免在低温、潮湿环境中进行成型操作。增强材料应在干燥条件下贮存。气温太低时应对制品进行加热后固化。

（4）制品内气泡多　制品内气泡多有以下几种原因：① 树脂用量过多,胶液中气泡含量多(防止方法：控制含胶量;注意拌和方式,减少胶液中气泡含量)；② 树脂胶液黏度太大(防止方法：可适当增加稀释剂;提高环境温度)；③ 增强材料选择不当(防止方法：应选择浸润性好的增强材料)。

（5）流胶　造成流胶的原因和对策如下：若因树脂黏度太小,则可适当加入触变剂。若因配料不均匀,在配料时要充分搅拌。若因引发剂、促进剂用量不足,则可适当调整引发剂、促进剂用量。

（6）分层　制品分层原因和对策：若因玻璃纤维制品受潮所致,在使用前进行干燥。若因树脂用量不够及增强材料未压紧密所致,则在糊制时要用力涂刮,使增强材料压实,赶尽气泡。若因固化制度选择不当,过早加热或加热温度过高,而引起制品分层,则应调整固化制度。

（7）白化　白化是由于一次糊制太厚,固化速度太快而引起的。防止的办法有：分层糊制,一次糊制厚度小于7 mm;减少固化剂、促进剂的用量。

4.1.5　喷射成型工艺

1. 概述

喷射成型是利用喷枪将玻璃纤维及树脂同时喷到模具上而制得复合材料的工艺方法。具体做法是,加了引发剂的树脂和加了促进剂的树脂分别由喷枪上的两个喷嘴喷出,同时切割器将连续玻璃纤维切割成短切纤维,由喷枪的第三个喷嘴均匀地喷到模具表面上,用小辊压实,经固化而成制品,如图4.1.7所示。

喷射成型也称半机械化手糊法。在国外,喷射成型的发展方向是代替手糊。喷射成型的优点是：① 利用粗纱代替玻璃布,可降低材料费用；② 半机械操作,生产效率比手糊法高2~4倍,尤其对大型制品,这种优点更为突出；③ 喷射成型无搭缝,制品整体性好；④ 减少飞边、裁屑和胶液剩余损耗。喷射成型的缺点是：树脂含量高；制品强度低；现场粉尘大；工作环境差。

喷射成型机按喷射方式分类,可分为：① 高压型。用泵把树脂送入喷枪,借泵压进行喷射;用空压机给树脂罐和固化剂罐加压,在压力下,将树脂和固化剂压入喷枪进行喷射。② 气动型。树脂、固化剂或它们的混合物借压缩空气喷出的力与空气雾化、喷出。

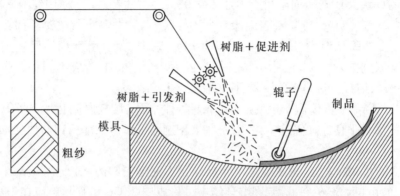

图 4.1.7 喷射成型示意图(两罐系统)

按混合形式分类,可分为:① 内部混合型。在喷枪内部混入引发剂和促进剂后进行喷射。② 外部混合型。分别含有促进剂和引发剂的树脂由喷枪喷出呈雾状相互混合,有单独喷射引发剂和喷射含引发剂树脂的两种类型。③ 已混合型。事先调配好含促进剂和引发剂的树脂,由喷枪喷出。

2. 喷射成型工艺流程

在喷射成型开始以前,应该先检查树脂的凝胶时间,测定方法是将少量的树脂喷入小罐中,测定其凝胶时间;还必须检查树脂对玻璃纤维的比例,一般树脂对玻璃纤维的比例在2.5∶1到3.5∶1之间。

待胶衣树脂凝胶后(发软而不粘手),就可以开始喷射成型操作。如果没有胶衣树脂,应先在模具上喷一层树脂,然后开动切割器,开始喷射树脂和纤维的混合物。第一层应该喷射得薄一些(约1 mm厚),并且仔细滚压,首先用短的马海毛滚,然后用猪鬃滚或螺旋滚,以确保树脂和固化剂混合均匀以及玻璃纤维被完全浸润。仔细操作,确保在这一层中没有气泡,而且这一层必须完全润湿胶衣树脂,待这一层凝胶后再喷下一层。接下来的每一层约喷射2 mm厚,如果太厚,则气泡难以除去,制品质量不能保证。每喷射一层都要仔细滚压除去气泡。如此重复,直至达到设计厚度。

要获得较高强度的制品,则必须与粗纱布并用,在使用粗纱布时,应先在模具上喷射足够量的树脂,再铺上粗纱布,仔细滚压,这样有利于除去气泡。

对大多数喷射设备,其喷射速率一般是2~10 kg/min。

与手糊成型一样,最后一层可以使用表面毡,再涂上外涂层。固化、修整、后固化及脱模等工序与手糊成型法相同。

3. 喷射成型常见的缺陷分析

1) 浸渍不良

产生的原因及对策:若因树脂含量低所致,则可适当增加树脂含量。若因树脂黏度过大所致,则应调节树脂黏度。若因树脂的触变度不够而造成树脂流失所致,则应选择有适宜触变度的树脂,或加触变剂。若因粗纱质量不好,不易被树脂浸透所致,则应更换粗纱。若因固化时间过短,在喷射操作中就凝胶,则应调节树脂的凝胶时间,如减少促进剂量,加入阻聚剂,调节环境温度。

2) 脱落

产生的原因及对策:若因树脂含量多所致,则应减少树脂喷出量。若因树脂的黏度、触变度低所致,则应提高树脂的黏度和触变度。若因喷枪与成型模面距离小所致,则应控制喷射的距离和方向。若因粗纱的切割长度不合适所致,则应按制品的大小和形状,改变纤维的切割长度。

3) 固化不足及固化不匀

产生的原因及对策:若因各喷嘴的喷吐量不稳定,而造成配比失调,则要确定各喷嘴的喷吐量,必要时作相应的调整。若因喷出的树脂不能形成适当的雾状,则应调整雾化,使树脂呈雾状。若因树脂和短切粗纱喷射形状不一致,则模面与喷枪之间的距离及方向要保持适当。若由于喷枪型号的原因,初始时喷出的固化剂量不足,则可用空吹法调节固化剂达到一定喷出量后,再喷出树脂和纤维。若因空压机内混入冷凝水,则应将空压机内的冷凝水排放掉,并定期排放。

4) 粗纱切割不良

产生的原因及对策:若因切割刀片磨损所致,则应更换,一般应按刀片的材质,在使用一定时间后主动更换。若是支持辊磨损所致,则应视磨损程度及时更换。若因粗纱根数太多所致,则应减少粗纱根数,通常以切割 2 根粗纱为宜。若因切割器的空气压低所致,则应提高空气压,增大空压机容量。

5) 空洞、气泡

产生的原因及对策:若是脱泡不充分所致,则应按操作规范仔细操作。若是树脂浸渍不良所致,则应加些消泡剂,再次检查树脂和纤维的质量。若脱泡程度难以判断,可将模具做成黑色,以便观察脱泡和浸渍情况。若是在凝胶前就送入高温的后固化炉所致,则应该在室温下固化后再送入炉内固化。

6) 厚度不匀

产生的原因及对策:由于未掌握好喷射操作所致,则应通过训练以提高熟练程度。由于脱泡操作不熟练所致,则应选用合适的脱泡工具,熟练掌握脱泡操作。若因纤维的切割性不好所致,则应调整或更换切割器。若因纤维的分散性不好所致,则应检查粗纱的质量。

7) 白化及龟裂

产生的原因及对策:由于树脂的反应活性高,在短时间内固化,固化时发热量大,而引起树脂和纤维的界面剥离,则应选择反应活性适宜的树脂,检查引发剂和促进剂的种类和用量以及固化条件。由于纤维表面附有妨碍树脂浸润的物质(如水、油、润滑脂等)所致,则应作适当处理,平时要注意粗纱的保管和使用。若因一次喷射太厚所致,则可采用分次喷射,边控制固化发热量边喷射。若是喷枪中各喷嘴的喷出量不匀所致,则应调整树脂的喷出量。若是树脂中混有水所致,则应改善树脂的保管、操作方法、使用条件,空压机的冷凝水管要经常放水。

4.1.6　袋压成型工艺

袋压成型是在手糊成型的制品上,装上橡胶袋或聚乙烯、聚乙烯醇袋,将气体压力施加到未固化的复合材料制品表面而使制品成型的工艺方法。袋压成型工艺也适合于用预浸料制造复合材料,本节以湿法手糊成型为例介绍袋压成型工艺方法。袋压法的优点是:制品两面较平滑;能适应聚酯、环氧及酚醛树脂;制品质量高,成型周期短。缺点是成本较高,不适用于大尺寸制品。

适合袋压法生产的制品有:① 原型零件;② 产量不大的制品;③ 模压法不能生产的较复杂制品;④ 需要两面光滑的中小型制品。

1. 袋压成型工艺种类及特点

袋压成型工艺可分为两种:加压袋法和真空袋法。

加压袋法,是将经手糊或喷射成型后未固化的复合材料,放上一个橡皮袋,固定好上盖板,如图 4.1.8(a)所示,然后通入压缩空气或蒸汽,使复合材料表面承受一定压力,同时受热固化而得制品。

真空袋法,是将经手糊或喷射成型后未固化的复合材料,连同模具,用一个大的橡胶袋或聚乙烯醇薄膜包上,抽真空,如图 4.1.8(b)所示,使复合材料表面受大气压力,经固化后即得制品。

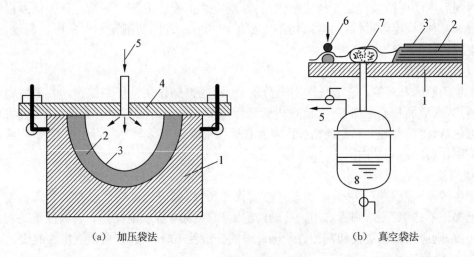

(a) 加压袋法　　　　　(b) 真空袋法

图 4.1.8　袋压成型工艺图

1—模具;2—制品;3—橡胶袋;4—盖板;5—压缩空气或真空;6—压紧装置;7—缓冲材料;8—树脂

两种袋压成型工艺具有共同的特点:① 都是采用手糊或喷射铺层;② 均采用橡胶袋或聚乙烯醇袋加压;③ 为了加快生产周期,一般都采用加热固化。由于加压方式的不同,制品在固化过程中受到的压力大小也有区别,一般真空袋压法的压力为 0.05~0.06 MPa,加压袋法的工作压力为 0.4~0.5 MPa。

2. 袋压成型工艺流程

在装袋以前的各工序与手糊法或喷射成型法相同。

1) 装袋(以真空袋压法为例)

湿法糊制的制品必须无气泡(尽可能无裹入的空气)。在树脂凝胶以前,必须完成制品

的装袋和刮抹步骤,制品糊制好,就应立即装袋。装袋的步骤如下:

距制品边缘 2.5 cm,放置 5 cm 宽的黄麻带作为缓冲材料,这将允许有 2.5 cm 的树脂层密封,从而防止黄麻中的空气倒流回制品内。

距黄麻缓冲材料 2.5 cm,放置一排或两排密封物,将袋密封。将真空系统的漏斗形管子固定在黄麻缓冲材料上,用一个柔软而洁净的聚乙烯醇袋将整个制品、黄麻和密封物料完全覆盖。用封闭物将袋和模具表面接触处密封。将接真空系统的软管连到模具上,缓缓抽真空达 16.7 kPa,除去制品和聚乙烯醇袋上的皱纹。达到最大真空度以后,用聚四氟乙烯刮板,从制品中心开始,除去制品中和聚乙烯醇袋下的空气泡和多余的树脂。不断地进行同样的刮抹操作,直至将空气泡和多余的树脂挤到黄麻缓冲材料中。

对于大多数环氧树脂系统,必须将湿法糊制的制品加热,以降低树脂的黏度。这可以使用空气加热枪或将整个制品放入约 65 ℃的炉子中。

用手指加压试验可以判断制品中的树脂量是否适当。若将中指加压到制品上后,留下一个小凹洼,则认为从制品中刮除的树脂是适量的。若手指压上后,制品上留下了白色指印,则表明刮除的树脂过多。将气泡和多余树脂赶净后,保持真空直到树脂凝胶固化后,再加热固化。

2) 固化

袋压成型工艺的固化程度,必须根据所用树脂类型、模具种类、制品厚度等条件经过试验确定。袋压成型的加热方法可以把加热元件直接放在模具内,也可以用载热体——空气、二氧化碳、蒸气、水、油等加热。液体载热体的可压缩性小,便于提高压力,但使用和管理都不便。

用真空袋法生产的制品一般是在固化炉或热压釜中固化。一般认为在热压釜中固化的制品厚度均匀、精细构型的复现性好,整个外观良好。固化炉系统的最大优点是固化设备费用比热压釜低。

室温固化的不饱和聚酯树脂制品可以在室温下固化或者在固化炉中固化,因为制品在室温下凝胶后,用热压釜固化的优点就显不出了。需加热固化的环氧树脂或不饱和聚酯树脂制品,在保持真空下,放入固化炉或热压釜中固化。

固化炉是一个绝热、气体加热、空气强制循环的金属大炉子,在一端或两端有大门。常用固化炉的尺寸是高 2.4 m、宽 3.7 m、长 9.1 m。

热压釜是一个用空气和(或)二氧化碳加压,绝热、蒸气加热、热空气强制循环的大圆筒形金属压力容器;在一端或两端有圆形大门,常用热压釜的直径为 3.7 m,长 9.1 m。

固化后制品的脱模、修整等工作,均与手糊工艺相同。

4.1.7　复合材料夹层结构的制造

复合材料夹层结构是指由三层以上的材料或结构组成的复合结构(图 4.1.9)。夹层结构有两层薄而高强度的面板材料,其间夹着一层厚而轻质的芯材,这是为了满足轻质高强要求而发展起来的一种结构形式。加入芯材的目的是维持两面板之间的距离,这一距离可使夹层面板截面的惯矩和弯曲刚度增大。例如,简支梁的弯

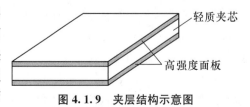

图 4.1.9　夹层结构示意图

曲挠度 $f = pl^3/48EJ$，式中：p 为载荷；l 为梁的跨距；E 为弹性模量；J 是惯性矩（$J = bh^3/12$）。由此可见，梁的弯曲挠度与梁的高度 h 的三次方成反比。因此，增加梁的高度就有效地提高了梁的刚度 EJ 值，也就减小了梁的挠度。如果把厚度为 h 的复合材料板沿厚度方向等分，并在中间夹上轻质的芯材，使其厚度为 $3h$。这样一来，便可以在复合材料板材用量不变的情况下，使刚度提高 26 倍。这种结构可有效地弥补复合材料板弹性模量低、刚度差的不足。

由于芯材的容重小，所以用它制成的蜂窝夹层结构，能在同样承载能力下，大大地减轻结构的自重。

夹层结构的面板材料可以用复合材料板、塑料板、铝板、胶合板等，面板材料是夹层结构的主要受力部分。夹芯材料有蜂窝芯材、泡沫塑料、强芯毡、软木等，它在夹层结构中起连接和支撑面层板的作用，承受的是剪切应力。夹层结构种类繁多，制造工艺各异，本节主要介绍复合材料夹层结构的制造。

复合材料夹层结构的优点很多，如比强度高、表面光洁、结构稳定性好、承载能力高、耐疲劳、隔音、隔热等。

复合材料夹层结构的应用非常广泛，其在航空工业、建筑工业和交通运输工业中都有应用，主要用于制造隔墙板、地板、屋面材料等内装饰材料。

1. 蜂窝夹芯材料

1) 蜂窝的种类及特点

根据所用材料的不同，可以分为纸蜂窝、玻璃布蜂窝、棉布蜂窝等。

按照平面投影形状，蜂窝夹芯材料又可以分为如图 4.1.10 所示的正六角形、矩形、有加强带的六角形，另外也有菱形和正弦曲线形等蜂窝。在这些蜂窝形式中，以有加强带的六角形蜂窝强度最高，正六角形蜂窝次之。但是正六角形蜂窝用料省、制造简单、结构效率最高，所以应用最广。

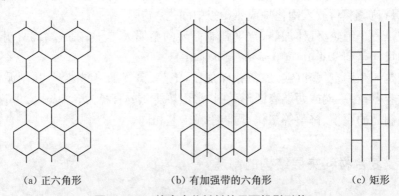

(a) 正六角形   (b) 有加强带的六角形   (c) 矩形

图 4.1.10 蜂窝夹芯材料的平面投影形状

常用的正六角形蜂窝格子的边长有 2 mm、2.5 mm、3 mm、3.5 mm、4 mm、4.5 mm、5 mm、6 mm、8 mm、10 mm、12 mm、14 mm、15 mm、18 mm 等几种。蜂窝格子的边长和蜂窝的高度有一定的配合尺寸。蜂窝芯子如图 4.1.11 所示。

在载荷集中区域，通常使用容重较大的芯子。蜂窝芯子尺寸大小的选择，是根据性能要求和成型工艺的可能性，通过试验确定的。

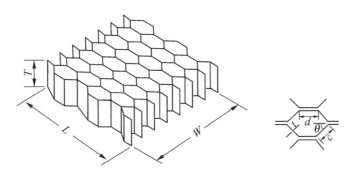

图 4.1.11　蜂窝芯子

T—蜂窝高度；L—纵向长度；W—横向宽度；
c—蜂窝芯子的斜边长度；d—蜂窝芯子的节线长度；
t—蜂窝芯子的斜边壁厚；θ—蜂窝芯子斜边与节线间的夹角

蜂窝芯材的制造包括材料选择、蜂窝芯材制造和拼接等。下面以玻璃布蜂窝为例叙述其制造工艺。

2）材料选择

（1）玻璃布的选择　用于制造蜂窝芯子的玻璃布通常都选用未脱蜡的平纹布，因为平纹布不易变形，不脱蜡可以防止胶黏剂渗到玻璃布的背面，产生粘连现象。常用的玻璃布有 0.1 mm、0.12 mm、0.16 mm、0.2 mm 厚的无碱平纹布。

（2）黏结剂的选择　制造玻璃布蜂窝的黏结剂品种很多，有热固性的黏结剂，也有热塑性的黏结剂。它的选择是根据制造蜂窝夹层结构时的工艺条件和浸胶时使用的树脂种类而定。目前常使用的蜂窝黏结剂有以下几种：环氧树脂、聚醋酸乙烯酯和聚乙烯醇缩丁醛。

在手工制造玻璃布蜂窝芯子中，多采用环氧树脂，牌号有 E-51、E-44、E-42 等。环氧树脂的黏度通过稀释剂来调节。室温固化可采用胺类或改性胺类固化剂。

聚醋酸乙烯酯俗称白胶水或木胶水。聚醋酸乙烯酯价格便宜、无毒，可以在室温下固化，加热到 80 ℃经 2～4 h 能加速固化。它既可用机械涂胶，也适用于手工涂胶。

聚乙烯醇缩丁醛要在加热加压下固化，一般在温度 120 ℃、压力 0.2～0.3 MPa 下固化，固化时间为 2～4 h。它只适用于机械制造蜂窝芯子。

3）玻璃布蜂窝芯子的制造

玻璃布蜂窝芯子的制造有两个基本方法：波纹法和展开法。

（1）波纹法　波纹法首先在波形模具上，按手糊或模压成型工艺制成半六角形的波纹板，然后用黏结剂粘成蜂窝芯子，如图 4.1.12 所示。

波纹法制成的蜂窝芯子，其蜂格尺寸正确，可制造任何规格的蜂窝芯子，但需要大量模具，生产效率低，所以很少使用。

（2）展开法　在展开法中，将黏结剂通过不同的方式涂在玻璃布上形成胶条，

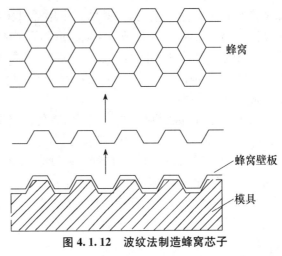

图 4.1.12　波纹法制造蜂窝芯子

（图中标注：蜂窝　蜂窝壁板　模具）

相邻两层涂有胶条的玻璃布应使胶条错开,即上一层玻璃布的胶条位置正好在下一层玻璃布上的相邻两胶条的中间。以这种方法互相黏结在一起的玻璃布形成一块蜂窝芯子板。待蜂窝芯子板中的黏结剂充分固化,再将蜂窝芯子板放在切纸机上切成一条条具有所要求高度的蜂窝芯子条,然后将蜂窝芯子展开,即成蜂窝,如图4.1.13所示。

展开法是目前常用的方法,根据涂胶方法的不同,又可分为手工涂胶法和机械涂胶法两种。

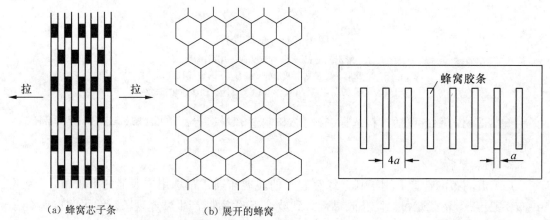

(a) 蜂窝芯子条　　　　　(b) 展开的蜂窝
图 4.1.13　展开法制造蜂窝芯子　　　　　图 4.1.14　蜂窝胶条纸板

手工涂胶法制造玻璃布蜂窝芯子的工序如下:

① 制作涂胶板。在牛皮纸上,用刻纸刀刻出涂胶条,如图4.1.14所示。

胶条的宽度和间距是根据蜂窝格子的边长来确定的。以正六角形蜂窝为例,当边长为a时,则相邻两胶条的间隔为$4a$。胶条的理论宽度应当等于a,但由于黏结剂的胶液会沿着涂胶纸上胶缝的边沿向两边渗透,使蜂窝格子的胶接宽度大于a。所以,为了确保蜂窝格子正六角形,在涂胶纸上刻的胶条宽度要稍小于a。具体宽度要根据玻璃布的厚度、密度、黏结剂的黏度以及牛皮纸的厚度等具体条件确定。例如,$a=8$ mm,用厚度为0.2 mm的无碱玻璃纤维平纹布,以常温固化环氧树脂为黏结剂,胶条宽度为6~6.5 mm。

然后,将刻有蜂窝胶条的牛皮纸固定在手工涂胶机的框架上,牛皮纸要绷紧、平整,而且蜂窝胶条垂直于框架边。如果黏结剂采用环氧树脂之类的冷固化配方,则涂胶纸只能用一次,成型一次就需换一张胶条纸。如果采用聚醋酸乙烯酯这类水溶性的黏结剂时,则将刻有蜂窝胶条的牛皮纸粘在手工涂胶机上框架的铜网上,然后在胶条纸上的胶条处涂上油脂,除去牛皮纸,再涂油漆,等油漆干后,再清除油脂即成蜂窝涂胶机的涂胶板。这种方法制成的涂胶板可以反复使用直至损坏为止。

② 调整手工涂胶机移动板的行程,行程调整到$2a$即可。

③ 根据蜂窝芯子尺寸大小裁剪玻璃布。

④ 铺好玻璃布,均匀地将黏结剂通过涂胶板刮到玻璃布上,然后翻过涂胶板,铺第二层玻璃布,使移动板向左移动$2a$距离[图4.1.15(a)],再次刮胶后铺第三层布,将涂胶板移回原位刮胶,如此重复,达到预定的玻璃布层数为止[图4.1.15(b)]。蜂窝芯子所需的玻璃布层数n,可以根据蜂窝芯子的横向宽度W及蜂窝格子的边长a,玻璃布的厚度b,按式(4-1-1)计算:

$$n = \frac{W}{0.866a + b} \tag{4-1-1}$$

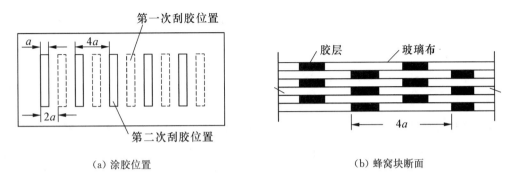

(a) 涂胶位置　　　　　　　　　　　　　(b) 蜂窝块断面

图 4.1.15　蜂窝块涂胶位置和断面示意图

⑤ 将蜂窝芯子板均匀地加压,待黏结剂完全固化后,卸去压力,用切纸机将蜂窝芯子板切成所需高度的蜂窝芯子条。

⑥ 用手工或机器将切好的蜂窝芯子条展开,如发现有因渗透使两个相邻的蜂格黏结在一起时,需用工具将它们轻轻挑开。

手工涂胶法工艺简单,不需要特殊的设备,但劳动强度大,生产效率低。仅适用于少量特殊规格的蜂窝芯子生产,至于大规模生产,一般采用机械涂胶法。

机械涂胶法分为漏胶法和印胶法两种。漏胶法的生产效率较高,但胶条宽度不易控制,涂胶质量较差,设备清洗也不方便,故很少使用。

印胶涂胶法是一种常用的涂胶方法,其工艺流程如图 4.1.16 所示。

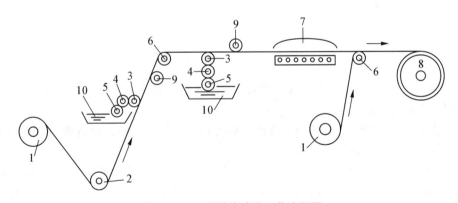

图 4.1.16　印胶涂胶法工艺流程图

1—玻璃布放布筒;2—张紧辊;3—印胶辊;4—递胶辊;
5—带胶辊;6—导向辊;7—加热器;8—收布卷筒;9—调压辊;10—胶槽

印胶涂胶法的工作原理是通过印胶辊来涂胶,玻璃布从放布筒 1 引出后,经过张紧辊 2 到第一道印胶辊在布的正面涂胶,然后经过导向辊到第 2 道印胶辊,并在布的反面涂胶。涂胶后的玻璃布经过加热器加热,在水平导向辊 6 处与未涂胶的玻璃布叠合,一起卷绕到收布卷筒 8 上。收卷到设计厚度时,从收布卷筒上将蜂窝芯子板取下,加热固化后,切成蜂窝条备用。

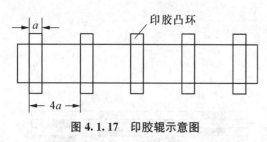

图 4.1.17　印胶辊示意图

印胶辊的构造如图 4.1.17 所示,胶液通过带胶辊和递胶辊传到印胶辊的凸环上,当玻璃布和印胶辊接触时,胶液便被涂到玻璃布上去。第一道印胶辊和第二道印胶辊的凸环错位 $2a$,其原理同手工法,分别把胶液涂到玻璃布的正反面。涂胶时,当胶辊转向和玻璃布的运动方向一致时,称为印胶法。如果胶辊转向和玻璃布和运动方向相反,则称为擦胶法。擦胶法胶液对玻璃布的压力小,不易透胶。

印胶涂胶法的设备简单,机械化程度高,质量容易控制,生产效率高,适合于大规模生产。

在涂胶工艺中,易发生漏涂和透胶这两个影响蜂窝质量的问题。其原因和解决办法如下:

① 胶液压力。涂胶辊对玻璃布的接触压力越大,胶液浸透到玻璃布背面的可能性也就越大,容易造成严重的透胶现象,致使固化后的蜂窝芯子条拉不开,因此要尽量减少涂胶辊对玻璃布的接触压力,调整玻璃布对胶辊的包角即接触面。防止透胶的最有效方法是改用擦胶法涂胶(图 4.1.18)。

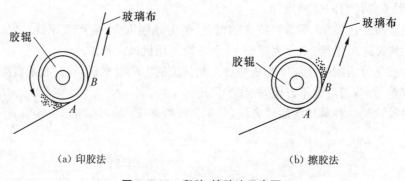

(a) 印胶法　　　　　　　　　　　　(b) 擦胶法

图 4.1.18　印胶、擦胶法示意图

印胶法中,在胶辊接触压力下胶液和玻璃布的接触区域为 AB 距离,擦胶法则只在 B 点接触,因此不易产生透胶现象。

漏涂现象往往是由玻璃布运动不平稳和胶辊带胶不匀所造成。控制玻璃布平稳运行和注意调整胶辊间隙便可避免漏涂。

② 胶液黏度。胶液黏度越大,越不易透胶,但黏度过大,会造成涂胶困难,或使胶层过厚,在加压固化过程中出现透胶。胶液黏度小,很容易在涂胶过程中发生透胶。因此,在保证涂胶顺利的情况下,胶液的黏度越大越好。

③ 褶皱和偏斜。涂胶过程中,往往会出现玻璃布打褶和偏移,影响蜂窝质量。引起这种现象的原因是传动不平稳,涂胶导向及胶布放布辊之间不平行等。因此,在正式生产前,必须无胶运行,以便检查调整,务使玻璃布收卷松紧一致,平直无皱。胶条错位误差不得超过 0.5 mm。

④ 蜂窝的拼接。在制造大面积或异形制品时,蜂窝的尺寸往往不能满足要求,因此,需要拼接,拼接方式如图 4.1.19 所示。拼接时取少量胶液,涂在拼接处,搭接长度为六角形边长,用夹子固定,待固化后除去夹子即可。

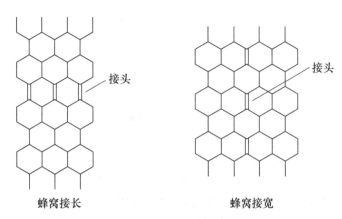

蜂窝接长　　　　　　　　　　蜂窝接宽

图 4.1.19　蜂窝芯材的拼接方式

影响蜂窝夹层性能的因素有以下几种：

① 含胶量对性能的影响。提高蜂窝的含胶量,可使强度和容重增大,但强度的增大更为明显,见表 4.1.1。

表 4.1.1　含胶量对蜂窝强度和容重的影响

树脂含量/%	蜂窝容重/$(g \cdot cm^{-3})$	压缩强度/MPa
18~20	0.057	1.13
40~45	0.078	2.57
55~58	0.098	4.88

注：玻璃布厚 0.11 mm,蜂窝孔尺寸 0.6 cm²。

② 玻璃布对性能的影响。增加玻璃布的厚度,可以提高蜂窝的强度,同时也增加了蜂窝的容重。其关系见表 4.1.2。

表 4.1.2　玻璃布厚度对蜂窝强度和容重的影响

玻璃布厚度/mm	蜂窝容重/$(g \cdot cm^{-3})$	压缩强度/MPa
0.11	0.078	2.57
0.19	0.141	3.46

注：蜂窝含胶量 40%~45%,蜂窝孔尺寸 0.6 cm²。

③ 蜂窝孔尺寸对性能的影响。蜂窝孔尺寸越大,强度越低,容重越小,见表 4.1.3。

表 4.1.3　蜂窝孔尺寸对强度和容重的影响

蜂窝孔尺寸/cm²	蜂窝容重/$(g \cdot cm^{-3})$	压缩强度/MPa
0.6	0.141	3.46
1.2	0.108	2.26

注：玻璃布厚 0.19 mm,含胶量 40%~50%。

④ 蜂窝高度的影响。蜂窝的高度增加,蜂窝的容重、压缩强度降低,但弯曲强度和刚度增加。蜂窝的高度一般是根据产品的要求来决定的。一般来说,蜂窝高度采用 15～20 mm 为宜。

2. 泡沫夹芯材料

泡沫塑料具有质量轻、导热系数低、隔音、防震及耐水等性能,是制造夹层结构的优良材料。

1) 泡沫塑料的分类及构造

泡沫塑料是由气体填充的轻质高分子合成材料,是一种气固两相体材料。

由于气固两相分散情况不同,泡沫塑料的结构一般分为闭孔和开孔两种。在闭孔泡沫塑料中,气体充填在由聚合物构成的互不相通的格子中,而在开孔泡沫塑料中,气体充填在聚合物构成的互相连通的格子内。实际上,完全闭孔或开孔结构的泡沫塑料是很难实现的,一般只能得到闭孔结构占大多数或开孔结构占大多数的泡沫塑料。

在泡沫塑料中,开、闭孔结构所占的百分率,泡沫结构中有无空洞、塌陷,将影响泡沫塑料的吸水、透气、导热、强度及刚度等性能。闭孔结构的吸水性、透气性、导热性均较开孔结构小,强度和刚度比开孔结构高。泡沫塑料中的气体含量和气体均匀情况对质量影响很大。一般均细孔结构比大孔结构的拉伸强度高。

按聚合物分类,可分为酚醛泡沫塑料、环氧泡沫塑料、聚氨酯泡沫塑料、聚苯乙烯泡沫塑料、聚氯乙烯泡沫塑料等。

根据泡沫塑料的硬度可分为硬质、半硬质和软质三种。区别它们的方法是将泡沫塑料压缩,使其变形达到 50%,减压后观察其残余变形。当残余变形大于 10% 的称为硬质泡沫塑料;残余变形为 2%～10% 的,称为半硬质泡沫塑料;残余变形小于 2% 的,称为软质泡沫塑料。

2) 泡沫塑料的制造方法

泡沫塑料的制造方法主要有物理法、化学法和机械法三种。

(1) 物理发泡法　物理发泡法分为惰性气体发泡法和低沸点液体发泡法两种。惰性气体发泡法是在较高压力(3～5 MPa)下,将惰性气体(如 N_2、CO_2 等)压入聚合物中,然后降低压力、升高温度,使压缩气体膨胀,形成泡沫塑料。惰性气体发泡法可用来生产聚氯乙烯和聚乙烯泡沫塑料,这种发泡法的优点是发泡后没有发泡剂留下的残渣,不会对制成的泡沫塑料的物理和化学性能有不利影响。但此法需要比较复杂的高压设备。低沸点液体发泡法是把低沸点液体溶于聚合物颗粒中,然后升高温度,当树脂软化,液体蒸发时,形成泡沫塑料。可发性聚苯乙烯泡沫塑料就是用此法生产的。

(2) 化学发泡法　化学发泡法有两种:一种是依靠泡沫塑料中的原料组分相互反应放出气体,形成泡沫结构;另一种是借助化学发泡剂的分解产生气体,形成泡沫结构。用化学发泡法生产泡沫塑料时设备简单,质量容易控制,大多数聚合物都能用这种方法发泡。

热塑性树脂的泡沫塑料和热固性树脂的泡沫塑料的制造方法不同。热塑性树脂的泡沫塑料的发泡工艺分两步进行:一是将原料放入模内压制坯料。在一定的压力和温度下,树脂软化,发泡剂开始分解,等树脂达到黏流态时,气体形成微小的气泡,均匀地分布在液态树脂中,因存在压力,气泡无法再胀大,此时,冷却物料至玻璃化温度即得坯料;二是坯料发泡。

将坯料放在限制模内,重新加热,物料处于高弹态时,坯料中气体开始膨胀,当物料胀满限制模后,再冷却到玻璃化温度,即得热塑性树脂的泡沫塑料。至于热固性树脂的泡沫塑料的发泡过程,必须在物料处于黏流态阶段进行,随着树脂凝胶固化,使气泡固定,形成泡沫塑料。

3) 泡沫塑料形成原理

泡沫塑料的形成分气发泡沫塑料和组合泡沫塑料两种。

(1) 气发泡沫塑料 气发泡沫塑料形成过程可分为以下三个阶段。

泡沫形成 将发泡剂或气体加入液态塑料中形成溶液,当气体在溶液中达到饱和限度而形成过饱和溶液时,又会从溶液中逸出形成气泡。形成气泡的过程就是成核作用,这时除了聚合物的液相外,还产生了新相——气相,分散在聚合物液体中,成为泡沫。如果同时有很细的固体粒子或很小的气泡存在,会促进成核作用,这种固体粒子和很小的气泡,称为成核剂。例如在制造聚氨酯泡沫塑料时,通入少量空气泡,起成核作用,使聚氨酯泡沫塑料的形成速度加快,泡孔变细。如果没有成核剂,就可能产生大孔。

① 泡沫增长。促进气泡增长的因素是:增加溶解气体;升高温度;气体膨胀;气泡合并。阻碍气泡增长的因素是:表面张力和聚合物黏度。气泡形成后,气泡内的气体压力与直径成反比,即气泡越小,气泡内的压力越大,因此,当大小两个气泡接近时,就会产生由小到大的气泡合并。通过成核作用,增加了气泡的数量,加上气泡孔径的膨胀扩大,从而使泡沫增长。

② 泡沫稳定。随着泡沫的形成和增长,泡孔表面积不断增大,泡壁厚度减薄,泡沫体很不稳定。稳定泡沫的方法有两种:一是利用表面活性剂(如硅油)降低表面张力,有利于形成细泡,减少气体扩散作用,使泡孔稳定;二是提高聚合物的黏度,防止泡壁进一步减薄。在泡沫塑料的发泡过程中,通过物料冷却或聚合物交联,都可以达到提高黏度、稳定泡沫的目的。

(2) 组合泡沫塑料 组合泡沫塑料的形成和气发泡沫塑料不同,它是把已成型的直径为 $20 \sim 250\ \mu m$,壁厚 $2 \sim 3\ \mu m$ 的中空玻璃微球、中空陶瓷微球或中空塑料(如酚醛树脂)微球;加入树脂中拌匀,固化后即成组合泡沫塑料。

4) 发泡剂

化学发泡剂是指在加热条件下,能分解产生气体从而使聚合物发泡的无机或有机化合物。发泡剂的分解温度和发气量,在很大程度上决定了发泡加工条件和适用的塑料品种。化学发泡剂必须满足下列要求:分解的温度范围比较狭窄,而且要固定;能很快地在聚合物中分散和溶解,使气体分布均匀;逸出气体速率能够控制,而且要合理、快速;价格便宜,运输和贮藏时稳定;发泡剂和放出的气体无毒,无腐蚀;分解产物对聚合物的物理及化学性能无影响。

无机发泡剂的原料来源广泛,价格便宜,加热分解时放出 CO_2、N_2 等,常用的有碳酸铵和碳酸氢钠,它们都是固体物质。

有机发泡剂的品种很多,由于其结构不同,性能各异,适用于不同的聚合物。例如,偶氮二异丁腈的热分解反应如下:

$$NC-\underset{CH_3}{\overset{CH_3}{C}}-N=N-\underset{CH_3}{\overset{CH_3}{C}}-CN \xrightarrow{90 \sim 115\ ℃} N_2\uparrow + NC-\underset{CH_3}{\overset{CH_3}{C}}-\underset{CH_3}{\overset{CH_3}{C}}-CN$$

偶氮二异丁腈适用于作聚苯乙烯、聚氯乙烯、酚醛树脂、环氧树脂及有机硅树脂等的发泡剂。

常用有机发泡剂有：偶氮二异丁腈、二偶氮苯胺、偶氮二甲酰胺、对甲基苯磺酰肼、苯-1，3-二磺酰肼、二苯砜-3，3′-二磺酰肼等。

5）聚氨酯泡沫塑料

聚氨酯泡沫塑料分硬质和软质两种。硬质聚氨酯泡沫塑料制造的复合材料夹层结构，具有轻质高强、绝缘、保温、隔声、防震等优异性能。其最大特点是具有和多种材料黏结性好及能够在现场发泡制造。因此，聚氨酯泡沫塑料夹层结构是目前应用最广泛的一种。

聚氨酯泡沫塑料的生产分一步法和两步法两种。一步法是把所有的原料混在一起，搅拌均匀，发泡制成泡沫塑料。两步法是使异氰酸酯先与聚酯或聚醚树脂反应生成预聚体，再加入其他组分使其成为泡沫塑料。两步法中还有半预聚法，是把全部异氰酸酯和部分羟基聚合物反应，生成一种含有大量未反应异氰酸基预聚体，然后再加入剩余组分混合发泡，生成泡沫塑料。一步法的优点是原料组分黏度小，输送方便，生产周期短，设备较少。其缺点是生产较两步法难控制。生产硬质泡沫塑料多采用一步法和半预聚法。

聚氨酯泡沫塑料的原料包括二官能度和多官能度的异氰酸酯、多官能度的羟基聚合物。发泡剂、催化剂、交联剂、阻燃剂及填料等。

(1) 异氰酸酯　生产聚氨酯泡沫塑料常用的异氰酸酯有甲苯二异氰酸酯(TDI)、二苯基甲烷4，4′-二异氰酸酯(MDI)和多次甲基多苯基多异氰酸酯(PAPI)等。

最常用的是甲苯二异氰酸酯，甲苯二异氰酸酯有甲苯-2，4-二异氰酸酯和甲苯-2，6-二异氰酸酯两种化学结构不同的同分异构体。通常使用的为2，4-及2，6-两种异构体的混合物，这两种异构体的比例叫作异构比，在表示中常将2，4-体的比例写在前面(或上面)，2，6-体的比例写在后面(或下面)：如80/20或80：20。在聚氨酯泡沫塑料生产过程中，甲苯二异氰酸酯与聚酯或聚醚树脂的羟基反应，形成聚氨酯；与水作用，生成发泡用的二氧化碳；并且与水解盐生成的中间产物反应，使聚合体发生交联。由于2，4-体与2，6-体在各个反应中所具有的化学活性不同，因此异氰酸酯的异构比是发泡的一个重要因素。一般来说，异构比越高，则发气与凝固反应进行越快，泡沫就趋向于闭孔结构；反之，异构比越低，泡沫就趋向于开孔结构。

(2) 聚酯或聚醚树脂　聚酯或聚醚树脂是生产聚氨酯泡沫塑料的另一主要原料。分子末端有羟基的聚酯树脂，一般用二元羧酸和多元醇缩聚而成。聚醚是由氧化烯烃和多元醇反应制成。在生产硬质泡沫塑料时羟值控制在300～500 mg KOH/g，而软质泡沫塑料则控制在50 mg KOH/g左右。

(3) 催化剂　催化剂加速聚氨酯的形成和原料混合物的发泡，从而在较短时间内生成泡沫塑料。催化剂主要是胺类及有机锡化合物，例如，N, N'-二甲基苯胺、二甲基乙醇胺、三乙胺、三乙烯二胺、二月桂酸二丁基锡等。这两种化合物都有加速水与异氰酸酯反应生成二氧化碳以及使链增长速度加快的作用，但是相对来讲，前者主要是使水与异氰酸酯生成二氧化碳的反应速度加快，而后者则主要增快链增长的速度，因此，在发泡中一般混合使用。

（4）发泡剂 作为聚氨酯泡沫塑料发泡剂的二氧化碳，是由水与异氰酸酯作用所生成的。水与异氰酸酯作用生成的聚合物，带有聚脲结构，掌握不当会使泡沫塑料出现脆性。此外，由于氟碳化合物在聚合物形成过程中吸收热量变为气体，从而使聚合物发泡，因此在硬质泡沫塑料中常采用 F-113（三氯三氟乙烷）、F-11（三氯氟甲烷）等氟碳化合物作为发泡剂，但由于这类发泡剂对臭氧层有影响而逐渐被戊烷等有机烃类发泡剂所取代。

（5）乳化剂、表面活性剂 乳化剂和表面活性剂的作用有两个方面。一方面使亲水的多羟基聚合物和疏水的异氰酸酯、发泡剂以及催化剂等成为均匀的混合物，保证发泡在体系中均匀进行。另一方面它们是表面张力调节剂，降低树脂的表面张力，有助于稳定气泡，防止细小微孔的合并。常用的表面活性剂为水溶性硅油，乳化剂为吐温 80（聚氧化乙烯山梨糖醇酐甘油酸酯）。

（6）交联剂 交联剂的作用是加快交联速度，增进泡沫形成的稳定性。常用甘油和乙二胺聚醚（四羟丙基乙二胺）。乙二胺聚醚既是交联剂，又起助催化作用。

（7）阻燃剂 常用的有磷酸二苯甲苯酯、磷酸三甲苯酯、氯化石蜡、三（二氯丙基）膦酸酯 $(Cl_2C_3H_5O)_3PO$、三（2，3 二溴丙基）膦酸酯 $(CH_2BrCHBrCH_2O)_3PO$ 以及含磷聚醚等。

（8）填料 各种无机填料，如玻璃纤维、石棉、氧化硅、碳酸钙等都可加入以改善泡沫塑料的某些性能和降低成本。但加入量不宜过多，一般不超过 10%～15%，过量则会影响发泡。

硬质聚氨酯泡沫塑料生产方法有喷涂和浇铸两种。

喷涂法生产工艺主要有以下几个步骤：

① 原材料规格及配方。表 4.1.4 和表 4.1.5 分别是一步法聚醚型及二步法聚酯型原材料规格及配方。

表 4.1.4 喷涂法聚醚型硬质聚氨酯泡沫塑料一步法配方

原 料	规 格	配比/%
含磷聚醚树脂	羟值/(mg KOH/g)：350 酸值/(mg KOH/g)：<5	65
甘油聚醚树脂	羟值/(mg KOH/g)：600 含水量/%：<0.1	20
乙二醇聚醚树脂	羟值/(mg KOH/g)：780 含水量/%：<0.2	15
β-三氯乙基膦酸酯	工业级	10
水溶性硅油	工业级	2
三氯氟甲烷(F-11)	沸点/℃：23.8	35～45
三乙烯二胺	纯度/%：>98	3～5
二月桂酸二丁基锡	含锡量/%：17～19	0.5～1.0
多亚甲基多苯基多异氰酸酯(PAPI)	纯度/%：85～90	160

注：泡沫塑料的性能——容重(g·cm^{-3})为 0.04～0.052；抗压强度(MPa)为 0.25～0.45；抗拉强度(MPa)为 0.18～0.23；伸长率(%)为 7～15；自熄性为离开火焰后 2 s 内自行熄灭。

表 4.1.5   喷涂法聚酯型硬质聚氨酯泡沫塑料二步法预聚体配方

原　料	规　格	配比/%
甲苯二异氰酸酯	纯度/%：99 异构比：65/35	100
一缩二乙二醇	纯度/%：>98 微量水/%：0.25	10~25

注：游离异氰基占 27%。

表 4.1.6   喷涂法聚酯型硬质聚氨酯泡沫塑料二步法发泡配方

原　料	规　格	配比/%
聚酯树脂	羟值/(mg KOH/g)：530~550 酸值/(mg KOH/g)：<5	100
预聚体	游离异氰基/%：27	157
吐温 80	羟值/(mg KOH/g)：68~85 皂化值/(mg KOH/g)：45~60	1.5
二乙基乙醇胺	纯度/%：>95	0.5~1.0
蒸馏水		0.05~1.00

注：容重(g·cm^{-3})为 0.32~0.42；抗拉强度(MPa)为 4~6；抗压强度(MPa)为 6~8.6。

② 生产工艺流程。喷涂法的生产工艺流程是两组分原料分别由计量泵输送至喷枪内混合，使用干燥的压缩空气作为搅拌动力，再在压缩空气作用下，将混合物喷射至目的物。聚氨酯泡沫塑料的喷涂设备有多种类型，可根据需要选购。

③ 操作工艺。按配方称料，分别置于贮槽内，搅拌均匀，然后分别装入贮罐内。根据配方的物料两组分质量比(i)，用重量法测试 5 s 的流量，控制两组分流量的比值等于或接近于(i)，流量误差不超过±2%。

将第一组分、第二组分的料管，分别插到清洗好的喷枪接头上，风管插在风压接头上，先开风阀调好雾化所需风压，便可启动设备。枪口与目的物距离 300~500 mm，自下而上、自左至右移动进行喷涂。喷涂结束后拆下料管，再清洗喷枪。

④ 生产控制因素

a. 乳白时间。即物料喷涂至目的物后，颜色变白的时间，一般控制在 3~7 s。如太快，则易堵塞喷枪；太慢，则容易发生流失或滴落现象。

b. 固化时间。通常以泡沫塑料不粘手的时间表示，固化时间太慢对连续喷涂不利，前一层泡沫易被下一层喷涂所吹动。

c. 雾化风压。雾化风压要根据配方、流量的不同和物料黏度而变化，风压一般控制在 0.5~0.6 MPa。太低，物料混合不匀，所得的泡沫塑料质量低劣。

d. 喷涂速度。一般采取 1 kg/min 左右的流量，此时喷枪的移动速度为 0.6~0.8 m/s，单层喷涂的泡沫塑料厚度约为 15 mm。移动速度过慢，不易喷平。

e. 表面温度。喷涂物表面温度(包括环境温度)低于 10 ℃时,乳白时间较长,发泡后底层容重偏大,黏结不牢。可采取以下措施:增加胺类和有机锡类催化剂用量;两组分物料保温,使进入喷枪时保持在 20 ℃左右;加热压缩空气,使进入喷枪时的温度可根据环境温度控制在 40~80 ℃。综合上述措施,在 -5 ℃以下喷涂硬质聚氨酯泡沫塑料,与正常气温比较,除第一层泡沫乳白稍慢、容重偏大一些外,其他层次均较正常。

浇铸法生产工艺是在喷涂配方的基础上,将催化剂用量适当减少,两组分物料经过混合头混合或喷枪混合后,浇入模具内,常温常压下发泡成型,然后加温熟化并脱模。浇铸法硬质聚氨酯泡沫塑料的配方如下:

含磷聚醚树脂	40 份
甘油聚醚树脂	40 份
乙二胺聚醚树脂	20 份
氟氯烷	45~50 份
二乙基乙醇胺	0.6 份
聚硅氧烷、聚氧化乙烯氧化丙烯醚嵌段共聚物(又名"发泡灵")	2.0 份
阻燃剂	10 份
PAPI	136 份
二月桂酸二丁基锡	0.3 份

浇铸法的乳白时间为 30~60 s,固化时间为 2~3 min。浇铸法的乳白时间不宜过快,要使浇入模具的物料有一定的流动时间,以保证模具完全浇满;但也不能过慢,否则制件容重偏大。

浇入模具内的物料量必须严格控制,误差不超过 5%。需要量可按(4-1-2)进行计算:

$$G = d \cdot V \tag{4-1-2}$$

式中 G——所需的物料质量;

V——模腔体积;

d——泡沫塑料容重。

6) 酚醛泡沫塑料

酚醛泡沫塑料是由酚醛树脂与固化剂、发泡剂及其他组分配制而成。热塑性和热固性酚醛树脂都可用来制备泡沫塑料。配方举例如下:

线型酚醛树脂	100 份
六次甲基四胺	10 份
偶氮二异丁腈	1~2 份

制造酚醛泡沫塑料时,按上述配方称料,在球磨机内研磨混合成坯料。发泡成型时将坯料按模具或结构内腔大小计量,装料后用加热来发泡。加热的第一段温度控制在 80~90 ℃,坯料开始软化,然后升温到 90~110 ℃,此时发泡剂大量分解,树脂开始交联,黏度相应增加。软化后的坯料开始发泡胀大,填满模具或结构空腔。加热的第二段是把温度控制在 150~200 ℃,使树脂固化,然后冷却,即得泡沫塑料。

热固性酚醛树脂也常用来制造酚醛泡沫塑料,固化剂用对甲基苯磺酸或硫酸,发泡剂可用戊烷,再加入适量的表面活性剂。可在较低的温度下发泡。

酚醛泡沫塑料具有良好的机械性能,较高的耐热性和阻燃性能,在发泡成型过程中,能与其他材料很好地黏结。

7) 环氧树脂泡沫塑料

环氧树脂泡沫塑料由液态环氧树脂、表面活性剂和发泡剂制成。环氧泡沫塑料的生产方法可分为化学发泡剂发泡法、发泡组分间相互作用析出气体发泡法、物理发泡法和加入玻璃或陶瓷或塑料中空微球固化成型法等四种。环氧泡沫塑料的特点是耐高温、力学性能和电性能良好。

(1) 化学发泡剂发泡法　按表 4.1.7 中的配比先将发泡剂、甲苯和表面活性剂混合,然后加到已加热的环氧树脂中去,再进行充分混合,并在搅拌下加入二乙烯三胺,约经 30 s 后开始发泡。制成的泡沫容重为 0.112 g/cm^3,泡沫成型后在 75~100 ℃下固化 1~2 h。

表 4.1.7　环氧泡沫塑料化学发泡剂发泡法配方

原　料	质量/份	原　料	质量/份
环氧树脂	100	酰肼发泡剂	2
二乙烯三胺	6	吐温 20(聚氧乙烯山梨糖醇酐月桂酸酯)	2
甲苯	5		

与液态环氧树脂相比,粉状环氧树脂的优点是不会因黏性而不能完全充满型腔。将粉状环氧树脂与 4,4'-二氨基二苯砜等混合均匀,然后倒入金属模具中在 150~200 ℃下加热发泡,经 1 h 固化。这种泡沫塑料加热温度越高,固化越好,可制得能在 250 ℃以上使用的制品,其树脂混合物贮藏期限可达 3 年以上。化学发泡剂分解发泡法适用于生产强度高、使用温度高的环氧泡沫塑料。

(2) 发泡组分间相互作用析出气体发泡法　将环氧树脂加热至 120~130 ℃,然后在快速搅拌下,按表 4.1.8 的配比加入 4,4'-二氨基二苯砜。在 4,4'-二氨基二苯砜溶解后加入液态硅氧烷,并将混合物迅速冷至室温,但仍继续搅拌,然后加入三甲氧基硼氧六环,并迅速把混合物倒入模具中 5 min 左右完成发泡,并在以后的 6 min 内完全固化。

表 4.1.8　环氧泡沫塑料配方

原　料	质量/份	原　料	质量/份
环氧树脂	100	液体硅氧烷	0.2
4,4'-二氨基二苯砜	20	三甲氧基硼氧六环	30

(3) 物理发泡法　如果要制取容重低的环氧泡沫塑料,通常用氟氯烷(又名"氟利昂")作为发泡剂,制得的泡沫塑料的特点是:容重低,导热系数低,常温固化,贮存稳定,渗透性及吸水性低,难燃;物理发泡法通常采用喷射发泡,喷射物由环氧树脂和固化剂两种原料体系组成。例如,氟氯烷-11 使用 6~22 份,固化剂使用三氟化硼配合物,将原料用定量泵按一定比例送入喷枪,在喷枪中经过高速混合后喷射,当放热反应开始时喷射物即开始发泡,并在 1~2 min 内固化。

(4) 加入中空微球固化成型法　本方法主要用于难以采用浇注发泡的场合。例如,将 100

份环氧树脂加热至 80 ℃,然后加入 25 份中空微球(玻璃或陶瓷或塑料),混合 10 min 后,加入 9 份苯胍,并进行搅拌,把混合物倒入深盘中,并振动之。为了破坏积聚起来的气泡,可吹入 200 ℃左右的热空气。混合物在 30～40 ℃下固化 12 h,然后在 75 ℃下固化 1 h,在 95 ℃下固化 2 h。制得的泡沫塑料孔径均匀,容重低,在 60 ℃和 7 MPa 下体积压缩率仅为 1.2%。

3. 强芯毡夹芯材料

1) 强芯毡的结构

强芯毡(Coremat)由无纺聚酯纤维组成,由可溶于苯乙烯的黏结剂结合在一起,当它浸渍树脂后黏结剂溶解而留下柔软层,易于塑成任何形状。

强芯毡体积的 50% 是聚偏二氯乙烯(PVDC)微粒小球,这些微粒小球极轻且韧性较好,可以减轻产品质量,增加绝缘性能,且能减少树脂用量。

2) 强芯毡夹芯材料的特点

用强芯毡作为芯材制造夹层结构可以一次成型。强芯毡夹层结构有如下特点:① 比强度高;② 耐冲击性好;③ 吸水性小;④ 不易脱层。相同质量的强芯毡夹层结构制品其刚度为玻璃纤维制品的 3 倍。多数夹层结构不耐冲击,强芯毡夹层结构则具有较好的耐冲击性。强芯毡和其他芯材一样,在保证质量的情况下,还能节省成本。因为强芯毡体积的 50% 已被微粒小球所填满,因此仅需平常树脂用量的 50% 即可完全浸渍。与全玻璃纤维制成的相同质量产品比较时,在材料成本上可省 20%。

4. 软木夹芯材料

软木是最早使用的夹芯材料,系由天然软木加工制成,相对密度仅为一般木材的 1/3。由软木制成的夹层结构,可用于制造门、隔墙板、雪橇、船体、飞机地板等制品。传统软木成本低的优势在 20 世纪 70 年代逐渐被削弱,在国外,其价格甚至高于泡沫,接近于蜂窝。但即使如此,由于软木使用方便,用它制成的夹层结构耐用性好,且压缩强度、压缩模量高,所以一直被大量应用。

4.1.8　复合材料夹层结构的成型工艺

1. 蜂窝夹层结构的成型工艺

复合材料蜂窝夹层结构是指复合材料面板和蜂窝芯子黏结而成的一种夹层结构。

复合材料蜂窝夹层结构的制造方法有两种:湿法成型和干法成型。

1) 湿法成型

湿法成型是指复合材料面板和蜂窝芯子的树脂在未固化的湿态下,直接在模具上进行胶接并固化成型的一种方法。湿法成型又以其固化温度不同,可分为湿法冷固化成型和湿法热固化成型。

(1) 湿法冷固化成型　湿法冷固化成型复合材料蜂窝夹层结构,其面板和蜂窝芯子浸渍同一种树脂,该树脂也是它们之间的黏结剂。成型时,如果上下面板的厚度大体相同则面板和蜂窝芯子的浸渍同时进行;如果上下两层面板厚度不同或者面板外面复杂不易成型,则须先成型较厚的面板或较难成型的面板,然后,再成型较薄的或较易成型的面板及蜂窝芯子的树脂浸渍,目的是使面板的树脂和蜂窝芯子的树脂,尽可能在同一时刻凝胶固化。对于面板太厚,一次成型难以完成时,可分两次成型,最后留下 2～3 层等到蜂窝芯子浸渍树脂时再成型。综上所述,湿法冷固化成型大致可分以下几个步骤:在模具上涂脱模剂或贴脱模薄膜;按手糊或喷射成型工艺成型面板;用树脂胶液浸渍蜂窝芯子;展开蜂窝芯子,且置放在面板上;合上另一面板;在制品上加 0.01～0.08 MPa 的压力;待树脂完全固化后脱模。

(2) 湿法热固化成型 其成型步骤与冷固化成型步骤大体相同,只是多一道加热固化工序。湿法热固化成型容易出现树脂流胶现象而引起质量问题。因此,在面板成型时要注意这个问题。蜂窝芯子浸渍树脂一般选用固体树脂,将固体树脂和交联剂都溶于有机溶剂中配成混合液,蜂窝芯子浸渍后,在加热下使有机溶剂挥发后成半干的蜂窝芯子。常用湿法热固化成型方法制作形状复杂的、大型的制品。因为是加热固化,在常温下它的固化速度非常缓慢,所以在成型时可以精心施工、确保质量。

2) 干法成型

干法成型是指复合材料面板、蜂窝芯子分别成型固化后,用黏结剂将两者黏结成蜂窝夹层结构的一种成型工艺。

根据黏结剂的不同又有两种方法:

(1) 涂胶黏结法 即用低黏度的黏结剂均匀地涂刷在面板和蜂窝芯子上,然后置蜂窝芯子于面板之间,为了增加黏结强度,在面板和蜂窝芯子之间加一层浸渍黏结剂的稀纱布,在加压下黏结剂固化制成蜂窝夹层结构。黏结剂可以加热固化,也可以室温固化。

(2) 胶膜法 在复合材料面板上置放一层黏结剂膜,然后将蜂窝芯子置于面板上,再放一层黏结剂膜,合上另一面板,在加热加压下使其固化制成蜂窝夹层结构。

干法成型的优点是制品表面光滑,在成型过程中可以及时检查每道工序,制品质量容易控制,缺点是生产周期长。

2. 泡沫夹层结构的成型工艺

泡沫夹层结构的制造方法基本上有两种:一种是预制黏结成型,另一种是现场浇铸成型。前者适用于几何形状简单的复合材料制品,后者则适用于形状复杂的夹层结构制品。

1) 预制黏结成型

预制黏结成型是指面板与泡沫塑料分别成型,然后通过黏结剂黏结成泡沫塑料夹层结构的一种方法。这种成型方法大体有以下几个工序:

(1) 复合材料面板的成型,可以采用的成型工艺有手糊、喷射等。

(2) 泡沫塑料的制造、加工。如果选用的泡沫塑料是市场上供应的板材,则需加工成产品的形状;如果是形状复杂用量多的泡沫芯子,则可在模具里浇铸成型,经表面加工修整后使用。

(3) 在面板上涂刷黏结剂,然后置放泡沫塑料,再合上另一层涂刷有黏结剂的面板。

(4) 加压力。为了使复合材料面板与泡沫塑料芯子黏结牢固,要施加一些压力,但不能超过泡沫塑料的承载能力。

(5) 黏结剂固化。

(6) 脱模,经修整即成制品。

对一些大型的或形状复杂的但只有一面有型面尺寸要求,或者对型面尺寸要求不高的泡沫塑料夹层结构制品可以采用下述方法成型。在单片模具上成型面板,待到树脂固化后,就在面板上黏结泡沫塑料,待黏结剂固化后,加工、修整泡沫塑料表面的形状使成型面满足技术要求。然后在泡沫塑料上成型另一面板,待树脂完全固化后,脱模、修整即成制品。

2) 浇铸成型

浇铸成型法制造泡沫塑料夹层结构,是先成型复合材料结构空腔,然后将配制好的泡沫塑料原材料浇注入复合材料结构空腔内发泡,使泡沫塑料充满整个空腔,这样就成为泡沫塑料和复合材料壁板结合成一整体的夹层结构。采用浇铸成型法时,应把复合材料空腔内的杂质清除干净,然后浇注入混合料,加料量要准确。浇注时应防止喷溅,否则在空腔内会形成大气孔,影响泡沫塑料的质量。

浇铸成型的复合材料泡沫塑料夹层结构一般要经过后处理,后处理的温度和时间要根据泡沫塑料和树脂的种类来确定。升温速度要慢,以防止内部产生应力裂缝。最好在后处理时,对复合材料泡沫塑料夹层结构加以外压或放在模具内加压,以防止后处理使结构物变形,产生鼓泡、裂缝等缺陷。

3. 强芯毡夹层结构的成型工艺

强芯毡夹层结构的成型工艺类似于手糊成型工艺,主要有以下几个工序:

(1) 模具涂刷脱模剂后,涂刷胶衣。

(2) 胶衣凝胶后,涂刷树脂,铺上第一层玻璃布或短切毡。第一层短切毡的含胶量应高一些并将树脂涂刷均匀。

(3) 再刷一层低或中黏度的树脂。

(4) 铺强芯毡于树脂上强芯毡即被树脂浸透,经 20～30 s,强芯毡中的黏结剂即被树脂溶解。

(5) 以滚筒涂刷树脂时,强芯毡即随之成型。接缝处两片强芯毡之间对接,不能重叠。

(6) 检查是否完全浸润树脂,多余的树脂会被次一层强芯毡或短切毡吸收。

(7) 达到设计厚度后,再糊一层玻璃布或短切毡。

(8) 待树脂固化后脱模,修整即得制品。

在强芯毡夹层结构的成型加工中应注意以下几点:① 避免厚度突然变化。② 面板可以是一层或多层短切毡糊制而成,根据设计要求来定。③ 强芯毡可连续糊制,中间不需要夹短切毡。如果下面一层短切毡中树脂已固化,则再放一层薄的短切毡后叠上强芯毡。④ 强芯毡糊制厚度超过 6 mm 时,为了避免放热温度过高,需要减少固化剂用量。当强芯毡厚度为 6～10 mm 时,固化剂和促进剂的用量应比正常用量减少 15%;当厚度为 11～15 mm 时,应减少 25%。

4.2 模压成型工艺

4.2.1 概述

模压成型工艺是指将模压料置于金属对模中,在一定的温度和压力下,压制成型复合材料制品的一种成型工艺。与其他成型工艺相比,该工艺具有生产效率高、制品尺寸精确、表面光洁、价格低廉,容易实现机械化和自动化,多数结构复杂的制品可一次成型,无需有损于制品性能的辅助加工(如车、铣、刨、磨、钻等),制品外观及尺寸的重复性好等优点。这种工艺的主要缺点是压模的设计与制造较复杂,初次投资较高,制品尺寸受设备限制,一般只适于制备中、小型复合材料制品。由于以不饱和聚酯树脂为黏结剂的片状模塑料和团状模塑料的出现,以及冷模压和树脂压力注射模压这些低温、低压模压成型工艺的出现,使得采用模压工艺来制造大型的复合材料制品成为可能。

模压成型工艺大致可分为以下几种类型:

(1)短纤维料模压法 该法是将经过预混或预浸后的短纤维状物料在模具中成型复合材料制品的一种成型方法,该方法主要用于制备高强度异形复合材料制品或具有耐腐蚀、耐热等特殊性能的制品,树脂基体一般采用酚醛树脂、环氧树脂等,玻璃纤维长度为 $30\sim50\ \mathrm{mm}$,纤维含量为 $50\%\sim60\%$(质量分数)。

(2)毡料模压法 该法是将浸毡机组制备的连续玻璃纤维预浸毡剪裁成所需形状,在金属对模中压制成制品的一种方法。

(3)碎布料模压法 该法是将浸渍过树脂的玻璃布或其他织物的边角料剪成碎块,在模具中压制成型,这种方法适用于形状简单、性能一般的复合材料制品。

(4)层压模压法 该法是介于层压与模压之间的一种工艺,系将预浸渍的玻璃布或其他织物裁剪成所需形状,在金属对模中层叠铺设压制成异形制品,它适用于大型薄壁制品或形状简单而有特殊要求的制品。

(5)缠绕模压法 该法是结合缠绕成型与模压成型的一种工艺方法,系将预浸渍的玻璃纤维或布带缠绕在一定的模型上,再在金属对模中加热加压成型制品,它适用于有特殊要求的管材或回转体截面制品。

(6)织物模压法 该法是将预先织成所需形状的两维或三维织物浸渍树脂后,在金属对模中压制成型的一种方法。其中,三维织物由于在 z 向引进了增强纤维,而且纤维的配置也能根据受力情况合理安排,因而明显地改善了层间性能。与一般模压制品方法相比,该法有更好的重复性和可靠性,是发展具有特殊性能要求模压制品的一种有效途径。

(7)定向铺设模压法 该法是按制品的受力状态,进行定向铺设,然后将定向铺设的坯料放在金属对模内成型。这种方法适用于单向、双向大应力制品的制造。

(8)预成型坯模压法 先将玻璃纤维用吸附法制成与制品形状相似的预成型坯,再把它放入金属模具内,随后倒入配制好的树脂,在一定的温度压力下压制成型。这种方法适用于形状复杂制品的制造,具有材料成本低、容易实现自动化的优点。

(9)片状模塑料模压法 该法是用不饱和聚酯树脂作为黏结剂浸渍短切纤维或毡片,经增稠后得到片状模塑料(SMC)的一种方法。它的特点是仅需较低的模压温度和压力,尤其适应大面积制品的成型;缺点是设备造价高,设备操作及过程控制较复杂,对产品设计的要求较高。

4.2.2 模压料的制备

在模压成型工艺中所用的原料半成品称为模压料,通常也叫模塑料。模压料是用树脂浸渍增强材料经烘干后制成。将一定量的模压料装入压模后,在温度和压力的作用下压制成制品。

1. 模压料的组成

短纤维模压料的基本组分有树脂、短纤维增强材料和辅助材料等。

1）树脂

模压成型工艺对树脂的基本要求是:① 满足模压制品特定的性能要求;② 要有良好的流动特性,在室温常压下处于固体或半固体状态(不粘手),在压制条件下具有较好的流动性,使模压料能均匀地充满压模模腔;③ 适宜的固化速度,且固化过程中副产物少,体积收缩率小。

常用的模压料用树脂有酚醛、环氧、环氧酚醛、邻苯二甲酸二烯丙基酯、有机硅树脂、聚酰亚胺酯树脂等,但应用最普遍的是酚醛树脂和环氧树脂,其中酚醛树脂用得更多。

2）增强材料

在模压成型工艺中,主要采用纤维型增强材料,常用的增强材料有玻璃纤维、高硅氧纤维、碳纤维、芳纶纤维、尼龙纤维、丙烯腈纤维、晶须和石棉纤维等,此外也有采用纤维毡、布或绳作增强材料。

3）辅助材料

辅助材料主要包括各种稀释剂、偶联剂、增黏剂、脱模剂及颜料等。

稀释剂用于降低树脂的黏度,改进树脂的浸渍性能。稀释剂有活性与非活性两类,常用的有丙酮、酒精等非活性稀释剂。

偶联剂用于改进树脂与增强材料的黏结及其界面状态,常用的偶联剂有 KH-550、KH-560 等,用量为纯树脂质量的 1% 左右,过多过少均不适宜。

粉状填料可用来提高模压料的流动性,降低模压制品的收缩率、制品的表面粗糙度、质量的均匀性及赋予制品以某种特殊性能。例如,加入 4% 的 MoS_2 可以提高模压制品的耐磨性能。

在多种酚醛或环氧酚醛树脂中加入增黏剂,如羟甲基尼龙等热塑性树脂,可大大改善上述树脂压制时的高温黏度,从而改善模压特性。

4）模压料典型配方举例

配方 1

原材料	质量/份
E-42 环氧树脂	60
616 酚醛树脂	40
MoS_2	4
丙酮	100
玻璃纤维	150

操作方法:先将 MoS_2 溶于丙酮,倒入树脂中充分搅拌再浸胶。

配方 2

原材料	质量/份
F-46 环氧树脂	100

NA 酸酐	80
N, N′-二甲基苯胺	1
丙酮	180
玻璃纤维	270

操作方法：树脂加热升温到 130 ℃后，加入 NA 酸酐充分搅拌，温度回升到 120 ℃时滴加二甲基苯胺，并在 120～130 ℃下反应 6 min 后倒入丙酮，充分搅拌冷却后待用。

配方 3

原材料	质量/份
616 酚醛树脂	100
KH-550	1
乙醇	100
玻璃纤维	150

操作方法：KH-550 加入树脂中充分搅拌后待用。

配方 4

原材料	质量/份
镁酚醛树脂	100
油溶黑（颜料）	4～5
乙醇	100（用乙醇调节树脂的密度为 1.0 g/cm^3）
玻璃纤维	150

操作方法：先将油溶黑溶于乙醇，再倒入树脂中。

配方 5

原材料	质量/份
液体三聚氰胺树脂	100
KH-550	1
硬脂酸锌	2
颜料	3～4
玻璃纤维	46

2. 模压料的制备工艺

短纤维模压料的制备方法有预混法、预浸法和浸毡法三类。

预混法是先将玻璃纤维切成 15～30 mm，然后与一定量的树脂搅拌均匀，再经撕松、烘干而制得。这种模压料的特点是纤维较松散且无定向、流动性好，在制备过程中纤维强度损失较大。预浸法是将整束玻璃纤维通过浸胶、烘干、短切而制得，其特点是纤维成束状比较紧密，在备料过程中纤维强度损失较小，模压料的流动性及料束之间的互溶性稍差。浸毡法是将短切玻璃纤维均匀撒在玻璃底布上，然后用玻璃面布覆盖再使夹层通过浸胶、烘干、剪裁而制得，其特点是短纤维呈硬毡片状，使用方便，纤维强度损失稍小，模压料中纤维的伸展性较好，适用于形状简单、厚度变化不大的薄壁大型模压制品。但由于有两层玻璃布的阻碍，树脂对纤维的均匀快速渗透较困难，而且需消耗大量玻璃布，成本增加，故浸毡法的应用没有其他两种方法广泛。

1）预混法

分手工及机械两种,手工备料法适于制备小型研制用料,机械备料法适于批量生产,料的强度是手工法优于机械法。

预混法的工艺流程如下:

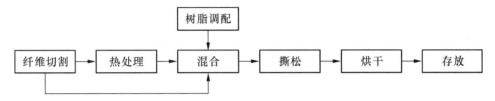

例1　手工预混法

树脂:氨酚醛树脂;增强材料:玻璃纤维;偶联剂:KH-550。

① 将玻璃纤维切割成长为15～30 mm的短切纤维。

② 如果玻璃纤维表面用的是石蜡浸润剂,必须用热处理法将其去除,热处理条件是:350 ℃下处理15 min,使其残油量小于0.3%。

③ 将氨酚醛树脂配成50±3%的乙醇溶液,加入树脂质量1%的KH-550,搅拌均匀待用。

④ 按纤维:树脂=6:4(质量比)准确称量,用手工均匀混合。

⑤ 手工撕松混合料,均匀铺放于钢丝网上。

⑥ 在80 ℃下烘50～70 min。

⑦ 将烘干之预混料装入塑料袋中封存待用。

例2　机械预混法

树脂:镁酚醛树脂;增强材料:玻璃纤维。

① 将玻璃纤维切成长为30～50 mm短切纤维。

② 用乙醇调整树脂黏度,控制胶液相对密度在1.0左右。

③ 按纤维:树脂=55:45(质量比),将树脂溶液和短切纤维加入捏合机中充分捏合。注意控制捏合时间,时间过短,树脂与纤维混合不均匀,但是时间过长,纤维强度损失太大。捏合时,树脂黏度的控制也是重要的,控制不当,树脂不易浸透纤维,也会增加纤维的损伤,影响纤维的强度。

④ 捏合后,预混料逐渐加入撕松机中撕松。

⑤ 将撕松后的预混料均匀铺放在网屏上。

⑥ 预混料经晾置后在80 ℃烘房中烘20～30 min。

⑦ 将烘干的预混料装入塑料袋中封存待用。

2）预浸法

预浸法工艺流程如下:

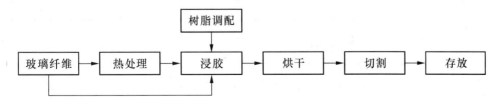

预浸法制备工艺也分手工与机械两种。

例1 手工预浸法

树脂:环氧酚醛(6:4)树脂;增强材料:玻璃纤维。

① 用丙酮作稀释剂,配制树脂溶液,控制树脂溶液的相对密度在 $1.00 \sim 1.025$ 内;

② 将纤维切割成 $600 \sim 800$ mm 长;

③ 按纤维:树脂=6:4(质量比)比例称重。将纤维在树脂溶液中预浸,用不锈钢棒充当刮胶辊,纤维用手牵引经过两不锈钢棒之间;

④ 在预浸过程中需调节树脂溶液的黏度,并保证按比例称量的纤维及树脂同时用完为止;

⑤ 预浸料在 80 ℃烘箱中烘干 $20 \sim 40$ min;

⑥ 将烘干的预浸料剪切成所需长度,并封存于塑料袋内。

例2 机械预浸法

所用树脂和增强材料同手工预浸法。

① 纤维从纱架导出,经集束环进入胶槽浸胶。

② 环氧酚醛(6:4)胶液相对密度控制在 $1.00 \sim 1.025$。

③ 纤维牵引速度为 $1.2 \sim 1.35$ m/min。

④ 纤维经浸胶后通过刮胶辊进入第1、2级烘箱烘干,第1级温度为 $110 \sim 120$ ℃,第2级则为 $150 \sim 160$ ℃。

⑤ 经烘干的预浸料由牵引辊引出。

⑥ 引出的预浸料进入切割机,切成所需长度。

在机械预浸法中主要控制的参数有树脂溶液相对密度、烘箱各级温度及牵引速度等。

3. 模压料的质量控制

模压料质量对模塑特性及模压制品的性能有较大的影响。模压料质量主要控制三个指标:树脂含量、挥发物含量和不溶性树脂含量。

1) 几种典型模压料的质量指标

几种典型模压料的质量指标,见表 4.2.1。

表 4.2.1　几种典型模压料的质量指标

质量指标	预浸法		预混法	
	镁酚醛	环氧酚醛	镁酚醛	616 酚醛
树脂含量/%	40±5	45±3	45±5	40±4
挥发物含量/%	<3	<1.5	2~3.5	2~4
不溶性树脂含量/%	<8	<4	5~10	<15

2) 模压料质量指标的测定方法

(1) 挥发物含量　取模压料 $1 \sim 1.5$ g,称重为 G_1(准确至 0.001 g),放入(105 ± 2) ℃烘箱内烘 30 min,取出置于干燥器内冷却至室温,再称重为 G_2,则挥发物含量 V 可按式(4-2-1)计算。

$$V = \frac{G_1 - G_2}{G_1} \times 100\% \qquad (4-2-1)$$

（2）树脂含量和不溶性树脂含量　取模压料 $1\sim1.5\,g$，称重为 G_1（准确至 $0.001\,g$），将其浸入丙酮溶剂中 $16\,min$，取出后放入 $(105\pm2)\,℃$ 烘箱中烘 $30\,min$，再放入干燥器内冷却至室温后称重为 G_3，再放入 $550\sim600\,℃$ 高温炉中灼烧 $10\sim20\,min$，将树脂全部烧尽，取出于干燥器内冷却至室温称重为 G_4，则树脂含量 R 和不溶性树脂含量 C 分别按式（4-2-2）和式（4-2-3）计算。

$$R = \frac{G_1(1-V) - G_4}{G_1(1-V)} \times 100\% \qquad (4-2-2)$$

$$C = \frac{G_3 - G_4}{G_1(1-V) - G_4} \times 100\% \qquad (4-2-3)$$

当取样测定时，必须在料的不同部分任意选取三个，取其平均值；如模压料中含有无机填料，则式（4-2-2）和式（4-2-3）要加以修正。

3）影响模压料质量的主要因素

（1）溶剂　在树脂溶液中，溶剂起到调节树脂溶液黏度的作用。树脂黏度降低有利于树脂对纤维的渗透与附着并减少纤维强度的损失，但黏度过小，在预混过程中反而会导致纤维的离析，影响模压料的质量。

（2）纤维长度　在预混法制备模压料中，如果纤维长度太长，极易引起纤维间相互缠结，而产生"结团"料。在机械预混法中，纤维长度一般不超过 $20\sim40\,mm$，手工预混法纤维长度不超过 $30\sim50\,mm$。

（3）浸渍时间　在确保纤维均匀浸透情况下，浸渍时间应尽量缩短，特别是在预混料制备过程中，捏合时间过长会引起纤维强度的损失，溶剂的过量挥发会增加撕松工序的困难。

（4）烘干条件　模压料的烘干条件（烘干温度和时间）是控制挥发物含量和不溶性树脂含量的重要因素。一般需根据不同的树脂性能经试验后确定。在预混料烘干时，料层要铺放均匀，且料层不能太厚。

（5）其他　预浸料在其制备时需协调控制树脂溶液相对密度、刮胶辊位置、烘箱温度、牵引速度及纤维张力等因素，以确保其质量指标的有效控制。

4）模压料的存放

（1）模压料的启用期　模压料制备后一般需存放 $3\sim7$ 天后才能启用。环氧酚醛型模压料的启用期以 3 天左右为好，酚醛型模压料的启用期以 7 天左右为好。模压料经过几天存放后其挥发物有所降低，质量的均匀性有所提高，从而在一定程度上改善了模压料的工艺性能。

（2）模压料的存放期　模压料的存放期与存放条件有关，其一般要在密封、避光及避热条件下保存。几种常用的模压料存放期分别为：镁酚醛预混料 $6\sim12$ 个月；镁酚醛预浸料 $3\sim6$ 个月；氨酚醛预混料 $2\sim4$ 个月；环氧酚醛预混料 $0.5\sim1$ 个月；环氧酚醛预浸料 $0.5\sim1$ 个月。

4. 模压料的工艺特性

模压料的工艺特性是指模压料的流动性、收缩率和压缩比，模压料的工艺性能直接影响模压成型工艺过程和模压制品的质量。

1) 流动性

模压料的流动性是指模压料在一定的温度和压力下充满模腔的能力。由于模压料是以较长的玻璃纤维作为增强材料,因此其流动性较一般压塑料的差,尤其对具有狭小流道及结构复杂的制品,其流动性是否控制得当是制品成型能否成功的关键。

一般说,模压料流动性过大,会导致物料或树脂大量流失或使树脂和纤维局部聚集,从而使制品的性能急剧下降,甚至报废。若其流动性过小,则需要提高成型温度增加成型压力,否则会引起制品局部缺料,不能制得合格的制品。

影响模压料流动性的因素有树脂的反应程度、挥发物含量、增强材料的长度、物料形态和成型工艺条件。

(1) 树脂的反应程度　树脂的反应程度对其流动性有很大的影响。在浸胶阶段,树脂处于 A 阶状态,黏度较小,有利于浸透增强材料;经烘干后,树脂处于 B 阶状态,在工业生产中,树脂在 B 阶状态的反应程度用不溶性树脂含量来表示,不溶性树脂含量高,树脂的反应程度也高,其流动性就差。因此,可以通过控制不溶性树脂含量来控制模压料的流动性。

(2) 挥发物含量　物料的流动性随模压料挥发物含量的增加而增大,挥发物含量过高极易引起成型时树脂的大量流失,导致制品收缩加剧甚至发生翘曲,制品表面出现气泡、波纹、流痕、粘模、粗糙度上升等缺陷;当挥发物含量过低时,物料流动性显著下降,制品成型困难,易出现缺料等缺陷。因此,模压料的挥发物含量对其工艺性能影响较大。

(3) 增强材料的长度　增强材料(如玻璃纤维)的长度对物料流动性及制品力学性能有显著影响。纤维长度增加,制品强度增加,模压料的流动性下降。纤维过长,制品难以成型,质量就会下降;纤维过短,制品容易成型,但强度难以满足设计要求。因此在模压料的制备中,应综合考虑纤维长度对流动性及制品强度的影响,选择适当的纤维长度。

对于不同结构和尺寸的制品,为充分发挥模压料的性能,应分别选择不同长度的纤维,如选用 15～20 mm、30～50 mm、50～60 mm、80～100 mm,甚至选用更长的纤维。对于一些具有狭小流道或"死角"的大中型模压制品,可按制品受力状态配置较长的纤维料,而在狭小流道或"死角"处,用具有较高流动性的较短纤维料来弥补长纤维料流动性差的不足。也就是说,在某些要求较高力学性能的复杂结构制品中,可在同一制品中复合使用不同纤维长度的模压料。

(4) 模压料的形态　模压料的形态对其流动性及制品性能有较大影响。预混料比预浸料有更好的流动性。当预混料呈蓬松状态或成"片状"时,流动性大,阻力较小,料团间的互溶性好,制品质量也好。在预混料中要防止料的结团,因为结团料在模压流动时阻力大、与其他物料间互溶性极差,因而在制品中结团料与邻近物料边缘部位易产生树脂和纤维的分批集中,使制品力学性能明显下降。防止预混料结团的措施有三种:① 纤维的长度要适当,切忌过长;② 机械撕松时在网屏上辅以手工撕松拉开结团料;③ 成型前预热模压料,增加流动性。

预浸料的料束间成型时互溶性差,改善的措施是采用结带性弱、集束性强的玻璃纤维,严格控制压制前的物料质量指标,掌握适当的加压时机,加大成型压力和模压前预热模压料。

(5) 成型温度和压力　选择适当的成型温度、成型压力和加压时机对改进模压料的流动性也是一个重要方面。

总之,模压料的流动性是一个很重要的工艺特性,影响因素较多,需认真对待切实掌握以保证制品质量。

2) 收缩率

模压料的收缩率是指在室温下模具和模压制品在相应方向上的尺寸差的百分数,由制品的热收缩和化学结构收缩组成。收缩率的大小取决于树脂种类、增强材料及填料含量、模压料的质量指标、制品的结构及成型工艺条件等。

在常用的热固性树脂中,环氧树脂收缩率较小,酚醛树脂和不饱和聚酯树脂则有较大的收缩率。增强材料和填料的含量对收缩率的影响,一般是随其含量增加,制品收缩率变小。模压料中挥发物含量增加,制品收缩率增大。制品热脱模时的收缩率一般大于冷脱模时的收缩率。固化不完全的制品较固化完全的制品有更大的收缩率。成型压力和装料量增加,制品收缩率变小。

模压制品的收缩率和模具结构及制品结构也有一定关系。同一模压制品收缩方向也不尽相同。薄壁结构制品,其收缩所造成的影响更为突出。

一般模压复合材料制品的收缩率为 $0 \sim 0.3\%$。

3) 压缩比

模压料的压缩比是指在压力方向上压制前料坯的尺寸和压制后制品相应方向尺寸的比值。模压料的压缩比主要取决于模压料的特性和成型工艺过程,也和制品结构有一定的关系。

复合材料模压料不易产生紧密堆积,因此比一般模压塑料有较大的比容,具有较大的压缩比。在模压料中,预混料蓬松体积大,预浸料和毡片比较密实,因而预混料有更大的压缩比。模具设计时预混料装料室高度与制品厚度的尺寸比甚至可达 $2:1 \sim 3:1$,用预混料时,装模也较困难。

扁平、厚度小的大制品比厚度大的小制品具有更小的压缩比,其所需要的模具装料室就较小。

在成型工艺过程中,若采用模压料的预成型工艺,则相应的模压料的压缩比就小,在定向铺设模压工艺中,由于料坯具有十分紧密的堆积,因而其压缩比仅为 $1.3:1$ 左右。

4.2.3 片状模塑料和团状模塑料

片状模塑料(Sheet Molding Compound,SMC)是以不饱和聚酯树脂为黏结剂制成的一种模塑料。制备方法是在不饱和聚酯树脂中加入增稠剂、无机填料、引发剂、脱模剂和颜料等组分配制成树脂混合物,浸渍短切纤维或毡片,上下两面覆盖聚乙烯薄膜,经增稠后制得薄片状模塑料。它是 20 世纪 60 年代发展起来的一种热固性复合材料模压材料。

用片状模塑料生产聚酯复合材料制品,在工艺操作上简单方便效率高,无粉尘飞扬,模压时对温度和压力的要求不高,可变范围较大,模压料的制备过程及制品成型过程易实现自动化,有助于改善劳动条件,制品性能优良、尺寸稳定性好,适应结构复杂的制品或大面积制品的成型。

团状模塑料(Bulk Molding Compound,BMC)的组成与 SMC 相似,两者的主要区别在于模压料的形态和制备工艺不同。制备方法是将树脂、增稠剂、填料、引发剂、脱模剂、颜料和增强材料等组分加入捏和机中捏和均匀,经增稠后制得团状模塑料。BMC中纤维含量较少,纤维长度较短,一般为5~20 mm,填料含量比SMC大。因此,BMC制品的强度低于SMC制品。BMC适合于压制小型的异型制品。

下面以片状模塑料为例,叙述其组成和制备工艺。

1. 片状模塑料的组成

片状模塑料的主要组分有树脂、引发剂、增稠剂、脱模剂、低收缩添加剂、填料、增强材料等。

1) 树脂

片状模塑料所用的树脂主要是邻苯型不饱和聚酯树脂和间苯型不饱和聚酯树脂,对树脂的要求是:① 满足制品的性能要求;② 低收缩性;③ 良好的增稠特性;④ 具有较高的热态强度和韧性。

间苯型不饱和聚酯树脂比邻苯型有较好的耐热性能。在树脂配方中,用邻苯二甲酸二烯丙基酯(DAP)、间苯二甲酸二烯丙基酯(DAIP)、三聚氰酸三烯丙基酯(TAC)等烯丙基类单体代替苯乙烯作为交联剂,可以明显地提高制品的耐热性能、耐候性能和尺寸稳定性能。同时,由于这类单体的低挥发性,其能够大大改善环境条件,还可延长SMC的贮存期。

2) 引发剂

当模塑料模压或注射成型时,从半固体状态转变成坚硬而有机械强度的固体,这个过程叫作固化。模塑料的固化通常是在引发剂的存在下进行。引发剂的选择,一般需考虑两个因素:模压料的贮存稳定性和固化温度。

用过氧化二苯甲酰(BPO)作引发剂,SMC具有反应温度范围广、模压时对温度控制并不苛求的优点,但是SMC的长期贮存稳定性较差。用过氧化苯甲酸叔丁酯(TBP)作引发剂,SMC具有较长期的贮存稳定性,但在压制时需要较高的固化温度。过氧化二异丙苯(DCP)也是常用的引发剂,其性能基本上类似于TBP。在聚酯模塑料中常用的引发剂的特性见表4.2.2。

表4.2.2　模塑料常用引发剂的特性

性　　能		引 发 剂			
		BPO	TBP	DCP	CHP*
物　　态		糊状体	液体	晶形粉体	液体
半衰期 /h	70 ℃	1.4	/	/	/
	90 ℃	1.2	70	/	/
	110 ℃	0.13	6	2.3	300
	130 ℃	/	0.7	2.3	50
	150 ℃	/	/	0.26	10
固化温度/℃		107~149	121~149	125~149	/
用量/%		2	1	2	1
贮存期(室温)		1周	2个月	>3个月	>3个月

* 过氧化氢异丙苯。

3) 填料

片状模塑料中加入填料,可降低成本,减小收缩率,调节黏度,赋予材料某些特殊性能。填料按其化学成分可分为四类:氧化硅及硅酸盐类,如石棉、滑石粉、瓷土、氧化硅、硅藻土等;碳酸盐类,如碳酸钙;硫酸盐类,如硫酸钡和硫酸钙等;氢氧化物类,如氢氧化铝等。

在填料选用时,需要考虑以下三方面的因素:

(1) 颗粒大小　填料颗粒的大小对模塑料的性能有较大的影响,如介电性能、燃烧性能、表面性能、工艺性能等。填料的细度如能达到纳米级,某些填料的性能就会发生质的变化,在功能复合材料的开发中,常选用纳米填料来获取所需要的性能。

(2) 油吸附量　油吸附量是指填料被亚麻仁油润湿的质量百分比。填料的油吸附量是比表面积的函数,填料间空隙的增加,比表面积增大,其油吸附量就大。油吸附量小的填料,在树脂中的用量百分比就可增加。因此,在片状模塑料中,往往要求填料具有较低的油吸附量。

(3) 触变现象　一般来说,所有填料都具有一定的触变性。对某些油吸附量大的填料,其触变效应就更灵敏。具有灵敏触变效应的物料在模压时,往往在一定压力下,物料的黏度下降太多,致使树脂与增强材料分离。因此,不能选择具有灵敏触变效应的填料。

在所有填料中,碳酸钙具有较低的油吸附量并能提高制品的表面质量,而且它的来源丰富,价格低廉,但是其流动性较差。瓷土具有较好的流动性和制品性能,但是不易染色。故往往把瓷土和碳酸钙混合使用,相互取长补短,使模塑料具有高的填料量及良好的流动性和染色性。有时也可少量加入油吸附量高的填料(如滑石粉),以改善系统的流动性。常用填料性能列于表 4.2.3。

表 4.2.3　片状模塑料常用填料性能

填料名称	形态	颗粒度	吸油量/%
轻质碳酸钙	粒状	≤3 微米 92%	56
重质碳酸钙(一飞)	粒状	200 目* 通过 95%	12
重质碳酸钙(二飞)	粒状	325 目通过 99%	12
重质碳酸钙(三飞)	粒状	325 目通过 99.5%	16
重质碳酸钙(四飞)	粒状	400 目通过 99.95%	17
滑石粉	片状结晶颗粒	/	30
钛白粉	粒状	过 100 目	26
硫酸钡	粒状结晶	/	18
氢氧化铝	粒状	/	10

* 目数是指每平方英寸内的筛孔数。1 英寸=2.54 厘米。

在片状模塑料中,加入 1.5%～2% 的硬脂酸锌作为内脱模剂,将使制品具有优良的脱模效果而不影响制品的力学性能和涂饰性。硬脂酸钙也可作内脱模剂,其用量为硬脂酸锌的 1/3,亦可将它们混合使用,其用量比为 9∶1 或 8∶2。烷基膦酸酯也有较好的脱模效果。

4) 着色剂

在树脂糊中加入着色剂（色浆或颜料糊），可以使 SMC 模压制品具有丰富的色彩。SMC 对着色剂的要求是：① 在模压温度下不褪色；② 不影响树脂的固化；③ 着色效果好，在树脂中的分散性好；④ 不影响树脂糊的增稠特性；⑤ 色彩的耐久性要好，对于户外使用的 SMC 制品，要特别注意着色剂的耐候性。

着色剂的用量视着色剂种类而异，一般情况下，其用量是树脂用量的 1%～3%。

5) 低收缩剂

热塑性树脂常用作 SMC 的低收缩剂。当 SMC 加热加压固化时，热塑性树脂和不饱和聚酯树脂都发生热膨胀，接着不饱和聚酯树脂开始固化。不饱和聚酯树脂固化时放出的热量加上模具的热量，使热塑性树脂产生更大的膨胀力，从而抵消了不饱和聚酯树脂固化时的收缩力。当 SMC 制品降温时，热塑性树脂由黏流态转变成固态而发生体积收缩，但此时不饱和聚酯树脂已经固化，热塑性树脂的体积收缩引起了与不饱和聚酯树脂的微分离形成微孔，两种树脂之间的微分离过程，消除了体积收缩引起的内应力。因此，热塑性树脂是一种有效的 SMC 低收缩剂，如果热塑性树脂的种类、用量选择适当，那么 SMC 模压制品的收缩率可降低至零。

常用的低收缩剂有：聚苯乙烯、聚醋酸乙烯酯、氯醋共聚物、聚甲基丙烯酸甲酯、高压聚乙烯、丁基醋酸纤维素、聚己内酰胺等。

6) 增强材料

玻璃纤维是片状模塑料常用的增强材料，它的各种特性对制片工艺、成型工艺及制品性能都有明显影响。SMC 用的玻璃纤维应满足的要求有：良好的切割性、分散性、浸渍性、抗静电性、流动性，压制成制品后强度高、外观好等。所用的玻璃纤维主要是短切原纱毡和无捻粗纱两类。表 4.2.4 比较了不同集束性的玻璃纤维在制片过程、成型工艺和制品性能三方面的影响。

表 4.2.4　不同集束性玻璃纤维的性能比较

性　　能		玻 璃 纤 维 类 型		
		硬　质	中　等	软　质
制片过程	短切性	好	好	一般
	纤维分散性	好	好	一般
	抗静电性	无静电问题	无静电问题	有静电障碍
	纤维浸透性	差	一般	很好
成型过程	流动性	很好	好	一般
	纤维取向	极少	极少	稍有
制品性能	物理性能	低	比硬质高 20%	比硬质高 40%
	耐化学性	一般	一般	好
	介电性能	一般	一般	好
	表面波纹	极少	稍有	稍有

玻璃纤维的长度对制品强度有很大影响,而且直接关系到材料充满模腔的工艺性能,纤维长度应从制品结构设计要求和成型过程加以调整。在表 4.2.5 中列出了不同纤维长度对制品性能的影响。

表 4.2.5 不同纤维长度对制品性能的影响

性　　能	纤　维　长　度/mm		
	12	25	50
拉伸强度/MPa	68	101	105
弯曲强度/MPa	146	192	207
弯曲模量/MPa	7 680	9 240	9 910
压缩强度/MPa	219	240	268
冲击强度/(kJ·m^{-2})	5.49	7.94	7.81

从力学性能的角度,纤维的长度为 25 mm 较理想,进一步增加纤维长度,制品强度无明显增加;但若纤维长度短于 12 mm,制品强度则明显下降。玻璃纤维的含量一般为 20%～30%,过高或过低都会增加制片工艺的困难,使制品性能变坏。

7) 增稠剂

片状模塑料及团状模塑料在制备时要求树脂黏度较小,以利于对玻璃纤维及填料的浸润。浸渍完成后,又要求坯料黏度较高,便于模压操作及降低制品的收缩率,通过加入增稠剂就能满足这种要求。增稠剂又叫增黏剂,其作用是使不饱和聚酯树脂的黏度迅速增加,黏度达到工艺要求后又相对稳定。

从应用的角度出发,需使增稠剂的增稠特性符合如下要求:

① 在浸渍阶段,为使树脂对玻璃纤维有良好的浸渍性,树脂的增稠过程要缓慢;② 浸渍后,为使片状模塑料尽快进入压制成型并尽量减少库存量,树脂的增稠速度要尽可能快;③ 当片状模塑料的黏度达到模压工艺要求的黏度后,增稠过程应立即停止、稳定,以获得尽可能长的贮存寿命;④ 增稠了的片状模塑料在成型温度下的黏度,要既有利于料流在压力下迅速充满模腔,同时又能使玻璃纤维随树脂糊均匀流动;⑤ 增稠作用要有良好的重现性。

(1) 增稠剂的类型及其增稠效应　在聚酯树脂系统中,能起增稠作用的材料品种较多,但应用较多的主要有以下三种类型:① Ca、Mg 的氧化物和氢氧化物系统;② MgO 和环状酸、酐的组合系统;③ LiCl 和 MgO 的组合系统。

这三类增稠剂中,以第一类应用最为普遍,也最重要,主要类型有 CaO/Ca(OH)$_2$、CaO/MgO、MgO、Mg(OH)$_2$ 等。氧化钙本身增稠效应不明显,但在 CaO/Ca(OH)$_2$ 系统中,它能明显改变增稠曲线的形状,随 CaO 比例增加,增稠速度明显减慢。氧化镁的应用也很广泛,其特点是增稠速度快,在很短的时间内就能达到最高黏度,而且其活性不同,增稠特性也不同,MgO 加入量对树脂增稠的影响如图 4.2.1 所示。

增稠速度不但可用增稠剂的加入量来调节,而且还可通过选用不同品种增稠剂或混合增稠剂来调节和控制。对增稠剂的混合使用,不是单纯的碱土金属氧化物或氢氧化物的混合使用,也可以使用碱土金属氧化物或氢氧化物与其他物质的混合,如用 MgO 或

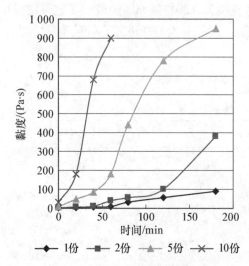

图 4.2.1 100 份树脂中 MgO 用量对不饱和聚酯增稠特性的影响

- ◆ 1份 ■ 2份 ▲ 5份 ✕ 10份

$Mg(OH)_2$ 与各种金属锂盐作混合增稠剂可达到较好的增稠效果。

（2）影响增稠速度的因素 影响增稠速度的因素很多，大致有物理因素和化学因素两大类。物理因素有：树脂糊混合时的温度、湿度、时间、填料和增稠剂的表面积等。化学因素有：树脂的化学组成、增稠剂的类型、添加剂和各种杂质的存在等。

① 增稠剂活性的影响。同一种类的增稠剂由于制备方法的不同，其活性往往有很大的差异。以氧化镁为例，氧化镁的活性常用碘吸附值来衡量，碘吸附值越高其活性也越大。活性氧化镁的碘吸附值一般为 $40\sim60$ mmol/100 g，轻质氧化镁的碘吸附值一般为 $20\sim40$ mmol/100 g。氧化镁在贮存过程中由于逐渐吸收水分和二氧化碳而使活性降低，因此，必须在密封的条件下贮存氧化镁，并在使用前测定其活性值。氧化镁的活性对树脂糊增稠速度的影响见表 4.2.6。

表 4.2.6 氧化镁的活性对树脂糊增稠速度的影响

增稠剂	不同增稠时间的黏度值/(Pa·s)									
	0.5 h	1 h	2 h	4 h	6 h	8 h	10 h	12 h	14 h	21 h
活性氧化镁	7.21	7.85	88	390	740	7 000	/	/	/	/
轻质氧化镁	7.85	7.85	9.93	85	170	270	370	480	590	1 300

注：1. 黏度小于 1 000 Pa·s 的采用旋转黏度计测定；黏度大于 1 000 Pa·s 的采用针入法测定。
 2. 树脂糊组成：196 不饱和聚酯树脂 100 份，氯醋共聚物 8 份，苯乙烯 8 份，过氧化二异丙苯 2 份，碳酸钙（一飞）120份，硬脂酸锌 1.62 份，活性氧化镁碘吸附值为 45.08 mmol/100 g，用量为 3%，轻质氧化镁碘吸附值为 31.15 mmol/100 g，用量也为 3%。

② 聚酯树脂酸值的影响。图 4.2.2 表明，增稠速度与树脂的酸值成正比。在酸值为零的情况下，经 60 h 黏度仍无变化，试验表明，在相当的相对分子质量情况下，树脂的增稠速度随其酸值的增大而增加；在酸值相同的情况下，树脂的增稠效果随相对分子质量的增大而增加。

③ 水分的影响。树脂糊中水分的存在强烈地影响其初期黏度，如图 4.2.3 所示。由于水分对系统的增稠作用有明显影响，因此在片状模塑料的生产过程中，对各种原材料的含水量都必须严格控制，以保证生产过程中黏度变化的均一性和制品质量的均匀性。

④ 温度的影响。温度对树脂糊的增稠作用有较大的影响。在片状模塑料生产过程中，较高的温度可降低树脂系统产生化学增稠作用之前的黏度，有利于树脂输送和对玻璃纤维的浸渍；另一方面，较高的温度又使浸渍后树脂黏度迅速增加。因此，片状模塑料在制备后常进行加温，以促进稠化，缩短启用期。在加温加速稠化过程中也要防止产生不利于成型的过高黏度。

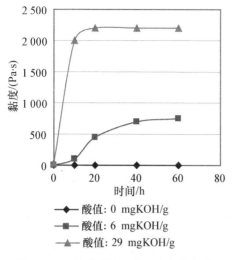

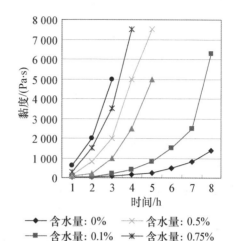

图 4.2.2 树脂酸值对增稠速度的影响   图 4.2.3 树脂糊增稠特性与含水量的关系

（3）增稠机理　尽管对聚酯树脂的增稠作用已有大量的应用研究,但对其增稠机理的研究则较少,且未有共识。现以氧化镁为例,简要介绍其增稠的机理。氧化镁的增稠作用分两个阶段。

第一阶段是氧化镁和不饱和聚酯树脂的端羧基反应产生碱性盐:

① $RCOOH + MgO \longrightarrow RCOOMgOH$

② $RCOOH + RCOOMgOH \longrightarrow (RCOO)_2Mg + H_2O$

③ $RCOOH + Mg(OH)_2 \longrightarrow RCOOMgOH + H_2O$

上述三个反应式中,反应①要在水或极性溶剂的存在下才能进行,这是由于在非极性体系中,由于氢键作用有机酸是以二聚体的形式存在:

$$
R-C
\begin{array}{c}
O \rightarrow HO \\
\\
OH \leftarrow O
\end{array}
C-R
$$

氢键的键能一般在 $8.4 \sim 42\ kJ/mol$ 之间。当水或其他强极性化合物加入后,产生强溶剂化作用,这样就破坏了羧酸的二聚体,使羧酸易于反应。这就是为什么微量水的存在可以促进增黏作用。

当反应①开始进行后,反应②就能顺利地进行下去,同时,反应②生成的水对反应①又具有促进作用。由反应③可知,氢氧化镁与羧基反应时,每生成一分子盐同时生成一分子水。此反应是自催化反应,所以如果氧化镁和氢氧化镁一起使用,能增加系统的增稠速度。

第二阶段是上述生成的碱性盐与聚酯分子中的酯基生成配价键配合物:

$$
\begin{array}{c}
O=C-O \\
\quad \uparrow \\
C-O-Mg-OH \\
\parallel \quad \uparrow \\
O \quad O=C-O
\end{array}
$$

从而最终形成高黏度、不粘手的增稠体系。配合物形成后,若遇见大量水,则水可与镁原子优先配合而从配合物中取代出羧基,从而降低整个系统的黏度,这就是微量水可以增黏而过量水却是降黏的原因。

2. 片状模塑料的制备工艺

1) 配方

SMC 和 BMC 的配方设计,需要满足以下几个要求:制品的性能要求;模压料的工艺性能,即模压时良好的流动性和均匀性、合适的压制温度和压力;模压料的贮存期。SMC 的常用配方见表 4.2.7。

表 4.2.7 SMC 配方

原 料 组 分	配方/kg		
	1	2	3
不饱和聚酯树脂	18	18	18
苯乙烯	2.7	2.7	5.4
过氧化二异丙苯	0.18	0.20	0.2
碳酸钙(二飞)	21.6	21.6	21.6
氯-醋共聚物	3.6	3.6	/
聚苯乙烯	/	/	3.6
氧化镁	0.54	/	0.54
硬脂酸锌	0.36	0.36	0.36
氧化钙/氢氧化钙(1.6/1.0)	/	0.46	/
色浆	0.35~0.54	适量	适量

2) 片状模塑料生产工艺

片状模塑料的生产工艺流程见图 4.2.4。

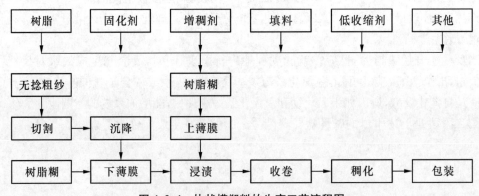

图 4.2.4 片状模塑料的生产工艺流程图

下薄膜放卷,经下树脂刮刀后,薄膜上被均匀地涂上一层树脂糊,当其经过切割沉降区时,粗纱均匀地沉降于树脂糊上。承接了树脂糊和短切玻璃纤维的薄膜,在复合辊处与以同样方式上了树脂糊的上薄膜复合形成夹层。夹层在浸渍区受一系列浸渍辊的滚压作用,使树脂糊浸透纤维。当纤维为树脂糊充分浸渍后即由收卷装置收集成卷,经增稠处理后,即得片状模塑料。片状模塑料的生产机组示意图见图4.2.5。

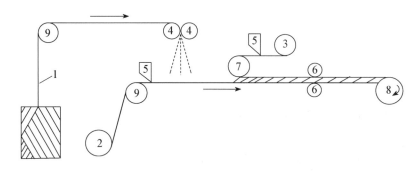

图 4.2.5 片状模塑料的生产机组示意图

1—无捻粗纱;2—下薄膜放卷;3—上薄膜放卷;4—纤维切割器;
5—树脂糊刮刀;6—浸渍辊;7—复合辊;8—收卷辊;9—导向辊

(1) 树脂糊的制备　树脂糊的制备一般可采用两种混料方法:单组分法与双组分法。

单组分法是将计算好的各种组分,依次加入混合机搅拌均匀,其顺序如下:① 将不饱和聚酯树脂、引发剂和苯乙烯加入混合机内,搅拌均匀;② 搅拌下加入增稠剂和脱模剂;③ 在低速搅拌下加入填料和低收缩剂;④ 在各组分全部加入混合机后,高速搅拌 8～15 min,至各组分均匀分散为止。

用单组分混料法制成的树脂糊应立即送入机组上糊区进行上糊,并希望在 30 min 内用完。

双组分法是将各组分分为两大部分。增稠剂、脱模剂、部分填料和苯乙烯为一部分,其余组分为另一部分。在上糊前再将两者混合使用。这种方法的最终混料时间短,上糊时黏度比较稳定,不会随存放的时间而变化,但需用多个盛料容器,操作也较复杂些。

(2) 粗纱的切割与沉降　粗纱切割器位于机组上部,整个切割沉降过程在一个密封空间进行,切割器一般采用三辊式结构,刀片间距要均匀,且沿芯轴长度交错安置,减小冲击振动。在切割沉降过程中,当静电严重时会导致粗纱相互纠缠或附着在侧壁上,以致严重影响纤维分布的均匀性。因此,需采取以下措施来减少静电,如控制切割区温度在 21～27 ℃,相对湿度在 50% 以上,在粗纱浸润剂中加入抗静电剂,在设备上安装静电消除器。

(3) 浸渍、脱泡和压实　在机组上安装各种类型的辊,如平光辊、槽辊、穿刺辊、螺旋辊等,辊的尺寸大小不同,使片状模塑料从这些辊的上部、下部及四周通过时受到弯曲、延伸作用而完成浸渍。浸渍质量与粗纱切割后的体积有关,还应防止空气裹入和控制适当的树脂黏度。

(4) 收卷　收卷时要保证恒定的收卷张力和便于自动换卷。一般每卷质量为 50 kg 左右。

(5) 增稠　片状模塑料的增稠有两种方法:自然增稠法和加速增稠法。自然增稠法是把制成的片状模塑料在室温下存放一周左右之后即可用于压制制品。当环境温度较低或需立即使用时,可采用加速增稠法,把片状模塑料放入有鼓风的烘房内,在 40～45 ℃ 下放置 24 h 即可。

（6）片状模塑料典型参数

幅宽	$0.45\sim1.5$ m
厚度	$1.3\sim3$ mm
纤维含量	20%～30%
单重范围	$2\sim4$ kg/m^2
树脂糊黏度	$10\sim50$ Pa·s
贮存期	大于 3 个月(25 ℃)

4.2.4 短纤维模压料的成型工艺

模压成型工艺的过程是：将一定量的模压料放入预热的压模内，施加一定的压力使模压料充满模腔。在温度的作用下，模压料在模腔内逐渐固化完全，然后将模压制品从压模内取出，经修整及必要的辅助加工后即得产品。

短纤维模压料中玻璃纤维含量较大、所用纤维较长，要使玻璃纤维与树脂一起流动是相当困难的，只有当树脂黏度足够大，黏性很强，与纤维紧密地黏结在一起的条件下，才能使树脂与纤维同时流动，这一特点决定了高强度短纤维模压成型工艺所用的成型压力比其他工艺方法要高。

模压成型工艺分为压制前的准备和压制两个阶段，其工艺流程见图 4.2.6。

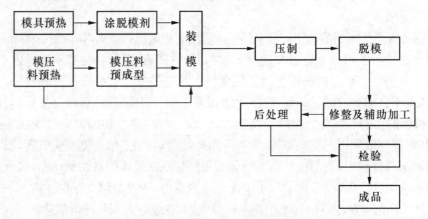

图 4.2.6 模压成型工艺流程图

1. 压制前的准备

1）成型压力的计算

在模压成型工艺中，成型压力是指制品在水平投影面上单位面积所承受的力。成型压力的大小取决于模压料的品种和制品结构的复杂程度，成型压力是选择压机吨位大小的依据。

成型压力和压机柱塞面积及表压的关系为：

$$K \cdot p_{表} \cdot F = p \cdot f \tag{4-2-4}$$

式中 $p_{表}$——压机表压，MPa；

  F——压机柱塞截面积，cm^2；

  p——成型压力，MPa；

  f——制品水平投影面积，cm^2；

  K——压机有效作用系数，粗略计可设 $K=1$。

  压机柱塞面积和最大允许表压及压机吨位的关系为：

$$T = F \cdot p_{最大} \tag{4-2-5}$$

式中 T——压机吨位，N；

  $p_{最大}$——压机最大允许表压，MPa。

  以式(4-2-5)代入式(4-2-4)得

$$p_表 = \frac{p \cdot f \cdot p_{最大}}{T} \tag{4-2-6}$$

  根据式(4-2-6)可从所需成型压力及制品水平投影面积来计算成型时压机表压 $p_表$。

  2）装料量的估计

  为提高生产效率及确保制品尺寸，需进行准确的装料量计算。而实际上要做到这一点往往相当困难，一般是预先进行粗略估算，然后经几次试压后再找出准确的装料量。装料量的计算一般是用该种模压料制品的相对密度乘以制品的体积，再加上 3%～5% 的挥发物、毛刺等损耗。然而由于模压制品的结构及形状往往比较复杂，体积的计算既复杂又不精确，在实际应用中，一般采用下列三种方法中的任意一种进行粗略地估算。

  （1）形状、尺寸简化计算法 这种方法是将复杂形状的制品简化成一系列简单的标准形状，同时将尺寸也作相应变更后再行计算。

  （2）相对密度比较法 当该复合材料制品有相同形状及尺寸的金属或其他材料的制品时，可采用这种方法。即对比复合材料及其相应制品的相对密度，已知相应制品的质量，即可估算出复合材料制品的用料量。

  （3）铸型比较法 在复合材料制品模具中，用树脂、石蜡等铸型材料铸成产品，再按铸型材料的相对密度、产品质量及复合材料制品的相对密度求出复合材料制品的用料量。当复合材料制品形状复杂，难以按体积估算其用量，又无其他材料的相同制品可供比较时可采用这种方法。

  3）脱模剂的使用和涂覆

  常用的外脱模剂有石蜡、机油、硬脂酸、硬脂酸盐、硅酯、硅橡胶等。酚醛型模压料多用机油、油酸、硬脂酸等脱模剂，环氧、环氧酚醛型模压料多用硅脂、硅橡胶脱模剂。硅橡胶脱模剂经涂抹后，需将模具升温至 150～200 ℃烘 1～2 h，然后降温待用，每涂覆一次可连续使用 2～3 次，但因工艺较复杂、价格较贵而不常用。硅橡胶脱模剂常配成 3%～5% 的甲苯或二甲苯溶液，使用效果较好。

  在满足脱模效果情况下，脱模剂用量应尽量少，外脱模剂涂覆要均匀，否则会影响表面粗糙度和脱模效果。

  4）料的预热和预成型

  在压制前料的预先加热称为料的预热，料的预热能改善料的工艺性能，如增加其流动性、防止料结团、便于装模、降低制品收缩率、提高制品质量。

短纤维模压料的预热方式有电烘箱、红外灯、热板预热等,对酚醛型、环氧酚醛型模压料,预热温度一般为 60～100 ℃,时间不超过 0.5 h。

压制前模压料的预成型操作,一般在预混料批量生产模压制品、使用多窝孔模具、对制品有特殊形状要求的情况下采用。模压料的预成型系将料在室温或不太高的温度下预先压成与制品相似的形状,缩小压缩比,或铺、缠成一定的形状,再进行压制。预成型操作可大大缩短成型周期,提高生产效率,改善制品性能。

2. 压制

1) 装模操作

采用合理的装模操作既能补偿模压料流动性差的不足,提高制品成品率,又可使制品获得较理想的性能,尤其对于结构复杂的制品,装模操作更是成败的关键。

装模操作应遵循如下原则:① 使物料的流程最短;② 对狭小流道及"死角"处,需预先铺设料;③ 根据制品受力情况,排布取向纤维,充分发挥纤维的增强作用;④ 物料铺设尽量均匀,以改善制品均匀性;⑤ 尽可能使物料中纤维沿其流动方向取向。

2) 压制操作

压制操作最重要的是压制制度(压力和温度)的选定和控制。压制制度随模压料的类型、制品的结构和尺寸大小等条件的不同而改变。对于压制规格小、形状简单、数量多的制品,一般采用快速压制工艺,只需几分钟、十几分钟或几十分钟即可完成一次压制过程;对于压制规格较大、形状复杂、有特殊性能要求、数量不多的制品,一般采用慢速压制工艺,需要几小时或十几小时才能完成一次压制过程。

(1) 压力制度　压力制度包括成型压力大小、加压时机、卸压放气等。

① 成型压力。其作用是克服物料流动时的内摩擦及物料与模腔内壁之间的摩擦力,使模压料充满模腔;克服模压料挥发物的蒸气压及压紧制品。成型压力的大小主要取决于模压料品种、制品结构及尺寸,制品结构越复杂或厚度特大特小,所需成型压力亦越大。酚醛模压料常用成型压力为 30～50 MPa,环氧酚醛模压料为 5～30 MPa。

② 加压时机。加压时机是指装模后在一定时间一定温度下适宜的加压操作。如加压过早,树脂本身反应程度较低,相对分子质量较小,黏度小,在压力下极易流失,导致在制品中产生树脂集聚或局部纤维裸露;而加压过迟,树脂反应程度过高,相对分子质量剧增,黏度过大,会使物料流动性下降难以充满模腔而形成废品。只有当树脂反应程度适中,相对分子质量增加所造成的黏度适度增加时,才能使树脂本身既易在热压力下流动,同时又能使纤维随树脂一起流动而得到理想的制品。

加压时机主要取决于模压料的品种、装模前模压料的质量指标、装模温度、装模时间及加压前的升温速度等。几种常用模压料的加压时机列举如下。

镁酚醛模压料(快速成型用):合模 10～15 s 在成型温度下加压,加压方式为多次抬模放气反复充模。

616 酚醛模压料(慢速成型用):在 80～90 ℃下装模后,经 30～90 min,在 105 ℃下一次加全压。

环氧酚醛模压料:小制品,80～90 ℃下装模后,经 20～40 min,在 105 ℃下一次加全压;中制品,60～70 ℃装模后,经 60～90 min,在 90～105 ℃下一次加全压;大制品,80～90 ℃装模后经 90～120 min,在 90～105 ℃下一次加全压。

③ 卸压放气。模压料一般都含有一定量的挥发物,酚醛模压料固化时还会产生一些挥发性副产物。在慢速压制工艺中,由于加压前的升温时间较长,挥发物比较容易排出,因此一般不需采用放气措施。在快速压制工艺中,由于装模及加压时温度接近成型温度,压制时间短,在短时间内会产生大量挥发物,如不放气,易使制品产生起泡、分层等缺陷。因此在快速压制工艺中,加压初期压力上升到一定值后,随即卸压抬模放气,再加压充模,这样反复多次以达到放气充模的效果。

(2) 温度制度　温度制度包括装模温度、升温速度、成型温度、保温、降温与脱模。

① 装模温度。装模温度指物料放入模腔时的模具温度,取决于模压料的品种、质量指标、制品结构及生产效率。用于快速成型的镁酚醛模压料装模温度可高达 150～170 ℃;氨酚醛、环氧酚醛型模压料一般在 80～90 ℃内;挥发物含量高、不溶性树脂含量低的模压料与挥发物含量低、不溶性树脂含量高的模压料相比较,装模温度前者低于后者;制品结构复杂及大型制品一般宜在 25～90 ℃范围内;需大批量生产制品以提高生产效率时,装模温度不宜过低。

② 升温速度。一般控制在 1～2 ℃/min,升温过快,制品固化不均而引起内部应力,影响制品性能,甚至形成废品,升温过慢则影响生产效率。

③ 成型温度。成型温度是指压制时所规定的模具温度,它是使模压料流动、充模、固化成型的主要条件。适当提高成型温度可缩短模压周期,提高制品性能和产量,但温度过高,模压料流动性急剧下降,难以压制,收缩率大,同时易使制品肿胀、开裂、变形和翘曲;温度过低,保温时间长,固化不完全,制品表面暗淡、性能差。成型温度的高低主要取决于模压料中树脂系统。

④ 保温。为使模压制品固化完全消除内应力,要在成型温度和成型压力下保温一段时间,称为保温时间。保温时间与制品形状、厚度、成型温度、模压料类型等有关,是以制品的最大壁厚按 1～1.5 min/mm 进行计算的。制品的实际保温时间应以能获得满意的外观和合格的尺寸为原则,在计算的时间范围内由试验确定的最短时间。保温时间与成型温度有关,成型温度增高,模压料固化速度加快,保温时间可适当缩短,反之应延长保温时间。保温时间长短对制品性能影响很大,保温时间太短,固化不完全,外观无光泽,易发生变形,脱模难,物理机械性能差。延长保温时间,可使收缩率变小,改善制品性能。但保温时间过长,树脂交联过度又会使制品收缩率增加,性能下降,增加成型周期,多消耗能源。因此,与成型温度相对应地存在着一个较佳的保温时间。几种典型模压料的成型温度和保温时间见表 4.2.8。

表 4.2.8　几种典型模压料的成型温度和保温时间

项　目	模　压　料						
	镁酚醛型	环氧酚醛型	616 酚醛型	硼酚醛型	648 环氧＋NA 型	聚酰亚胺型	聚酯型
成型温度/℃	155～160	170±5	175±5	200～300	230	350±5	120～150
保温时间/(min·mm^{-1})	0.5～2.5	3～5	2～5	5～18	5～30	18	1～2

⑤ 降温与脱模。压制保温结束后,一般需在保压下逐渐降温,可采取强制降温和自然降温两种方式,一般采用强制降温,即在热板中通入冷却水或用风机送风急冷模具和制品。制品脱模可由模具的顶出机构顶出,用压缩空气吹出,用手工及辅助设备取出等。一般慢速成型在 60 ℃以下脱模,脱模操作要谨慎细心,防止损坏、损伤制品、模具。

3) 修整及辅助加工

修整是指去除制品成型时在边缘部位的毛刺和飞边。打磨时要注意打磨方向,否则会使制品中与毛刺相邻的局部部位和毛刺一起脱落导致制品报废。有时为满足设计要求,需采用机械加工等辅助手段完成制品的孔洞、螺纹、配合尺寸等,辅助加工要谨慎小心,最好采用磨削并加冷却措施,避免造成不必要的损失。

3. 几种模压料典型成型工艺

1) 快速成型工艺

镁酚醛预混料典型成型工艺见表 4.2.9。

表 4.2.9　镁酚醛预混料压制工艺参数(快速压制)

项　目	工　艺　参　数
预成型	物料在 90~110 ℃下烘 2~4 min,在冷模中高压下压成坯料
坯料的预热	在 80~100 ℃下预热 5~15 min
成型温度/℃	160~180
成型压力/MPa	30~40
加压时机	装模后加全压,保压 10~15 s 后,1 min 内连续卸压放气 1~3 次
保温时间/(min·mm^{-1})	1
脱模温度	成型温度下脱模
脱模剂	硬脂酸

2) 慢速成型工艺

几种模压料的典型成型工艺见表 4.2.10。

表 4.2.10　几种模压料压制工艺参数(慢速压制)

工　艺　参　数	模　压　料		
	616 酚醛预混模压料	环氧酚醛模压料	F46 环氧+NA 层压模压料
装模温度/℃	80~90	60~80	65~75
加压时机	合模后 30~90 min 在 105 ℃下一次加全压	合模后 20~120 min 在 90~150 ℃下一次加全压	合模后即加全压
成型压力/MPa	30~40	15~30	10~20
升温速度/(℃·h^{-1})	10~30	10~30	30~40
成型温度/℃	175±5	170±5	230±5

工 艺 参 数	模 压 料		
	616 酚醛预混模压料	环氧酚醛模压料	F46 环氧＋NA 层压模压料
保温时间/(min·mm⁻¹)	2~5	3~5	15~30
降温方式	强制降温	强制降温	强制降温
脱模温度/℃	<60	<60	<90
脱模剂	硬脂酸	硅酯	硅酯

注：NA 为环氧树脂的酸酐类固化剂——内次甲基四氢邻苯二甲酸酐。

4. 模压制品常见弊病及其原因

短纤维模压料压制工艺过程影响因素较多,容易造成制品的质量问题。为了保证制品质量、节约原材料、延长模具寿命,必须及时找到成型中出现的导致各种制品缺陷的因素,并进行有针对性的选择和控制。

制品的常见弊病及产生的主要原因见表 4.2.11。

表 4.2.11　制品的常见弊病及产生的主要原因

常 见 弊 病	产 生 的 主 要 原 因
树脂集聚	① 树脂含量太大;② 料挥发物含量过多;③ 加压过早;④ 物料结团或互溶性差
局部缺料	① 加料不足;② 料流动性差;③ 加压过迟
变　形	① 料挥发物含量过多;② 制品结构不合理;③ 脱模不当;④ 脱模温度过高;⑤ 升温过快
裂　纹	① 制品设计不合理;② 脱模不当;③ 模具设计不合理;④ 新老料混用或配比不当
气　泡	① 料挥发物含量太高;② 放气不够
表面凹凸不平,粗糙度大	① 料挥发物含量太高;② 脱模剂过多;③ 料互溶性差;④ 装料不足;⑤ 成型温度过低
边角强度太低	① 制品设计不合理,角根曲率半径过小;② 加压过早
局部强度显著下降	① 料结团;② 狭小流道处树脂集聚
粘　模	① 脱模剂处理不当;② 局部无脱模剂;③ 料挥发物含量过多;④ 模具表面粗糙大;⑤ 固化不足
局部纤维裸露	① 装料不均,局部压力太大;② 料流动性差;③ 加压过早,树脂大量流失;④ 纤维结团
脱模困难	① 模具设计不合理,配合过紧,无脱模锥度;② 制品设计不合理,无斜度;③ 加料过多,压力太大;④ 制品粘模

4.2.5 片状模塑料的模压成型工艺

1. 工艺流程

片状模塑料的模压成型工艺比较简单,模压时所需的温度及压力较低,成型速度快。模压时将片状模塑料剪裁成所需的形状,揭去两面薄膜,按所需的加料层数叠合后放在模具上即可按规定的工艺参数压制成型。

片状模塑料模压成型工艺流程见图4.2.7。

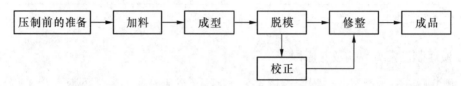

图4.2.7 片状模塑料模压成型工艺流程图

1)压制前的准备

(1)片状模塑料的质量检查 压制前应了解模塑料的质量、性能、配方、单重、增稠程度等,对质量不好、纤维结团、浸渍不良、树脂积聚部分的料应去除。

(2)剪裁 按制品结构形状、加料位置、流动性能,决定剪裁要求,片料多裁剪成长方形或圆形。

2)加料

(1)加料量 加料量=制品体积×1.8。

(2)加料方式 通常加料位置应在模具的中部,应使成型时料流同时到达模具各端,加料方式必须有利于空气的逸出,常用大块在下,向上渐小的锥形重叠法。

3)压制

在压制过程中要掌握温度、压力及时间三个参数。

(1)成型温度 成型温度取决于树脂糊的固化体系、制品厚度、生产效率、制品结构的复杂程度。成型温度必须保证树脂固化反应的充分进行,并达到完全固化。一般讲,厚制品的成型温度宜比薄制品低些,以防厚制品因温度过高而产生过高的热应力。成型温度增加,相应的固化时间可缩短,反之亦然。片状模塑料的成型温度常在120~155 ℃。

(2)成型压力 片状模塑料的成型压力要比聚酯料团稍高,片状模塑料的增稠程度越高,所需的成型压力也越大;流动性愈差、加料面积愈小所需成型压力也越大,此外,成型压力还随制品的结构、形状、尺寸而异,形状简单的制品,仅需2~3 MPa成型压力,形状复杂制品,成型压力高达14~21 MPa。

(3)固化时间 片状模塑料在成型温度下的固化时间与它的引发系统、固化特性、成型温度及制品厚度有关。固化时间一般以40 s/mm计算。

2. 片状模塑料制品的常见缺陷

(1)制品分层 主要原因是制造片状模塑料时,纤维或填料没有被树脂充分浸透,或者局部纤维含量过高。

（2）强度不足　强度不足主要是由于模具封闭性太差，料大量溢出，未能承受必要的成型压力所致，或者是局部片状模塑料纤维含量太低的缘故。

（3）鼓泡　鼓泡是由于加料方式不当，成型温度过高，气体被封闭于制品内或固化不足等因素所致。

（4）花斑　花斑是由于纤维和填料未被树脂均匀浸透，或由于模具质量差，局部树脂被挤跑，纤维裸露所致。

（5）流纹　流纹的产生与纤维浸润剂类型、片状模塑料的增稠程度不足、加料面积过小、料流动性过大、加压速度过快、模具溢料间隙过大等因素引起的纤维取向有关。

（6）变形　制品变形主要与制品热强度低、制品结构不平衡、上下模温差控制不当、顶出机构不平衡、料流动性过大、纤维取向及成型温度过高有关。

（7）粘模　制品粘模与成型温度过低、固化时间过短、模具表面粗糙、片状模塑料增稠度太低有关。

（8）针孔　可能是由于片状模塑料增稠度不足，模具溢料间隙过大，成型温度过低，固化时间过短的缘故。

（9）气孔　制品的边、死角部位极易产生气孔。主要原因是加料方式不当，加料面积过大，加压速度过快致使模内空气来不及逸出，造成气孔。

（10）表面发暗　制品表面发暗与成型温度过低、成型压力不足、固化不良、片状模塑料增稠度不足、模具表面不光、外脱模剂涂抹太多等有关。

（11）裂纹　制品裂纹的产生与纤维取向、局部树脂聚集、制品热强度低、脱模时顶出过猛及顶出机构不平衡等因素有关。

4.3　层压成型工艺

4.3.1　概述

层压成型工艺，是把一定层数的浸胶布（纸）叠在一起，送入多层液压机，在一定的温度和压力的作用下压制成板材的工艺。层压成型工艺属于干法、压力成型范畴，是复合材料的一种主要成型工艺。该工艺生产的制品包括各种绝缘材料板、人造木板、塑料贴面板、覆铜箔层压板等。层压成型工艺的特点是制品表面光洁、质量较好且稳定以及生产效率较高，缺点是只能生产板材且产品的尺寸大小受设备的限制。

复合材料层压板的生产工艺流程见图4.3.1。

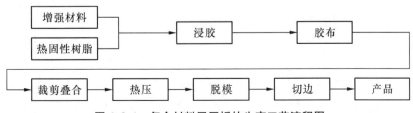

图 4.3.1　复合材料层压板的生产工艺流程图

复合材料的卷管成型工艺与层压成型工艺有类似之处,为方便叙述,将复合材料的卷管成型工艺也放在本节介绍。

4.3.2　增强材料的浸胶工艺

增强材料浸渍树脂、烘干等的工艺过程称之为浸胶。对于不同性能要求的制品,可以采用纸、棉布、玻璃布、碳纤维布等不同增强材料浸渍各种树脂胶液(如酚醛树脂、环氧酚醛树脂、三聚氰胺甲醛树脂、有机硅树脂等),以制得胶纸、胶布,供压制、卷管或布带缠绕用。树脂基体、增强材料、浸胶工艺条件等因素都对复合材料制品的质量有直接的影响,如果上胶工艺掌握不当,会导致制品起泡、分层、起壳、粘皮、发花等现象,影响制品的机械性能和绝缘性能。因此,根据制品的性能要求,既要选择合适的树脂基体和增强材料,又要掌握好最佳的浸胶工艺条件。

浸胶的工艺过程是:增强材料经过导向辊进入盛有树脂胶液的胶槽内,经过挤胶辊,使树脂胶液均匀地浸渍增强材料,然后连续地通过热烘道干燥,以除去溶剂并使树脂反应至一定程度(B阶),最后将制成的胶布或胶纸裁剪成块。

影响浸胶质量的主要因素是胶液的浓度、黏度和浸渍的时间,另外,浸渍过程中的张力、挤胶辊、刮胶辊等也会影响浸胶质量。因此,只有合理地选择和控制这些影响因素,才能确保浸胶的质量。

1. 树脂胶液的浓度和黏度

树脂胶液的黏度直接影响树脂胶液对增强材料的渗透能力和增强材料表面附着胶液的多少,即影响胶布的含胶量。胶液的黏度过大,增强材料不易被胶液浸透;黏度过小,则增强材料的浸胶量不足。树脂胶液的黏度主要与胶液的浓度和温度有关。为方便起见,在生产中,一般通过控制胶液的浓度来控制胶液的黏度。

树脂胶液的浓度是指树脂溶液中树脂的含量。在生产中,由于测定胶液的浓度比较麻烦,通常利用浓度和密度之间的函数关系,通过测试密度从而得到胶液的浓度。对于常用的酚醛树脂胶液和环氧酚醛树脂胶液,一般将其密度控制在 $1.00\sim1.10$ g/cm^3 内。

为了保证增强材料上胶均匀,在调节胶槽内胶液的密度时,应该采用稀树脂溶液,不能将溶剂直接加入到胶槽中去。直接加入溶剂会出现上胶严重不均,甚至出现白布现象。在正常生产时,为了保持胶槽内一定的胶液深度,必须经常往胶槽内添料。添加的胶液密度一般要比胶槽内的胶液密度低 $0.01\sim0.02$ g/cm^3,这是因为溶剂挥发,胶槽内胶液密度有所增高的缘故。

2. 增强材料的浸渍时间

增强材料通过胶液的时间称为浸渍时间。浸渍时间的长短是根据增强材料是否浸透来确定的。浸渍时间过短,材料不能充分浸透,上胶量达不到要求,或使胶液浮在增强材料的表面,影响浸胶质量;浸渍时间过长,材料虽能充分浸透,但限制了设备的生产能力。例如,对于 $0.1\sim0.2$ mm 厚的平纹玻璃布、0.25 mm 厚的高硅氧布,其浸渍时间以 $30\sim45$ s 为宜。

3. 张力控制、挤胶辊的使用

增强材料在浸胶过程中的张力应根据其规格和特性来决定。在浸胶过程中张力不宜过大,否则,胶纸易拉断,胶布也会产生横向收缩(或纵向拉长)和变形。张力也不宜一边紧一边松,或者中间紧两边松,在运行的全过程中各部分的张力都应始终保持一致。

挤胶辊的作用是帮助增强材料浸透胶液,控制调节挤胶辊的间隙大小和均匀度,可以使胶液浸透,并均匀上胶,以保证胶布、胶纸的质量。

4. 烘干温度和时间

增强材料浸胶后,为了除去胶液中的溶剂等挥发性物质,并使树脂从 A 阶反应至 B 阶,须将浸胶的胶布烘干。烘干主要控制烘干温度和烘干时间两个指标。烘干温度过高或烘干时间过长,会使不溶性树脂含量迅速增加,影响胶布的质量。如烘干温度过低或烘干时间过短,则使胶布的挥发物含量过高,也会影响胶布的质量。因此,必须合理地选择烘干温度和烘干时间。烘干温度和时间对玻璃胶布挥发物和不溶性树脂含量的影响见表 4.3.1。在生产中,一般烘干温度宜偏低一点,这样生产控制较方便,也容易保证胶布的质量。

表 4.3.1　烘干温度和时间对玻璃胶布挥发物和不溶性树脂含量的影响

温度/℃	项　　目	时　间/min				
		5	7	10	15	20
110	挥发物/%	3.25	3.16	3.02	2.38	2.13
	不溶性树脂含量/%	/	/	/	22.3	37.7
115	挥发物/%	3.12	2.55	2.12	2.17	1.64
	不溶性树脂含量/%	2.50	5.85	30.2	56.8	49.3
120	挥发物/%	2.50	1.66	1.72	1.60	0.95
	不溶性树脂含量/%	12.0	42.0	57.5	62.0	78.0

注:试验在卧式浸胶机中进行。原材料采用 616 酚醛树脂和 0.2 mm 无碱平纹布。

5. 稀释剂

稀释剂对增强材料的浸透与上胶量的多少有一定的影响。一般对稀释剂的要求是:对树脂的溶解性好;在常温下挥发速度慢,但沸点要低,达到沸点后挥发速度快;无毒或低毒。

6. 胶布的质量指标

胶布的质量指标包括挥发物含量、不溶性树脂含量、含胶量和流动量。

1) 挥发物含量

在经过烘干的胶布上,取两边及中间不同部位的试样 3 块,其规格为 80 mm × 80 mm,如称重为 G_1(精确至 0.001 g),放入(180±2)℃的烘箱内烘 5 min,取出后称重为 G_2,挥发物含量 V 可按式(4-3-1)计算:

$$V = (G_1 - G_2)/G_1 \times 100\% \tag{4-3-1}$$

增强材料经浸胶后,挥发物的含量不能太高,否则会降低制品的电绝缘性和物理机械性能,使制品表面起泡,周围边缘起花等,影响制品质量;但挥发物含量太低,也会使胶布流动量过小,影响压制工艺。

2) 不溶性树脂含量

用测定挥发物相同的方法取样,称重为 G_1,然后放入盛有丙酮溶剂的烧杯内溶解 3 次(依次为 3 min、4 min、5 min),取出后送入(180±2)℃的烘箱内,烘 5 min 后冷却,称重为 G_3,再送入 500~600 ℃的马弗炉内灼烧 5~10 min,取出冷却至室温称重为 G_4,不溶性树脂含量 C 按(4-3-2)计算:

$$C = (G_3 - G_4)/[G_1(1-V) - G_4] \times 100\% \tag{4-3-2}$$

不溶性树脂含量太多,会降低它的黏结性,影响制品的压制;如不溶性树脂含量太少,会导致流胶量过大或在加压时胶布有滑出现象,造成废品。

3) 含胶量

利用测定挥发物和不溶性树脂含量的数据,可按式(4-3-3)计算含胶量 R。

$$R = [G_1(1-V) - G_4]/G_1(1-V) \times 100\% \tag{4-3-3}$$

上述测定方法虽然比较准确,但由于测定时间长,不能适应生产的需要,因此在生产控制上往往采用较简单的底布比较法来测定含胶量。这种方法是比较同样大小的底布试样和胶布试样的质量来计算其含胶量。

$$R = (G_2 - G_5)/G_2 \times 100\% \tag{4-3-4}$$

式中,G_5 为与胶布同样大小的底布试样的质量。

不溶性树脂含量可按(4-3-5)计算:

$$C = (G_3 - G_4)/RG_2 \times 100\% \tag{4-3-5}$$

含胶量也称树脂含量。层压板的拉伸强度、弯曲强度、耐潮(吸水性)、电气性能及耐化学腐蚀性等都与树脂及树脂含量密切相关。如层压板的拉伸强度随含胶量增至 40%左右时达到最高值,再继续提高含胶量时反而使其拉伸强度降低。这是由于树脂含量在正好填满增强材料纤维中间空隙时,具有最高强度的缘故。

含胶量愈高,制品的吸水率愈低;含胶量控制在 40%~55%之间,其电气绝缘性能最佳。

4) 流动量

流动量的测定是剪取 70 mm×70 mm 大小的 12 层胶布,放在 160 ℃的电热板上,立即加以 4 MPa 的压力,得到四周流胶的薄层压板,然后测定此板四周流胶长度的平均值,即为流动量,以此表示胶布的流动性。

胶布的流动量与其含胶量、不溶性树脂含量和挥发物含量之间存在着一定的依赖关系。含胶量愈高、挥发物含量愈高,流动量也就愈大;不溶性树脂含量愈高,则相反。在实际生产中常采取测定流动量的方法来控制操作工艺。

胶布在存放过程中不溶性树脂含量随着时间的增加而增长,在环境温度较高时这种不溶性树脂含量的增长尤为明显。如环境温度达到 26~31 ℃时,钡酚醛胶布在 4~5 天内其不溶性树脂含量就急剧上升,环氧酚醛胶布则在 2 天内就出现不溶性树脂含量迅速增加。

如环境温度低于 20 ℃时,一般酚醛胶布可存放一个月左右,环氧酚醛胶布也可短期存放。当存放时间过长,胶布变老发脆甚至不能使用,因此一般胶布不宜久放。

环境湿度对胶布的存放也有影响,湿度过高胶布易吸水而发黏,有渗胶现象,严重的甚至无法卷缠和使用。

7. 浸胶工艺中的异常现象分析

（1）胶布含胶量不均匀。这一现象经常会发生,应检查、调整胶液黏度,控制胶槽的温度,调节挤压辊两边松紧程度以保持辊的间距相等。如果烘箱中胶布拉着运转链网,也会导致含胶量不均,此时应调节车速和卷取部分的张紧盘,使胶布保持一定的张紧度,在烘箱内按一定速度平直通过。

（2）胶布的流动量、挥发物含量突然增大、不溶性树脂含量突然减小。它的原因往往是由于烘箱温度偏低,如蒸汽加热时未调节至适当的压力、锅炉供汽不足或电加热时电力不足。应调节车速,一般温度每降低 5 ℃,胶布的牵引速度减慢 3～5 m/s,胶纸的牵引速度应减慢 2～3 m/s。

若烘箱中送风匣的风量未平衡而造成温度下降,则应调节上下风管上的通风活门,使烘箱内上下送风匣的热风平衡,温度就能较快上升,恢复正常。

（3）胶布上有黑斑、黑点污迹。这是由于烘箱进出口处墙壁上的排风管口,有积聚的低分子物和挥发物,应用棉纱、抹布将其擦干净,清除污物,并订立定期清理制度,防止玷污胶布。

（4）挤压辊间发生多层布反卷现象。这主要是由于胶布卷取部分没有卷紧或松脱,卷取处失掉拉力;或卷取转动的线速度小,前部挤压辊送出的线速度大而造成。应立即关闭电机,迅速放松挤压辊,或将换向齿轮拉至反转位置,将反卷在挤压辊里的胶布退出,并调好挤压辊。

（5）胶布突然松落或接头断在烘箱内。这主要也是由于挤压辊送出速度和卷取速度不同所致。送出速度大,卷取速度小,胶布就松落;反之,胶布就断裂。如果挤压辊间压力调节过紧或单边松紧,也会使胶布特别是胶纸发生断裂。发生这种情况时,应调整速度,或开动烘箱内传动链,使拉断的胶布落在传动链的铅丝网上,直接送出烘箱再行处理。

（6）烘箱上鼓风机电机突然停止运转时,鼓风机不再输送循环热空气入烘箱,胶布的质量将受到影响。这时必须停止浸胶,剪断烘箱进口处胶布,在烘箱出口处以人工按原来的牵引速度将烘箱内一段已浸胶过的胶布卷取完毕。

8. 浸胶设备

制备胶布的主要设备是浸胶机。浸胶机由浸胶槽、烘干箱和牵引辊三部分组成,一般分立式和卧式两种,如图 4.3.2、图 4.3.3 所示。

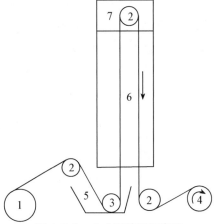

图 4.3.2　立式浸胶机示意图

1—玻璃布卷;2—导向辊;3—上胶辊;4—牵引辊;
5—浸胶槽;6—烘干箱;7—抽风罩

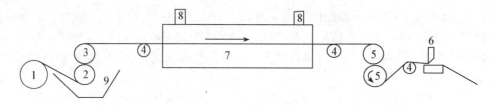

图 4.3.3　卧式浸胶机示意图

1—玻璃布卷;2—上胶辊;3—挤胶辊;4—导向辊;5—收卷辊;6—裁剪刀;7—烘干箱;8—抽风口;9—浸胶槽

4.3.3　层压板成型工艺

复合材料层压板成型工艺的基本过程,是将一定层数的经过叠合的胶布置于两块不锈钢模板之间,在多层液压机中,经加热、加压后固化成型,再经冷却、脱模、修整后即得层压板制品。

1. 胶布质量指标

胶布的质量指标一般包括含胶量、挥发物含量、不溶性树脂含量等。胶布的这些质量指标与制品质量的关系十分密切,必须根据制品的性能、工艺要求、树脂性能等正确地选定,并在生产过程中严格控制。

1) 含胶量

对于玻璃纤维增强的酚醛树脂复合材料来说,树脂含量在 25%～46%范围内,力学性能较高;而树脂含量在 35%以上时,其力学性能略有降低,但变化缓慢;树脂含量 25%以下时,其力学性能较低;树脂含量在(29±3)%时,其力学性能最佳。因此,一般采用含胶量为(29±3)%。

含胶量对电绝缘性能有一定的影响,一般当含胶量低于 60%时,随着含胶量的增加其电绝缘性能也提高;但当超过 60%时,即使含胶量再增加,其电绝缘性能的提高已不很明显。

含胶量对层压板制品的吸水性、比重也有明显影响,一般均随含胶量的增加而减小。

2) 挥发物含量

胶布中含有的挥发物,无论是残留在复合材料中或者在热压过程中形成细微孔道而排出,对于复合材料的性能都有不同程度的不良影响。

复合材料的力学性能随着胶布中挥发物含量的升高而下降。对于酚醛玻璃胶布来说,当挥发物含量为 1.5%～3.3%时,制品的力学性能下降不明显;当挥发物含量超过 3.3%以后,其强度才急剧下降,如表 4.3.2 所列。

表 4.3.2　挥发物含量对 616 酚醛复合材料力学性能的影响

挥发物含量/%	树脂含量/%	制品外观	弯曲强度/MPa	层间剪切强度/MPa
1.58	32.2	粗糙	280	26.5
3.31	32.6	一般	270	24.6
4.41	32.2	光滑	184	17.2
5.25	32.5	光滑	171	17.3
7.76	30.5	光滑、缺胶	152	16.0

挥发物含量过高对制品介电性能也不利,尤其是介电损耗角正切更明显。

3) 不溶性树脂含量

不溶性树脂含量表示胶布上的树脂在烘干过程中反应的程度,在一定程度上反映了胶布在热压过程中的软化温度、流动性等工艺特性。用含有一定量不溶性树脂的胶布压制的复合材料,与全溶性胶布压制的复合材料相比,其力学性能一般要提高 1/4~1/3。对于酚醛复合材料,当胶布的不溶性树脂含量小于 20% 时,制品的力学性能偏低,且不稳定;当不溶性树脂含量为 20%~70% 时,其力学性能较高,并稳定;当大于 70% 时,胶布仍有较好的黏性,见表 4.3.3。

表 4.3.3 不溶性树脂含量对 616 酚醛复合材料力学性能的影响

不溶性树脂含量/%	剪切强度/MPa	弯曲强度/MPa	不溶性树脂含量/%	剪切强度/MPa	弯曲强度/MPa
0	17.3	179	42.3	30.2	200
1.39	31.7	151	46.8	28.2	200
2.8	17.2	184	60.7	33.1	213
10.3	20.9	194	63.9	32.8	194
15.3	27.3	196	65.9	28.3	196
15~20	26.4	195	74.6	31.6	189
23.3	29.9	194	80.3	29.1	194
24.1	33.1	218	80.3~83.6	30.1	302
32.0	25.4	193	82~100	29.3	217

4) 胶布质量指标的选定

对于 616 酚醛玻璃胶布:含胶量为(32±3)%,挥发物含量小于 5%,不溶性树脂含量为(45±25)%。

对于环氧酚醛胶布:含胶量为(33±3)%,挥发物含量小于 3%,不溶性树脂含量为 5%~30%。

对于邻苯二甲酸二烯丙基酯胶布:含胶量为(40±3)%,不溶性树脂含量小于 30%。

2. 层压工艺过程

层压工艺过程大致是:叠料→进模→热压→冷却→脱模→加工→热处理(后处理)。

1) 叠料

叠料包括备料和装料两个操作过程。

(1) 备料 备料就是装料前准备料的过程,备料应做的工作有:

① 根据生产任务、制品规格、压机生产能力,合理预算搭配每一压机的制品数量、规格。

② 选料。为保证制品质量,在浸胶工序质量检验的基础上,再次检查胶布,将其含胶严重不均、带有杂质、已经老化的挑出。

③ 称料。按张数和质量准备装料。对于薄板一般按胶布的张数下料,对于厚板因制品厚度受胶布变化的影响较大而采用胶布的张数与质量相结合并以质量为主的方法下料,这样可以保证制品的厚度公差。

按质量下料,其计算公式为:

$$G = Lbhd(1+a) \qquad (4-3-6)$$

式中 G——胶布质量,kg;

L——制品长度,m;

b——制品宽度,m;

h——制品厚度,m;

d——制品密度,kg/m^3;

a——流胶量,%。

④ 放表面胶布。每块板料两面均应放 2~3 张表面胶布,表面胶布含有硬脂酸锌脱模剂,其含胶量、流动量均比里层胶布大,能增加制品的防潮性和美观。

(2)装料 将备好料的每块板料按一定的顺序叠合的过程称为装料。装料的顺序为:铁板→衬纸(50~100 张)→单面钢板→板料→双面钢板→板料→……→双面钢板→板料→单面钢板→衬纸→铁板。

放衬纸的目的是使制品能均匀受热受压,防止加热冷却时产生局部的过热过冷现象,也可弥补加压时铁板与热板或铁板与钢板间因接触不良而造成的压力不均。为了防止衬纸受压后松碎黏结钢板或铁板,在衬纸两面还各放一张同样面积的铜丝网,衬纸经长期使用、多次热压后,将失去弹性变脆,缓冲效果显著降低,因此衬纸需注意经常更换。

2)进模

将装好的板料组合逐格(或整体)推入多层压机的加热板间,并检查板料在热板间的位置,待升温加压。

3)热压

热压工艺中,温度、压力和时间是三个重要的工艺参数。在整个热压工艺过程中,增强材料除了被压缩外,没有发生其他变化,而树脂发生了化学反应,其化学性能和物理性能都发生了根本的变化。因此,热压工艺参数的选定,应从树脂的固化特性来考虑。此外,还应适当地考虑制品的厚薄、大小、性能要求以及设备条件等因素。

(1)温度的控制 温度的确定主要取决于胶布中树脂的固化特性及胶布的含胶量、挥发物含量和不溶性树脂含量等质量指标。另外,还必须考虑传热速度问题,这对于厚板尤为重要。一般热压工艺的升温曲线可分五个阶段,如图 4.3.4 所示。

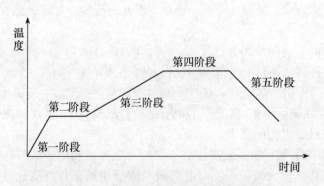

图 4.3.4 热压工艺的升温曲线示意图

第一阶段：预热阶段。一般从室温到开始反应的温度这一段称预热阶段。以环氧酚醛层压板热压为例。热压分两个阶段：预热阶段和热压阶段。预热阶段主要目的是使胶布中的树脂熔化，使熔化的树脂往增强材料的间隙中深度浸渍，并使挥发物再跑掉一些。此时压力一般为 1/3～1/2 全压。

第二阶段：中间保温阶段。这一阶段的作用是使树脂在较低的反应速度下固化。保温时间的长短主要取决于胶布的老嫩程度以及板料的厚度。在这一阶段应密切注意树脂沿模板边缘流出的情况。当流出的树脂已经硬化，即不能拉成细丝时，应立即加全压，并随即升温。

第三阶段：升温阶段。这一阶段的作用在于逐步提高反应温度，以加快固化反应速度。升温速度不宜过快，升温过快则使固化反应剧烈，在制品中容易产生裂缝、分层等缺陷。

第四阶段：热压保温阶段。这一阶段的作用是使树脂获得充分的固化。该阶段的温度高低主要取决于树脂的固化特性，保温时间和层压板的厚度有关。

第五阶段：冷却阶段。

(2) 压力的控制　在层压工艺中，成型压力有以下几个作用：① 用来克服挥发物的蒸气压力，这是主要作用；② 使黏稠的树脂有一定的流动性；③ 使胶布受到一定的压缩，并使胶布层间有较好的接触；④ 防止复合材料在冷却过程中变形。

成型压力的大小是根据树脂的固化特性来确定的。如果树脂在固化过程中有小分子逸出，成型压力就要大一些；树脂的固化温度高，成型压力也要相应地增大。例如，对于酚醛树脂层压板，一般成型压力为 11～13 MPa；对于环氧酚醛树脂层压板，成型压力为 6 MPa 左右；对于邻苯二甲酸二烯丙基酯树脂层压板，成型压力为 7 MPa 左右。

4）冷却脱模

保温结束后即关闭热源，通冷水冷却或自然冷却，并保持原压力，过早降压会因板温尚高而使制品表面起泡或翘曲。

5）脱模

当温度降至 60～70 ℃时，即可降压出模，温度太低制品易粘钢板，如在钢板上涂上脱模剂，则也可在温度降至 40～50 ℃时出模。

6）加工

厚度为 3 mm 以下的制品用切板机加工，厚度为 4 mm 以上的制品要采用砂轮锯片加工。

7）热处理（后处理）

加工好的 4 mm 以上的制品，可放入烘房进行热处理。例如，对于环氧酚醛绝缘板，可在 120～130 ℃下处理 8～10 h，使树脂固化完全，以提高制品的物理机械性能、介电性能和热性能。

3. 层压板常见缺陷分析

层压板的质量是浸胶、压制各道工序质量的综合反映，因此对层压板的常见缺陷必须进行具体分析，找出确切原因，并采取有效措施加以解决，以提高制品的质量。

1）表面发花

在薄板中易出现表面发花。可能的原因是：① 胶布不溶性树脂含量偏高，树脂流动性差；② 压制时压力过小或不均；③ 热压时加压时间过长、加压太迟。

解决的办法有以下几种：① 选用不溶性树脂含量符合质量指标的胶布及质量好的表面胶布；② 适当加大压力，增加衬纸数量，且经常更换；③ 预热时间不宜过长，加压要及时。

2）中间开裂

中间开裂可能的原因是：① 板料中夹有老化胶布；② 胶布含胶量过小；③ 压力过低，加压过迟；④ 板料中央有不洁净杂物等。

解决的办法有：严格检查胶布质量，压制时要掌握好加压时机并注意保压。

3）板芯发黑、四周发白

板芯发黑、四周发白可能的原因是：胶布可溶性树脂含量及挥发物含量过大，预热时板料四周挥发物容易逸出，而中间残留多，呈现板芯发黑、四周发白的现象。

解决的办法是：防止胶布受潮、增加不溶性树脂含量、降低挥发物含量。

4）表面压裂

在薄板中易出现表面压裂。可能的原因是：表面胶布上流动量过大，在树脂流动时加压过急过高或坯布本身强度不够将板料压坏。

解决的办法是：严格控制胶布上的流动量及压力。

5）表面积胶

表面积胶可能的原因是：增强材料厚度偏差大或由浸胶机存在缺陷造成，胶布含胶量不均匀而树脂流动性差，加压不及时或偏小，造成板面上积胶。

解决的办法是：检查增强材料厚度偏差和浸胶设备，压制时加压要及时，不能过迟。

6）厚度偏差大

厚度偏差大主要有一边厚一边薄、四边厚中间薄及中间厚四边薄等三种情况。可能的原因是：四边厚中间薄是由于钢板边缘有棱或不平造成；一边厚一边薄，由于胶布含胶及老嫩不均匀，或热板两边温度高低不同以及热板倾斜造成；中间厚四边薄是由于胶布不溶性树脂含量过小，胶布流动量大，在压制时四周流胶过多而造成的。

解决的办法有：检查钢板，发现钢板有棱要及时整修后再用；备料时将胶布作适当颠倒，压制时升温保温要把管路中的积水排除，以防温度一边高一边低，电加热时更应注意这一问题；发现热板有倾斜要及时修理；严格控制胶布老、嫩均匀性，并根据气温变化随时调整合适的胶布流动量指标。

7）板料滑出

板料滑出是环氧酚醛层压板较常见的现象。可能的原因是：① 胶布不溶性树脂含量过低；② 胶布含胶量过多，含胶量不均匀，一边高一边低；③ 压制时预热太快，加压过早、压力过高；③ 压机受力不均匀。

解决的办法有：① 注意控制好胶布的不溶性树脂含量；② 装料时要注意，同一压机的胶布含量、流动量要保持基本相同；③ 如出现"滑移"情况，要及时关闭蒸汽，保持原来压力，观察滑移情况，待稳定后，再逐步打开蒸汽加压，继续进行压制。

8）粘钢板

粘钢板可能的原因是：没放表面胶布或表面胶布中脱模剂含量太少；钢板粗糙度太大；开模温度过高（60 ℃以下）。

解决的办法是：严格控制胶液中脱模剂的加入量及压制时的开模温度，及时更换粗糙的钢模板，新换上的钢模板要做适当处理。

9）板面翘曲

板面翘曲可能的原因是：热压过程中各部分的温度差引起的热应力和胶布质量不均。解决的办法有：升温、冷却要缓慢；胶布搭配要合理，特别注意胶布质量的均匀性。

4. 复合材料层压板的性能

复合材料层压板的性能见表 4.3.4。

表 4.3.4　复合材料层压板的性能

性　　能	层　压　板	
	环氧酚醛	616 酚醛
拉伸强度/MPa	459	299
拉伸弹性模量/GPa	22.6	25.2
压缩强度/MPa	235	164
压缩弹性模量/GPa	29.5	/
弯曲强度/MPa	423	377
弯曲弹性模量/GPa	16.5	19.1
层间剪切强度/MPa	42.6	28.9
冲击强度/$(kJ \cdot mm^{-2})$	384	82
介电常数(10^6 Hz)	5.4	5.0
介电常数(50 Hz)	6.4	6.0
介质损耗角正切(10^6 Hz)	0.021 7	0.014 2
介质损耗角正切(50 Hz)	0.064	0.060
体积电阻率/$(\Omega \cdot cm)$	1.2×10^{13}	2.4×10^{13}
表面电阻率/Ω	2.2×10^{13}	3.8×10^{13}
击穿电压(空气)/$(kV \cdot mm^{-1})$	25	11.2

4.3.4　复合材料卷管成型工艺

卷管成型是用胶布在卷管机上加热卷制成型的一种制造复合材料管的工艺方法。其优点是成型方法简便，缺点是必须用布作为增强材料。

复合材料卷管工艺过程如图 4.3.5 所示，胶布通过张力辊、导向辊进入前支承辊，在已加热的前支承辊上受热变软发黏，然后卷入到包有底布的管芯上去，当卷至规定的厚度时割断胶布，将卷好的胶布管

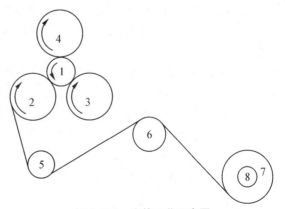

图 4.3.5　卷管工艺示意图

1—管芯；2—前支承辊；3—后支承辊；4—上压辊；
5—导向辊；6—张力辊；7—胶布卷；8—刹车辊

芯送入加热炉加热固化,再脱管、修整,即为复合材料管制品。

1. 胶布质量指标

卷管用胶布的质量指标与层压板用胶布相比要求前者不溶性树脂含量低些、含胶量高些。因为卷管工艺所施加的压力(包括胶布张力)比层压工艺的压力要小得多,而且只有在卷制过程的短时间内受压力作用,卷好后直至加热固化的过程中不再受压。若胶布的含胶量低、不溶性树脂含量高,则其流动性差,在低压下层间不易黏结,制品达不到质量要求。但含胶量过高,浸胶有困难,且易造成浮胶及含胶量不均匀等情况。一般来说,不溶性树脂含量在1%以下,管材内表面胶布的含胶量为45%~50%,薄壁管用胶布为40%~45%,厚壁管用胶布为35%~40%。

卷管工艺一般均用平纹布或人字纹布,不用斜纹布,因为斜纹布容易变形,会给浸胶工艺和卷管工艺带来很大不便。卷管工艺常用玻璃胶布质量指标见表4.3.5。

表4.3.5 卷管工艺常用胶布质量指标

玻璃布规格	树 脂	胶 布 指 标	
		含胶量/%	不溶性树脂含量/%
0.1 mm 或 0.2 mm 平纹布	616 酚醛	35~43	<5
0.1 mm 平纹布	环氧酚醛(6:4)	35~43	<3
0.2 mm 高硅氧布	616 酚醛	33~41	<5
0.15 mm 单向布	环氧酚醛(6:4)	38~44	<3

注:要求胶布不相互粘在一起为宜。

2. 卷制工艺过程

卷管工艺过程分为卷管、固化和脱管三个工序。具体工艺过程如下:

(1) 检查卷管机的运转是否正常,辊筒是否干净。

(2) 将前支承辊加热,使辊筒表面达到规定的温度。

(3) 在管芯的外表面均匀地涂上一层脱模剂。

(4) 管芯先用手工包上一小段胶布,称为底布,底布的长度约为管芯周长的2倍,要卷齐卷紧。

(5) 开动马达使卷管机转动,将卷好底布的管芯放在两个支承辊之间,放下压辊,将管芯压紧。

(6) 用手将胶布从卷筒上退绕,经张力辊、导向辊进入前支承辊,使胶布端头受热变软发黏,卷入并粘到管芯上去,然后以缓慢的车速开始卷制,当卷制正常后,逐步加快车速。

(7) 在卷制过程中必须保证有均匀的张力,如果发生张力过松或发生一边紧一边松的现象,应立即调整张力装置,使张力均衡。卷管时线压力一般在 10 kg/cm 左右。

(8) 卷至接近要求的厚度时减慢车速,以相应的卡板插入管芯两端未卷胶布处与压辊之间的间隙(即管的厚度),到卡板恰巧能插进时立即用小刀裁断胶布,并在不放松压力的情况下,让管芯再在卷管机上卷两三圈,使胶布端头粘好压实,然后升起上辊筒,并用卡尺再测管外径。

(9) 卷制完成后,连同管芯从卷管机上取下,送入加热炉按规定的固化制度加热固化,固化完毕后,从加热炉中取出在室温下自然冷却半小时左右,用脱管机将复合材料管从管芯上脱下,经加工修整后制得复合材料管制品。

3. 卷管工艺参数及主要控制环节

1) 前支承辊的温度

卷管时前支承辊(热辊)的表面温度是卷管工艺中的一个重要参数,对于卷管质量有很大的影响。温度控制范围是:卷环氧酚醛(6∶4)管时控制在60～100 ℃,卷酚醛管时控制在80～120 ℃。不溶性树脂含量较高的胶布其卷管温度相应提高一些。卷管温度主要根据胶布预热情况判断,即胶布卷入时必须充分发软变黏,保证层间的良好黏结,但又不要有明显的流胶,因为流胶过多易引起粘后辊和表面起皱等现象。当发现温度不合适或热辊粘树脂时,应及时调整或停车,用铜板铲除树脂层。

2) 压力和张力控制

一般圆形制品不能采用径向加压的办法,只能在张力的作用下获得一定的层间压力,卷管、布带缠绕和纤维缠绕等工艺都是如此。因此,张力控制是卷管工艺中的一项重要参数。一般来说,张力略大一点有利于将管卷紧和消除气泡,在卷管过程中如出现张力一边松一边紧的情况,应及时采取调整措施,使其均匀。

压辊的作用一是将胶布压紧,使管卷得比较紧密;二是用于压紧管芯,在摩擦力的作用下使管芯继续转动达到卷管目的。压辊的质量是一定的(有时可增加支承配重),但管芯所受压力可以通过调节两个支承辊的间距来加以调节,支承辊间距大一些,管芯所受压力就大一些,一般两支承辊间距控制在管芯直径的1/3～1/2。

3) 固化制度

固化制度主要根据树脂的类型和管壁厚度决定。对于壁厚小于6 mm的酚醛管和环氧酚醛(6∶4)管的固化制度为:80～100 ℃入炉,在2 h内均匀升温到(170±4)℃,再在该温度下保温40 min取出自然冷却,固化时间共2 h 40 min。

4) 厚度控制

卷管时复合材料管的厚度控制可采用以下两种方法:① 卡板法。如工艺部分所述,当卷0.1 mm厚的胶布时,卡板的厚度应比规定的壁厚小0.3～0.5 mm;当卷0.2 mm厚的胶布时,卡板的厚度应比壁厚小0.4～0.6 mm。② 标尺法。在压辊的滑道上作出标记,随着压辊的上升就可知道管壁的厚度。上述两种方法中以卡板法较为精确。

5) 底布

在卷管过程中为使胶布能粘到管芯上并使复合材料管卷紧,应先在管芯上包上底布,它对制品质量有很大影响。底布应选比较平整的胶布,不溶性树脂含量略高一些以免底布很快粘到一处使底布卷不紧,手卷底布时要卷齐卷紧,放到卷管机上去后,应空转两三圈,使底布卷紧后再卷管。

6) 管芯温度

管芯温度以30～40 ℃为宜,温度太低,会使底布黏结不好而分层;温度太高,底布发黏,会使底布卷不好,产生皱褶而影响制品质量。

4. 卷管工艺中常见质量问题

（1）管内壁起皱或变形（不圆）　主要是由于底布毛病引起，控制好管芯温度和底布质量就能解决此问题。

（2）管外表起皱或起泡　有的在卷管时就能看出，有的在卷管时看不出来，经加热固化后才显露出来。产生的原因是多方面的，如续布没有续平，张力不均、热辊粘胶很厚、表面不平整、含胶量不均、局部含胶量过高发生粘辊等。对于最外一层起皱起泡，则可在管卷好后包上一两层玻璃纸用玻璃布带缠紧后再加热固化，即可基本消除。如起皱起泡深达数层，就难以消除。

（3）层间黏结不好　可能由于胶布含胶量过低或不溶性树脂含量过高，也可能是卷管温度过低引起的。

5. 卷制复合材料管的基本性能

卷制复合材料管的性能见表 4.3.6。

表 4.3.6　卷制环氧酚醛复合材料管的性能

性　　能	A	B
弯曲强度/MPa	380~450	140~200
弯曲弹性模量/GPa	17~19	11~14
轴向压缩强度/MPa	210~250	100~150
拉伸强度/MPa	400~450	300~350
体积电阻率（干燥）/(Ω·cm)		1.3×10^{16}
体积电阻率（浸水 24 h）/(Ω·cm)		2.9×10^{14}
表面电阻率（干燥）/Ω		2.0×10^{14}
表面电阻率（浸水 24 h）/Ω		2.3×10^{12}

注：A——0.15 mm 单向布，内径 44 mm，壁厚 3 mm；
　　B——0.1 mm 平纹布，内径 37 mm，壁厚 2.5~3.5 mm。

4.4　缠绕成型工艺

4.4.1　概述

将连续纤维或使其浸渍树脂胶液后，按照一定的规律缠绕到芯模上，然后在加热或常温下固化，制成一定形状制品的工艺方法叫缠绕成型工艺。

1. 缠绕成型工艺的分类

缠绕成型工艺按树脂基体的状态不同分为干法、湿法和半干法三种。

（1）干法　在缠绕前预先将玻璃纤维制成预浸渍带，然后卷在卷盘上待用。使用时使浸渍带加热软化后绕制在芯模上。干法缠绕可以大大提高缠绕速度，缠绕速度可达 100～200 m/min。其优势有：缠绕张力均匀，设备清洁，劳动条件得到改善，易实现自动化缠绕，可严格控制纱带的含胶量和尺寸，制品质量较稳定；缺点在于缠绕设备复杂、投资较大。

（2）湿法　缠绕成型时玻璃纤维经集束后进入树脂胶槽浸胶，在张力控制下直接缠绕在芯模上，然后固化成型。此法特点在于：所用设备较简单，对原材料要求不高，对纱带质量不易控制、检验，张力不易控制，对缠绕设备如浸胶辊、张力控制辊等，要经常维护、不断洗刷；否则，一旦在辊上发生纤维缠结，就将影响生产正常进行。

（3）半干法　这种方法与湿法相比增加了烘干工序，与干法相比，缩短了烘干时间，降低了胶纱的烘干程度，使缠绕过程可以在室温下进行，这样既除去了溶剂，又提高了缠绕速度和制品质量。

2. 纤维缠绕复合材料的特点和应用

与其他成型工艺相比，纤维缠绕成型工艺生产复合材料制品具有如下特点：比强度高，可超过钛合金；制品质量高而稳定，易实现机械化自动化生产；成本较低，通常采用无捻粗纱作为原料，生产效率高；制品呈各向异性，强度的方向性比较明显；层间剪切强度低；制品的几何形状有局限性，仅适用于制造圆柱体、球体及某些正曲率回转体制品，对负曲率回转体制品难以缠绕；设备及辅助设备较多，投资较大。

由于缠绕成型工艺及其制品有上述特点，因此纤维缠绕复合材料制品在民用工业及军用工业上得到了比较广泛的应用。

① 压力容器。有受内压容器（如各种气瓶）和受外压容器（如鱼雷）两种。目前压力容器应用广泛，如宇航、火箭、飞机、舰艇等运载工具，燃气汽车的液化气瓶及医疗等方面都有应用。

② 管道。用于输送石油、水、天然气、化工流体介质等，它可部分代替不锈钢，具有轻质、高强、防腐、耐久、方便的特点。

③ 贮罐、槽车。各种用以运输或贮存酸、碱、盐、油介质的贮罐、槽车，具有耐腐蚀、质量轻、成型方便等优点。

④ 军工制品。如火箭发动机外壳、火箭发射管、雷达罩、鱼雷、鱼雷发射管等。

4.4.2　缠绕规律

1. 缠绕规律的分类

尽管复合材料内压容器的缠绕形式是多种多样的，但缠绕规律可归结为环向缠绕、纵向缠绕和螺旋缠绕三种类型。

1）环向缠绕

缠绕时，芯模绕自己轴线做匀速转动，绕丝头在平行于芯模轴线方向均匀缓慢地移动，芯模每转一周，绕丝头向前移动一个纱片宽度，如此循环直至纱片均匀布满芯模筒身段表面为止，见图 4.4.1。

环向缠绕只在筒身段进行，不能缠封头，邻近纱片之间相接而不相交。缠绕角通常为

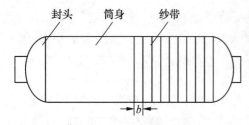

封头　筒身　纱带

图 4.4.1　环向缠绕线型图

85°～90°,布带的缠绕角通常为 75°～90°。环向缠绕的纤维方向即为筒体的一个主应力方向,较好地利用了纤维的单向强度。所以,一般内压容器的成型都是采用环向缠绕和纵向缠绕结合的方式。

2)纵向缠绕

纵向缠绕又称平面缠绕。这种缠绕规律的特点是绕丝头在固定平面内做圆周运动,芯模绕自己轴线做慢速间隙转动,绕丝头每转一周,芯模转过一个微小角度,反映在芯模表面上是一个纱片宽度。纱片与芯模轴线间成 0°～25°的交角,纤维轨迹是一条单圆平面封闭曲线。缠绕规律的线型如图 4.4.2 所示。

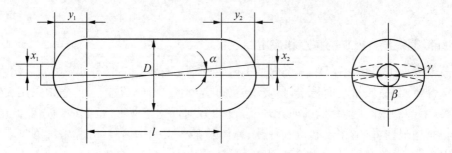

图 4.4.2　纵向缠绕线型图

纱片与纵轴的交角称为缠绕角(α),由图 4.4.2 可知,纵向缠绕的缠绕角为:

$$\tan \alpha = \frac{x_1 + x_2}{l + y_1 + y_2} \qquad (4-4-1)$$

式中　x_1,x_2——两封头的极孔半径;

　　　l——筒身段长度;

　　　y_1,y_2——两封头高度。

若两极孔相同,两封头高度一样,则

$$\tan \alpha = \frac{2x}{1 + 2y} \qquad (4-4-2)$$

纵向缠绕的速比指单位时间内,芯模转数与绕丝头旋转的转数比。宽度为 b,缠绕角为 α 的纱片,在芯模平行圆上所占弧长 $S = b/\cos \alpha$,与这个弧长所对应的芯模转角 $\Delta \theta = 360° \times S/\pi D$。如果丝嘴旋转一周的时间为 t,则纵向缠绕的速比为:

$$i = \frac{b}{\pi D \cos \alpha} \qquad (4-4-3)$$

3)螺旋缠绕

螺旋缠绕又称测地线缠绕。缠绕时,芯模绕自己轴线匀速转动,绕丝头按特定速度沿芯模轴线方向往复运动,于是在芯模的筒身和封头上就实现了螺旋缠绕,如图 4.4.3 所示。其缠绕角为 12°～70°。

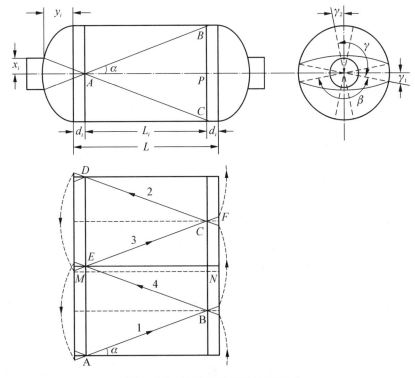

图 4.4.3 螺旋缠绕标准线展开图

螺旋缠绕的特点是每条纤维都对应极孔圆周上的一个切点;相同方向邻近纱片之间相接而不相交,不同方向的纤维则相交。因此,当纤维均匀缠满芯模表面时,就形成了双纤维层。

2. 缠绕规律的内容

任何一种缠绕类型,都是由芯模与绕丝嘴做相对运动完成的。如果任意地将纤维缠到芯模上去,那是非常容易的,但是这样绕制出来的制品有时堆积得很厚,有时有的地方没有纤维、有的地方架空,显然,这样的缠绕不能满足制品的设计要求。缠绕成型的目的是要把纤维按一定的规律均匀地布满在整个芯模表面上。这种规律被称为缠绕规律。研究缠绕规律的目的,是要找出制品的结构尺寸与线型、芯模与绕丝头之间的定量关系,关键问题是缠绕的线型。

3. 缠绕规律的分析

就筒形压力容器的缠绕规律而言,可分为环向缠绕、纵向缠绕和螺旋缠绕三种类型,而环向缠绕和纵向缠绕也是在特定条件下的螺旋缠绕。缠绕规律的分析有标准线法和切点法两种。

1) 用标准线法分析缠绕规律

(1) 常用符号及名词

L——容器内衬的筒身长度;

L_i——两基准线间的距离;

D——容器内衬直径;

x_i——封头极孔半径(封头曲线对 x 轴坐标值),

y_i——对应于 x 值的 y 轴坐标值;

α——筒身上标准线与轴线的夹角,即缠绕角;

β——标准线在头部的包角,表示纤维自进入封头到绕出封头时,芯模所转过的角度;

γ——标准线在筒身段的进角,表示纤维自筒身一端绕至另一端时,芯模转过的角度;

d_i——基准线至筒身与封头交界线间的距离;

n——筒身圆周的等分数;

K——两基准线间,标准线所绕过的圆周等分数。

标准线:螺旋缠绕时,芯模绕其轴线旋转,绕丝头平行芯模的轴线做往复运动,纤维自芯模上某点开始,经过几次往复运动后,又绕到起始点时,在芯模上完成的第一次铺线,称为标准线。

交叉点:在标准线上,互不平行的缠绕纤维的交点称为交叉点。相同结构尺寸的容器,采用不同缠绕规律时,其交叉点数目和位置是不相同的。

交带:在完成一个循环的纵向缠绕时,由交叉点组成的迹线叫作交带。它是一条垂直于轴线的截圆线。

基准线:在筒体两端,距筒身与封头交线某距离处,各存在一条重合于交带的截圆线称为基准线。

(2)螺旋缠绕标准线展开图 图 4.4.3 是 $n=4$, $K=1$ 时,螺旋缠绕标准线展开图。图 4.4.3 表明,当容器的筒身分为四等分时,纤维自筒身一端的基准线缠到另一端的基准线处,筒身转过四分之一圆周的缠绕规律。

(3)螺旋缠绕规律的分析 在缠绕成型工艺中,各种线型的缠绕成型,实际上都是由芯模与丝嘴做相对运动来完成的。所以,缠绕规律的分析,就是找出产品结构尺寸与缠绕参数(缠绕角、速比等)之间的函数关系。

① 筒身部分的缠绕角 α。如图 4.4.3 所示,筒身部分的缠绕角 α 为:

$$\tan \alpha = \frac{\overset{\frown}{PB}}{AP} \tag{4-4-4}$$

$$AP = L - 2d_i$$

$\overset{\frown}{PB}$ 为绕丝头由筒身左端 A 移到右端 P 时芯模转过的角度所对应的弧长。筒身圆周等分成 n 份,绕丝头走过 L_i 距离时,筒身转过 K 份,即筒身转过 $K/n \times \pi D$ 的弧长。$K/n \times \pi D$ 即为芯模转过的弧长 $\overset{\frown}{PB}$。

$$\tan \alpha = \frac{K/n \times \pi D}{L - 2d_i} \tag{4-4-5}$$

② 封头部分的缠绕角 α_D。若封头为平面缠绕,即缠绕纤维处于同一平面内,则在封头与筒身连接处,封头上纤维与经线的夹角 α_D 为:

$$\tan \alpha_D = \frac{x_i}{y_i + d_i} \tag{4-4-6}$$

若封头为测地线缠绕,即缠绕纤维处于封头测地线上并与极孔相切,则在封头与筒身连接处,根据微分几何的克列洛定理,封头纤维与经线的夹角 α_D 为:

$$\sin \alpha_D = x_i / R \qquad\qquad (4-4-7)$$

③ 基准线的位置。纤维缠绕是一个连续的过程,在筒身与封头交接处,$\alpha = \alpha_D$。对于封头为平面缠绕的情况:

$$\arctan \frac{\dfrac{K}{n}\pi D}{L - 2d_i} = \arctan \frac{x_i}{y_i + d_i}$$

化简,得

$$d_i = \frac{Lx_i - \dfrac{K}{n}\pi D y_i}{2x_i + \dfrac{K}{n}\pi D} \qquad\qquad (4-4-8)$$

对于封头为测地线缠绕的情况:

$$\arctan \frac{\dfrac{K}{n}\pi D}{L - 2d_i} = \arcsin \frac{x_i}{R}$$

化简,得

$$d_i = \frac{1}{2}\left(L - \frac{\dfrac{K}{n}\pi D}{\tan\arcsin \dfrac{x_i}{R}} \right) \qquad\qquad (4-4-9)$$

④ 标准线在筒身段进角 γ。如图 4.4.3 所示,如果把两端的 d_i 考虑进去,则

$$\tan \alpha = \frac{\overset{\frown}{FN}}{L}$$

$$360° : \pi D = \gamma : \overset{\frown}{FN}$$

$$\overset{\frown}{FN} = \frac{\pi D}{360°} \times \gamma$$

$$\tan \alpha = \frac{\dfrac{\pi D}{360°} \times \gamma}{L}$$

则

$$\gamma = \frac{L \times 360°}{\pi D} \times \tan \alpha$$

$$\gamma = \frac{K}{n} \times \frac{L \times 360°}{(L - 2d_i)} \qquad\qquad (4-4-10)$$

⑤ 标准线在头部的包角 β。γ_1 角是纤维自基准线绕至筒体与封头交界线时,芯模所转过的角度。

$$\beta = 180° - 2\gamma_1$$

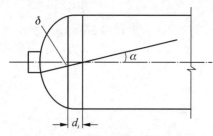

图 4.4.4　螺旋缠绕标准线端部图

由图 4.4.4 可知, $\delta = d_i \times \tan\alpha$。

且 $\gamma_1 : 360° = \delta : \pi D$

$$\gamma_1 = \frac{360°}{\pi D} \times d_i \tan\alpha$$

$$\beta = 180° - 2\gamma_1$$

$$= 180° - 2\left(\frac{360°}{\pi D} \times d_i \tan\alpha\right)$$

$$\beta = 180° - \frac{K \times 360°}{n} \times \frac{2d_i}{L - 2d_i} \qquad (4-4-11)$$

⑥ 速比 i 的计算。在缠绕成型工艺中,要实现特定的缠绕规律,主要是通过速比的确定来实现。速比是指在单位时间内,芯模主轴的转数 N 与丝嘴往返次数 j 的比值,即 $i = N/j$。完成一个标准线缠绕,丝嘴往返一次,这时芯模的转角 $\theta_1 = 2(\beta + \gamma)$。在一般情况下,完成一个标准线缠绕,丝嘴往返了 j 次,则芯模的转角 $\theta_j = j \times \theta_1 = j \times 2(\beta + \gamma)$。

$$N = \frac{\text{转角}}{360°} = \frac{2j(\beta + \gamma)}{360°}$$

$$i = \frac{2j(\beta + \gamma)/360°}{j}$$

$$= \frac{(\beta + \gamma)}{180°} = \frac{180° + \frac{K}{n}360°}{180°}$$

$$i = 1 + 2\frac{K}{n} \qquad (4-4-12)$$

由式(4-4-12)可知,速比 i 仅取决于 n、K,与其他参数无关。但是 n、K 不是任意确定的,而应考虑到 β、γ 等参数,且须满足关系式: $\beta + \gamma = 180° + K/n \times 360°$,这些参数又与容器尺寸、$\alpha$ 及 d_i 直接有关。只有全面研究后,才能选到恰当的 n、K,避免在缠绕过程中发生纤维的打滑、偏离等异常情况。

(4) 缠绕规律的设计

① 选择缠绕规律的要求:缠绕角 α 要与测地线缠绕角相近;为避免极孔附近纤维架空,纤维在极孔处的相切次数不宜过多;头部包角 β 以接近 180°为好,一般选用 165°～185°,可避免纤维在封头部位打滑。

② 缠绕规律的确定:一般把筒身圆周分成四等份,即取 $n = 4$,分别取 $K = 1$、2、3、4、5,则缠绕规律就有五种类型: $n = 4, K = 1$; $n = 4, K = 2$; $n = 4, K = 3$; $n = 4, K = 4$; $n = 4, K = 5$。

由公式(4-4-12)算出五个速比;

由公式(4-4-8)或(4-4-9),求出各自的 d_i 值;

由公式(4-4-5),求出缠绕角 α;

由公式(4-4-11),求出头部包角 β。

计算完毕,将上述五种线型的参数列表。根据缠绕规律的选择要求,结合实际经验,经分析比较后得到一种比较合理的缠绕规律。

2) 用切点法分析缠绕规律

螺旋缠绕是一种连续的纤维缠绕过程,纤维的轨迹是由筒身部分的螺旋线和封头部分与极孔相切的空间曲线组成。从连续螺旋缠绕过程可知,纤维在芯模表面上的位置直接和纤维在极孔圆周上的切点位置有关。因此,对于纤维在芯模表面上分布规律的研究,可以通过研究切点在极孔圆周上的分布和出现的规律来解决。用切点法描述螺旋缠绕的线型,就是将线型与切点数和分布规律相关起来进行研究。

(1) 一个完整循环的概念　在芯模上连续缠绕的纤维,完成一个标准线缠绕,即完成与起始切点重合的切点的缠绕,称为一个完整循环。

(2) 一个完整循环缠绕的切点数及分布规律　在极孔圆周上按时间顺序相继出现的两个切点称为时序相邻的两切点。它们的相互位置有两种情况:一是两切点之间密排而不再加入其他切点,称此两切点是位置相邻;二是两切点之间加入其他切点,称此两切点是位置不相邻。

① 切点数。与起始切点位置相邻的切点在时序上亦相邻,即在与起始切点位置相邻的切点出现以前,极孔圆周上只有一个切点,所以称为单切点线型。在出现与起始切点位置相邻的切点以前,极孔圆周上已有两个以上切点,称为多切点线型。见图 4.4.5。

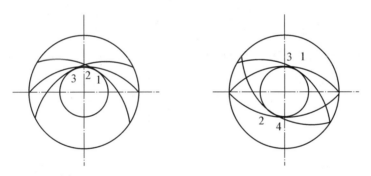

图 4.4.5　封头极孔圆上的切点线型

② 切点排布顺序。当 $n=1$ 与 $n=2$ 时,没有排布顺序问题;当 $n \geqslant 3$ 时,相同的切点数有不同的排布顺序,见图 4.4.6。

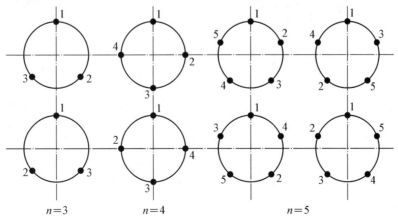

$n=3$　　　$n=4$　　　$n=5$

图 4.4.6　3、4、5 切点的排布顺序图

（3）纤维在芯模表面均匀布满的条件　由于芯模圆周上的每一根纱片，都对应极孔圆周上的一个切点。因此，只要满足了以下两个条件，就可实现在经过若干个完整循环缠绕后，纱片能均匀布满芯模表面：完成一个完整循环的诸切点等分芯模转过的角度，即诸切点均布在极孔圆周上；相邻的两切点所对应的纱片在筒身段错开的距离等于一个纱片宽度。

（4）纤维缠绕芯模转角与线型的关系　一个完整循环缠绕，芯模转角用 θ 表示；绕丝头往返一次，芯模转角用 θ_n 表示；绕丝头走一个单程，芯模转角用 θ_t 表示。则

$$\theta_n = 2\theta_t = \theta/n \qquad (4-4-13)$$

θ_n 的推导如下：

① 单切点。θ_1 为 $360°\pm\Delta\theta$ 或再加上 $360°$ 的整数倍，$\Delta\theta$ 是一微小增量，是为了使位置相邻的两切点所对应的纱片在筒身段错开一个纱片宽度，其值由纱片设计宽度决定。

$$\theta_1 = (1+N)360°\pm\Delta\theta (N=1,2,3\cdots)$$

② 两切点。θ_2 为 $360°/2\pm\Delta\theta/2$ 或再加上 $360°$ 的整数倍。

$$\theta_2 = (1/2+N)360°\pm\Delta\theta/2$$

两切点为一个完整循环缠绕中导丝头往返两次，错过一个 $\Delta\theta$，绕丝头往返一次时，则错开 $\Delta\theta/2$。

③ 三切点。同理可得

$$\theta_3 = (1/3+N)360°\pm\Delta\theta/3$$

④ n 切点。同理可得

$$\theta_n = (1/n+N)360°\pm\Delta\theta/n$$

当 $n\geqslant 3$ 时，相同的切点数有不同的排布顺序，见图 4.4.6。所以

θ_3 有两个值：$\theta_{3-1}=(1/3+N)360°\pm\Delta\theta/3$
$\theta_{3-2}=(2/3+N)360°\pm\Delta\theta/3$
θ_4 有两个值：$\theta_{4-1}=(1/4+N)360°\pm\Delta\theta/4$
$\theta_{4-2}=(3/4+N)360°\pm\Delta\theta/4$
θ_5 有四个值：$\theta_{5-1}=(1/5+N)360°\pm\Delta\theta/5$
$\theta_{5-2}=(2/5+N)360°\pm\Delta\theta/5$
$\theta_{5-3}=(3/5+N)360°\pm\Delta\theta/5$
$\theta_{5-4}=(4/5+N)360°\pm\Delta\theta/5$

n 切点

$$\theta_n = (K/n+N)360°\pm\Delta\theta/n \qquad (4-4-14)$$

式中，K 值应使 K/n 为最简真分数。

由 θ_n 的推导可知，不同的 n、K、N 值对应着不同的 θ_n，即不同的线型严格对应着不同的 θ_n 值。因此，可以把线型定义为绕丝头往返一次芯模的转数，用 $S_0=\theta_n/360°=K/n+N$ 表示。为了叙述方便，暂不计微小增量部分。

为了计算方便，表 4.4.1 列出了线型 S 所对应的 n、K、N、θ_n 值。

表 4.4.1　线型 S 所对应的 n、K、N、θ_n 值

n	K	$N=0$		$N=1$		$N=2$		$N=3$		$N=4$		$N=5$		$N=6$		$N=7$		$N=8$	
		S_0	θ_n	S_0	θ_n	S_0	θ_n	S_0	θ_n	S_0	θ_n	S_0	θ_n	S_0	θ_n	S_0	θ_n	S_0	θ_n
1	1	1/1	360°	2/1	720°	3/1	1080°	4/1	1440°	5/1	1800°	6/1	2160°	7/1	2520°	8/1	2880°	9/1	3240°
2	1	1/2	180°	3/2	540°	5/2	900°	7/2	1260°	9/2	1620°	11/2	1980°	13/2	2340°	15/2	2700°	17/2	3060°
3	1	1/3	120°	4/3	480°	7/3	840°	10/3	1200°	13/3	1560°	16/3	1920°	19/3	2280°	22/3	2640°	25/3	3000°
	2	2/3	240°	5/3	600°	8/3	960°	11/3	1320°	14/3	1680°	17/3	2040°	20/3	2400°	23/3	2760°	26/3	3120°
4	1	1/4	90°	5/4	450°	9/4	810°	13/4	1170°	17/4	1530°	21/4	1890°	25/4	2250°	29/4	2610°	33/4	2970°
	3	3/4	270°	7/4	630°	11/4	990°	15/4	1350°	19/4	1710°	23/4	2070°	27/4	2430°	31/4	2790°	35/4	3150°
5	1	1/5	72°	6/5	432°	11/5	792°	16/5	1152°	21/5	1512°	26/5	1872°	31/5	2232°	36/5	2592°	41/5	2952°
	2	2/5	144°	7/5	504°	12/5	864°	17/5	1224°	22/5	1584°	27/5	1944°	32/5	2304°	37/5	2664°	42/5	3024°
	3	3/5	216°	8/5	576°	13/5	936°	18/5	1296°	23/5	1656°	28/5	2016°	33/5	2376°	38/5	2736°	43/5	3096°
	4	4/5	288°	9/5	648°	14/5	1008°	19/5	1368°	24/5	1728°	29/5	2088°	34/5	2448°	39/5	2808°	44/5	3168°
6	1	1/6	60°	7/6	420°	13/6	780°	19/6	1140°	25/6	1500°	31/6	1860°	37/6	2220°	43/6	2580°	49/6	2940°
	5	5/6	300°	11/6	660°	17/6	1020°	23/6	1380°	29/6	1740°	35/6	2100°	41/6	2460°	47/6	2820°	53/6	3180°

(5) 转速比 在完成一个完整循环缠绕时芯模转数与丝嘴往返次数之比称为转速比,即

$$i_0 = M/n$$

考虑速比微调,实际转速比为

$$i = i_0 + \Delta i \qquad\qquad (4-4-15)$$

式中 i——实际转速比;

i_0——芯模转数与丝嘴往返次数之比;

Δi——速比微调;

M——完成一个完整循环时的芯模转数;

n——切点数。

① 转速比和线型的关系。转速比是指芯模和绕丝头相对运动的规律,线型是指纤维在芯模表面的排布规律。虽然,它们是完全不同的两个概念,但是不同的线型严格对应着不同的转速比,因此,定义线型在数值上等于转速比,即

$$i_0 = S_0$$

② 转速比的计算。由前面的分析可知,转速比可用下式计算:

$$i = S_0 + \Delta i = \frac{\theta_n}{360°} \pm \frac{\Delta\theta}{n \cdot 360°} = \frac{K}{n} + N \pm \frac{\Delta\theta}{n \cdot 360°}$$

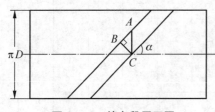

图 4.4.7 筒身段展开图

在实际计算中,采用纱片宽度计算 Δi 比采用 $\Delta\theta$ 更方便。Δi 的推导:图 4.4.7 为筒身段展开图。在三角形 ABC 中,$AB \perp BC$,$BC = b$,$\angle ACB = \alpha$,$AC = BC/\cos\alpha = b/\cos\alpha$,

因 $\qquad \Delta\theta/360° = AC/\pi D$

故 $\qquad \Delta\theta = AC/\pi D \times 360° = b/\pi D\cos\alpha \times 360°$

则 $$\Delta i = \frac{\Delta\theta}{n360°} = \frac{b}{n\pi D\cos\alpha}$$

故 $$i = i_0 + \Delta i = \frac{K}{n} + N \pm \frac{b}{n\pi D\cos\alpha} \qquad\qquad (4-4-16)$$

式中 n——切点数;

b——纱片宽度;

α——缠绕角;

N——正整数;

D——筒身段直径。

当 $\Delta\theta > 0$ 时,表示纱片滞后;当 $\Delta\theta < 0$ 时,表示纱片超前。在缠绕成型时,为避免打滑,通常取负值。

(6) 缠绕规律的确定 由前面的分析可知,对于一个制品来说,满足纤维有规律均匀布满芯模表面两个条件的芯模转角 $\theta_n[\theta_n = (K/n + N)360° \pm \Delta\theta/n]$ 有若干个。但是并非所

有的 θ_n 都是合适的,因为该公式在推导时未考虑纤维位置稳定条件,即在缠绕时纤维有可能会打滑,因此,要求纤维在芯模表面按测地线缠绕。在筒身段,任意缠绕角的螺旋线都是测地线。在封头上,按微分几何的克列洛定理,纤维缠绕的测地线方程为

$$\sin \alpha = x_i / R$$

式中 α ——测地线与封头曲面上子午线的夹角;

$\qquad x_i$ ——极孔半径;

$\qquad R$ ——测地线与子午线交点处平行圆半径。

在封头曲面上,测地线缠绕的缠绕角是一个变量,当 $R = x_i$ 时,$\alpha = \pi/2$,随 R 增大,α 逐渐变小,在封头曲面与筒身段相交处,由于缠绕纤维的连续性,封头和筒身段缠绕角相等,即 $\alpha = \alpha_D$。

当纤维按测地线轨迹缠绕时,导丝头往返一次的芯模转角是固定的。按测地线缠绕求得的芯模转角,只有等于芯模转角 $\theta_n = (K/n + N)360° \pm \Delta\theta/n$ 时,才能使纤维既满足了有规律均匀布满芯模的几何条件,又满足了纤维位置稳定条件。

① 测地线缠绕芯模转角 θ_n' 的求取。芯模转角 θ_n' 是通过计算单程线芯模转角 θ_t' 得到的,$\theta_n' = 2\theta_t'$。θ_t' 是由两部分组成的:筒身段缠绕芯模转过的角度 γ 和封头缠绕的芯模转角 β,即 $\theta_t' = \gamma + \beta$。式中 γ 角的含义和数值与标准线法相同。

$$\gamma = \frac{L \times 360°}{\pi D} \times \tan \alpha \qquad (4-4-17)$$

封头曲面测地线缠绕所对应的芯模转角 β 的计算甚为复杂,因此,常采用平面假设法对 β 进行计算。

如图 4.4.8 所示,过纤维在赤道圆的两个交点 A、D 作一平面与极孔圆相切于 B 点。与封头曲面相截的交线即为纤维缠绕轨迹。此平面称截平面,与筒体轴线夹角为 α_0。封头缠绕芯模转角为

$$\beta = 2(\phi + 90°) \qquad (4-4-18)$$

过 D 点作平面Ⅱ平行平面 BHC,与截平面的交线为 DF。过 D 点作筒体的切平面Ⅰ

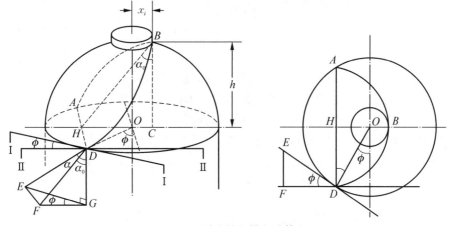

图 4.4.8　封头缠绕转角计算图

与截平面的交线为 DE。平面 I 与 II 的交线为 DG。过 G 点作平面与 DG 垂直,与平面 I 和 II 相交的交线分别为 EG 和 FG,与截平面交线为 EF。

$\angle FDG = \angle HBC = \alpha_0$,$\angle EDG = \alpha$(纤维在赤道圆处的缠绕角)。$\angle EGF = \phi$,则 $\tan \alpha_0 = \tan \alpha \cos \phi$。当 $\phi = 0$ 时,$\cos \phi = 1$,则 $\alpha_0 = \alpha$,即当 $\beta = 180°$ 时,截平面与轴线的夹角等于纤维在赤道圆的缠绕角。

在 $\triangle HBC$ 中:$OH = h \tan \alpha_0 - x_i$,

$$\sin \phi = \frac{h \tan \alpha_0 - x_i}{R}$$

当 ϕ 值很小时,$\alpha_0 \approx \alpha$,则

$$\phi = \sin^{-1} \frac{h \tan \alpha - x_i}{R}$$

所以,单程线芯模转角 $\theta_t{'}$ 为

$$\theta_t{'} = \frac{l \tan \alpha}{\pi D} 360° + 2 \left(90° + \sin^{-1} \frac{h \tan \alpha - x_i}{R} \right) \qquad (4-4-19)$$

② 线型的确定。根据产品尺寸,求得芯模转角 $\theta_n{'}$;在线型表中找一个 θ_n 值,使 $\theta_n = \theta_n{'}$。用该线型和转速比进行缠绕,既满足了纤维有规律均匀布满芯模表面的几何条件,又满足了纤维位置稳定条件。

但是,为了避免在极孔处纤维架空而影响接嘴强度,在选定线型时,应尽量选切点数较少的线型,最好选五切点以内线型。这样,按产品尺寸计算得到的 $\theta_n{'}$ 值,在线型表中可能找不到与其相等的 θ_n 值,因此就必须适当调整 $\theta_n{'}$ 值使其与 θ_n 相等。具体方法是:可以选用线型表中与计算的 $\theta_n{'}$ 相近的线型 θ_n 值,然后调整几何尺寸或者改变缠绕角。一般可采用以下几种方法:

a. 改变容器的筒身段长度 l,此时 α 角可不变,调整后的筒体长度 l' 为

$$l' = \frac{\gamma - (\theta'_t - \theta_t)}{360°} \times \frac{\pi D}{\tan \alpha}$$

$$l' = \frac{l [\gamma - (\theta'_t - \theta_t)]}{\gamma}$$

式中　γ——以原长度 l 计算的,完成筒身段缠绕的芯模转角;

$\theta_t{'}$——以原长度 l 计算的,按测地线缠绕的单程线芯模转角;

θ_t——由线型表查得的,与 $\theta_t{'}$ 最接近的芯模转角。

b. 容器尺寸不允许改变,调整缠绕角。在实际生产中,湿法缠绕实际缠绕角偏离测地线理论缠绕角 $8° \sim 10°$ 时,由于纱片摩擦力、树脂黏滞力等原因,纤维仍不至发生滑移。可用试算法从下面三角方程中求得改变的缠绕角:

$$\theta'_t = \frac{l \tan \alpha}{\pi D} 360° + 2 \left(90° + \sin^{-1} \frac{h \tan \alpha - x_i}{R} \right)$$

c. 如果允许改变极孔直径，按下列公式：

$$\sin \alpha = x_i / R$$

$$\theta'_t = \frac{l \tan \alpha}{\pi D} 360° + 2\left(90° + \sin^{-1} \frac{h \tan \alpha - x_i}{R}\right)$$

用试算法求出合适的极孔直径及缠绕角。

（7）缠绕规律计算实例。用缠绕成型工艺绕制一个压力容器，筒身段直径 $D = 860$ mm，筒身段长度 $l = 3\,200$ mm，极孔直径 $d = 430$ mm，两封头高度 $h = 330$ mm，纱片宽度 $b = 5$ mm。试计算与选择缠绕角、缠绕线型、转速比。

解：

求出赤道圆处缠绕角

$$\sin \alpha = x_i / R = d / D = 430/860 = 0.5$$

$$\alpha = 30°$$

求单程线芯模转角 θ'_t 值

$$\theta'_t = \frac{l \tan \alpha}{\pi D} 360° + 2\left(90° + \sin^{-1} \frac{h \tan \alpha - x_i}{R}\right)$$

$$= \frac{3\,200 \tan 30°}{3.14 \times 860} 360° + 2\left(90° + \sin^{-1} \frac{2 \times 330 \times \tan 30° - 430}{860}\right)$$

$$= 246° + 2 \times 86°44' = 419°28'$$

$$\theta'_n = 2 \times \theta'_t = 2 \times 419°28' = 838°56'$$

查表 4.4.1 中五切点内 θ_n 没有 838°56′ 值，与其相近的是 840°（相应的 $S_0 = 7/3$，$n = 3$，$K = 1$，$N = 2$），因此，需要调整容器尺寸或改变缠绕角。

如果容器尺寸允许变动，调整后的筒身段长度为

$$l' = \frac{\gamma - (\theta'_t - \theta_t)}{360°} \times \frac{\pi D}{\tan \alpha}$$

$$= \frac{246° - (419°28' - 420°)}{360°} \times \frac{3.14 \times 860}{\tan 30°}$$

$$= 3\,203 \text{(mm)}$$

比原长度增加了 3 mm。

转速比

$$i = i_0 - \frac{b}{n \pi D \cos \alpha} = \frac{7}{3} - \frac{5}{3 \times 3.14 \times 860 \times \cos 30°} = 2.332\,6$$

4.4.3　缠绕成型工艺

1. 原材料

复合材料缠绕成型工艺所用的原材料主要有增强材料和基体树脂两大类。

（1）增强材料　缠绕成型工艺对增强材料的要求是：有较高的强度和模量、对黏结剂有良好的浸润性，成型过程中不起毛、不断头。常用的增强材料有：玻璃纤维、碳纤维、芳纶纤维、超高相对分子质量聚乙烯纤维等，可根据制品的性能要求选用。

（2）基体树脂　对基体树脂的要求是：能满足制品的性能要求（如力学性能、耐热性能、耐老化性能、介电性能等）、对增强材料有良好的浸润性和黏结性、较低的固化温度。常用的树脂有：不饱和聚酯树脂、环氧树脂、酚醛树脂、聚酰亚胺树脂等。

在干法缠绕成型工艺中采用预浸渍无纬带作为原材料。

2. 内衬和芯模

1）内衬

纤维缠绕成型的复合材料气密性较差，制成内压容器当其承受一定压力后，会发生渗漏，一般采用内衬来解决这个问题。当内衬具有一定的强度和刚度时，不仅起密封作用还同时起芯模作用。

对内衬材料的要求是：气密性好、耐腐蚀、耐高温、耐低温以及满足成型工艺的需要。一般情况下，铝、钢、橡胶及塑料内衬基本上能满足复合材料内压容器的要求。

（1）金属内衬　金属内衬具有良好气密性和刚性，能起芯模作用而且变形极小，使用温度适用范围较广，但制造工艺较复杂，质量较重。常用的金属内衬有铝、钢和不锈钢等。

（2）非金属内衬　常用的非金属内衬有橡胶和塑料，其耐腐蚀性良好，质量轻，是较好的内衬材料。尼龙及 ABS 塑料的应用，克服了非金属类内衬存在的许多不足，发展前景良好。但是，非金属内衬的慢速渗漏问题尚需解决。

2）芯模

为使缠绕制品获得一定的结构尺寸及成型工艺的需要，采用一个芯模是必不可少的。当内衬具有足够强度和刚度以满足缠绕工艺要求时，不必另加芯模。

对芯模的要求是：① 有足够的强度和刚度；② 必须满足制品的精度要求；③ 制作工艺简单、周期短，材料来源广，价格低。

制品完成后，要求芯模能顺利清除干净，而不影响制品质量。

常用的芯模材料及结构型式有隔板式石膏空心芯模、金属组合芯模、木-玻璃钢组合芯模、金属-玻璃钢芯模、石膏-砂芯模、蜡芯模等。

3. 缠绕成型工艺流程

缠绕成型工艺流程包括树脂胶液的配制，纤维热处理烘干、浸胶、胶纱烘干，在一定张力下进行缠绕、固化、检验、加工成制品。对于具体制品究竟是采取干法还是湿法或半干法的缠绕工艺，要根据制品的技术要求、设备情况、原材料性能及生产批量等确定。

1）工艺参数的选择

影响缠绕制品性能的主要工艺参数有：玻璃纤维的烘干和热处理、玻璃纤维浸胶后胶液的含量及分布、胶纱烘干、缠绕张力制度、纱片缠绕位置、固化制度、缠绕速度、环境温度等。这些因素多半是紧密地联系在一起的。合理地选择工艺参数是充分发挥原材料特性、制造高质量缠绕制品的重要因素。

（1）纤维的烘干和热处理　玻璃纤维表面含有大量水分，影响树脂与纤维的黏合，同时使纤维表面微裂纹扩展,因此玻璃纤维使用前须经烘干处理,尤其在湿度较大地区和季节进行烘干处理更为必要,一般在 60~80 ℃烘 24 h 即可。当用石蜡乳剂型浸润剂时,玻璃纤维需进行高温除蜡处理。

(2) 纤维的浸胶 含胶量高低直接影响制品的性能,胶量过高,制品强度降低,成型和固化时流胶严重;胶量过低,制品空隙率变大,气密性、防老化性、剪切强度均下降。缠绕复合材料制品含胶量一般在 17%~25%,最佳为 20%(质量分数)。

(3) 缠绕张力 张力大小、各束纤维间张力的均匀性以及各缠绕层之间纤维张力的均匀性,对制品质量影响极大。合适的缠绕张力能使纤维产生预应力,从而提高树脂抵抗开裂的能力。各束纤维间如果张力不匀,当承受载荷时,纤维会被各个击破,使总体强度的发挥大受影响。为了使制品各缠绕层不致在张力作用下出现内松外紧现象,应使缠绕张力逐层有规律地递减,以保证各层都有相同的初始应力。缠绕张力将直接影响制品的密实程度和空隙率,而且对纤维浸渍质量和制品含胶量影响很大。

(4) 缠绕速度 缠绕速度是指纤维速度,纤维速度过小则生产率低;速度过大容易发生树脂溅洒、胶液浸不透、小车运行不稳。一般纤维速度最大不超过 0.9 m/s,小车速度最大不超过 0.75 m/s。

(5) 固化制度 固化制度包括加热的温度范围、升温速度、恒温温度及时间、降温冷却等。固化制度是保证制品充分固化的重要条件,直接影响制品的物理机械性能。要根据制品的不同性能要求采用不同的固化制度。一般要根据树脂配方、制品性能要求,以及制品的形状、尺寸及构造情况,通过实验来确定合理的固化制度。

2) 工艺措施

(1) 逐层递减张力制度 由于缠绕张力的作用,后绕上的一层纤维会对先绕上的纤维发生压缩变形造成内松外紧,纤维不能同时受力,严重影响制品强度和抗疲劳性能。采用逐层递减张力制度后,可使各个缠绕层都具有相同的张紧程度,受压时同时受力,强度发挥好,制品质量高。

(2) 分层固化制度 在内衬上先缠绕一定厚度的缠绕层,使其固化,冷至室温经表面打磨再缠绕第二次,依次类推,直至缠绕到所要求的层数为止。

分层固化的容器好像把一个厚壁容器变成几个紧套在一起的薄壁容器,从而削去了环向应力沿筒壁分布的高峰。分层固化可提高纤维的初始张力和递减后的张力值,对容器的强度及其他性能均有改善,使工艺上含胶量更为均匀,溶剂挥发更方便,保证了制品内外质量的均匀性。

(3) 真空固化制度 采用真空固化可使低分子物挥发较完全,制品更致密,强度也提高10%左右,但要求固化剂在真空条件下挥发性小,避免因固化剂不足而使固化不完全。

4.5　树脂传递模塑成型工艺

4.5.1　概述

树脂传递模塑(RTM)成型工艺是一种闭模成型技术。该成型工艺是为了克服手糊成型工艺的缺点而发展起来的,特别是 RTM 成型工艺极大地减少了车间的苯乙烯浓度,符合越来越高的环保要求,因此,RTM 成型工艺在欧、美得到普遍的重视。

  RTM 成型工艺是将增强材料预先铺设在对模模腔内,锁紧模具,用压力从预设的注入口将树脂胶液注入模腔,浸透增强材料后固化,脱模得到制品。RTM 成型工艺原理如图 4.5.1 所示。

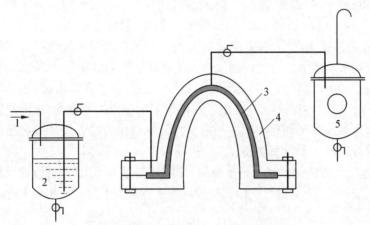

图 4.5.1 RTM 成型工艺原理示意图

1—压缩空气;2—树脂罐;3—制品;4—模具;5—树脂接收器

  RTM 成型工艺的特点是:① RTM 为闭模操作,不污染环境,苯乙烯的挥发量约为 5.0×10^{-5},大大低于手糊成型的 3×10^{-4};② 成型效率高;③ 可以制造两面光的制品;④ 增强材料可以按设计进行铺放;⑤ 原材料及能源消耗少;⑥ 投资少。

4.5.2 原材料

RTM 成型工艺所用原材料有树脂、增强材料、填料等。

1. 树脂

RTM 成型工艺所用树脂要满足如下要求:① 树脂的黏度要小,最好在 $0.25 \sim 0.5 \, \mathrm{Pa \cdot s}$;② 对增强材料的浸润性要好,以减少成型过程中气泡的形成;③ 固化时的放热温度要低,一般应控制小于 130 ℃,放热温度高易引起制品开裂,并易引起模具变形,缩短模具寿命;④ 固化时间要短,固化时间应小于 60 min;⑤ 树脂的固化收缩率小。

  RTM 成型工艺普遍使用不饱和聚酯树脂,根据制品的性能要求,也可使用环氧树脂和酚醛树脂。

2. 增强材料

RTM 成型工艺常用的增强材料有玻璃纤维无捻粗纱方格布、玻璃纤维连续毡、复合毡等。RTM 成型工艺对这些增强材料的要求有:① 铺覆性、贴模性好,容易铺覆成各种制品的形状;② 对树脂流动阻力小,易被树脂浸透;③ 耐冲刷性好,在树脂注入时,增强材料能保持在原位;④ 质量均匀;⑤ 机械强度高。

  为了提高 RTM 成型工艺的效率,常将增强材料制成制品形状的预成型坯。预成型坯的制法有两种:一种是用连续纤维毡为原料,在预成型模上定型;另一种是将短切玻璃纤维沉积到一定形状的金属模具上,用水溶性黏结剂将玻璃纤维粘成一体,达到一定厚度后,用热风吹干,待黏结剂固化后取下预成型坯。

3. 填料

RTM成型工艺常用的填料有氢氧化铝、玻璃微珠、碳酸钙、云母粉等,其用量为10%~40%。填料能降低成本、改善制品性能、在树脂固化放热阶段吸收热量、降低收缩率。填料的表面处理、大小颗粒的级配、加入适当的分散剂都有利于降低体系的黏度。

4.5.3　RTM成型工艺流程

RTM成型工艺流程见图4.5.2。

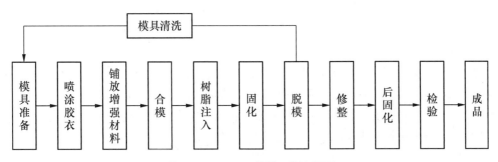

图4.5.2　RTM成型工艺流程图

RTM成型工艺中的模具准备和喷涂胶衣工序与手糊成型工艺相同,如果制备无胶衣制品,则胶衣喷涂工序可省略。树脂注入是用树脂注射泵、压缩空气或真空吸入实现的。固化工序一般情况下是常温固化,但有时为了缩短成型周期,也可以加热固化,加热方式通常是将模具放在烘房内或在模具中内置加热装置。制品脱模以后的各道工序也与手糊成型工艺相同。

树脂注射口的位置一般设计在模具的最低点;空气出口则设计在最高点;对于尺寸较小的制品,一般只设一个注射口,对于尺寸较大的制品,可设两个或更多的注射口;如果用树脂基复合材料制造模具,要求模具能耐130℃以上的温度。

4.6　拉挤成型工艺

4.6.1　概述

拉挤成型工艺是将浸渍了树脂胶液的连续纤维,通过成型模具,在模腔内加热固化成型,在牵引机拉力作用下,连续拉拔出型材制品。该工艺适用于制造各种不同截面形状的管、棒、角形、工字形、槽型、板材等型材。拉挤成型工艺的特点是:设备造价低、生产效率高、可连续生产任意长的各种异型制品、原材料的有效利用率高,基本上无边角废料。它只能加工不含有凹凸结构的长条状制品和板状制品;制品性能的方向性强,剪切强度较低;必须严格控制工艺参数。拉挤成型复合材料制品的性能数据见表4.6.1。

表4.6.1 拉挤成型复合材料制品的性能数据

性　能	棒材*	型材**	性　能	棒材*	型材**
拉伸强度/MPa	690	207	介电强度/(kV·m^{-1})	2 360	984
拉伸弹性模量/GPa	41.4	17.2	导热系数/(W·m^{-1}·K^{-1})	0.288	0.144
弯曲强度/MPa	690	207	热膨胀系数/℃$^{-1}$	5.4	9.0
压缩强度/MPa	414	276	吸水率/%	0.3	0.5

* 玻璃纤维含量70%,单向增强;** 玻璃纤维含量50%,多向增强。

4.6.2 原材料

1. 树脂

拉挤成型工艺所用的树脂主要是不饱和聚酯树脂,根据制品的性能要求也可用环氧树脂、甲基丙烯酸酯树脂、乙烯基酯树脂、酚醛树脂、热塑性树脂等。拉挤成型用的树脂要求有较高的耐热性能、较快的固化性能和较好的浸润性能。

典型的拉挤成型配方如下:

原材料	质量/份
间苯型聚酯树脂	83.3
低收缩率添加剂	16.7
碳酸钙	5.0
引发剂	1.0
硬脂酸锌	4.0

2. 增强材料

拉挤成型工艺应用最多的增强材料是玻璃纤维无捻粗纱,根据需要也可使用碳纤维、芳纶纤维等。为了改善复合材料的力学性能、降低成本,由几种纤维组成的混杂纤维,如碳/玻璃纤维、芳纶/玻璃纤维、芳纶/碳纤维、玻璃纤维/碳纤维/芳纶纤维等,在拉挤成型工艺中也常应用,纤维种类、组合方式、比例及其应用部位可根据需要进行选择和调整。

为了增加横向强度,可在工艺中采用连续纤维原纱毡与无捻粗纱的组合。前者提供适当的横向强度,后者提供纵向强度和刚度。

3. 辅助材料

拉挤成型工艺所用的辅助材料有填料、内脱模剂、颜料等。颗粒状填料的加入可降低收缩率、改善制品外观和物理机械性能、降低成本,常用的填料有二氧化硅、滑石粉、碳酸钙、氢氧化铝等。填料用量一般是树脂基体质量的8%～25%。

在拉挤成型过程中,为降低产品表面粗糙度,防止产品粘模,需要使用内脱模剂。内脱模剂主要含有两种成分：一种是与树脂相溶的成分,它可以减少树脂分子间的内聚力,降低树脂黏度,从而削弱聚合物间以及聚合物与模具间的摩擦,使流动平稳。另一种是微溶性成分,在成型过程中易从树脂内部迁移至表面,在模具表面形成润滑层从而降低了树脂纤维体和模具表面间的摩擦,防止粘模。

内脱模剂的种类有磷酸酯、硬脂酸锌、硬脂酸铅、油酸、大豆磷脂(1,2-二酰甘油-3磷酰胆碱)等,也常使用市售拉挤成型专用内脱模剂。

4.6.3 拉挤成型工艺流程

玻璃纤维无捻粗纱从纱架引出,经过导纱辊进入树脂槽中浸胶,然后进入预成型模,排除多余树脂,并在压实过程中排除气泡,再进入成型模,玻璃纤维和树脂在成型模中被挤压引拔成型固化,最后经牵引切割成制品。图4.6.1是拉挤成型工艺流程示意图。

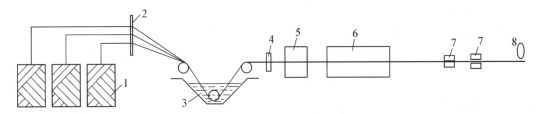

图4.6.1 拉挤成型工艺流程示意图

1—增强材料；2—分纱板；3—胶槽；4—纤维分配器；5—预成型模；6—成型模具；7—牵引器；8—切割器

在成型时,树脂应充分浸透纤维,通过近似截面形状预成型模,然后在成型模中固化成型。热固性树脂在成型过程中经历了黏度降低、热膨胀、胶凝固化、固化收缩几个阶段。

在拉挤成型工艺中,产品外部掉皮、掉碎末等外观缺陷是造成次品的主要缺陷,为了避免这些缺陷,需要采取以下一些措施：

(1)所用树脂的凝胶体具有一定的强韧性,使其能承受与模具壁之间的剪切力和由此引起的变形而不致破坏。

(2)模具的粗糙度要小、内脱模剂的效果要好,以降低树脂与模具壁之间的黏结力。

(3)表面层树脂应尽量薄。当浸渍树脂的纤维进入模具后,在牵引力的作用下,纤维向中心移动,在紧贴模具壁的纤维表面形成一层几乎不含纤维的树脂层。但是表面树脂层太薄会影响制品的表面粗糙度,甚至会发毛。

(4)树脂与纤维之间的界面黏结强度要足够高。纤维要经过适当的表面处理,树脂对纤维要有良好的浸润性和黏结性。

(5)采用辅助加热系统,尽量缩小表面层与中心部位的温差。

4.6.4 拉挤成型工艺的影响因素

1. 树脂固化特性

树脂的固化特性如凝胶时间、固化时间、固化时间与凝胶时间的差值、固化时的放热峰温度都对拉挤成型工艺有重要的影响。树脂固化特性的研究和分析可以指导成型工艺条件和原材料的选择。树脂固化特性的研究方法较多,比较常用的有 SPI 法和 DSC 法。

表 4.6.2 是几种拉挤用树脂的 SPI 数据,其中 Δt 是从凝胶到固化的时间,Δt 值越小固化速度越快,越有利于拉挤速度的提高。放热峰温度太高不利于厚制品的拉挤成型,因为容易产生开裂等缺陷。

表 4.6.2　拉挤用树脂的 SPI 数据

序号	树脂类型	凝胶时间/min	固化时间/min	放热峰温度/℃	Δt/min
1	甲基丙烯酸酯树脂	0.50	1.30	148	0.80
2	柔性间苯型聚酯	0.70	1.50	207	0.80
3	刚性间苯型聚酯	0.30	1.30	203	1.00
4	阻燃型聚酯	0.50	1.60	206	1.10
5	低收缩聚酯	0.80	2.00	213	1.20
6	乙烯基酯树脂	1.40	2.80	184	1.40
7	阻燃乙烯基酯树脂	1.40	2.80	183	1.40

注:Δt = 固化时间 − 凝胶时间。

2. 预热固化

拉挤成型工艺的加热固化由三部分组成:进模具前的预热,模内固化,出模后的热固化。拉挤制品的凝胶和固化过程是在加热的成型模具内完成的,成型过程中复合材料是通过热传导接受来自模具的热量,要严格从理论上分析这种热传导比较困难,因为模具的瞬时温度随物料在模具内的运动而变化;树脂的放热反应也是个热源,且与模具热容量和时间有关,模具热容量越大放热反应影响越小;拉挤成型复合材料是各向异性的材料,沿纤维长度方向和横向方向的热传导系数差异很大,材料内外的传热能力也不尽相同,所以材料横截面上存在着复杂的温度梯度,沿模具长度方向上也存在着一定的温度梯度。

采用热传导方式加热,很难实现制品的均匀固化,尤其对于比较厚的制品,由于固化时的发热和收缩,内部易发生开裂,难以提高成型速度。为解决这个问题,采用了增效固化(augment cure)的方法。增效固化又称预热固化或高频介电加热,就是浸渍了树脂的增强材料在进入模具之前用高频发生器预热,使整个受热截面的温度均匀提高,促进树脂基体聚合反应。这种高频加热和热传导加热结合使用,即可实现较厚制品的拉挤成型,且能提高拉挤速度 2~3 倍。高频加热和热传导加热效率的比较如图 4.6.2 所示。预热与不预热的情况如图 4.6.3 所示,在有预热的场合,成型温度可控制得低些,而且内外温差会缩小。

由图 4.6.2 可见,当制品壁厚相当小时,两种加热效果差别不大;壁厚为 15 mm 左右时,高频加热效果最明显;随着壁厚的增加,热传导加热效果逐渐减少,壁厚超过 30 mm时,单一的热传导加热已无实用价值,而增效固化效果虽有下降,但仍相当有效。高频加热最佳频率与增强材料和树脂基体的介电性能有关。适用于玻璃纤维/聚酯体系的最佳频率为 40~70 MHz,通常采用 70 MHz,功率为 8 kW;适用于玻璃纤维/环氧体系的频率为 940~2 450 MHz。

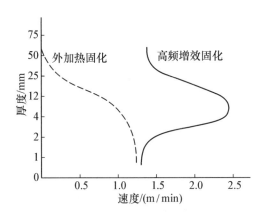

图 4.6.2　高频加热和热传导加热比较

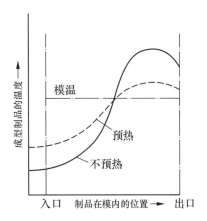

图 4.6.3　预热与不预热比较

3. 拉挤速度

D. W. 兰姆等人研究发现,在拉挤成型过程中,所有树脂系统都存在三个剪应力峰,并且剪应力峰的大小和形状随拉挤速度的变化而变化,如图4.6.4 所示。

第一个剪应力峰发生在模具入口处,它与树脂的黏滞阻力相对应,当树脂温度升高,黏度减小,剪应力开始下降。树脂中填料含量及模具入口温度高低对峰 1 有较大影响。第二个剪应力峰由树脂发生交联反应导致黏度增加而引起,其最大值与脱黏点相吻合。第三个峰是由滑动摩擦和库仑摩擦引起。

由图 4.6.4 可以知道,随着拉挤速度的增加,黏滞力峰 1 和摩擦力与库仑力峰 3 逐渐增大,而峰 2 却越来越小。这表明在适当的温度下,提高拉挤速度更利于降低凝胶区产品与模具界面间的剪切力,有利于防止型材掉皮、掉末。

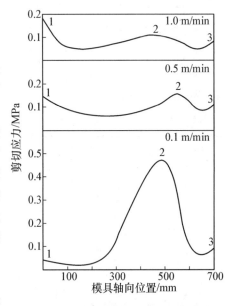

图 4.6.4　不同拉挤速度下,模腔内壁的剪应力随模具轴向位置的变化

4. 内压力

在拉挤成型过程中,内压力是由以下几方面的原因产生的:在模具入口处树脂、纤维引入时产生内压;材料加热时的热膨胀产生内压;材料填充松实情况不同内压也不同;模具表面或形状不同内压也不同。内压力对牵引力的大小有较大的影响,在生产中可用电流计测出驱动装置的电流以检测内压力的大小,通过检测,可以及早地发现成型过程中模腔内有无材料积存、固化情况有无异常。

4.7　真空导入模塑成型工艺

4.7.1　概述

真空导入模塑(Vacuum Infusion Molding Process，VIMP)成型工艺是将增强材料铺叠在模具表面，然后铺真空袋，用真空泵将模腔抽至负压，利用与外部大气压之间的压力差，使树脂从预置的注胶管道中导入，实现对增强材料的完全浸润；在树脂固化前，体系始终保持真空状态；待树脂固化后除去真空袋材料，得到所需要的制品。

VIMP工艺广泛地应用在船舶制造上，如船体外壳、甲板、托盘等大型零部件。此外，风电机舱也大量采用VIMP工艺生产。VIMP工艺的广泛应用和其特有的成型优势是分不开的。与传统的手糊和喷射成型工艺相比，VIMP工艺的主要优点如下：

(1) 力学性能高　真空条件下树脂浸润增强材料后，制品中的孔隙率极低，玻纤含量最高可达70%。在原材料类型相同的前提下，VIMP成型制件的强度、刚度或其他力学性能较手糊成型制件均可提高30%～50%，见表4.7.1。

表 4.7.1　不同成型工艺制得的聚酯玻璃钢性能对比

测 试 项 目	无捻粗纱布手糊	双轴向织物手糊	无捻粗纱布 VIMP	双轴向织物 VIMP
玻纤含量/%	45	50	60	65
拉伸强度/MPa	273.2	389	383.5	480
拉伸模量/GPa	13.5	18.5	17.9	21.9
压缩强度/MPa	200.4	247	215.2	258
压缩模量/GPa	13.4	21.3	15.6	23.6
弯曲强度/MPa	230.3	321	325.7	385
弯曲模量/GPa	13.4	17	16.1	18.5
层间剪切强度/MPa	20	30.7	35	37.8

(2) 产品质量的重复性好　VIMP工艺成型过程中，不同部位的压力是基本一致的，因此树脂对纤维的浸润速度和含量趋于一致，通过设置真空度，可以在一定程度上控制树脂和纤维的比例，使成型构件具有较好的一致性。

(3) 成本低　与RTM工艺的阴、阳双面刚性模相比，VIMP工艺只需要单面刚性模具用来铺放增强材料，简化了模具的制造工序，降低了模具成本。由真空负压导入基体树脂，无需专用的注射设备；整个工艺操作尤其是树脂导入过程都在室温下进行，无需额外的加热设备，进一步降低了成本。

(4) 环保　开模成型时有机物的挥发量较高，VIMP成型中挥发性有机物被限制在真空袋中，避免了对环境的污染和对人身健康的危害。

4.7.2 原材料

1. 真空导入成型工艺对树脂的要求

VIMP工艺要求树脂具有较低的黏度,树脂黏度降低后,流动性增加,对增强材料的浸润性提高,浸胶速率大大提高。典型的真空导流树脂黏度为 $300 \sim 350$ mPa·s,一些乙烯基酯树脂的黏度可低达 100 mPa·s。但是,黏度也不是越低越好,黏度过低易夹带空气,使制品出现针孔。

树脂凝胶时间是VIMP工艺的重要参数。当树脂凝胶时,黏度会急剧上升,流速降低,造成增强材料浸润不良,所以凝胶时间太短的树脂无法充满模腔,凝胶时间过长又会产生流胶现象,同时影响制品的脱模。一般要求树脂在充满整个模腔后 $15 \sim 20$ min 发生凝胶,这样能确保树脂充模完成后充分浸润增强材料,消除气泡,提高产品质量。

当制品的厚度较大时,树脂的固化放热温度过高会使局部热量不易散出,产生焦化,需要使用低放热温度的树脂。但是放热温度也不能过低,否则容易导致凝胶时间过长,产生流胶现象,因此用于VIMP工艺的树脂要具备适宜的放热峰温度。

2. 真空导入成型工艺对增强材料的要求

用于复合材料的增强材料都可以用于VIMP工艺,例如玻璃纤维、碳纤维、芳纶纤维和聚乙烯纤维。增强材料对树脂的流动阻力要尽量小,通常缝合织物和无定向纤维毡具有较多的孔隙,有利于树脂完全浸润,而编织布则会约束树脂流动。增强材料的铺覆性能要好,最常用的是玻璃纤维的组合毡,它既有较好的铺覆性和浸润性,又有较好的力学性能。

4.7.3 VIMP成型工艺流程

在VIMP工艺过程中,首先将增强材料沿模具表面铺贴,然后铺放脱模布和辅助树脂流动的导流布,再铺设树脂管、真空管,铺好真空袋,真空袋四周用密封胶带密封;抽真空并验证气密性后,打开树脂注射开关利用压力差将树脂导入模腔内完成填充;最后固化成型。其工艺原理如图4.7.1所示。

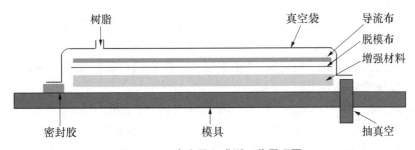

图 4.7.1 真空导入成型工艺原理图

具体成型步骤及注意事项如下:

(1)准备模具 模具须满足以下条件:① 模具表面平整光洁并具有良好的气密性,以保证真空度,对于分块模具,要填充模具结合处的缝隙;② 具有足够的刚度,防止由于真空压力造成模具变形;③ 模具应具有良好的耐热性,避免因树脂固化放热变形;④ 模具应具有不少于 15 cm 的凸缘法兰边,以方便真空管和密封胶带的铺设。

将模具清洁后沿法兰的外周铺设密封胶条,然后涂刷脱模剂或脱模蜡。新模具第一次使用前应至少涂 6 遍脱模剂,每次间隔至少 15 min。

(2) 在模具表面涂刷胶衣,胶衣可以喷涂也可以刷涂,待胶衣层凝胶后,进行下道工序的操作。制造无胶衣产品时本道工序可以省略。

(3) 铺贴增强材料 根据产品形状和铺层设计,裁剪增强材料。在 VIMP 工艺中由于增强材料是在干燥状态下铺贴到模具上,因此必须想办法让它保持原位,尤其是在垂直表面上,一般采用喷胶黏剂的办法将增强材料固定。

(4) 铺设真空袋材料 先铺设脱模布;再铺设导流布,导流布应铺设于所有增强材料表面区域,但应距离增强材料边缘和抽气口的位置 150 mm 左右,这样才能保证树脂导入时流动更加平稳,并且避免树脂进入真空管路;然后铺设真空管路,真空管路固定在靠近密封条的地方,并用一小块密封胶带加以固定,如果模具尺寸大的话需要放置多个抽气口;再在导流网上铺设树脂管路,树脂管路的位置和走向应考虑树脂能流向增强材料的每一个角落;最后铺设真空袋,真空袋薄膜的尺寸应该是模具的长度和宽度的 1.5 倍左右,将密封条上的离型膜缓慢剥离,同时将真空袋贴到密封条上,边撕边贴,沿着模具边缘移动,最终覆盖到模具的整个形状上,采用活褶,并使薄膜平稳光滑。

(5) 抽真空及气密性检查 真空袋安装完毕即可连接真空管路,开始抽真空后,需要确认真空袋定位是否正确,避免在角落里发生桥接。若发生桥接,则需要释放真空,移动真空袋薄膜,而后再次抽真空。

气密性检查时,可在真空袋上安装真空表,当真空泵抽气管被夹紧后,真空度下降应低于 10 kPa/15 min,真空度下降过快则说明气密性不佳,必须找到漏点并且修复。气密性检查分为两个部分:首先是真空泵、真空缓冲罐以及压力阀等成型设备,然后是模具和真空袋。气密性检查很重要,如果有漏点存在,当树脂导入时空气就会进入体系,气泡会在漏点向其他地方渗入,严重时可使制品报废。

(6) 树脂配制 根据制品体积计算树脂和固化剂的用量,并按照正确的比例称量,将其充分混合均匀后倒入进料容器中。根据树脂凝胶时间的长短,静置适当时间让搅拌产生的气泡排出。

(7) 导入树脂 当真空袋处于真空状态时,就可以连接树脂进胶管。配制好的树脂放置在低于模具水平面的进料容器内,树脂进胶管自始至终插到容器的底部。先打开位于模具中央的树脂管路,让树脂开始流动,其他进胶管在树脂到达其所在位置时打开,通过控制流道开关,逐步完成树脂导入。

(8) 固化脱模 为保证制品成型质量,要确保有足够长的时间让树脂固化,室温固化的树脂体系通常在固化 24 h 之后进行脱模。如果要缩短脱模时间,需要在 50 ℃左右加热固化 3~5 h。当制品固化后,可除去真空袋、导流网、真空管、脱膜布等辅助材料,将产品从模具上脱下来,然后进行打磨飞边等后处理工作。

4.8　高压树脂传递模塑成型工艺

4.8.1　概述

高压树脂传递模塑(High Pressure Resin Transfer Molding)成型工艺简称 HP‑RTM 成型工艺,它是指利用高压将树脂对冲混合并注入铺设有预成型件的真空密闭模具内,经树脂流动充模、浸渍、固化和脱模,获得复合材料制品的成型工艺。与传统的 RTM 成型工艺相比,HP‑RTM 成型工艺的生产效率大幅度提高,制品的生产周期缩短到 10 min 以内,以满足汽车零部件等产品大批量生产的要求。

HP‑RTM 工艺使用的高压计量泵将高压技术和经典 RTM 工艺相结合,增加了注射后的压制过程,降低了树脂注射充填难度,提高了预制件的浸渍质量,并缩短了成型周期。其工艺特点如下:

(1)树脂注射时间短　树脂注射压力可高达十几兆帕,注射速率大,实现树脂快速渗透、快速浸润增强材料,注射时间大幅度缩短,一般为十几秒。

(2)固化周期短　HP‑RTM 中,树脂注射温度高达 90～140 ℃,模具温度可达 130～180 ℃,在此温度下使用高反应活性快速固化树脂体系,使生产周期大大缩短,生产成本大大降低。

(3)孔隙率低　采用了模腔快速抽真空技术,有效降低了制件中孔隙的比例,提高了纤维的浸渍效率,提升了制品质量,制品的纤维含量最高可达 75%。

(4)工艺稳定性高、重复性好　采用间歇注胶和注胶后压缩技术,极大地提高了树脂的充模流动能力,有效降低了工艺缺陷产生的概率,具有很高的工艺重复性。

HP‑RTM 成型工艺制备的复合材料制品的应用主要集中在高强度复合材料结构件领域。出于成型周期和大规模生产能力的要求,一些汽车企业使用 HP‑RTM 成型技术制备各种汽车零部件。HP‑RTM 成型技术还能够以高质量和高工艺稳定性生产大型复杂结构,将碳纤维增强树脂基复合材料(CFRP)车身组件的制造成本降低约 50%。

缩短成型周期是 HP‑RTM 成型技术的关键,成型周期不仅与树脂固化时间有关,而且与增强材料织物切割、预成型、模具清洁的时间有关。为了缩短成型周期,需要将更多的部件整合成更大的生产单元,但同时在预成型和浸渍方面又具有可操作性。在树脂中加入内脱模剂有助于模具的清洁,可以缩短成型周期,但是内脱模剂的使用效果也与模具的表面情况和结构有关。未来如果能实现模具清理的自动化,将更有利于缩短成型周期。

4.8.2　原材料

1. HP‑RTM 成型工艺用树脂

HP‑RTM 成型工艺对树脂基体的要求主要有以下几方面:① 树脂的凝胶时间适当的长;② 树脂的固化速度要快;③ 树脂具有高消泡性和高浸润性;④ 树脂的黏度低、挥发物含量低、固化收缩率低和放热量低。

聚氨酯树脂在 HP‑RTM 成型技术中已得到应用。聚氨酯树脂体系黏度在 $50 \sim 200 \, \text{mPa} \cdot \text{s}$ 之间,具有较快的注射速率和较好的纤维浸渍效果,可在 $100 \sim 115 \, ℃$ 成型,工艺周期 $3 \sim 6 \, \text{min}$,多用于制造电动汽车车顶、车身结构等。

环氧树脂、聚酰胺、聚双环戊二烯树脂等在 HP‑RTM 成型技术中也有应用。2012 年,出现了能在 $120 \, ℃$ 下有 $1 \, \text{min}$ 注射窗口和 $2 \, \text{min}$ 可固化的环氧树脂;2014 年,环氧树脂的模塑周期缩短到了 $90 \, \text{s}$,至 2015 年,降低到了 $60 \, \text{s}$ 以下。在实际生产中,根据零件尺寸和几何形状复杂度的不同,通常需要 $3 \sim 7 \, \text{min}$ 的生产周期。

2. HP‑RTM 成型工艺用增强材料

1) 常用增强材料

碳纤维是 HP‑RTM 成型工艺中常用的增强材料,碳纤维在制品中的含量可以达到 55%。随着 HP‑RTM 成型工艺在汽车行业的应用,碳纤维复合材料(CFRP)汽车部件已经完成了从小批量向工业化生产的过渡。CFRP 已成为继高强度钢、铝合金、镁合金、工程塑料和玻璃纤维复合材料后汽车工业领域最具发展潜力的轻量化材料。

CFRP 的拉伸强度和拉伸模量受到纤维种类、含量、形态、铺层方式以及树脂等多方面因素的影响,碳纤维与其他材料的性能对比见表 4.8.1。表 4.8.1 数据表明,CFRP 的拉伸强度、拉伸模量,特别是比强度和比模量都比金属材料显著提高,这些是 CFRP 的核心性能优势。

表 4.8.1　碳纤维复合材料与其他材料的性能对比

材　　料	密度 /(g·cm^{-3})	抗拉强度 /MPa	比强度 /(10^3 cm)	拉伸模量 /GPa	比模量 /(10^6 cm)
高强钢(TRIP780)	7.8	780	1 000	207	265
铝合金(8 系)	2.7	360	1 333	70	259
镁合金(AZ91)	1.8	240	1 333	45	250
玻纤增强复合材料(单向)	1.85	960	5 189	39	211
碳纤维增强复合材料(单向)	1.63	1 240	7 607	215	1 319

2) 增强材料预成型

经预成型的增强材料可以简单而又快速地在模具中放置好,使生产过程简化,生产效率提高。预成型技术主要包括:纺织、针织和编织预成型体;缝编预成型体;短切纤维喷射预成型体;热压预成型体等。HP‑RTM 成型工艺中广泛使用的是热压定型技术,其工艺流程如图 4.8.1 所示。

图 4.8.1　增强材料预成型工艺流程图

（1）将纤维织物的卷筒固定在自动裁剪机的旋转轴上，按照预成型件裁剪图样进行优化排列，自动裁剪成部件加工所需尺寸。

（2）将裁剪后的纤维织物转移到预定型剂喷涂平台上，在其表面均匀喷涂预定型黏结剂。

（3）将涂覆有预定型剂的纤维织物转移到织物叠合设备，按纤维铺层结构将纤维织物依次进行定位、叠合，并平铺在织物铺叠输送带上。

（4）将叠合好的纤维织物转移到纤维预成型设备上，均匀铺入预成型模具中。先将预成型件中心的加压压头下压，压紧纤维铺层结构，在预成型模具的加热加压作用下，使纤维预成型件定型。

（5）将预成型件转入剪裁模具，用裁剪样模覆盖预成型体，利用机械手臂将裁剪刀沿样模边缘进行剪裁，切除多余的纤维，获得与注射模腔尺寸相对应的纤维预成型体。

4.8.3　HP‑RTM 成型设备

HP‑RTM 成型设备包括纤维预成型系统、快速液压系统、高效自清洁混合注胶系统、高密封模具系统、计算机控制系统等。该设备体系繁杂，制造技术难度大，典型的 HP‑RTM 成型设备如图 4.8.2 所示。

图 4.8.2　HP‑RTM 成型生产设备

4.8.4　HP‑RTM 成型工艺流程

HP‑RTM 成型工艺可以分为四个过程，见图 4.8.3。

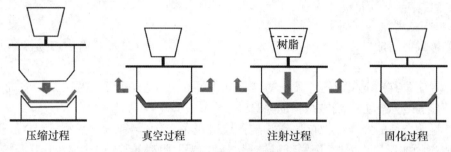

压缩过程　　　　　　真空过程　　　　　　注射过程　　　　　　固化过程

图 4.8.3　HP‑RTM 工艺流程示意图

（1）压缩过程　将预成型件转移至成型模具后,压机以 450 mm/s 的合模速度和 40 mm/s 的压制速度,将模具闭合。

（2）真空过程　在注射模腔保持密封的条件下,用真空泵抽取模腔内的气体,并利用橡胶密封圈的回弹性,增大模具的合模间隙。

（3）注射过程　注射机在压力作用下将树脂、固化剂经过混合头快速注射到模腔中。低黏度的反应性混合物(树脂、固化剂、内脱模剂等)在高压计量泵的作用下,进入注射机的混合头,在混合头中被高压对冲混合后迅速注入高温模腔,混合头中的压力最高可达 15 MPa,树脂注射速度达到 10~200 g/s,模腔温度≥150 ℃。注射结束后将模具完全闭合,成型压力为 3~12 MPa,在模具闭合过程中树脂被挤压,使其进一步浸润增强材料。

（4）固化过程　树脂在高温高压作用下快速固化,待树脂固化结束,调整模具的合模间隙,并由预留的侧孔及流道中注入低黏度的胶衣树脂,再次将模具完全闭合,挤压胶衣树脂使其尽可能地充满模具。待胶衣树脂固化结束,将制件脱膜。

4.9　自动纤维铺放成型工艺

4.9.1　概述

自动纤维铺放(Automated Fiber Placement, AFP)成型工艺是树脂基复合材料的先进制造方法之一。将预浸胶的连续纤维丝束或纤维带按照设定好的路径铺放到模具表面,并用压紧辊压实,在一定工艺条件下固化,制成所需形状的复合材料制品。早期的 AFP 技术研究来自复合材料机身的制造需求,当采用缠绕成型工艺制造机身时,最常遇到的问题是凹面无法缠绕、纤维在张力作用下发生滑移而偏离应该的位置、不能有效地改变厚度。AFP 技术解决了上述问题,它可以在大型复杂型面上铺放和压实连续预浸纤维。随着复合材料的大量应用以及大型整体构件数量和尺寸的不断增加,AFP 技术在降低制造成本和提高复合材料性能方面显示出极大的优越性和潜力,并得到了迅速发展。其工艺特点如下:

（1）铺带头运动的灵活性和多组纤维束带的独立可控性,使纤维束带在铺放过程中,可以根据构件结构的需要增减根数,而且可以准确地在芯模的指定位置自动切断和重送纤维,最大限度地利用纤维材料来实现所需的铺层结构。

（2）AFP 技术采用功能强大的控制系统,自动化程度高,可实现复合材料构件的快速制造,迅速形成批量生产。采用压辊装置对纤维进行均匀加压,既可以实现任意形状复杂曲面的成型,又保证成型压力自动可控,提高了制品质量。

（3）铺放设备具有多自由度,不仅可以制造复杂型面的复合材料构件,而且具有精度高、速度快、质量稳定、性能好等优点,还可以通过局部纤维铺放进行加强处理,满足构件设计要求。

AFP 成型工艺已经在美国和欧洲的航空工业中得到广泛应用,美国航空制造商在波音 787 的机身、机翼、垂尾、平尾、地板梁、后承压框等部位中大量使用了碳纤维复合材料,其中机身高达 23% 的碳纤维复合材料就是采用 AFP 技术完成的。此外,AFP 成型工艺还被用于生产 B1 和 B2 轰炸机的大型复合材料结构、F-22 战斗机机翼、波音 777 飞机机翼、水平和垂直安定面蒙皮及 C-17 运输机的水平安定面蒙皮等。欧洲生产的复合材料构件包括:A330、A340 水平安定面蒙皮,A340 尾翼蒙皮,A380 的安定面蒙皮和中央翼盒等。

经过 40 多年的研究与发展,我国 AFP 技术的研究和应用也已初具规模,形成具有航空、航天特色的复合材料技术体系。先进复合材料的自动纤维铺放成型是固体火箭发动机壳体、大飞机机身、机翼、风电叶片等核心部件的关键制造技术。

4.9.2 原材料

预浸料是 AFP 成型工艺的原材料,可采用碳纤维、玻璃纤维等增强材料浸渍热固性或热塑性树脂而成,环氧树脂、双马来酰亚胺等是常用的热固性树脂。根据铺放材料宽度的不同,分为自动窄带铺放成型技术（Automated tap placement）和自动丝束铺放成型技术（Automated tow placement）。前者以不同宽度的预浸带（25 mm、75 mm、150 mm 和 300 mm）为原材料,适用于机翼等壁板类大型复合材料构件制造;后者使用预浸丝束（3.17 mm、6.35 mm、12.7 mm）,适用于大曲率机身等复杂型面构件的制造。

黏性和铺覆性是预浸料是否适合铺放成型的两个重要因素。在自动铺放过程中,预浸料要与模具或另一层预浸料粘贴,因此黏性不能太小;在铺层有差错时,预浸料要重新进行铺贴且表面无损坏,这需要黏性不能太大。在自动铺放成型过程中,预浸料的黏性随取出时间先增大后减小,而随铺放压力的增加、铺放速率的减小、热风温度的升高而增大。

铺覆性是指预浸料与模具不同曲率表面之间的适应性。若预浸料的铺覆性较差,在模具的凸形表面会产生预浸料的回弹;在模具的凹形表面,则容易形成架桥,导致铺层失败。铺覆性好的预浸料手感柔软,在复杂结构件表面也能很好铺层。预浸料的铺覆性会随着铺放温度和湿度的升高而提高,随着放置时间和铺放速度的增加而降低。

4.9.3 AFP 成型设备

自动纤维铺放成型设备包括多自由度控制的铺丝头和旋转的主轴,其运动由计算机编程控制,可精确控制丝束宽度。铺丝头按构件设计通过切断、重续等工序控制铺放方向和铺放厚度,并在旋转主轴的配合下,将多组纤维预浸束铺放在模具上,在铺放的过程中对纤维预浸束加热软化并用滚压辊压实,最终实现复合材料构件的成型。自动纤维铺放成型设备见图 4.9.1。

图 4.9.1 自动纤维铺放成型设备

AFP 系统采用铺放头机构实现纤维的铺放,铺放头是最为关键的功能部件,见图 4.9.2。铺放头的运动包括铺放头平行于主轴的运动,铺放头垂直于主轴的运动,铺放头的垂直、旋转运动等。铺放头可通过多维的耦合运动,将纤维铺放到成型模具上,大大提高了生产率,降低了生产成本和制造时间。因为铺放头具有类似机械手的功能,所以它可以成型几何形状不规则的构件。铺放头机构通常由牵丝分配辅助装置、加热装置、加压装置、剪切装置等组成,实现纤维的进给、加热、加压、剪切等要求。

图 4.9.2 铺放头机构

（1）纤维束牵丝分配辅助装置　纤维铺放过程中,单根预浸胶纤维一般被称为"纤维束"。纤维束经过轴架被引出,通过牵丝装置引导到铺丝头处,若干并列的纤维束构成了具有特定宽度的纤维束带,纤维束带在计算机控制系统控制下被精确地铺放在模具表面上某一确定的位置处。

（2）剪切装置　在纤维束铺放过程中,任意纤维束可被切断和调用,从而允许通过增减纤维束数目来实现改变铺放的纤维束带宽度,通过调整纤维束带宽度,就可以控制相邻纤维束带间隙或相交覆盖区的大小。

（3）夹紧装置　在纤维束铺放过程中,任意一根纤维束都具有一定张力,当进行剪切时须夹住后面的纤维束,以防止其回缩而导致无法控制。通常,当要求切断纤维束前执行这种夹紧操作,而当要求重送时松开夹紧装置。

（4）重送装置　在铺放过程中,需要对已切断的纤维束重新铺放到构件上时则通过重送装置实现。

（5）滚压装置　通过滚压辊压实铺放的纤维束带,并实现层间黏结,压力的大小可提前设置。

（6）加热装置　该装置用于控制纤维束的黏性,确保滚压装置能有效压紧铺放的纤维束,使其紧贴模具或工件型面,并挤走铺层间的空气。通常将纤维束升温至 27~32 ℃以产生必要的黏性,并在滚压辊作用下将其很好地粘贴在工件型面上;而在这之前,纤维束温度保持在不高于 21 ℃且处于低黏性或基本上无黏性状态,确保纤维束能容易地从轴架的线轴中抽出并传送到铺放头。

4.9.4　AFP成型工艺流程

AFP成型工艺步骤包括模具准备、脱模剂涂刷、铺层、固化等。铺层是由自动纤维铺放成型设备完成的,固化过程根据预浸料种类的不同,采用不同的固化方法,主要有热压罐加热加压固化、烘箱加热固化、高能电子束固化等。热压罐加热加压固化制造的构件尺寸精度高、性能优良可靠,是目前主要采用的成型技术。但是随着构件尺寸的不断增大,热压罐固化受到了高成本和尺寸的限制,而逐层电子束固化能在原位固化过程中提供足够的压力,成为大型复合材料构件制造摆脱热压罐固化的主要研究方向。

与热固性复合材料相比,采用AFP技术制造热塑性复合材料构件的特点有:在固化过程中没有化学反应;在成型过程中使用"原位熔接"技术,不受加工场地和构件大小的限制;在铺放过程中一次成型,其层间强度可达到加压固化成型的 89%~97%。

4.10　热压罐成型工艺

4.10.1　概述

热压罐成型工艺是指将预浸料按设计要求铺放于模具上,用真空袋密封后放入热压罐,抽真空除去预浸料中的空气,经过升温、加压、保温、降温和卸压等程序,利用热压罐提供的温度和压力实现固化。利用热压罐成型工艺可以制造质量高、形状复杂、面积大的复合材料制品。

热压罐成型工艺形成于20世纪40年代,一直到60年代才逐步得到推广使用,后来广泛用于航空航天、复合材料、电子、兵器、交通、体育装备和新型能源等高新技术领域,用于先进复合材料结构、蜂窝夹层结构及金属或复合材料胶接结构的成型,是目前国内外聚合物基复合材料成型常用的工艺方法之一。图4.10.1为用热压罐成型工艺制造复合材料构件。

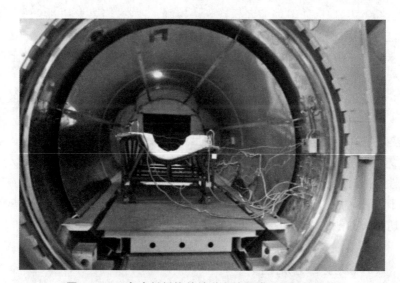

图 4.10.1　复合材料构件被送进热压罐进行加热固化

与其他复合材料成型技术相比,热压罐成型技术的主要优点有:

(1) 热压罐使用压缩空气或惰性气体(N_2、CO_2)加压,作用在真空袋表面各处的压力相同,使构件在均匀压力下成型、固化。

(2) 热压罐装有风扇和导风套,加热或冷却气体在罐内高速循环流动,使罐内各点温度均匀。在模具结构合理的前提下,可以保证构件在升降温过程中各点温差较小。

(3) 成型构件的质量稳定,热压罐成型工艺制造的构件孔隙率低、树脂含量均匀,相对其他成型工艺,热压罐制造的构件力学性能稳定可靠。

(4) 热压罐适合大面积复杂型面的蒙皮、壁板和机身的成型,一次可放置多层模具,同时成型多种不同结构及尺寸的构件。

(5) 热压罐成型的温度、压力几乎能满足所有聚合物基复合材料的成型工艺要求,使用范围广泛。

但是与其他工艺相比,该技术的不足之处在于:

(1) 热压罐系统庞大,结构复杂,属于压力容器,投资建造一套大型的热压罐费用较高。

(2) 固化过程用到的辅助材料价格较贵,成型过程需要耗用大量的能源。

(3) 虽然热压罐的温度和压力控制程序均可实现自动化,但是材料的铺贴过程目前大多还是采用人工,耗时长,效率低,废料较多。

4.10.2 预浸料制备

1. 概述

预浸料是用树脂基体在严格控制的条件下浸渍连续纤维或织物,制成树脂基体与增强体的组合物,是制备复合材料的中间材料。预浸料的性能很大程度上决定了复合材料的成型工艺性能和力学性能。预浸料的种类很多,根据增强材料的不同可分为单向预浸料、单向织物预浸料、织物预浸料、窄带预浸料、预浸纱等。

2. 预浸料制造工艺

预浸料的制备方法分为溶液浸渍法(湿法)和热熔浸渍法(干法)两种。

溶液浸渍法是将树脂基体溶解在低沸点的溶剂中,配成一定浓度的树脂溶液,倒入树脂胶槽,然后将增强材料在胶槽中浸胶,进入烘道将溶剂烘干,出烘道后覆上隔离膜收卷得到预浸料。溶液浸渍法的优点是增强材料容易被树脂浸透、可制备薄型预浸料。但是溶液浸渍法大量使用有机溶剂,会造成环境污染,如果要对溶剂进行收集处理的话,目前常用的燃烧法能源消耗大,生产成本高。

热熔浸渍法制备预浸料由于不用溶剂,不会对环境产生污染,是一种生产效率高、质量稳定性好的生产方法。如图4.10.2所示为干法生产预浸料的生产线。热熔法可分为直接热熔法和胶膜法两种。直接热熔法是先将树脂基体加热到一定的温度后熔融,纤维依次通过放卷、浸胶、挤压等工序,最后收卷在芯轴上。该法要求树脂基体在热态下的流动性要好,有利于纤维束的浸渍。胶膜法分为树脂制膜和加热加压浸渍两个过程,制膜过程是将树脂

图 4.10.2 干法生产预浸料的生产线

基体加热到需要的温度后经过浸胶辊,与离型纸复合成一定厚度的胶膜,冷却收卷后备用;浸渍过程是将增强材料与胶膜夹芯在一起,通过加热辊使树脂基体熔融,在加热加压辊作用下浸渍增强材料,之后经过冷却、切边和收卷制成预浸料。

3. 预浸料的性能

(1) 挥发分含量　挥发分含量是指预浸料中所含易挥发组分的质量与预浸料质量的百分比。挥发分含量要尽可能低,热熔法预浸料的挥发分一般在1%以下。挥发分含量对树脂的流动性、预浸料黏性、气泡形成都会有影响。

(2) 树脂含量　树脂含量是预浸料中树脂质量占总质量的百分比。热压罐用预浸料的树脂含量一般在32%～42%,为了保证复合材料力学性能的稳定性,树脂含量偏差应控制在±3%以内。低树脂含量预浸料适合零吸胶工艺,需控制边缘流动;高树脂含量的预浸料适合吸胶工艺,需保证多余树脂的流出。

(3) 树脂流变特性　流变特性一般测试树脂的凝胶点和流动度。流动度是成型时树脂流动能力的表征,在规定的压力、温度和时间内,预浸料中流出的树脂质量与其总质量的百分比。在固化温度下要求树脂具有足够的流动性以充分浸润增强材料,从而使复合材料具有良好的层间强度,同时避免树脂凝胶前流胶导致复合材料缺胶。

(4) 贮存期　在一定的环境温度下,预浸料能满足工艺和性能要求的最长储存时间称为贮存期。预浸料在室温的贮存期一般只有10～30天,通常在-18℃的冷库储存,贮存期一般为三个月到一年。预浸料从冷库取出后需在室温放置,至预浸料达到室温后方可去除保护层,避免凝结水汽。

(5) 黏性　预浸料的黏性与铺覆性直接影响铺层操作难易程度和成型过程。黏性是预浸料质量控制的关键指标,也是确定预浸料储存期的主要依据指标。预浸料应有合适的黏性范围,黏性过小则铺层易滑移,夹杂空气多;黏性过大则不易进行错位调整和气泡的消除。

不同的铺层方法对预浸料黏性程度的要求不同。通常,对于自动铺丝和自动铺带,较低的黏性有助于自动化去除防黏纸和聚酯膜,并避免在压实头处裹入空气;对于手工铺层,适当的黏性则有助于复杂几何面处的铺层,防止纤维滑移。

4.10.3　热压罐设备

热压罐设备系统是由罐体、压力系统、加热系统、冷却系统、真空系统和控制系统构成。图4.10.3为热压罐设备示意图。

(1) 罐体　由内外筒组成,加热、冷却装置在内外筒夹套之中。罐内有效尺寸至少应满足最大制件需要,最高使用温度时罐外表温度应不大于60℃。

(2) 加热系统　升温速率可在1～8℃/min之间调整,加热及保温过程中,罐内各点温差≤5℃。温度曲线可按树脂体系的固化特性和制件大小确定,一般采用多阶段加热、恒温工艺。

(3) 冷却系统　降温过程对复合材料制造质量也有重要影响,热压罐使用循环水冷却,降温速率可在0.5～6℃/min之间调节。

(4) 压力系统　罐内压力可达1.5～2.5 MPa,误差不大于0.05 MPa,并安装有安全防爆装置。

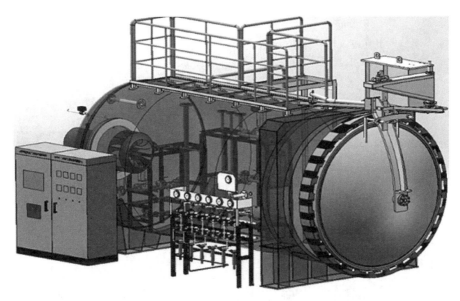

图 4.10.3　热压罐设备示意图

（5）真空系统　真空系统主要用于为真空袋抽真空,配有多个真空管接头以满足成型工艺要求。

（6）控制系统　配有温度、压力、真空度的控制、指示和记录仪表;设置有真空泄漏检查装置;多点温度测量,超温、超压报警装置,安全自锁装置。

4.10.4　热压罐成型工艺流程

用热压罐成型工艺生产复合材料制品主要包括以下工序:

（1）成型模具的准备　检查模具是否有损伤、表面是否有划痕,如果有损伤则需要先修复。模具表面用软质材料擦洗干净,涂刷脱模剂并加热烘干。制造模具的材料有很多,如钢、耐高温复合材料等,不同模具材料的修复方法有所不同,相对来说用复合材料制造的模具更容易修复,质量更轻,热膨胀系数与制品一致。

（2）预浸料铺叠　用自动裁剪机按需要的形状裁剪预浸料,没有自动裁剪机,可以按样板人工剪裁预浸料,剪切时必须注意纤维方向,然后将裁剪好的预浸料揭去隔离膜,按照设计逐层铺贴。每铺一层要用橡胶辊等工具将预浸料压实,赶除空气。各层间的搭接缝应相互错开。目前预浸料的铺贴大多采用人工方式,人工操作工时长、效率低。自动铺带技术可减少人工操作的劳动力成本和原材料的浪费,但是自动铺带的设备投资大、维护费用高,较适合于大批量生产的产品。

（3）装真空袋　在模具上将预浸料坯料和各种辅助材料组合并装袋,如图 4.10.4 所示,需按模具标示位置放置热电偶。辅助材料的品种繁多,用途各异,常用辅助材料分为隔离层、吸胶材料、透气材料、密封材料和真空袋材料,表 4.10.1 给出了常用辅助铺层材料与其作用。真空袋需用密封胶带压实贴紧,应检查真空袋和周边密封是否良好。装袋时在构件边缘和表面阶差较大处留足够的真空袋余量,以防出现架桥现象和固化中真空袋破裂。

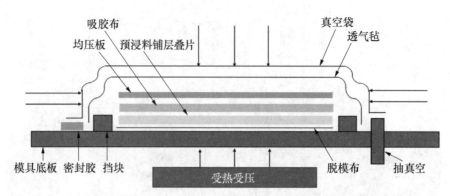

图 4.10.4　复合材料袋装工序示意图

表 4.10.1　辅助铺层材料与作用

辅 助 材 料	作　用	材　质
挡块	限制树脂向侧面流动	金属、柔性聚合物、软木、橡胶
脱模布	便于从模具上取下复合材料	氟化乙烯丙烯、聚四氟乙烯等
隔离层	在操作或加工过程中保护制品	聚四氟乙烯织物
吸胶布	吸收多余的树脂	织物、毡、玻璃纤维织物
透气毡	均匀的分散真空袋中的真空度	织物、毡、玻璃纤维织物
真空袋	密封制件	尼龙、聚合物合金、硅橡胶
密封胶	具有常温黏性和高温密封性	硅橡胶

（4）渗漏检查　接通真空管路，抽真空至 0.095 MPa 以上，保持 10 min，关闭真空阀 5 min 后，真空度下降不大于 0.01 MPa 为合格。

（5）固化　热压罐成型工艺中树脂的固化过程是所有工序中最重要的，因为最终制品的性能如固化程度、空隙率、力学性能、耐热性能等都与这一过程有关。将坯件送入热压罐，接通真空管路和热电偶，按照构件制造工艺规范设置好固化工艺参数，关闭罐门后按确定的工艺条件抽真空/加热/加压固化。固化工艺参数包括固化温度、升降温速率、加压时间、压力大小和固化时间。

复合材料内部的温度分布不仅依赖于热压罐提供的热量，还与树脂固化反应过程中的放热量有关，放热反应可以使复合材料局部温度较高，形成复杂的温度梯度分布，结果将导致非均匀固化。非均匀固化可以导致残余应力的增加而影响复合材料制品的质量。长期以来，工艺参数的研究采用经验法，其研制周期长、普适性差、成本高。随着对固化成型过程的深入理解、固化成型模型的不断完善以及计算机模拟技术的发展，对成型过程进行理论预测和评价分析已成为工艺参数制定和工艺优化的新方向，克服了经验法的缺点。

（6）修整　固化完成后制品在热压罐内自然冷却，一般降温至 50 ℃以下才允许将制品移出热压罐，防止制品变形和树脂开裂。去除各种辅助材料，从模具中取出制件，用铣刀、高压水切割或其他机械加工方法去除飞边和毛刺。

（7）检验　按图纸和技术要求检查复合材料制品表面质量、外形尺寸、缺陷等。

5 热塑性复合材料成型工艺

5.1 概述

热塑性复合材料是指以热塑性树脂为基体,以纤维为增强材料制成的复合材料。不同种类的热塑性树脂、不同种类纤维制造的复合材料,其性能差别极大。

5.1.1 热塑性复合材料的分类

热塑性复合材料按复合材料的性能可以分为普通型热塑性复合材料和高性能热塑性复合材料两类。普通型热塑性复合材料是指用玻璃纤维增强的通用型树脂,如聚丙烯、聚乙烯、聚氯乙烯、尼龙等。高性能热塑性复合材料是指用连续的碳纤维、芳纶纤维、高强度玻璃纤维或其他高性能纤维增强的高性能热塑性树脂,如聚醚醚酮、聚苯硫醚、热塑性聚酰亚胺、聚醚砜等,见表 5.1.1。

表 5.1.1 高性能热塑性树脂的类型

树 脂 类 型	$T_g/℃$	分 子 结 构
聚醚醚酮 poly(ether ether ketone)	143	$\left[O-\bigcirc-O-\bigcirc-\overset{\overset{O}{\parallel}}{C}-\bigcirc \right]_n$
聚醚酮 poly(ether ketone)	165	$\left[O-\bigcirc-\overset{\overset{O}{\parallel}}{C}-\bigcirc \right]_n$
聚砜 poly(sulphone)	190	$\left[\bigcirc-SO_2-\bigcirc-O-\bigcirc-\overset{\overset{CH_3}{|}}{\underset{\underset{CH_3}{|}}{C}}-\bigcirc-O \right]_n$
聚苯砜 poly(phenyl sulphone)	220	$\left[\bigcirc-SO_2-\bigcirc-O-\bigcirc-\bigcirc-O \right]_n$

树脂类型	$T_g/℃$	分　子　结　构
聚醚酰亚胺 poly(ether imide)	216	(聚醚酰亚胺分子结构式)
聚醚砜 poly(ether sulphone)	230	(聚醚砜分子结构式)
聚酰亚胺 poly(imide)	256	(聚酰亚胺分子结构式)
聚酰胺酰亚胺 poly(amide imide)	249	(聚酰胺酰亚胺分子结构式)

　　热塑性复合材料按增强材料的形状可以分为短纤维增强和连续纤维增强热塑性复合材料两类。短纤维的长度一般为 0.2~0.7 mm,它均匀地、不定向地分布在树脂基体中,复合材料中的纤维含量在 30% 左右,力学性能表现为各向同性;连续纤维则是采用连续纤维毡或布,连续纤维增强的热塑性复合材料为各向异性材料,其力学性能大大优于短纤维增强的热塑性复合材料。高性能热塑性复合材料都是用连续纤维作为增强材料的。

5.1.2　热塑性复合材料的特性

　　热塑性复合材料的性能、加工方法等与热固性复合材料有较大差异,有些性能如韧性、加工速度、废料的回收再利用等是热固性复合材料无法比拟的。热塑性复合材料的特性见表5.1.2。

表 5.1.2 热塑性复合材料的特性

项　目	优　点	缺　点
热塑性复合材料的性能	① 密度小; ② 耐腐蚀性、耐水性好; ③ 介电性能好; ④ 韧性好	① 蠕变性能差; ② 某些品种的耐候性差; ③ 高温性能受到限制
预浸料的贮存和使用	① 没有贮存期限制; ② 不需要特别的贮存条件	① 预浸料刚性大; ② 预浸料没有黏性
热塑性复合材料的加工	① 制造期间无化学反应; ② 加工速度快、成本低; ③ 可以重复加工; ④ 边角料可以回收; ⑤ 质量容易控制	① 制造技术仍在发展中; ② 需高温加工; ③ 密封层昂贵; ④ 新设备投资大

5.1.3　热塑性复合材料的成型方法分类

热塑性复合材料的成型方法可以分为以下两类:短纤维增强热塑性树脂成型方法和连续纤维增强热塑性树脂成型方法。前者可分为注射成型工艺和挤出成型工艺,后者可分为片状模塑料冲压成型工艺、预浸料模压成型工艺、片状模塑料真空成型工艺、预浸纱缠绕成型工艺和拉挤成型工艺。

热塑性复合材料的成型工艺中,以短纤维增强的热塑性复合材料的成型工艺与热塑性树脂的加工工艺类同,只是对设备的要求不同,如用玻璃纤维作为增强材料时,要求增加螺杆的硬度和耐磨性。因此本章对这部分内容不作介绍。本章重点介绍连续纤维增强热塑性复合材料的成型工艺。

5.2　预浸料或片状模塑料的制备

类似于热固性复合材料的模压、层压成型工艺,热塑性复合材料成型时也可以先制成预浸料或片状模塑料,然后用其加工成复合材料制品。

为了使复合材料达到良好的性能,基体对纤维的良好浸渍是需要的,热塑性树脂基体的浸渍技术是多种多样的,因此,也存在多种的产品形式。不同的产品形式将影响其成型加工性能和复合材料的性能。

由于热塑性树脂的黏度相当高,它对增强材料的浸渍比热固性树脂困难得多,故热塑性树脂的浸渍技术是热塑性复合材料成型工艺的关键技术。热塑性树脂的浸渍技术分成预浸渍和后浸渍两种。预浸渍是指增强材料被基体树脂完全浸润和浸渍,后浸渍仅是纤维和树脂的物理混合。

5.2.1　预浸渍技术

预浸渍材料的主要特征是增强材料的完全浸润和浸渍,没有缺陷,并要求基体树脂分布均匀,没有树脂富集区,且厚度均匀。

1. 熔融浸渍

最简单的浸渍方法是将增强纤维拉过熔融的聚合物,但由于热塑性树脂的高黏度使得这种技术难以达到好的浸渍效果。这种方法的优点是不需要任何溶剂。

2. 溶剂辅助浸渍

加入溶剂后聚合物的黏度减小,并可采用类似于热固性树脂的浸渍技术来进行热塑性树脂的浸渍。普通的、低沸点的溶剂不能溶解热塑性树脂,因此,必须采用较高沸点的溶剂,如 N-甲基吡咯烷酮。但是这些溶剂去除比较困难,一旦留在复合材料中,将对基体有增塑作用。溶剂辅助浸渍被用来制造早期的预浸料(如聚砜)。半液晶和液晶聚合物不能被溶剂真正溶解,所以该法不适用。

5.2.2　后浸渍技术

热塑性树脂的后浸渍技术是指在浸渍时将纤维和树脂以某种方式物理混合,在成型加工时再将两者充分浸透。后浸渍技术的形式有很多,常见的如图 5.2.1 所示。

薄膜层叠　　　粉末涂料　　粉末涂料加包皮　　　共纺织　　　混杂

图 5.2.1　热塑性树脂的后浸渍形式

(1)薄膜层叠　将热塑性树脂制成薄膜,然后按一层薄膜一层增强材料层叠至一定的厚度。在加工时,通过加热加压将两者复合在一起。

(2)粉末涂料　将热塑性树脂制成粉末涂料,用静电喷枪将其喷至增强材料上。

(3)包裹　将喷涂了粉末涂料的增强材料用热塑性树脂制成的包皮包起来,以防粉末掉落。

(4)共纺织　将热塑性树脂制成纤维,与增强材料一起纺织制成织物,在加工时将两者熔融复合在一起。

(5)混杂　将热塑性树脂纤维与增强材料混杂制成混杂纤维。

5.2.3 热塑性片状模塑料的制备

热塑性片状模塑料国外简称为 GMT 或 AZDEL。GMT 的制备方法有干法和湿法两种。

1. GMT 的干法工艺

干法生产 GMT 常用聚丙烯树脂,根据需要也可用尼龙、聚氯乙烯等。增强材料常用连续玻璃纤维毡、短切玻璃纤维毡和针织玻璃纤维毡等,用聚丙烯作为基体树脂时,玻璃纤维必须使用与之相配的浸润剂。

干法生产 GMT 的优点是增强材料可以任意设计、铺层,并可选择如上所述的多种增强材料,这种生产方法不污染环境。

干法生产 GMT 是采用熔融浸渍法,即将连续纤维毡和聚丙烯塑料片叠合后,在加热加压下使聚丙烯浸透玻璃纤维毡,排除气泡,冷却定型后制成 GMT。其工艺流程示意图见图 5.2.2。

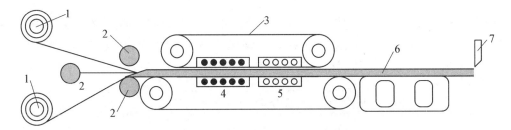

图 5.2.2 干法生产 GMT 工艺流程示意图

1—玻璃纤维毡;2—塑料挤板机;3—加压带;
4—加热加压装置;5—冷却设施;6—复合片材;7—切割器

2. GMT 的湿法工艺

湿法生产 GMT 的工艺特点是纤维和树脂分布均匀,纤维含量可达 20%～70%,产品厚度达 1～6 mm。但是该工艺不能使用连续纤维、增强材料不能按需要铺设,生产过程有污水排放。

湿法生产 GMT 的生产工艺过程是将粉末状树脂和短切玻璃纤维(10～15 mm)在拌浆槽内加水或泡沫悬浮剂搅拌成均匀的悬浮料浆,用泵输送到传送网带上,经减压脱水,形成湿毡,再经干燥,收卷成干毡卷(坯料),其厚度为 1.5～4 mm。这种干毡卷的树脂和纤维混合比较均匀,将其送入复合机内,加热、加压、冷却、切断制成 GMT。GMT 可通过冲压成型制造复合材料。湿法生产 GMT 的工艺流程示意图见图 5.2.3。

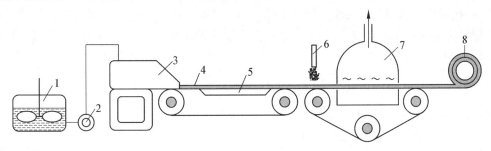

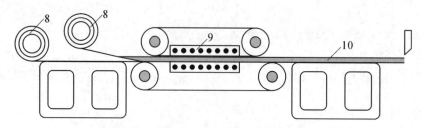

图 5.2.3　湿法生产 GMT 的工艺流程示意图

1—拌浆槽；2—泵；3—浆槽；4—浆料；5—真空脱水器；
6—喷黏结剂；7—烘箱；8—坯料；9—加热、加压器；10—GMT

5.3　热塑性复合材料的冲压成型工艺

　　热塑性复合材料的冲压成型工艺过程是先将 GMT 预热，然后再放入模具内加压成型。该工艺的特点有：成型周期短、生产效率高；收缩率低；模具费用低；能成型形状复杂的大型制品。图 5.3.1 是 GMT 冲压成型工艺流程图。

图 5.3.1　GMT 冲压成型工艺流程图

　　按 GMT 的加热软化程度和成型时物料在模具内的流动情况，冲压成型工艺分为固态冲压成型和流动态冲压成型。

1. 固态冲压成型

　　将 GMT 裁剪成坯料，然后将坯料放入加热器中加热至低于黏流温度 10～20 ℃，装入模具内，快速合模加压，在模具内冷却定型后出模，经修边制成制品。固态冲压成型工艺的成型压力小于 10 MPa，一般用于制造形状比较简单的制品。

2. 流动态冲压成型

　　GMT 流动态冲压成型工艺适用于厚度和密度变化大、有凸台或凹槽等形状复杂的产品，也适用于制造有金属预埋件的制品。流动态冲压成型是将 GMT 裁成与制品重量相等的坯料，在加热器内加热到高于树脂黏流温度 10～20 ℃，放入模具内，快速合模加压，使熔融态物料流动充满模腔，冷却定型制得制品。流动态冲压成型工艺的成型压力一般在 10～20 MPa，合模压力按下式计算：

$$p = (F_1 + 1/3F_2)k$$

式中　p——成型总压力，MPa；

　　　F_1——模具平面部分面积，cm^2；

F_2——模具侧面面积，cm^2；

k——实验常数，一般为 $10\sim20$ MPa。

5.4 热塑性复合材料的拉挤成型工艺

热塑性复合材料拉挤成型工艺是由拉挤工艺发展起来的一种新的工艺。目前应用较广泛的基体材料是尼龙和聚丙烯。PEEK(聚醚醚酮)、聚砜、聚醚、聚酰亚胺、聚苯硫醚、聚碳酸酯等也有应用。由于热塑性复合材料在拉挤成型工艺过程中没有化学反应，因此热塑性复合材料的拉挤成型工艺比热固性复合材料的拉挤成型工艺容易进行，复合材料制品的质量更稳定、更容易控制。热塑性基体材料断裂延伸率为 $8\%\sim12\%$，其拉挤制品的韧性好、纤维不易露出制品表面、制品表面性能好。其制品有宽 $25\sim254$ mm 的条材、直径为 9.5 mm 的圆杆、矩形梁、中空柱、汽车板簧、冲浪板的加强筋、网球拍的嵌件等。

热塑性复合材料的拉挤成型工艺有两种：一种是预浸纤维拉挤成型工艺，即先用热塑性树脂浸渍纤维，制得预浸纤维，再用预浸纤维进行拉挤成型。另一种是用纤维直接进行拉挤成型，这种工艺方法从表面上看类似于热固性复合材料的拉挤成型工艺。

成型模具由加热模具和冷却模具两部分组成，加热模具是一种等压模具，长度约 300 mm，从模具入口算起在整个模具的 2/3 长度上带有 13°的锥度，其余 1/3 长度上是等截面的。冷却模具长度约 150 mm，也采用等压模具结构。

1. 预浸纤维拉挤成型工艺

预浸纤维拉挤成型工艺流程如图 5.4.1 所示。

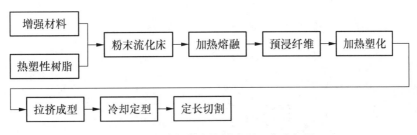

图 5.4.1　预浸纤维拉挤成型工艺流程图

采用粉末浸渍法制备预浸纤维的基本原理是使聚合物粉末吸附于纤维表面，然后加热使聚合物熔融并浸渍纤维。其制备工艺流程示意图见图 5.4.2。玻璃纤维无捻粗纱经导向辊进入粉末槽，经粉末槽中的分散辊使纤维分散，吸附树脂粉末，吸附了树脂粉末的玻璃纤维进入加热段使树脂熔融，经辅助浸渍辊及加压辊使树脂充分浸渍纤维，冷却后得到预浸纤维。这种预浸纤维也可以用于缠绕成型工艺。

预浸纤维的树脂含量与树脂粉末的颗粒大小、分散辊的数量和排布方式有关。树脂粉末的颗粒越小，玻璃纤维吸附的树脂粉末越多，树脂含胶量就越高。在其他条件相同的情况下，当用粒径为 $385\ \mu\mathrm{m}$ 的聚丙烯粉末浸渍玻璃纤维时，含胶量为 39%；而用 $178\ \mu\mathrm{m}$ 的聚丙

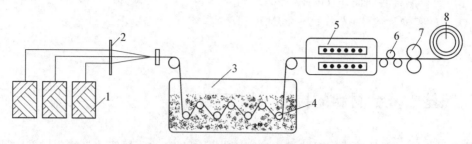

图 5.4.2　预浸纤维的制备工艺流程示意图

1—增强材料；2—分纱板；3—树脂粉末槽；4—分散辊；5—加热箱；6—辅助浸渍辊；7—加压辊；8—预浸纤维

烯粉末时，含胶量为 85.7%。当分散辊数目较少时，由于纤维束未能完全分散开，纤维束中的很多纤维未能吸附到树脂粉末，而且，已分散开的纤维也有重新收紧集束的趋向，使得原已分散的纤维来不及充分吸附粉末，因此预浸带的树脂含量很低。当分散辊数目增加时，由于纤维分散程度的增加，吸附于纤维束上的树脂含量增加，所以预浸带中的树脂含量增加。分散辊数目对预浸带树脂含量的影响见表 5.4.1。

表 5.4.1　分散辊数目对预浸带树脂含量的影响

分散辊数目/根	预浸带树脂含量/%	分散辊数目/根	预浸带树脂含量/%
3	39.6	7	85.7
5	75.0	9	89.9

　　加热段应使吸附在纤维表面的树脂粉末充分熔融，以保证树脂能充分浸渍纤维。但是加热段的温度也不能控制过高，温度过高易引起聚合物的氧化降解。聚丙烯熔体的温度控制在 210～220 ℃内较为合适。烘道内的加热气氛温度不宜超过 230 ℃。

　　用预浸纤维进行拉挤成型的工艺流程示意图见图 5.4.3。

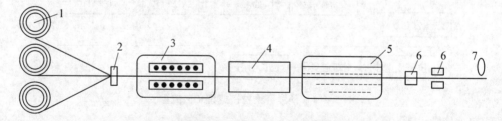

图 5.4.3　预浸纤维拉挤成型的工艺流程示意图

1—预浸纤维；2—集束板；3—加热箱；4—成型模具；
5—冷却液；6—牵引机；7—切割机

　　预浸纤维在进入拉挤模具之前，必须加热至树脂基体达到黏流态，在牵引力下，熔融的预浸纤维进入模腔拉挤成型，刚出模的热塑性复合材料是弹性体，经冷却定型后，材料达到一定的硬度和强度，按需要定长切割。

　　成型过程的模具温度高低由树脂基体的类型决定，在设备已定的情况下，加热和冷却时间由牵引速度来控制。

2. 纤维直接拉挤成型工艺

纤维直接拉挤成型工艺流程示意图如图 5.4.4 所示。

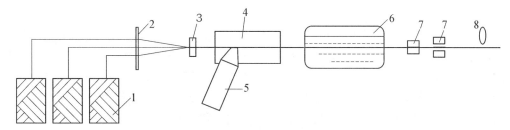

图 5.4.4 纤维直接拉挤成型工艺流程示意图
1—增强材料;2—分纱板;3—纤维分配器;4—成型模具;
5—树脂注射机;6—冷却液;7—牵引机;8—切割机

连续纤维经过纤维分配器进入模具,热塑性树脂用注射机注入模具内,纤维和热塑性树脂在模具内浸渍后成型出模,经冷却定型,定长切割成制品。各段温度必须严格控制,以保证纤维能被树脂浸透。

热塑性复合材料拉挤成型模具设计时应考虑到耐磨性、粗糙度和收缩率等因素,以降低制品的粗糙度和保证其尺寸精度。

5.5 热塑性复合材料的模压成型工艺

热塑性复合材料的模压成型,是采用热塑性树脂预浸料在模具内加热加压成型复合材料的一种成型工艺,模压成型工艺参数主要有温度、压力和时间,这些参数主要取决于热塑性树脂的类型和复合材料的产品形状。

对于完全浸渍的热塑性基体,仅仅需要熔化聚合物并使用适当的压力,将预浸料压制成复合材料制品。一般模压成型的压力为 0.7～2.0 MPa,在成型温度下仅需要几分钟的时间。几种高性能热塑性树脂的成型条件见表 5.5.1。

表 5.5.1 几种高性能热塑性树脂预浸料的成型条件

成 型 条 件	PEEK	PPS	PEI
升温速率/($℃ \cdot min^{-1}$)	任意	任意	任意
压制温度/℃	380～400	300～343	304～343
压制时间/min	5	5	5
压制压力/MPa	0.7～1.4	1.0	0.7
冷却压力/MPa	0.7～2.0	1.0	0.7

5.6 热塑性复合材料缠绕成型工艺

热塑性复合材料的缠绕成型工艺的工艺原理和缠绕设备与热固性复合材料的干法缠绕成型工艺一样，而且两者都是用预浸纤维或预浸带进行缠绕成型。但是两者的工艺条件有所不同，由于热塑性树脂熔融温度较高，对预浸料进行加热的温度比热固性树脂高得多，且热塑性复合材料缠绕成型完成后不需要固化，因此，加工成本大大低于热固性复合材料。

热塑性复合材料缠绕成型时，先将预浸纤维加热至熔融，再在与芯模的接触点加热，并由加压辊加压，使其熔接成一个整体。缠绕成型可以用预浸纤维也可以用预浸带。

用预浸带进行缠绕成型的一个实例是碳纤维增强 PPS 预浸带缠绕成型。预浸带宽13 mm，厚 0.3 mm，加压辊的压力为 0.1～0.14 MPa，加热箱温度为 300～350 ℃，从加热箱中出来的预浸带要保持熔融状态，加热压实器的温度为 370～375 ℃，保证缠绕过程中上下层能牢固地黏合成整体。缠绕过程中压实的目的是使制品密实，例如，缠绕时未经压实的复合材料空隙率达 7%～10%，经过 370～375 ℃加热压实后，空隙率接近于零。

5.7 长纤维增强热塑性树脂直接法成型工艺

5.7.1 概述

长纤维增强热塑性树脂直接法成型（LFT－D, Long-Fiber Reinforce Thermoplastic-Direct），是指无捻粗纱在双螺杆系统中与热塑性树脂的熔体在线混合制备胚料，然后直接注塑或模压成型。长纤维的长度在 12 mm 左右，相对于 3 mm 以下的短纤维增强热塑性树脂复合材料，长纤维增强热塑性复合材料的力学性能大幅度提高。纤维增强热塑性复合材料的常用工艺是先制成预浸料片材或粒料，再加工成复合材料制品，直接法成型是制成预浸料后趁热直接成型制品。

从环境保护角度来看，LFT－D 热塑性复合材料正在逐渐取代难以回收、高能耗的 SMC片状模塑料等热固性复合材料。实现 LFT－D 热塑性复合材料的回收，对废料通过熔融技术实现再次利用，保护环境，节能降耗，节约资源，已经成为一种不可逆转的趋势。

LFT－D 成型工艺的优点有：

（1）成本低　由于 LFT－D 成型工艺中，制成预浸料后直接成型制品，只有一次加热过程，显著降低了能耗，提高了生产效率，由 LFT－D 生产的大型结构件比两步法的 GMT 制品成本降低 20%～50%。

（2）制品综合性能优异　通过制品与模具设计和工艺条件的优化，制品的力学性能可以接近 GMT 制品，LFT－D 法受热次数少，避免了二次熔融塑化过程对树脂和纤维造成的影响。

（3）自动化程度高　LFT-D成型设备是全自动的，从预浸料制备到模压成型都由设备和机器人完成，所以生产效率高、人工成本低。

随着全球对环保和节能降耗要求升高，LFT-D成型工艺日渐成为汽车复合材料行业中广受关注和市场成长飞快的一种成型技术。LFT-D成型的复合材料已在众多汽车整车厂得到应用，目前应用LFT-D制造模式较为成熟的零部件有前端模块、保险杠支架、仪表盘骨架、座椅骨架、车底防护板、内饰件支架、车轮罩、蓄电池托盘、杂物箱盖、后掀背门、备胎箱等。

汽车产业正致力于将汽车零部件模块化生产，即以一个零件或部件为中心，将周边零件组合在一起，经一次成型加工而成，这样可以减少许多制造成本和模具费用。LFT-D技术的可设计、高效率、低成本及材料选择广泛等优良特点，满足了汽车制造过程中的模块化生产需求。除汽车工业外，LFT-D技术还广泛应用于机械、建筑、体育娱乐、电气电子、物流和园艺等各个领域。

5.7.2　原材料

LFT-D成型工艺用的原材料主要是热塑性树脂和纤维增强材料。

1. LFT-D工艺用热塑性树脂

LFT-D成型工艺采用最多的基体树脂是聚丙烯（PP），其次是尼龙（PA）、聚对苯二甲酸丁二醇酯（PBT）、聚对苯二甲酸乙二醇酯（PET）、热塑性聚氨酯弹性体（TPU）、ABS、聚碳酸酯（PC）、聚醚醚酮（PEEK）、聚甲醛（POM）、聚苯硫醚（PPS）等。

在LFT-D成型工艺中，树脂粒料可根据产品性能要求及成型工艺要求进行调整，对某些性能，如热稳定性、阻燃性、耐热老化性、着色性等，则可通过在线添加改性助剂来改善。

2. LFT-D成型工艺用纤维增强材料

玻璃纤维来源广，性价比高，玻纤粗纱用量占LFT-D成型工艺总用量的90%以上，其他还有碳纤维、玄武岩纤维、天然纤维等。在LFT-D工艺中，增强纤维可根据力学性能要求改变含量和长度。通常情况下，短纤维增强热塑性材料中的纤维长度小于3 mm，而LFT-D中，纤维的长度一般是10~12 mm。

增强材料在与基体树脂混合过程中会发生损伤，从而导致增强材料的长度变短，使得加工过程中纤维分布不均匀，影响复合材料制品的力学性能。通过降低树脂的熔融黏度，或是调整双螺杆的结构，可以减轻纤维在加工过程中受到的损伤。

5.7.3　LFT-D成型工艺生产线及流程

LFT-D成型工艺生产线采用两台双螺杆挤出机、一台压机和一台机器人组成，这种配置具有优异的混合性和适应性，能明显提高挤出机的生产效率，实现生产设备的多功能化，改善产品的表面质量。车辆轻量化和新能源车辆的开发对LFT-D产品、技术和装备的需求急剧增加。图5.7.1为汽车用热塑性复合材料制品的LFT-D生产线。

图 5.7.1　汽车用热塑性复合材料制品的 LFT‐D 生产线

如图 5.7.2 所示,LFT‐D 成型工艺过程是将热塑性树脂和添加剂输送到连续计量混合装置中,该单元要求确保各组分混合均匀;经混合后的原料进入双螺杆挤出机塑化,熔融聚合物通过一个薄膜模头形成聚合物薄膜,直接进入第二个双螺杆混炼挤出机的进口处;纤维粗纱则通过粗纱架,经过预热、分散等程序被引入到聚合物薄膜的顶端,与薄膜一同进入到双螺杆挤出机中,由螺杆切割粗纱,通过控制螺杆的剪切作用,抑制对脆性纤维的损伤,以保持较长的纤维长度,并把它们柔和地混合到熔融的树脂中;经过混合挤出来的是热塑性树脂和增强材料的复合胚料,在保温状态下经切割后由机械手放置到液压机的模具中模压成型,亦可直接挤入注塑机的储料缸中进行注塑成型。

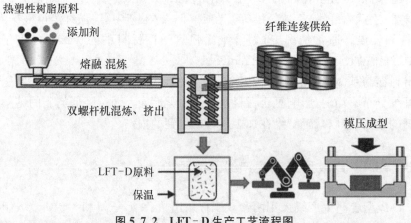

图 5.7.2　LFT‐D 生产工艺流程图

LFT‐D 成型生产线一共由三个基本单元组成,包括挤出单元、输送单元、成型单元。

1）挤出单元

挤出单元由真空上料机、连续称重计量混合装置和两台双螺杆挤出机构成。通过上料机和连续称重计量混合装置,给料速率能够被精确控制。双螺杆挤出机为双阶式,一阶主要用于实现物料的塑化熔融和基础树脂片状料胚的稳定挤出,二阶则承接树脂片状料胚及纤维,完成树脂与纤维的混合过程并挤出复合料胚。

2）输送单元

输送单元由立式双刃双向加热切断机组和不锈钢保温输送机组装置构成。立式双刃双向加热切断机组对双螺杆挤出机挤出的复合料胚进行正确快速地切断,不锈钢保温输送机组将复合胚料保温并输出。

3）成型单元

成型单元的主要设备就是液压机和模具。通过液压机的压力以及模具的闭合使输送机送来的复合胚料快速模压成型。模压成型时的合模速度、成型压力、成型温度、保压时间和模压料的温度均会影响 LFT - D 制品的质量。

（1）合模速度是指模具的闭合速度。在空负载时,合模速度要快,以提高生产效率;在模具闭合时,合模速度要慢,使模压料在模腔内较好地流动。

（2）成型压力是指在产品水平投影面上所需要施加的压力,并换算成表压值。

（3）在一定温度范围里,模具温度升高,模压料的流动性提高,充模较完全,且模压时间缩短,生产效率提高。成型温度通常取决于模压料的类型、产品的结构和生产效率等。

（4）保压时间是指模具从闭合到开启之间,模压料在模具型腔内的时间。在一定的成型压力和温度下,保压时间短会导致制品出现变形,表面有缺陷;保压时间太长则生产效率下降,制品机械强度降低。

（5）模压料的温度是指物料放入模具型腔时的温度。对于结构简单、批量较大的制品,提高模压料温度可缩短成型周期,提高生产效率。

参 考 文 献

[1] 欧国荣,倪礼忠.复合材料工艺与设备[M].上海:华东化工学院出版社,1991:1 - 240.

[2] 赵玉庭,姚希曾.复合材料聚合物基体[M].武汉:武汉工业大学出版社,1992.

[3] 刘雄亚,谢怀勤.复合材料工艺及设备[M].武汉:武汉工业大学出版社,1994:350 - 421.

[4] 陈祥宝.高性能树脂基体[M].北京:化学工业出版社,1999:102 - 234.

[5] 沃丁柱.复合材料大全[M].北京:化学工业出版社,2000:98 - 130.

[6] Ivana K P. Advanced composites[M]. London and New York: Elsevier Applied Science, 1989:1 - 180.

[7] Fyfe C A, Niu J, Rettig S J, et al. High-resolution carbon - 13 and nitrogen - 15 NMR investigations of the mechanism of the curing reactions of cyanate-based polymer resins in solution and the solid state[J]. Macromolecules, 1992,25(23): 6289 - 6301.

[8] Snow A W, Buckley L J. Fluoromethylene cyanate ester resins. Synthesis, characterization, and fluoromethylene chain length effects[J]. Macromolecules, 1997,30:394 - 405.

[9] 倪礼忠,谭晓亮,赵玉庭.聚氨酯甲基丙烯酸酯树脂的固化行为及填料对其性能的影响[J].玻璃钢/复合材料,1993(3):5 - 8.

[10] 陈麒,倪礼忠,朱亚平.新的耐高温含硅聚合物-聚硅二乙炔基苯[J].玻璃钢/复合材料,1998(5):16 - 18.

[11] Itoh M, lnoue K, Iwata, et al. New highly heat-resistant polymers containing silicon: poly (silyleneethynylenephenyleneethynylene) s [J]. Macromolecules, 1997,30(4):694 - 701.

[12] Itoh M, Mitsuzuka M, Iwata K, et al. A novel synthesis and extremely high thermal stability of poly [(phenylsilylene)-ethynylene-1, 3-phenyleneethynylene] [J]. Macromolecules, 1994,27(26):7917 - 7919.

[13] 倪礼忠,谭晓亮,赵玉庭.聚氨酯甲基丙烯酸酯树脂的性能研究[J].华东化工学院学报,1993,19(3):322 - 326.

[14] 倪礼忠,唐志勇,赵玉庭.低发烟性阻燃树脂[J].玻璃钢/复合材料,1996(6): 17 - 19.

[15] 倪礼忠,柴孟贤,黄涛,等.DAIP 树脂的增韧研究[J].华东理工大学学报,1998,24 (6):699 - 704.

[16] 倪礼忠,唐志勇,周权.甲基丙烯酸酯树脂的热裂解机理[J].华东理工大学学报,2000,26(6):632-638.

[17] 徐彩虹,谢择民.氮化硅陶瓷前驱体研究进展[J].高分子通报,2000(4):27-33.

[18] Barton T J, Ijadi-Maghsoodi S, Pang Y. Thermal and catalytic polymerization of diethynyldiphenylsilane[J]. Macromolecules, 1991,24(6):1257-1260.

[19] Itoh M, Inoue K, Iwata K, et al. A heat-resistant silicon-based polymer[J]. Advanced Materials, 1997,9(15):1187-1190.

[20] Corriu R J P, Douglas W E, Yang Z X. Synthesis of poly (alkynylsilanes) having various aromatic groups in the backbone[J]. Journal of Polymer Science Part C: Polymer Letters, 1990,28(13):431-437.

[21] Jacqueline I K. High performance polymers and composites[M]. New York: John Wiley & Sons, 1991:578-604.

[22] 闫福胜,王志强,张明习.氰酸酯树脂的性能与应用[J].工程塑料应用,1996,24(6):11-13.

[23] 闫福生,张明习,等.氰酸酯树脂的研究进展[J].高分子材料,1997(2):14-18.

[24] 蓝立文.氰酸酯树脂[J].玻璃钢/复合材料,1996(6):29-33.

[25] 何鲁林.氰酸酯树脂的发展概况[J].航空材料学报,1996,16(4):54.

[26] 秦华宇,梁国正,张明习.氰酸酯树脂的合成与表征[J].化工新型材料,1998(10):33-34.

[27] 闫联生.高性能酚醛树脂研究进展[J].玻璃钢/复合材料,2000(6):47-50.

[28] 史子兴,王一中.聚苯并噁嗪单体固化行为的 DSC 法研究[J].玻璃钢/复合材料,2000(2):14-17.

[29] 张影,倪礼忠,赵玉庭.耐热 DANT 树脂的研究[C]//第十届玻璃钢/复合材料学术年会论文集.烟台:中国硅酸盐学会玻璃钢分会,1993:85-87.

[30] 倪礼忠,陈彦冰,赵玉庭.间苯二甲酸二烯丙基酯树脂增韧改性的研究[C]//第十一届玻璃钢/复合材料学术年会论文集.成都:中国硅酸盐学会玻璃钢分会,1995:69-71.

[31] 赵玉庭,陈金明,倪礼忠.DAIP 单体的预聚合及树脂固化性能的研究[C]//第十一届玻璃钢/复合材料学术年会论文集.成都:中国硅酸盐学会玻璃钢分会,1995:76-78.

[32] 汤佩钏.复合材料及其应用技术[M].四川:重庆大学出版社,1998:136-182.

[33] 曹英斌,张长瑞,周新贵,等.热压烧结法制备 C_f/SiC 陶瓷基复合材料研究[J].宇航材料工艺,1998,28(6):35-37.

[34] Jonathan A L. Metal and Polymer Matrix Composites[M]. USA: Noyes Data Corporation, 1987:120-165.

[35] 江辉.国外航天结构新材料发展简述[J].宇航材料工艺,1998,28(4):1-8.

[36] 邹祖讳.复合材料的结构与性能[M].吴人洁,译.北京:科学出版社,1999.

[37] 董卫国.高性能纤维表面处理技术[J].山东纺织科技,2001,42(6):44-46.

[38] 章伟,李虹.高性能纤维 M5[J].毛纺科技,2005,33(3):24-26.

[39] 林兰天,周静.PBO-AS 纤维的力学性能探讨[J].上海纺织科技,2004,32(1):5-7.

[40] 周晏云,宋六九.Kevlar、PBO 有机纤维及其复合材料的性能[J].纤维复合材料,2003 (4):18-19.

[41] 杨丹,贾德民,李思东.聚乙烯在高性能纤维领域的开发研究[J].石油化工,2001,30 (9):716-720.

[42] Chawla K K. Ceramic matrix composites[M]. Cambridge:Cambridge University Press,1993.

[43] Kroschwitz J I. High performance polymers and composites[M]. New York:John Wiley & Sons,1991.

[44] 胡浩,周权,孙凯,等.双酚 A 型环氧改性 R-122 环氧树脂的研究[J].功能高分子学报,2005,18(1):117-121.

[45] 陈麒,李扬,戴泽亮,等.甲基二苯乙炔基硅烷及其网络聚合物的合成与表征[J].化学学报,2005,63(3):254-258.

[46] 戴泽亮,陈麒,倪礼忠.双(N-间乙炔基苯基邻苯二甲酰亚胺)醚改性甲基二苯乙炔基硅烷[J].复合材料学报,2005,22(5):89-93.

[47] Dai Z L, Chen Q, Ni L Z, et al. Curing kinetics and structural changes of a copolymer of di [(N-m-acetenylphenyl) phthalimide] ether/[(methyl) diphenylacetylene] silane copolymer[J]. Journal of Applied Polymer Science, 2006,100(3):2126-2130.

[48] 孙卫东,朱清.玻璃钢游艇艇体成型真空芯材导流工艺实施与应用研究[J].交通节能与环保,2011,7(1):12-15.

[49] 黄文宗,孙容磊,连海涛,等.预浸料的铺放适宜性评价(一)——粘性篇[J].玻璃钢/复合材料,2013(6):3-11.

[50] 郭敬.开环移位聚合合成聚双环戊二烯[D].西安:西北工业大学,2007.

[51] 宣美福.聚双环戊二烯 RIM 制品的加工与应用[J].黎明化工,1995(3):37-40.